高等学校土建类专业规划教材

建筑工程计量与计价

高云莉　许　辉　编

化学工业出版社
·北京·

内容简介

《建筑工程计量与计价》按照工程量清单计价形成过程，对工程量清单计价模式中工程计量与计价原理进行详细阐释，使初学者能透过地区差异造成计算方法不同的表象，掌握工程量清单计价的本质，更好地适应工程造价领域快速的变化。

《建筑工程计量与计价》以工程量清单计价形成作为主线，首先介绍工程计量与计价的概念和原理、建筑面积计算规则、工程量清单项目设置及工程量计算规则；其次，为顺应工程造价改革趋势，介绍了定额构成及测定原理，为编制企业定额奠定基础；第三，为说明清单计价原理，以辽宁省《房屋建筑与装饰工程定额》（2017）为例，介绍了定额工程量计算规则；第四，结合钢筋平法图集，介绍了柱、梁、板、剪力墙及独立基础钢筋工程量计算方法；最后，介绍了工程量清单计价应用，包括综合单价的组价原理、工程招标控制价及投标报价的形成方法。对所有的工程量计算规则均配备了工程小案例并给出了详解。特别是当定额和清单工程量计算规则不同时，使用同一案例进行计算比较，便于区分和理解。

《建筑工程计量与计价》结构新颖，内容详细全面，通俗易懂，可作为高等院校本科、高职高专工程管理、工程造价、土木工程等专业的教材，也可作为工程造价初学者的自学教材及参考书。

图书在版编目（CIP）数据

建筑工程计量与计价 / 高云莉，许辉编．—北京：化学工业出版社，2021.7（2023.4 重印）
高等学校土建类专业规划教材
ISBN 978-7-122-39308-1

Ⅰ．①建…　Ⅱ．①高…②许…　Ⅲ．①建筑工程-计量-高等学校-教材②建筑造价-高等学校-教材　Ⅳ．①TU723.3

中国版本图书馆 CIP 数据核字（2021）第 112363 号

责任编辑：陶艳玲　　文字编辑：师明远
责任校对：王　静　　装帧设计：张　辉

出版发行：化学工业出版社（北京市东城区青年湖南街 13 号　邮政编码 100011）
印　　装：北京机工印刷厂有限公司
787mm×1092mm　1/16　印张 18　字数 498 千字　2023 年 4 月北京第 1 版第 3 次印刷

购书咨询：010-64518888　　售后服务：010-64518899
网　　址：http://www.cip.com.cn
凡购买本书，如有缺损质量问题，本社销售中心负责调换。

定　　价：59.00 元

前言

Preface

全面推行工程量清单计价，在工程发承包计价环节探索引入竞争机制，是工程造价管理市场化改革的方向。《建设工程工程量清单计价规范》自2003年颁布到2013年修改，清单计价模式渐趋成熟。但应用清单计价模式的过程中，因各地区工程造价管理文件及定额等计价依据的不同，导致建筑工程计量与计价的方法和程序存在差异，给初学者造成一些困惑。

本书以初学者的角度，按照工程量清单计价形成过程，对工程量清单计价模式中工程计量与计价原理进行阐释，使初学者能透过地区差异造成计算方法不同的表象，掌握工程量清单计价的本质，更好地适应工程造价领域快速的变化。

本书有以下几个特点。

（1）体系设计新颖。以工程量清单计价形成作为主线，首先介绍工程量清单项目设置及工程量计算规则，其次介绍定额工程量计算规则，最后是依据清单项目的计价应用。这种体系设计有利于初学者了解清单计价形成过程，理解清单和定额在项目设置、工程量计算规则上的异同。

（2）通用性强。本书依据国家最新规范和标准编写，如《建设工程工程量清单计价规范》（GB 50500—2013）、《房屋建筑与装饰工程工程量计算规范》（GB 50854—2013）、《建筑工程建筑面积计算规范》（GB/T 50353—2013）、《混凝土结构施工图平面整体表示方法制图规则和构造详图》（22G101）系列图集等。在清单计价方面，突出综合单价及工程造价组成原理的介绍，虽然以辽宁省建设工程计价依据为例，但并不限于某地区的定额和计价办法，通用性更强。

（3）理论与实践相结合，注重能力的训练和提高。对常见的工程量计算规则配备了工程小案例，训练灵活应用规则计算工程量的能力，并能举一反三。特别是当定额和清单工程量计算规则不同时，使用同一案例进行计算比较，便于区分和理解。

（4）顺应工程造价改革的趋势。取消预算定额的发布，编制企业定额是工程造价市场化的必然趋势。因此，本书侧重使读者掌握定额中各部分的组成及测定原理，并在以后的工作中具备编制企业定额的能力。

本书共分7章，包括概论、建筑面积及其计算规则、工程量清单编制、建筑工程定额、定额工程量计算、钢筋工程计量、工程量清单计价。

全书由高云莉、许辉编写，其中许辉编写第1~3章，高云莉编写第4~7章。

本书在编写过程中参考了国内外同类教材及相关资料，在此一并向原作者表示感谢！

由于编者水平有限，书中难免有不足之处，恳请广大读者及同行批评指正。

编　者

2021.5.3

目录

Contents

第1章 概论

教学目标：

通过本章的学习，能够理解工程造价的含义，阐释建筑安装工程费用的构成和工程计量计价原理。

教学要求：

能力目标	知识要点	相关知识
理解工程造价的含义与计价特点	工程造价的概念	工程造价的含义、工程计价的特点
阐释建筑安装工程费用的构成	工程造价的构成、建筑安装工程费用的构成	项目总投资、按照费用构成要素划分的建筑安装工程费用组成、按照造价形成划分的建筑安装工程费用组成
阐释建筑工程计量计价原理	工程计量计价原理	单位工程基本构造要素划分、工程计量与计价的原理。

1.1 工程造价含义

工程造价（project costs）是指工程建设项目在建设期预计或实际支出的建造费用。由于所处的角度不同，工程造价有两种不同的含义。

含义一：指工程投资费用，是广义的工程造价。从投资者（业主）角度分析，工程造价是指建设一项工程预期开支或实际开支的全部固定资产投资费用。投资者为了获得投资项目的预期效益，需要对项目进行策划决策、建设实施（设计、施工）直至竣工验收等一系列活动。在上述活动中所花费的全部费用，即构成工程造价。从这个意义上讲，工程造价就是建设工程固定资产总投资。

含义二：指工程建造价格，是狭义的工程造价。从市场交易的角度分析，工程造价是指为建成一项工程，预计或实际在工程发、承包交易活动中所形成的建筑安装工程费用或建设工程总费用。显然，工程造价的这种含义是指以建设工程这种特定的商品形式作为交易对象，通过招标、投标或其他交易方式，在进行多次预估的基础上，最终由市场形成的价格。这里的工程既可以是涵盖范围很大的一个建设工程项目，也可以是其中的一个单项工程或单位工程，甚至可以是整个建设工程中的某个阶段，如建筑安装工程、装饰装修工程或者其中的某个组成部分。随着经济发展、技术进步、分工细化和市场的不断完善，工程建设中的中间产品也会越来越多，商品交换会更加频繁，工程价格的种类和形式也会更为丰富。尤其值得注意的是，投资主体的多元格局、资金来源的多种渠道，使相当一部分建设工程的最终产品作为商品进入了流通领域。如技术开发区的工业厂房、仓库、写字楼、公寓、商业设施和住宅开发区的大批住宅、配套公共设施等，都是投资者为实现投资利润最大化而生产的建筑产品，它们的价格是在商品交易中现实存在的，是一种有加价的工程价格。

工程承、发包价格是工程造价中一种重要的、也是较为典型的价格交易形式，是在建筑市场通过招标、投标，由需求主体（投资者）和供给主体（承包商）共同认可的价格。

工程造价的两种含义实质上就是从不同角度把握同一事物的本质。对市场经济条件下的投资者来说，工程造价就是项目投资，是“购买”工程项目要付出的价格；同时，工程造价也是投资者作为市场供给主体“出售”工程项目时确定价格和衡量投资经济效益的尺度。

1.2 工程造价的计价特征

工程建设活动是一项环节多、影响因素多、涉及面广的复杂活动，因而，工程造价会随着项目进行深度的不同而发生变化，即工程造价的确定与控制是一个动态的过程。工程造价往往具有以下的计价特点。

(1) 单件性计价

每个工程建设项目都有其特定的用途、功能、规模，每个工程的结构、空间分割、设备配置和内外装饰都有不同的要求。建设工程还必须在结构、造型等方面适应工程所在地的气候、地质、水文等自然条件，这就使工程项目的实物形态千差万别。因此，工程项目只能通过特殊的程序，就每个项目进行单件性计价。

(2) 多次性计价

工程项目建设周期长、规模大、造价高，因此按建设程序要分阶段来进行，工程项目建设程序是建设活动中必须遵循的先后次序，相应地，工程项目也要在不同阶段进行多次性计价，以保证工程造价计价与控制的科学性。多次性计价是个逐步深化、逐步细化和逐步接近实际造价的过程，多次性计价特点如图 1.2.1 所示。

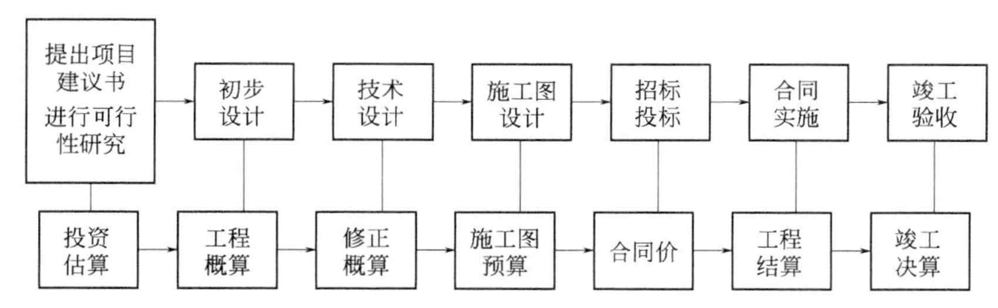

图 1.2.1 工程项目多次性计价示意图

① 投资估算是指在项目建议书和可行性研究阶段通过编制估算文件预先测算的工程造价。投资估算是进行项目决策、筹集资金和合理控制造价的主要依据。

② 工程概算是指在初步设计阶段，根据设计意图，通过编制工程概算文件，预先测算的工程造价。与投资估算相比，工程概算的准确性有所提高，但受投资估算的控制。工程概算一般又可分为建设项目总概算、各单项工程综合概算、各单位工程概算。

③ 修正概算是指在技术设计阶段，根据技术设计要求，通过编制修正概算文件预先测算的工程造价。修正概算是对初步设计概算的修正和调整，比工程概算准确，但受工程概算控制。

④ 施工图预算是指在施工图设计阶段，根据施工图纸，通过编制预算文件预先测算的工程造价。施工图预算比工程概算或修正概算更为详尽和准确，但同样要受前一阶段工程造价的控制，并非每一个工程项目均要编制施工图预算。目前，有些工程项目在招标时需要确定招标控制

价，以限制最高投标报价。

⑤ 合同价是指在工程发承包阶段通过签订合同所确定的价格。合同价属于市场价格，它是由发、承包双方根据市场行情通过招投标等方式达成一致、共同认可的成交价格。但应注意：合同价并不等同于最终结算的实际工程造价。由于计价方式不同，合同价内涵也会有所不同。

⑥ 工程结算包括施工过程中的中间结算和竣工验收阶段的竣工结算。工程结算需要按实际完成的合同范围内合格工程量考虑，同时按合同调价范围和调价方法，对实际发生的工程量增减、设备和材料价差等进行调整后确定结算价格。工程结算反映的是工程项目实际造价。工程结算文件一般由承包单位编制，由发包单位审查，也可委托工程造价咨询机构进行审查。

⑦ 竣工决算是指工程竣工决算阶段，以实物数量和货币指标为计量单位，综合反映竣工项目从筹建开始到项目竣工交付使用为止的全部建设费用。竣工决算文件一般是由建设单位编制，上报相关主管部门审查。

(3) 分解组合性计价

工程造价的计算与建设项目的组合性有关。一个建设项目是一个工程综合体，可按单项工程、单位工程、分部工程、分项工程等不同层次分解为许多有内在联系的组成部分。建设项目的组合性决定了工程计价的逐步组合过程。首先要将其按照“建设项目—单项工程—单位工程—分部工程—分项工程”完成工程的层次划分，然后计算分项工程量，再根据分项工程的单价汇总成分部工程造价，逐级汇总为建设项目总造价。

① 建设项目又称基本建设项目，是指在一个总体设计或初步设计范围内，由一个或几个单位工程组成，在经济上进行统一核算，行政上有独立组织形式、实行统一管理的建设单位。凡属于一个总体设计范围内分期分批进行建设的主体工程和附属配套工程、供水供电工程等，均应作为一个工程建设项目，不能将其按地区或施工承包单位划分为若干个工程建设项目。

对每个建设项目，都编有计划任务书和独立的总体设计，如一个学校，一个房地产开发小区。

② 单项工程又称工程项目，是建设项目的组成部分。一个建设项目可以是一个单项工程，也可能包括几个单项工程。单项工程是具有独立的设计文件，建成后可以独立发挥生产能力或效益的一组配套齐全的工程项目，如一所学校的教学楼、宿舍等。

③ 单位工程是单项工程的组成部分，单位工程是指具有独立的设计文件，可以独立组织施工和单项核算，但不能独立发挥其生产能力和使用效益的工程项目。单位工程不具有独立存在的意义，它是单项工程的组成部分。如车间的厂房建筑是一个单位工程，车间的设备安装又是一个单位工程，此外还有电器照明工程、工业管道工程等。

单位工程，既是设计单体，又是建设和施工管理的单体。例如民用建筑的土建、给排水、采暖、通风、照明各为一个单位工程。

④ 分部工程是单位工程的组成部分，是指按工程的部位、结构形式的不同等划分的工程项目。例如房屋建筑单位工程可划分为基础工程、墙体工程、屋面工程等；也可以按工种工程划分，如土、石方工程，钢筋混凝土工程、装饰工程等。

⑤ 分项工程是分部工程的组成部分，分项工程是根据工种、构件类别、使用材料不同划分的工程项目。一个分部工程由多个分项工程构成。分项工程是工程项目划分的基本单位。如混凝土及钢筋混凝土分部工程中的带形基础、独立基础、满堂基础、设备基础、矩形柱、有梁板、阳台、楼梯、雨篷、挑檐等均属分项工程。

综上所述，一个建设项目是由若干个单项工程组成的，一个单项工程是由若干个单位工程组成的，一个单位工程是由若干个分部工程组成的，一个分部工程可以划分为若干个分项工程甚至“子目”。如图1.2.2所示。

(4) 计价方法的多样性

工程项目的多次计价有其各不相同的计价依据，每次计价的精确度要求也各不相同，由此决

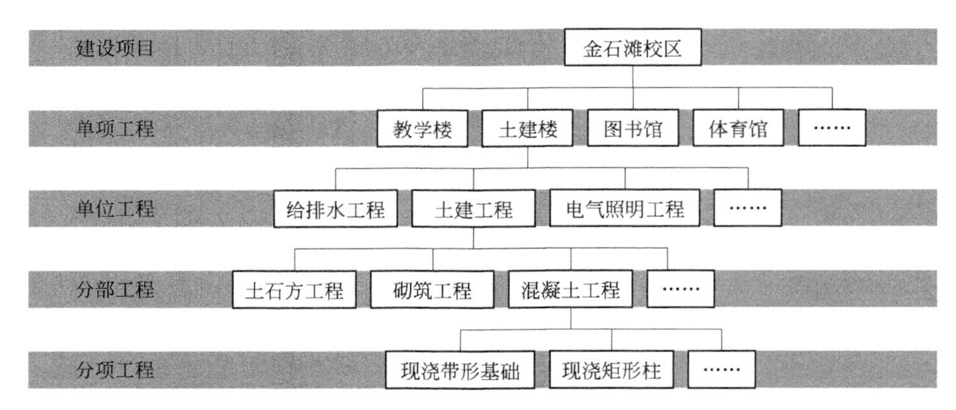

图 1.2.2　某大学新校区建设项目的划分示意图

定了计价方法的多样性。例如，投资估算方法有设备系数法、生产能力指数估算法等；概预算方法有单价法和实物法等。不同方法有不同的适用条件，计价时应根据具体情况加以选择。

(5) 计价依据的复杂性

工程造价的影响因素较多，决定了工程计价依据的复杂性。计价依据主要可分为以下 7 类：

① 设备和工程量计算依据。包括项目建议书、可行性研究报告、设计文件等。

② 人工、材料、机械等实物消耗量计算依据。包括投资估算指标、概算定额、预算定额等。

③ 工程单价计算依据。包括人工单价、材料价格、材料运杂费、机械台班费等。

④ 设备单价计算依据。包括设备原价、设备运杂费、进口设备关税等。

⑤ 措施费、间接费和工程建设其他费用计算依据。主要是相关的费用定额和指标。

⑥ 政府规定的税、费。

⑦ 物价指数和工程造价指数。

工程计价依据的复杂性不仅使计算过程复杂，而且需要计价人员熟悉各类依据，并加以正确应用。

1.3　建筑安装工程费用构成

1.3.1　建筑安装工程费的含义

建筑安装工程费是指为完成工程项目建造、生产性设备及配套工程安装所需的费用，包括建筑工程费和安装工程费。

(1) 建筑工程费用内容

① 各类房屋建筑工程和列入房屋建筑工程预算的供水、供暖、卫生、通风、煤气等设备费用及其装设、油饰工程的费用，列入建筑工程预算的各种管道、电力、电信和电缆导线敷设工程的费用。

② 设备基础、支柱、工作台、烟囱、水塔、水池、灰塔等建筑工程以及各种炉窑的砌筑工程和金属结构工程的费用。

③ 为施工而进行的场地平整，工程和水文地质勘察，原有建筑物和障碍物的拆除以及施工临时用水、电、暖、气、路、通信和完工后的场地清理，环境绿化、美化等工作的费用。

④ 矿井开凿、井巷延伸、露天矿剥离，石油、天然气钻井，修建铁路、公路、桥梁、水库、堤坝、灌渠及防洪等工程的费用。

(2) 安装工程费用内容

① 生产、动力、起重、运输、传动和医疗、实验等各种需要安装的机械设备的装配费用，与设备相连的工作台、梯子、栏杆等设施的工程费用，附属于被安装设备的管线敷设工程费用，以及被安装设备的绝缘、防腐保温、油漆等工作的材料费和安装费。

② 为测定安装工程质量，对单台设备进行单机试运转、对系统设备进行系统联动无负荷试运转工作的调试费。

根据住房城乡建设部、财政部颁布的“关于印发《建筑安装工程费用项目组成》的通知”(建标［2013］44号)，我国现行建筑安装工程费用项目按两种不同的方式划分，即按费用构成要素划分和按造价形成划分，其具体构成如图1.3.1所示。

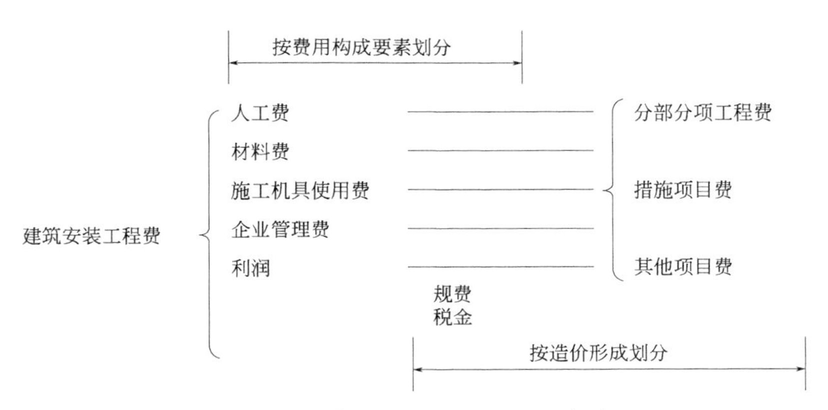

图1.3.1 建筑安装工程费用项目构成

1.3.2 按费用构成要素划分建筑安装工程费用项目构成和计算

按照费用构成要素划分，建筑安装工程费包括人工费、材料费（包含工程设备，下同）、施工机具使用费、企业管理费、利润、规费和税金。

(1) 人工费构成及计算方法

人工费是指支付给直接从事建筑安装工程施工作业的生产工人的各项费用。内容包括：

① 计时工资或计件工资。是指按计时工资标准和工作时间或对已做工作按计件单价支付给个人的劳动报酬。

② 奖金。是指对超额劳动和增收节支支付给个人的劳动报酬。如节约奖、劳动竞赛奖等。

③ 津贴补贴。是指为了补偿职工特殊或额外的劳动消耗和因其他特殊原因支付给个人的津贴，以及为了保证职工工资水平不受物价影响支付给个人的物价补贴。如流动施工津贴、特殊地区施工津贴、高温（寒）作业临时津贴、高空津贴等。

④ 加班加点工资。是指按规定支付的在法定节假日工作的加班工资和在法定日工作时间外延时工作的加点工资。

⑤ 特殊情况下支付的工资。是指根据国家法律、法规和政策规定，因病、工伤、产假、计划生育假、婚丧假、事假、探亲假、定期休假、停工学习、执行国家或社会义务等原因按计时工资标准或计时工资标准的一定比例支付的工资。

人工费由式(1.3.1) 计算。

$$人工费=\sum(工日消耗量\times日工资单价) \tag{1.3.1}$$

计算人工费的基本要素有两个，即人工工日消耗量和人工日工资单价。

人工工日消耗量是指在正常施工生产条件下，完成规定计量单位的建筑安装产品所消耗的生产工人的工日数量。它是由分项工程所综合的各工序劳动定额包括的基本用工、其他用工两部分组成。

人工日工资单价是指直接从事建筑安装工程施工生产的生产工人在法定工作日每工日的工资、津贴及奖金等。

(2) 材料费构成及计算方法

建筑安装工程费中的材料费，是指工程施工过程中耗费的各种原材料、半成品、工程设备等的费用，以及周转材料的摊销、租赁费用。

计算材料费的基本要素是材料消耗量和材料单价。

材料费由式(1.3.2) 计算。

$$材料费=\sum(材料消耗量\times材料单价) \tag{1.3.2}$$

① 材料消耗量是指在正常施工条件下，完成规定计量单位的建筑安装产品所消耗的各类材料的数量。它包括材料的净用量和不可避免的损耗量。

② 材料单价是指建筑材料从其来源地运到施工工地仓库直至出库形成的综合平均单价，由材料原价（或供应价格）、材料运杂费、运输损耗费、采购及保管费等构成，由式(1.3.3) 计算。

$$材料单价=(材料原价+运杂费)\times(1+运输损耗率)\times(1+采购保管费率) \tag{1.3.3}$$

③ 工程设备是指构成或计划构成永久工程一部分的机电设备、金属结构设备、仪器装置及其他类似的设备和装置。工程设备费由式(1.3.4)～式(1.3.5) 计算。

$$工程设备费=\sum(工程设备数量\times工程设备单价) \tag{1.3.4}$$

其中：

$$工程设备单价=(设备原价+运杂费)\times(1+采购保管费率) \tag{1.3.5}$$

(3) 施工机具使用费构成及计算方法

施工机具使用费是指施工作业所发生的施工机械、仪器仪表使用费或其租赁费。

① 施工机械使用费。是指施工机械作业发生的使用费或租赁费，由式(1.3.6)～式(1.3.7) 计算。构成施工机械使用费的基本要素是施工机械台班消耗量和机械台班单价。

$$施工机械使用费=\sum(施工机械台班消耗数量\times机械台班单价) \tag{1.3.6}$$

其中

$$\begin{aligned}机械台班单价=&台班折旧费+台班大修费+台班经常修理费+台班安拆费及场外运输费\\&+台班人工费+台班燃料动力费+台班车船税费\end{aligned} \tag{1.3.7}$$

② 仪器仪表使用费。是指工程施工所需使用的仪器仪表的使用费或租赁费，包括折旧费、维修费、校验费和动力费。

(4) 企业管理费构成及计算方法

企业管理费是指施工企业为组织施工生产和经营管理所需的费用。内容包括：

① 管理人员工资。是指按规定支付给管理人员的计时工资、奖金、津贴补贴、加班加点工资及特殊情况下支付的工资等。

② 办公费。是指企业管理办公用的文具、纸张、账表、印刷、邮电、书报、办公软件、现场监控、会议、水电、烧水和集体取暖降温（包括现场临时宿舍取暖降温）等费用。

③ 差旅交通费。是指职工因公出差、调动工作的差旅费、住勤补助费，市内交通费和误餐补助费，职工探亲路费，劳动力招募费，职工退休、退职一次性路费，工伤人员就医路费，工地转移费以及管理部门使用的交通工具的油料、燃料等费用。

④ 固定资产使用费。是指管理和试验部门及附属生产单位使用的属于固定资产的房屋、设备、仪器等的折旧、大修、维修或租赁费。

⑤ 工具用具使用费。是指企业施工生产和管理使用的不属于固定资产的工具、器具、家具、交通工具和检验、试验、测绘、消防等用具的购置、维修和摊销费。

⑥ 劳动保险和职工福利费。是指由企业支付的职工退职金、按规定支付给离休干部的经费、集体福利费、夏季防暑降温费、冬季取暖补贴、上下班交通补贴等。

⑦ 劳动保护费。是企业按规定发放的劳动保护用品的支出，如工作服、手套、防暑降温饮料以及在有碍身体健康的环境中施工的保健费用等。

⑧ 检验试验费。是指施工企业按照有关标准规定，对建筑以及材料、构件和建筑安装物进行一般鉴定、检查所发生的费用，包括自设试验室进行试验所耗用的材料等费用。不包括新结构、新材料的试验费，对构件做破坏性试验及其他特殊要求检验试验的费用和建设单位委托检测机构进行检测的费用。对此类检测发生的费用，由建设单位在工程建设其他费用中列支，但对施工企业提供的具有合格证明的材料进行检测不合格的，该检测费用由施工企业支付。

⑨ 工会经费。是指企业按《工会法》规定的全部职工工资总额比例计提的工会经费。

⑩ 职工教育经费。是指按职工工资总额的规定比例计提，企业为职工进行专业技术和职业技能培训，专业技术人员继续教育、职工职业技能鉴定、职业资格认定以及根据需要对职工进行各类文化教育所发生的费用。

⑪ 财产保险费。是指施工管理用财产、车辆等的保险费用。

⑫ 财务费。是指企业为施工生产筹集资金或提供预付款担保、履约担保、职工工资支付担保等所发生的各种费用。

⑬ 税金。是指企业按规定缴纳的房产税、车船使用税、土地使用税、印花税等。

⑭ 其他。包括技术转让费、技术开发费、投标费、业务招待费、绿化费、广告费、公证费、法律顾问费、审计费、咨询费、保险费等。

⑮ 工程项目附加税费。是指国家税法规定的应计入建筑安装工程造价中的城市维护建设税、教育费附加和地方教育费附加。

企业管理费一般采用取费基数乘以企业管理费率的方法计算，取费基数有三种，分别是：以分部分项工程费为计算基础、以人工费和机械费合计为计算基础及以人工费为计算基础。企业管理费由式(1.3.8) 计算。

$$企业管理费=取费基数\times企业管理费率 \tag{1.3.8}$$

(5) 利润构成及计算方法

利润是指施工企业完成所承包工程获得的盈利，由施工企业根据企业自身需求并结合建筑市场实际自主确定。

利润一般采用取费基数乘以利润率的方法计算，取费基数有两种，分别是：以人工费和机械费合计为计算基础及以人工费为计算基础。利润计算方法如下：

① 以人工费和机械费合计为计算基础，由式(1.3.9) 计算。

$$利润=(人工费+机械费)\times利润率 \tag{1.3.9}$$

② 以人工费为计算基础，由式(1.3.10) 计算。

$$利润=人工费\times利润率 \tag{1.3.10}$$

(6) 规费构成及其计算

规费是指按国家法律、法规规定，由省级政府和省级有关权力部门规定必须缴纳或计取的费用。主要包括社会保险费、住房公积金和工程排污费。

① 社会保险费包括：

a. 养老保险费：企业按规定标准为职工缴纳的基本养老保险费。

b. 失业保险费：企业按照国家规定标准为职工缴纳的失业保险费。

c. 医疗保险费：企业按照规定标准为职工缴纳的基本医疗保险费。

d. 生育保险费：企业按照国家规定为职工缴纳的生育保险费。

e. 工伤保险费：企业按照国务院制定的行业费率为职工缴纳的工伤保险费。

② 住房公积金：企业按规定标准为职工缴纳的住房公积金。

社会保险费和住房公积金应根据工程所在地省、自治区、直辖市或行业建设主管部门规定计算。

③ 工程排污费：企业按规定缴纳的施工现场工程排污费。

工程排污费应按工程所在地环境保护等部门规定的标准缴纳，按实计取列入。

其他应列而未列入的规费，按实际发生计取列入。

(7) 税金及计算

建筑安装工程税金是指国家税法规定的应计入建筑安装工程造价内的增值税额，按税前造价乘以增值税率确定。

1.3.3 按造价形成划分建筑安装工程费用项目构成和计算

建筑安装工程费按照工程造价形成由分部分项工程费、措施项目费、其他项目费、规费和税金组成。

(1) 分部分项工程费

分部分项工程费是指工程量清单计价中，各专业工程的分部分项工程所需的人工费、材料和工程设备费、施工机具使用费、企业管理费、利润、风险等费用。各类专业工程的分部分项工程划分应遵循现行国家或行业计量规范的规定。

(2) 措施项目费

措施项目费是指为完成建设工程施工，发生于该工程施工前和施工过程中的技术、生活、安全、环境保护等方面的费用。措施项目及其包含的内容应遵循各类专业工程的现行国家或行业计量规范。以《房屋建筑与装饰工程工程量计算规范》(GB 50854—2013) 中的规定为例，措施项目费可以归纳为以下几项。

① 安全文明施工费。是指工程施工期间按照国家现行的环境保护、建筑施工安全、施工现场环境与卫生等标准和有关规定，购置和更新施工安全防护用具及设施，改善安全生产条件和作业环境所需要的费用。通常由环境保护费、文明施工费、安全施工费、临时设施费组成。

② 夜间施工增加费。是指因夜间施工所发生的夜班补助、夜间施工降效、夜间施工照明设备摊销及照明用电等费用。

③ 非夜间施工照明费。是指为保证工程施工正常进行，在地下室等特殊施工部位施工时所采用的照明设备的安拆、维护及照明用电等费用。

④ 二次搬运费。是指由于施工场地条件限制而发生的材料、成品、半成品等一次运输不能达到堆放地点，必须进行二次或多次搬运的费用。

⑤ 冬雨季施工增加费。是指为了保证冬雨季施工工程质量，所采取保温、防雨、防滑、排除雨雪等措施所增加的材料、人工、设施费及工效差所增加的费用。

⑥ 地上、地下设施或建筑物的临时保护设施费。是指在工程施工过程中，对已建成的地上、地下设施或建筑物进行的遮盖、封闭、隔离等必要保护措施所发生的费用。

⑦ 已完工程及设备保护费。是指竣工验收前，对已完工程及设备采取的覆盖、包裹、封闭、隔离等必要保护措施所发生的费用。

⑧ 脚手架费。是指施工需要的各种脚手架搭、拆、运输费用以及脚手架购置费的摊销（或租赁）费用。

⑨ 混凝土模板及支架（撑）费。是指混凝土施工过程中需要的各种钢模板、木模板、支架

等的支拆、运输费用及模板、支架的摊销（或租赁）费用。

⑩ 垂直运输费。是指现场所用材料、机具从地面运至相应高度以及职工人员上下工作面等所发生的运输费用。

⑪ 超高施工增加费。当单层建筑物檐口高度超过20m，多层建筑物超过6层时，可计算超高施工增加费。

⑫ 大型机械设备进出场及安拆费。是指机械整体或分体自停放场地运至施工现场或由一个施工地点运至另一个施工地点，所发生的机械进出场运输和转移费用，以及机械在施工现场进行安装、拆卸所需的人工费、材料费、机械费、试运转费和安装所需的辅助设施的费用。

⑬ 施工排水、降水费。是指将施工期间有碍施工作业和影响工程质量的水排到施工场地以外，以及防止在地下水位较高的地区开挖深基坑出现基坑浸水，造成地基承载力下降，在动水压力作用下还可能引起流沙、管涌和边坡失稳等现象而必须采取有效的降水和排水措施费用。

⑭ 其他。根据项目的专业特点或所在地区不同，可能会出现其他的措施项目，如工程定位复测费和特殊地区施工增加费等。

(3) 其他项目费

其他项目费主要包括暂列金额、暂估价、计日工及总承包服务费。

① 暂列金额是指建设单位在工程量清单中暂定并包括在工程合同价款中的一笔款项。用于施工合同签订时尚未确定或者不可预见的所需材料、工程设备、服务的采购，施工中可能发生的工程变更、合同约定调整因素出现时的工程价款调整以及发生的索赔、现场签证确认等的费用。暂列金额由建设单位根据工程特点，按有关计价规定估算，施工过程中由建设单位掌握使用，扣除合同价款调整后如有余额，归建设单位。

② 暂估价是指用于支付必然发生但暂时不能确定价格的材料、工程设备的单价以及专业工程的金额，包括材料暂估单价、工程设备暂估单价、专业工程暂估价。

③ 计日工是指在施工过程中，施工企业完成建设单位提出的施工图纸以外的零星项目或工作所需的费用。计日工由建设单位和施工企业按施工过程中的签证计价。

④ 总承包服务费是指总承包人为配合、协调建设单位进行的专业工程发包，对建设单位自行采购的材料、工程设备等进行保管以及施工现场管理、竣工资料汇总整理等服务所需的费用。

总承包服务费由建设单位在招标控制价中根据总包服务范围和有关计价规定编制，施工企业投标时自主报价，施工过程中按签约合同价执行。

(4) 规费和税金

规费和税金的构成和计算与1.3.2节相同。

1.4 工程计量计价原理

当建设项目设计深度足够时，对其工程造价估计可采用分部组合计价，其基本原理可以通过式(1.4.1)表达如下：

$$\text{建筑安装工程造价}=\sum[\text{单位工程基本构造要素工程量(分项工程)}\times\text{工程单价}] \tag{1.4.1}$$

式(1.4.1)中包含工程造价分部组合计价的三大组成要素：单位工程基本构造要素的划分、工程计量、工程计价。

(1) 单位工程基本构造要素的划分

建设项目是兼具单件性与多样性的集合体。每一个建设项目的建设都需要按业主的特定需要进行单独设计、单独施工，不能批量生产和按整个项目确定价格，只能采用特殊的计价程序和计价方法，即将整个项目进行分解，划分为可以按有关技术经济参数测算价格的基本构造要素（或称分部、分项工程），这样就能很容易地计算出基本构造要素的费用。一般来说，分解结构层次越多，基本子项也越细，计算也更精确。

任何一个建设项目都可以分解为一个或几个单项工程；任何一个单项工程都是由一个或几个单位工程组成。作为单位工程的各类建筑工程和安装工程仍然是一个比较复杂的综合实体，还需要进一步分解。就建筑工程来说，又可以按照施工顺序细分为土（石）方工程、砖石砌筑工程、混凝土及钢筋混凝土工程、木结构工程、楼地面工程等分部工程。分解成分部工程后，虽然每一部分都包括不同的结构和装修内容，但是从工程计价的角度来看，还需要把分部工程按照不同的施工方法、不同的构造及不同的规格，加以更为细致的分解，划分为更为简单细小的部分。这样逐步分解到分项工程后，就可以得到基本构造要素了。

工程造价计价的基本思路就是将建设项目细分至最基本的构造单元，找到适当的计量单位及当时当地的单价，就可以采取一定的计价方法，进行分项分部组合汇总，计算出某工程的工程总造价。工程造价计价的基本原理就是项目的分解与组合，是一种从下而上的分部组合计价方法。

（2）工程计量

工程计量工作包括建设项目的划分和工程量的计算。

① 单位工程基本构造单元的确定，即建设项目的划分。编制工程概算预算时，主要是按工程定额进行项目的划分；编制工程量清单时主要是按照工程量清单计量范围规定的清单项目进行划分。

② 工程量的计算就是按照建设项目的划分和工程计算规则，就施工图设计文件和施工组织设计对分项工程实物量进行计算。工程实物量是计价的基础，不同的计价依据有不同的计算规则。目前，工程量计算规则包括两大类，即：

a. 各类工程定额规定的计算规则。定额工程量是根据预算定额工程量计算规则计算的工程量，受施工方法、环境、地质等影响，一般包括实体工程中实际用量和损耗量。

b. 各专业工程工程量清单计量规范附录中规定的计算规则。清单工程量是根据工程量清单计量规范规定计算工程量，不考虑施工方法和加工余量，是指实体工程的净量。

（3）工程计价

工程计价分为确定工程单价、计算工程总价两项内容。

① 工程单价是指完成单位工程基本构造单元的工程量所需要的基本费用。工程单价包括工料单价和综合单价。

a. 工料单价包括人工、材料、施工机具使用费。住建部发布的《关于做好建筑业营改增建设工程计价依据调整准备工作的通知》（建办标［2016］4号）指出建筑业要实施增值税，增值税是价外税。因此，工程造价中的人工费、材料费、施工机具使用费、企业管理费、利润和规费等各项费用均以不包含增值税可抵扣进项税额的价格来计算，因而工料单价也为不含税价格。

b. 综合单价包括人工费、材料费、施工机具使用费，还包括企业管理费、利润和风险因素。综合单价根据国家、地区、行业定额或企业定额消耗量和相应生产要素的不包括增值税可抵扣进项税额后的市场价格来确定。

② 工程总价是指经过规定的程序或办法逐级汇总的相应工程造价。

根据采用单价的不同，工程总价的计算程序有所不同。

a. 采用工料单价时，在工料单价确定后，乘以相应定额项目工程量并汇总，得出相应工程的人工费、材料费、施工机具使用费，再按照相应的取费程序计算管理费、利润、规费等费用，汇总后形成相应的税前工程造价，然后再按增值税率计取增值税销项税额，由式(1.4.2)计算。

$$工程造价=税前工程造价\times(1+增值税率) \tag{1.4.2}$$

建设工程概预算的编制采用的工程单价是工料单价。

b. 采用综合单价时，在综合单价确定后，乘以相应项目工程量，经汇总即可得出分部分项工程费，再按相应的办法计取措施项目费、其他项目费、规费，汇总后得出相应的不含税工程造价，再按增值税率计取增值税销项税额，得到工程造价。工程量清单计价模式下招标控制价、投标报价的编制采用的工程单价是综合单价，本书只介绍采用综合单价的计价方法。

第2章

建筑面积及其计算规则

教学目标：

通过本章的学习，能够理解建筑面积的含义，阐释建筑面积计算中涉及的术语，能够根据《建筑工程建筑面积计算规范》进行建筑面积的计算。

教学要求：

能力目标	知识要点	相关知识
理解建筑面积的含义	建筑面积的概念和作用	建筑面积的概念、作用、计算依据
阐释建筑面积计算过程中涉及的术语	术语的解释	术语的定义和含义
能够计算一般建筑物的建筑面积	建筑面积的计算规则	计算建筑面积的范围和方法、不计算建筑面积的范围

2.1　建筑面积的概念及其作用

2.1.1　建筑面积的概念

人类营造各类建筑物的目的就在于使其能够为人类的生产或生活提供有效的使用空间，人们可以在其中生产、生活、工作、学习等。各类建筑物所能提供的有效使用空间的分层水平投影面积之和称为建筑面积，也称建筑展开面积。建筑面积包括使用面积、辅助面积和结构面积。

(1) 使用面积

使用面积是指建筑物各层平面布置中，可直接为生产或生活使用的净面积总和。居室净面积在民用建筑中亦称“居住面积”。例如：住宅建筑中的居室、客厅、书房等。

(2) 辅助面积

辅助面积是指建筑物各层平面布置中为辅助生产或生活所占净面积的总和。例如：住宅建筑的楼梯、走道、卫生间、厨房等。使用面积与辅助面积的总和称为“有效面积”。

(3) 结构面积

结构面积是指建筑物各层平面布置中的墙体、柱等结构所占面积的总和（不包括抹灰厚度所占面积）。

2.1.2　建筑面积的作用

建筑面积计算是工程计量最基础的工作，在工程建设中具有重要意义。建筑面积的作用，具体有以下几个方面。

(1) 建筑面积是确定建设规模的重要指标

项目立项批准文件所核准的建筑面积，是初步设计的重要控制指标。对于国家投资的项目，施工图的建筑面积不得超过初步设计的5%，否则必须重新报批。

(2) 建筑面积是确定各项技术经济指标的基础

建筑面积与使用面积、辅助面积、结构面积之间存在着一定的比例关系。设计人员在进行建筑或结构设计时，在计算建筑面积的基础上再分别计算出结构面积、有效面积等技术经济指标。比如，有了建筑面积，才能确定每平方米建筑面积的工程造价，由式(2.1.1) 表示。

$$单位面积工程造价=\frac{工程造价}{建筑面积} \tag{2.1.1}$$

还有很多其他的技术经济指标（如每平方米建筑面积的工料用量），也需要建筑面积这一数据，如式(2.1.2)、式(2.1.3) 所示。

$$单位建筑面积的材料消耗指标=\frac{工程材料消耗量}{建筑面积} \tag{2.1.2}$$

$$单位建筑面积的人工消耗量=\frac{工程人工工日消耗量}{建筑面积} \tag{2.1.3}$$

(3) 建筑面积是评价设计方案的依据

建筑设计和建筑规划中，经常使用建筑面积控制某些指标，比如容积率、建筑密度、建筑系数等。在评价设计方案时，通常采用居住面积系数、土地利用系数、有效面积系数、单方造价等指标，这些指标都与建筑面积密切相关。因此，为了评价设计方案，必须准确计算建筑面积。容积率和建筑密度与建筑面积的关系如式(2.1.4)、式(2.1.5) 所示。

$$容积率=\frac{建筑总面积}{建筑占地面积}\times 100\% \tag{2.1.4}$$

$$建筑密度=\frac{建筑物底层面积}{建筑占地面积}\times 100\% \tag{2.1.5}$$

(4) 计算有关分项工程量的依据和基础

在编制一般土建工程预算时，建筑面积是确定一些分项工程量的基本数据。应用统筹计算方法，根据底层建筑面积，就可以很方便地推算出室内回填土体积、地（楼）面面积和天棚面积等。另外，建筑面积也是脚手架、垂直运输机械等费用的计算依据。

(5) 选择概算指标和编制概算的基础数据

概算指标通常是以建筑面积为计量单位。用概算指标编制概算时，要以建筑面积为计算基础。

2.1.3 建筑面积的计算依据

建筑面积的计算主要依据现行国家标准《建筑工程建筑面积计算规范》(GB/T 50353—2013)。该规范包括总则、术语、计算建筑面积的规定和条文说明四部分，规定了计算建筑全部面积、计算建筑部分面积和不计算建筑面积的情形及计算规则，适用于新建、扩建和改建的工业与民用建筑工程建设全过程的建筑面积计算，即该规范不仅仅适用于工程造价计价活动，也适用于项目规划、设计阶段。

2.2 《建筑面积计算规范》术语

(1) 建筑面积 (construction area)

建筑物（包括墙体）所形成的楼地面面积。包括附属于建筑物的室外阳台、雨篷、檐廊、室外走廊、室外楼梯等。

(2) 自然层 (floor)

按楼地面结构分层的楼层。

(3) 结构层高 (structure story height)

楼面或地面结构层上表面至上部结构层上表面之间的垂直距离。

(4) 围护结构 (building enclosure)

围合建筑空间的墙体、门、窗。

(5) 建筑空间 (space)

以建筑界面限定的、供人们生活和活动的场所。具备可出入、可利用条件(设计中可能标明了使用用途,也可能没有标明使用用途或使用用途不明确)的围合空间,均属于建筑空间。

(6) 结构净高 (structure net height)

楼面或地面结构层上表面至上部结构层下表面之间的垂直距离。

(7) 围护设施 (enclosure facilities)

为保障安全而设置的栏杆、栏板等围挡。

(8) 地下室 (basement)

室内地平面低于室外地平面的高度超过室内净高的 1/2 的房间。

(9) 半地下室 (semi-basement)

室内地平面低于室外地平面的高度超过室内净高的 1/3,且不超过 1/2 的房间。

(10) 架空层 (stilt floor)

仅有结构支撑而无外围护结构的开敞空间层。

(11) 走廊 (corridor)

建筑物中的水平交通空间。

(12) 架空走廊 (elevated corridor)

专门设置在建筑物的二层或二层以上,作为不同建筑物之间水平交通的空间。

(13) 结构层 (structure layer)

整体结构体系中承重的楼板层。特指整体结构体系中承重的楼层,包括板、梁等构件。结构层承受整个楼层的全部荷载,并对楼层的隔声、防火等起主要作用。

(14) 落地橱窗 (french window)

突出外墙面且根基落地的橱窗。落地橱窗是指在商业建筑临街面设置的下槛落地、可落在室外地坪也可落在室内首层地板,用来展览各种样品的玻璃窗。

(15) 凸窗(飘窗)(bay window)

凸出建筑物外墙面的窗户。凸窗(飘窗)既作为窗,就有别于楼(地)板的延伸,也就是不能把楼(地)板延伸出去的窗称为凸窗(飘窗)。凸窗(飘窗)的窗台应只是墙面的一部分且距(楼)地面应有一定的高度。

(16) 檐廊 (eaves gallery)

建筑物挑檐下的水平交通空间。檐廊是附属于建筑物底层外墙有屋檐作为顶盖,其下部一般有柱或栏杆、栏板等的水平交通空间。

(17) 挑廊 (overhanging corridor)

挑出建筑物外墙的水平交通空间。

(18) 门斗 (air lock)

建筑物入口处两道门之间的空间。

(19) 雨篷 (canopy)

建筑出入口上方为遮挡雨水而设置的部件。

雨篷是指建筑物出入口上方、凸出墙面、为遮挡雨水而单独设立的建筑部件。雨篷划分为有柱雨篷（包括独立柱雨篷、多柱雨篷、柱墙混合支撑雨篷、墙支撑雨篷）和无柱雨篷（悬挑雨篷）。如凸出建筑物，且不单独设立顶盖，利用上层结构板（如楼板、阳台底板）进行遮挡，则不视为雨篷，不计算建筑面积。对于无柱雨篷，如顶盖高度达到或超过两个楼层时，也不视为雨篷，不计算建筑面积。

(20) 门廊 (porch)

建筑物入口前有顶棚的半围合空间。

门廊是在建筑物出入口，无门、三面或两面有墙，上部有板（或借用上部楼板）围护的部位。

(21) 楼梯 (stairs)

由连续行走的梯级、休息平台和维护安全的栏杆（或栏板）、扶手以及相应的支托结构组成的作为楼层之间垂直交通使用的建筑部件。

(22) 阳台 (balcony)

附设于建筑物外墙，设有栏杆或栏板，可供人活动的室外空间。

(23) 主体结构 (major structure)

接受、承担和传递建设工程所有上部荷载，维持上部结构整体性、稳定性和安全性的有机联系的构造。

(24) 变形缝 (deformation joint)

防止建筑物在某些因素作用下引起开裂甚至破坏而预留的构造缝。

变形缝是指在建筑物因温差、不均匀沉降以及地震而可能引起结构破坏变形的敏感部位或其他必要的部位，预先设缝将建筑物断开，令断开后建筑物的各部分成为独立的单元，或者是划分为简单、规则的段，并令各段之间的缝达到一定的宽度，以能够适应变形的需要。根据外界破坏因素的不同，变形缝一般分为伸缩缝、沉降缝、抗震缝三种。

(25) 骑楼 (overhang)

建筑底层沿街面后退且留出公共人行空间的建筑物。

骑楼是指沿街二层以上用承重柱支撑骑跨在公共人行空间之上，其底层沿街面后退的建筑物。

(26) 过街楼 (overhead building)

跨越道路上空并与两边建筑相连接的建筑物。

过街楼是指当有道路在建筑群穿过时为保证建筑物之间的功能联系，设置跨越道路上空使两边建筑相连接的建筑物。

(27) 建筑物通道 (passage)

为穿过建筑物而设置的空间。

(28) 露台 (terrace)

设置在屋面、首层地面或雨篷上的供人室外活动的有围护设施的平台。

露台应满足四个条件：一是位置，设置在屋面、地面或雨篷顶；二是可出入；三是有围护设施；四是无盖。这四个条件须同时满足。如果设置在首层并有围护设施的平台，且其上层为同体量阳台，则该平台应视为阳台，按阳台的规则计算建筑面积。

(29) 勒脚 (plinth)

在房屋外墙接近地面部位设置的饰面保护构造。

(30) 台阶 (step)

联系室内外地坪或同楼层不同标高而设置的阶梯形踏步。

台阶是指建筑物出入口不同标高地面或同楼层不同标高处设置的供人行走的阶梯式连接构件。室外台阶还包括与建筑物出入口连接处的平台。

2.3 建筑面积计算规则

2.3.1 应计算建筑面积的范围及规则

(1) 建筑物的建筑面积

应按自然层外墙结构外围水平面积之和计算。结构层高在2.20m及以上的，应计算全面积；结构层高在2.20m以下的，应计算1/2面积。

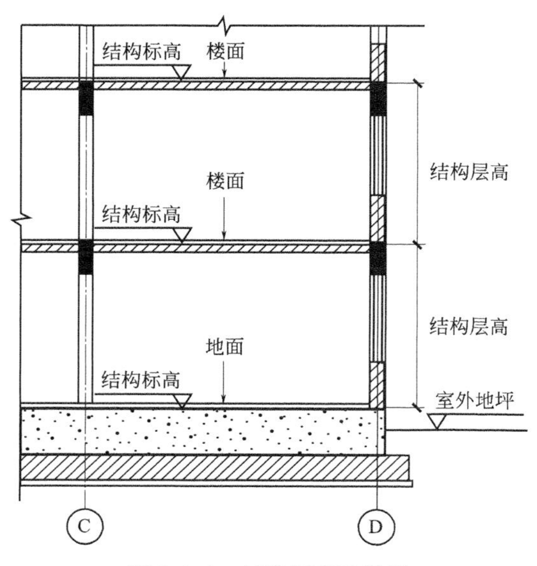

图2.3.1 结构层高示意图

自然层按楼地面结构分层的楼层：上下均为楼面时，结构层高是相邻两层楼板结构层上表面之间的垂直距离；建筑物最底层，从“混凝土构造”的上表面，算至上层楼板结构层上表面（分两种情况：一是有混凝土底板的，从底板上表面算起，如底板上有上反梁，则应从上反梁上表面算起；二是无混凝土底板、有地面构造的，以地面构造中最上一层混凝土垫层或混凝土找平层上表面算起）；建筑物顶层，从楼板结构层上表面算至屋面板结构层上表面，如图2.3.1所示。

建筑面积计算不再区分单层建筑和多层建筑，有围护结构的以围护结构外围计算。计算建筑面积时不考虑勒脚，勒脚是建筑物外墙与室外地面或散水接触部分墙体的加厚部分，其高度一般为室内地坪与室外地面的高差，也有的将勒脚高度提高到底层窗台，因为勒脚是墙根很矮的一部分墙体加厚，不能代表整个外墙结构。当外墙结构本身在一个层高范围内不等厚时（不包括勒脚，外墙结构在该层高范围内材质不变），以楼地面结构标高处的外围水平面积计算，如图2.3.2所示。当围护结构下部为砌体，上部为彩钢板围护的建筑物（如图2.3.3所示），其建筑面积的计算：当$h<0.45$m时，建筑面积按彩钢板外围水平面积计算；当$h>0.45$m时，建筑面积按下部砌体外围水平面积计算。

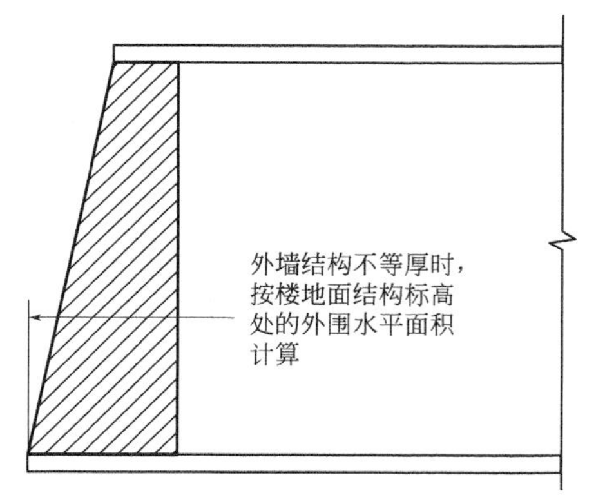

图2.3.2 外墙结构不等厚建筑面积计算示意图

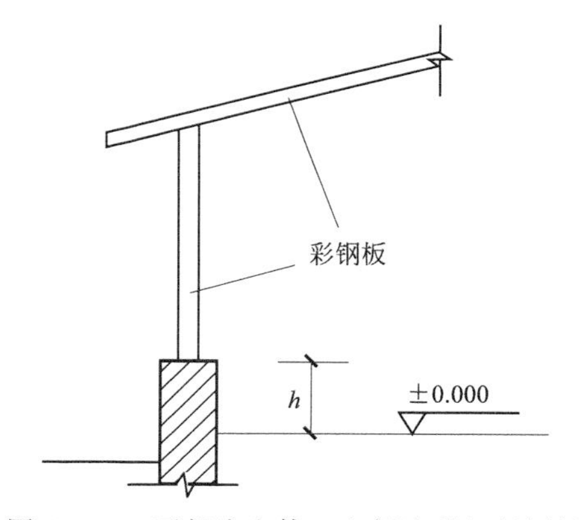

图2.3.3 下部为砌体，上部为彩钢板围护的建筑物示意图

(2) 建筑物内设有局部楼层

对于局部楼层的二层及以上楼层，有围护结构的应按其围护结构外围水平面积计算，无围护结构的应按其结构底板水平面积计算，且结构层高在2.20m及以上的，应计算全面积，结构层高在2.20m以下的，应计算1/2面积。

如图2.3.4所示，在计算建筑面积时，只要是在一个自然层内设置的局部楼层，其首层面积已包括在原建筑物中，不能重复计算。因此，应从二层以上开始计算局部楼层的建筑面积。计算方法是有围护结构按围护结构（如图2.3.4中局部二层），没有围护结构的按底板（如图2.3.4中局部三层，需要注意的是，没有围护结构的应该有围护设施）。

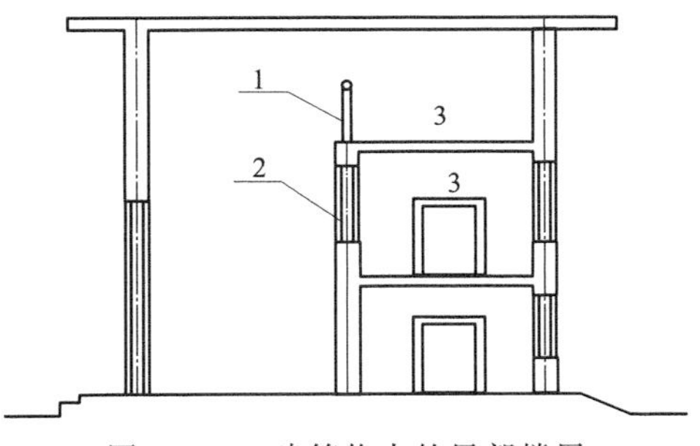

图2.3.4 建筑物内的局部楼层

1—围护设施；2—围护结构；3—局部楼层

【例2.3.1】 如图2.3.5所示，若局部楼层结构层高均超过2.20m，请计算其建筑面积。

解：

该建筑的建筑面积为：

首层建筑面积＝50×10＝500(m^2)

局部二层建筑面积（按围护结构计算)＝5.49×3.49＝19.16(m^2)

局部三层建筑面积（按底板计算)＝(5＋0.1)×(3＋0.1)＝15.81(m^2)

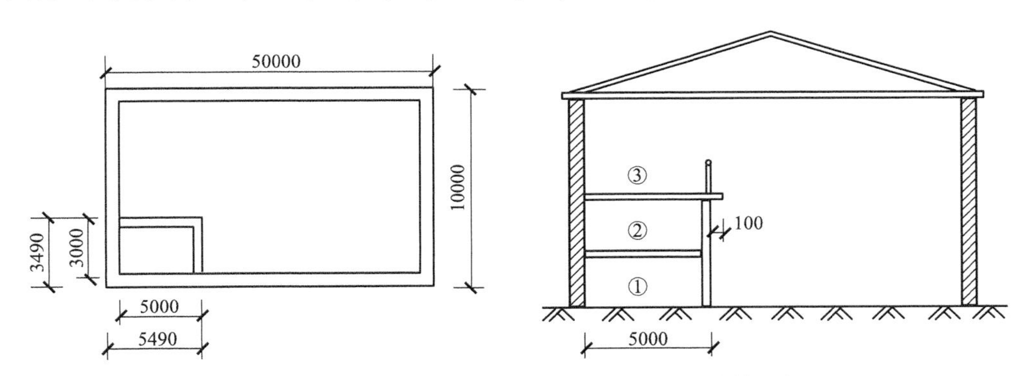

图2.3.5 某建筑物内设有局部楼层建筑面积计算示例

(3) 坡屋顶

形成建筑空间的坡屋顶，结构净高在2.10m及以上的部位应计算全面积；结构净高在1.20m及以上至2.10m以下的部位应计算1/2面积；结构净高在1.20m以下的部位不应计算建筑面积。

建筑空间是围合空间，可出入（可出入是指人能够正常出入，即通过门或楼梯等进出；而必须通过窗、栏杆、进人孔、检修孔等出入的不算可出入）、可利用。所以，这里的坡屋顶指的是与其他围护结构能形成建筑空间的坡屋顶。

结构净高如图2.3.6所示。

【例2.3.2】 如图2.3.7所示，计算坡屋顶下建筑空间建筑面积。

解：

全面积部分：50×(15－1.5×2－1.0×2)＝500(m^2)；

1/2面积部分：50×1.5×2×1/2＝75(m^2)；

合计建筑面积：500＋75＝575(m^2)。

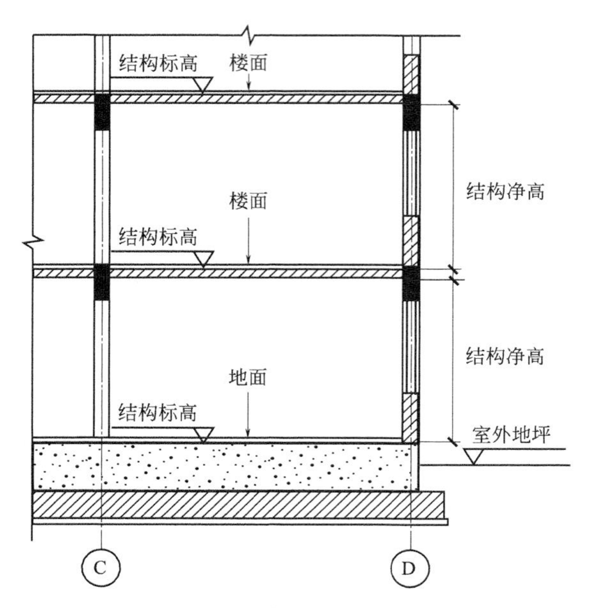

图 2.3.6　结构净高示意图

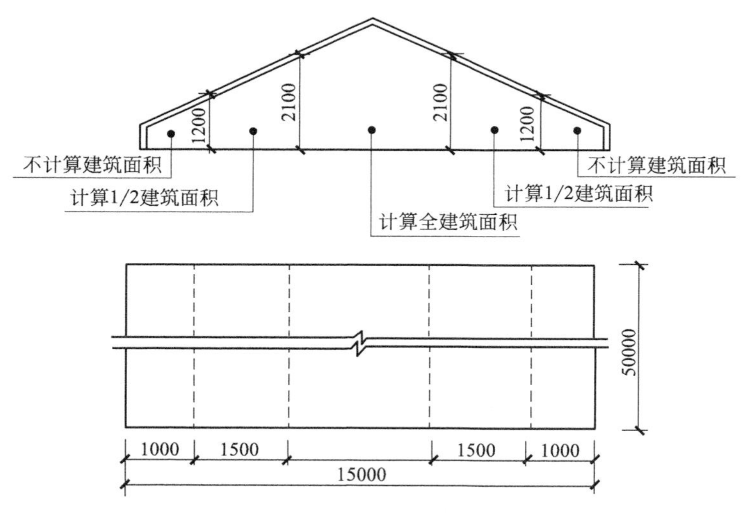

图 2.3.7　坡屋顶下建筑空间建筑面积计算范围示意图

(4) 场馆看台

场馆看台下的建筑空间，结构净高在 2.10m 及以上的部位应计算全面积；结构净高在 1.20m 及以上至 2.10m 以下的部位应计算 1/2 面积；结构净高在 1.20m 以下的部位不应计算建筑面积。室内单独设置的有围护设施的悬挑看台，应按看台结构底板水平投影面积计算建筑面积。有顶盖无围护结构的场馆看台应按其顶盖水平投影面积的 1/2 计算面积。

场馆区分三种不同的情况：第一，看台下的建筑空间，对“场”（顶盖不闭合）和“馆”（顶盖闭合）都适用；第二，室内单独悬挑看台，仅对“馆”适用；第三，有顶盖无围护结构的看台，仅对“场”适用。

对于第一种情况，场馆看台下的建筑空间因其上部结构多为斜板，所以采用净高的尺寸划定建筑面积的计算范围，如图 2.3.8 所示。

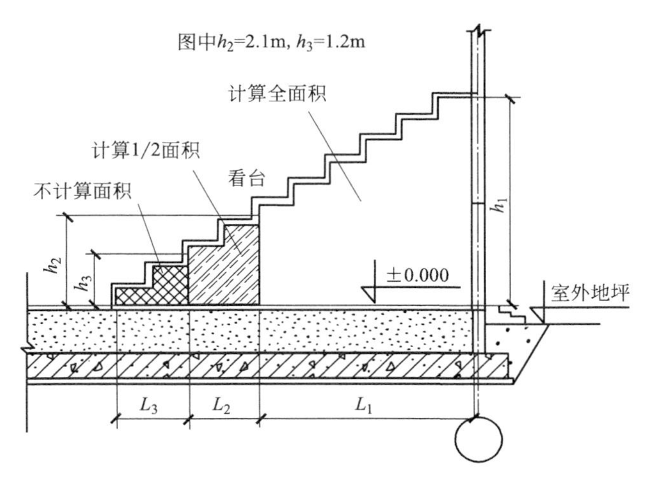

图 2.3.8 场馆看台下建筑空间

对于第二种情况，室内单独设置的有围护设施的悬挑看台，因其看台上部设有顶盖且可供人使用，所以按看台板的结构底板水平投影计算建筑面积。

对于第三种情况，场馆看台上部空间建筑面积计算，取决于看台上部有无顶盖。按顶盖计算建筑面积的范围应是看台与顶盖重叠部分的水平投影面积。对有双层看台的，各层分别计算建筑面积，顶盖及上层看台均视为下层看台的盖。无顶盖的看台不计算建筑面积。场馆看台剖面示意图见图 2.3.9。

(5) 地下室及半地下室

应按其结构外围水平面积计算。结构层高在 2.20m 及以上的，应计算全面积；结构层高在 2.20m 以下的，应计算 1/2 面积。地下室示意图如图 2.3.10 所示。

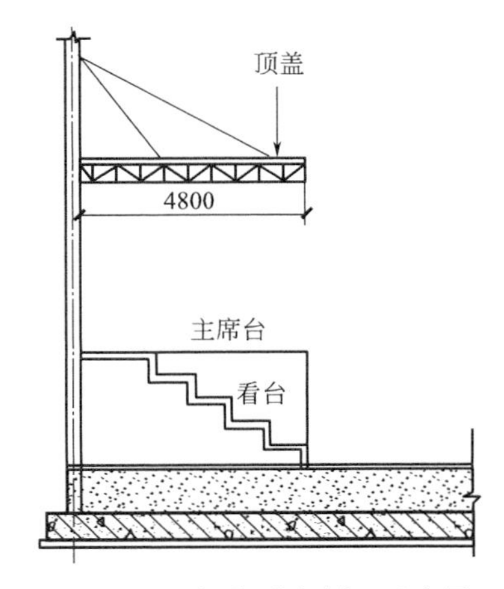

图 2.3.9 场馆看台剖面示意图

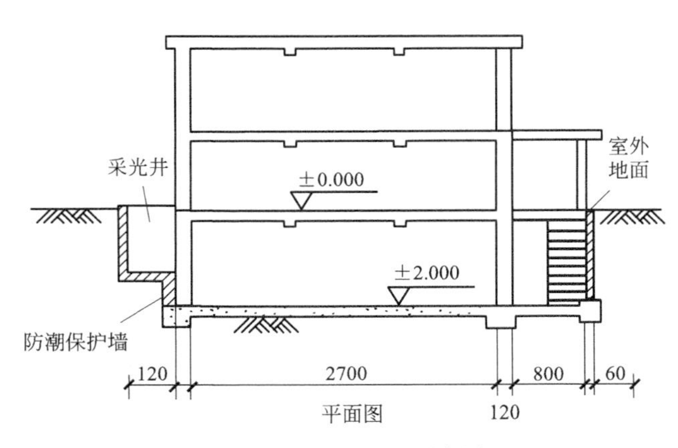

图 2.3.10 地下室示意图

地下室、半地下室按“结构外围水平面积”计算，而不按“外墙上口”取定。当外墙为变截面时，按地下室、半地下室楼地面结构标高处的外围水平面积计算。地下室的外墙结构不包括找平层、防水（潮）层、保护墙等。地下空间未形成建筑空间的，不属于地下室或半地下室，不计算建筑面积。

(6) 出入口

出入口外墙外侧坡道有顶盖的部位，应按其外墙结构外围水平面积的 1/2 计算面积。

出入口坡道分有顶盖出入口坡道和无顶盖出入口坡道，顶盖以设计图纸为准，对后增加及建设单位自行增加的顶盖等，不计算建筑面积。顶盖不分材料种类（如钢筋混凝土顶盖、彩钢板顶盖、阳光板顶盖等）。地下室出入口见图 2.3.11。

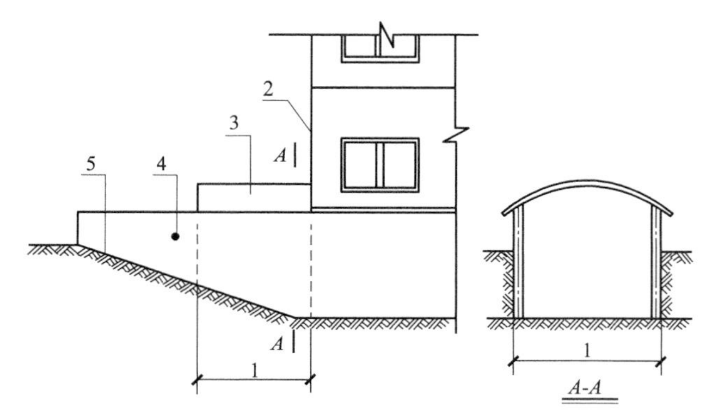

图 2.3.11 地下室出入口

1—计算 1/2 投影面积部位；2—主体建筑；3—出入口顶盖；4—封闭出入口侧墙；5—出入口坡道

坡道是从建筑物内部一直延伸到建筑物外部的，建筑物内的部分随建筑物正常计算建筑面积。建筑物内、外的划分以建筑物外墙结构外边线为界（如图 2.3.12 所示）。所以，出入口坡道顶盖的挑出长度，为顶盖结构外边线至外墙结构外边线的长度。

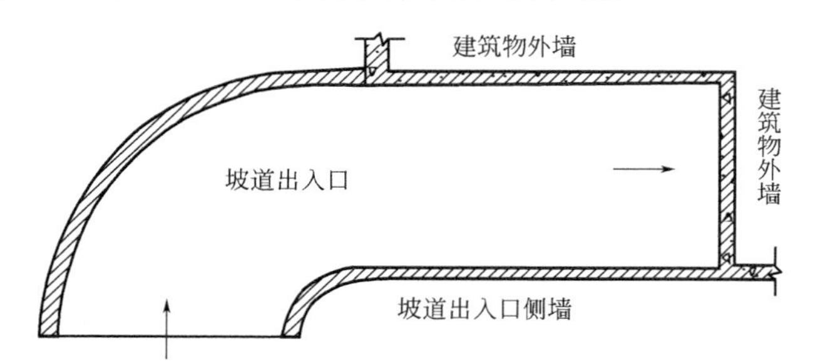

图 2.3.12 外墙外侧坡道与建筑物内部坡道的划分示意图

（7）建筑物架空层及坡地建筑物吊脚架空层

应按其顶板水平投影计算建筑面积。结构层高在 2.20m 及以上的，应计算全面积；结构层高在 2.20m 以下的，应计算 1/2 面积。

架空层是没有围护结构的。架空层建筑面积的计算方法适用于建筑物吊脚架空层、深基础架空层，也适用于目前部分住宅、学校教学楼等工程在底层架空或在二楼或以上某个甚至多个楼层架空，作为公共活动、停车、绿化等空间的情况。建筑物吊脚架空层见图 2.3.13。

顶板水平投影面积是指架空层结构顶板的水平投影面积，不包括架空层主体结构外的阳台、空调板、通长水平挑板等外挑部分。

【例 2.3.3】 如图 2.3.13 所示，计算各部分建筑面积（结构层高均满足 2.20m）。

解：单层建筑的建筑面积＝5.44×(5.44＋2.80)＝44.83(m^2)

阳台建筑面积＝1.48×4.53/2＝3.35(m^2)

吊脚架空层建筑面积＝5.44×2.8＝15.23(m^2)

建筑面积合计为 63.41m^2。

（8）建筑物的门厅、大厅

应按一层计算建筑面积，门厅、大厅内设置的走廊应按走廊结构底板水平投影面积计算建筑

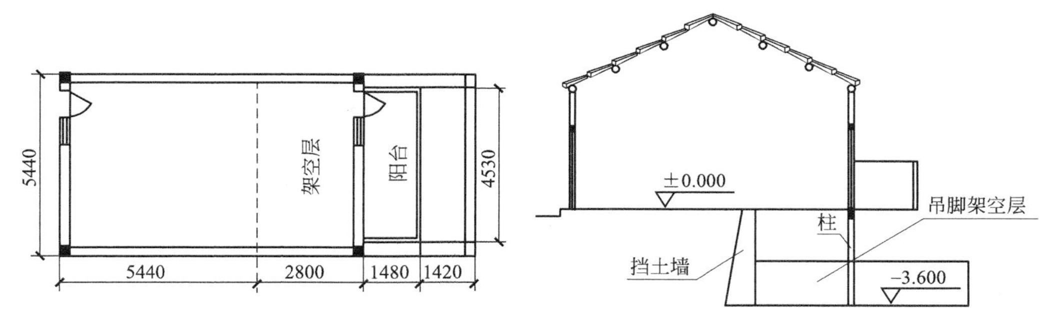

图 2.3.13 吊脚架空层

面积。结构层高在 2.20m 及以上的，应计算全面积；结构层高在 2.20m 以下的，应计算 1/2 面积。大厅、走廊见图 2.3.14。

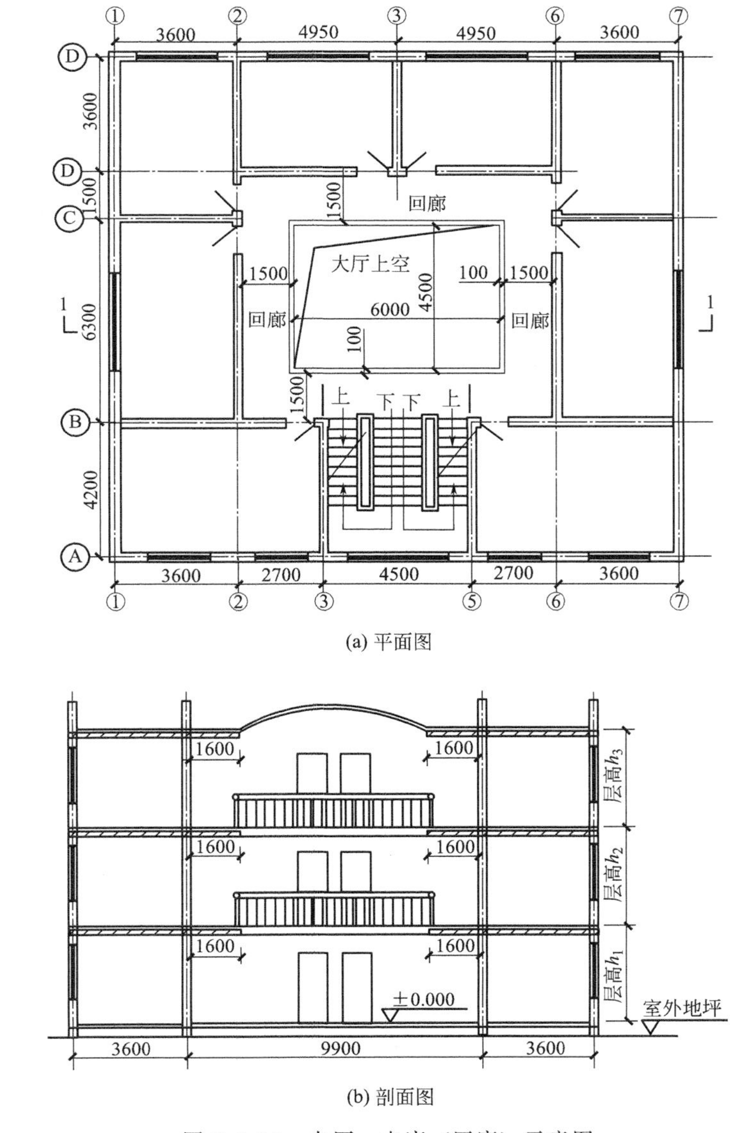

图 2.3.14 大厅、走廊（回廊）示意图

【例 2.3.4】 如图 2.3.14 所示，计算走廊部分建筑面积。

解：

当结构层高 h_1（或 h_2 或 h_3）≥2.2m 时，按结构底板计算全面积，图中某层走廊建筑面积：

$$S=(2.7+4.5+2.7-0.12\times2)\times(6.3+1.5-0.12\times2)-6\times4.5=46.03(m^2)$$

当结构层高 h_1（或 h_2 或 h_3）<2.2m 时，按底板计算 1/2 面积，图中某层走廊建筑面积：

$$S=[(2.7+4.5+2.7-0.12\times2)\times(6.3+1.5-0.12\times2)-6\times4.5]\times0.5=23.01(m^2)$$

(9) 架空走廊

建筑物间的架空走廊，有顶盖和围护结构的，应按其围护结构外围水平面积计算全面积；无围护结构、有围护设施的，应按其结构底板水平投影面积计算 1/2 面积。

无围护结构的架空走廊见图 2.3.15，有围护结构的架空走廊见图 2.3.16。架空走廊建筑面积计算分为两种情况：一是有围护结构且有顶盖，计算全面积；二是无围护结构、有围护设施，无论是否有顶盖，均计算 1/2 面积。有围护结构的，按围护结构计算面积；无围护结构的，按底板计算面积。

图 2.3.15 无围护结构的架空走廊（有围护设施）

1—栏杆；2—架空走廊

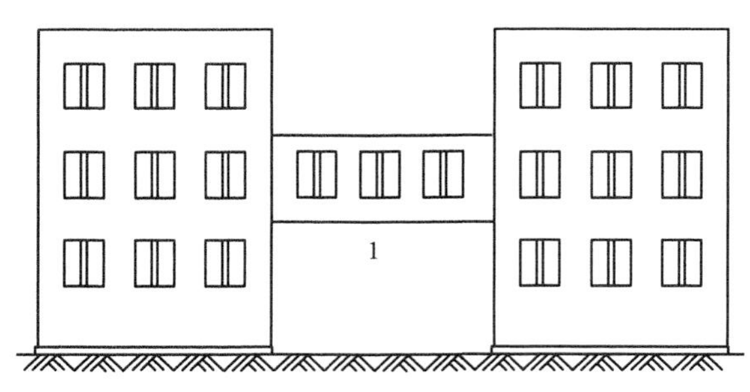

图 2.3.16 有围护结构的架空走廊

1—架空走廊

(10) 立体书库、立体仓库、立体车库

有围护结构的，应按其围护结构外围水平面积计算建筑面积；无围护结构、有围护设施的，应按其结构底板水平投影面积计算建筑面积。无结构层的应按一层计算，有结构层的应按其结构层面积分别计算。结构层高在 2.20m 及以上的，应计算全面积；结构层高在 2.20m 以下的，应计算 1/2 面积。

结构层是指整体结构体系中承重的楼板层，包括板、梁等构件，而非局部结构起承重作用的分隔层。立体车库中的升降设备，不属于结构层，不计算建筑面积；仓库中的立体货架、书库中的立体书架都不算结构层，故该部分分层不计算建筑面积。立体书库如图 2.3.17 所示。

(11) 舞台灯光控制室

有围护结构的舞台灯光控制室，应按其围护结构外围水平面积计算。结构层高在 2.20m 及

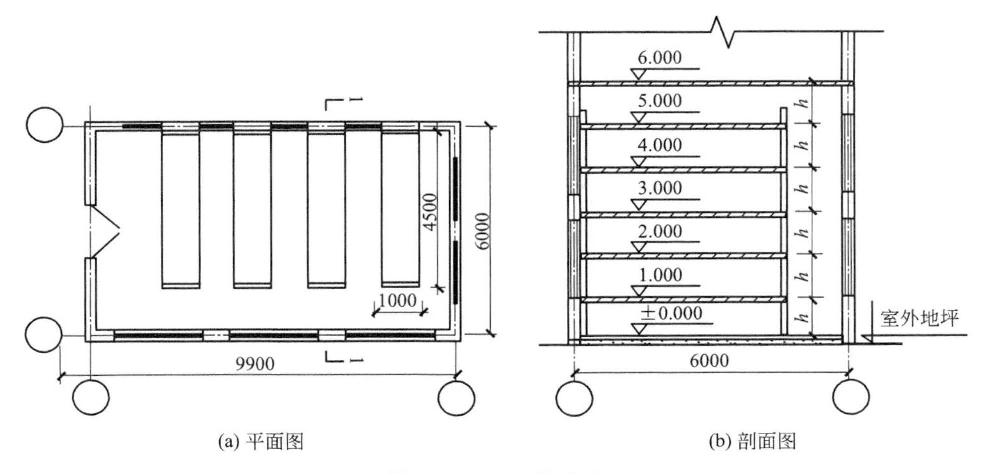

(a) 平面图　(b) 剖面图

图 2.3.17　立体书库

以上的，应计算全面积；结构层高在 2.20m 以下的，应计算 1/2 面积。舞台灯光控制室平面图见图 2.3.18。

(12) 落地橱窗

附属在建筑物外墙的落地橱窗，应按其围护结构外围水平面积计算。结构层高在 2.20m 及以上的，应计算全面积；结构层高在 2.20m 以下的，应计算 1/2 面积。

落地橱窗是指突出外墙面且根基落地的橱窗，可以分为在建筑物主体结构内的和在主体结构外的，这里指的是后者。所以，理解该处橱窗从两点出发：一是附属在建筑物外墙，属于建筑物的附属结构；二是落地，橱窗下设置有基础。若不落地，可按凸（飘）窗规定执行。橱窗示意图如图 2.3.19 所示。

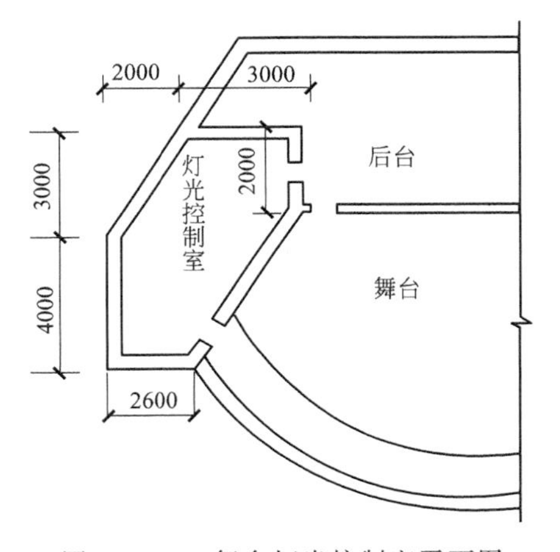

图 2.3.18　舞台灯光控制室平面图

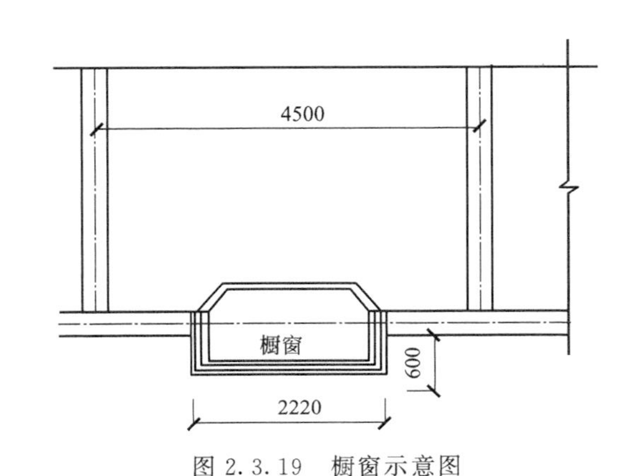

图 2.3.19　橱窗示意图

(13) 凸（飘）窗

窗台与室内楼地面高差在 0.45m 以下且结构净高在 2.10m 及以上的凸（飘）窗，应按其围护结构外围水平面积计算 1/2 面积。

凸窗（飘窗）是指凸出建筑物外墙面的窗户。凸（飘）窗需同时满足两个条件方能计算建筑面积：一是结构高差在 0.45m 以下，二是结构净高在 2.10m 及以上。如图 2.3.20 中，窗台与室内楼地面高差为 0.6m，超出了 0.45m，并且结构净高 1.9m<2.1m，两个条件均不满足，故该

凸（飘）窗不计算建筑面积。如图 2.3.21 中，窗台与室内楼地面高差为 0.3m，小于 0.45m，并且结构净高 2.2m＞2.1m，两个条件同时满足，故该凸（飘）窗计算建筑面积。

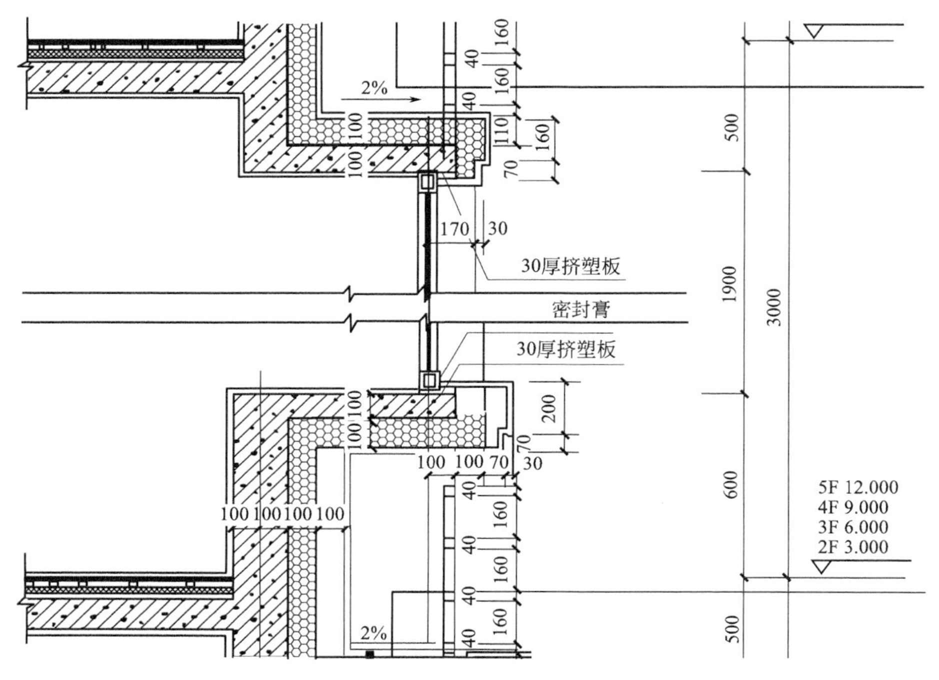

图 2.3.20 不计算建筑面积凸（飘）窗示例

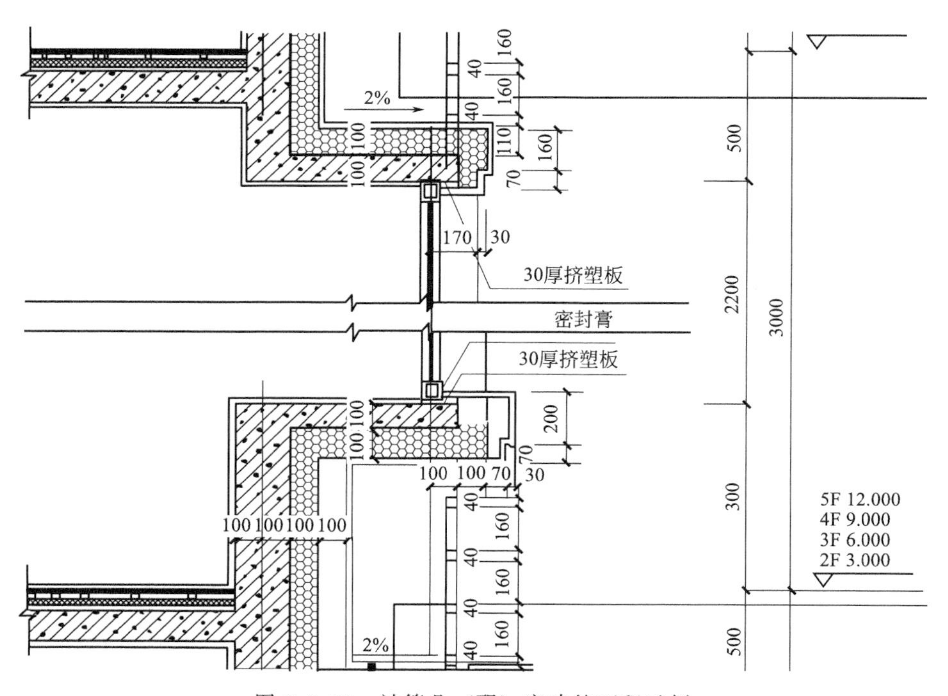

图 2.3.21 计算凸（飘）窗建筑面积示例

【例 2.3.5】 计算如图 2.3.22 所示的飘窗的建筑面积（该飘窗同时满足计算建筑面积的两个条件）。

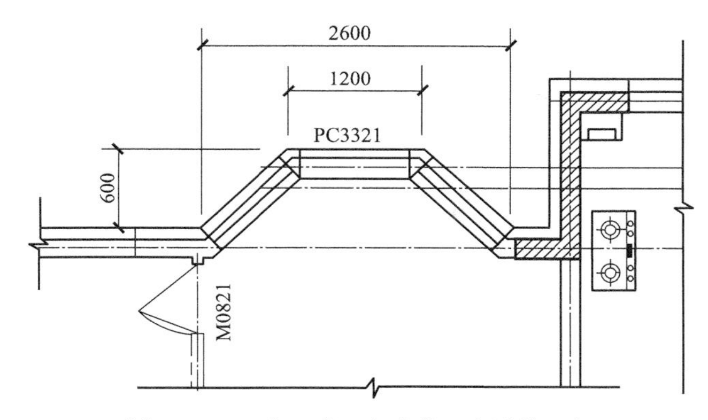

图 2.3.22 凸（飘）窗建筑面积计算示例

解： $S=[1/2\times(1.2+2.6)\times0.6]\times1/2=0.57(\mathrm{m}^2)$

(14) 室外走廊（挑廊）

有围护设施的室外走廊（挑廊），应按其结构底板水平投影面积计算 1/2 面积；有围护设施（或柱）的檐廊，应按其围护设施（或柱）外围水平面积计算 1/2 面积。

室外走廊（挑廊）、檐廊都是室外水平交通空间。挑廊是悬挑的水平交通空间；檐廊底层的水平交通空间，由屋檐或挑檐作为顶盖，且一般有柱或栏杆、栏板等。底层无围护设施但有柱的室外走廊可参照檐廊的规则计算建筑面积。无论哪一种廊，除了必须有地面结构外，还必须有栏杆、栏板等围护设施或柱，这两个条件缺一不可，缺少任何一个条件都不计算建筑面积（见图 2.3.23)。在图 2.3.23 中，3 部位没有围护设施，所以不计算建筑面积，4 部位有围护设施，按围护设施所围成面积的 1/2 计算。室外走廊（挑廊）、檐廊虽然都算 1/2 面积，但取定的计算部位不同：室外走廊（挑廊）按结构底板计算，檐廊按围护设施（或柱）外围计算。

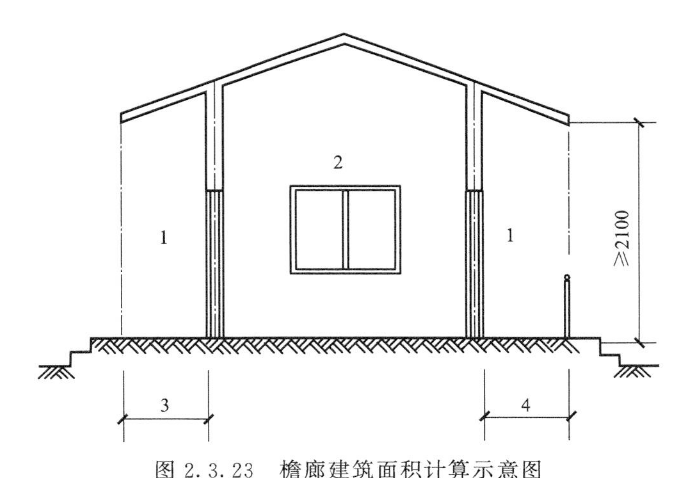

图 2.3.23 檐廊建筑面积计算示意图

1—檐廊；2—室内；3—不计算建筑面积部位；4—计算 1/2 建筑面积部位

(15) 门斗

应按其围护结构外围水平面积计算建筑面积。结构层高在 2.20m 及以上的，应计算全面积；结构层高在 2.20m 以下的，应计算 1/2 面积。

门斗是有顶盖和围护结构的全围合空间。门廊、雨篷至少有一面不围合。门斗见图 2.3.24。

(16) 门廊及雨篷

门廊应按其顶板水平投影面积的 1/2 计算建筑面积；有柱雨篷应按其结构板水平投影面积的

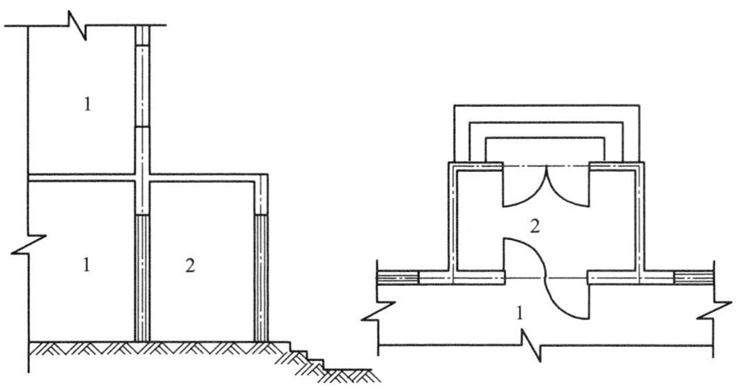

图 2.3.24 门斗示意图
1—室内；2—门斗

1/2 计算建筑面积；无柱雨篷的结构外边线至外墙结构外边线的宽度在 2.10m 及以上的，应按雨篷结构板的水平投影面积的 1/2 计算建筑面积。

门廊划分为全凹式、半凹半凸式、全凸式。见图 2.3.25。

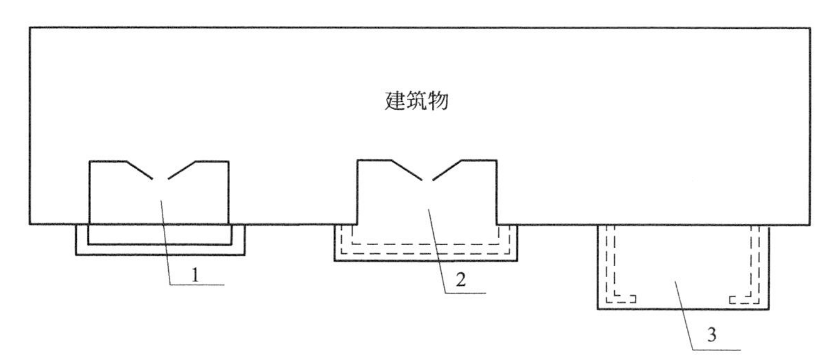

图 2.3.25 门廊示意图
1—全凹式门廊；2—半凹半凸式门廊；3—全凸式门廊

雨篷分为有柱雨篷和无柱雨篷。有柱雨篷，没有出挑宽度的限制，也不受跨越层数的限制，均计算建筑面积。无柱雨篷，其结构板不能跨层，并受出挑宽度的限制，设计出挑宽度大于或等于 2.10m 时才计算建筑面积。出挑宽度，系指雨篷结构外边线至外墙结构外边线的宽度，弧形或异形时，取最大宽度。雨篷示意见图 2.3.26。

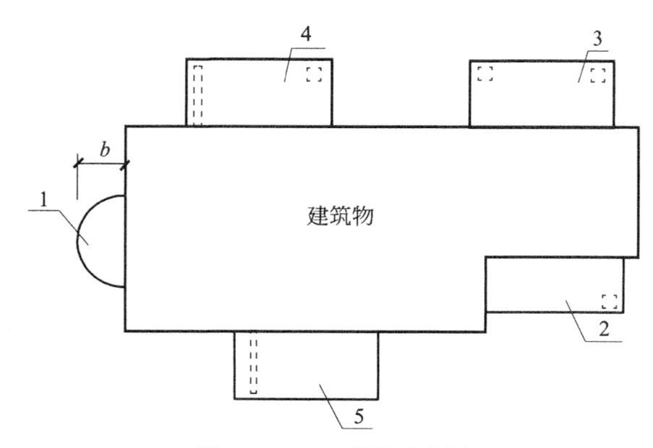

图 2.3.26 雨篷示意图
1—悬挑雨篷；2—独立柱雨篷；3—多柱雨篷；4—柱墙混合支撑雨篷；5—墙支撑雨篷；b—出挑宽度

(17) 楼梯间、水箱间、电梯机房

设在建筑物顶部的、有围护结构的楼梯间、水箱间、电梯机房等，结构层高在 2.20m 及以上的应计算全面积；结构层高在 2.20m 以下的，应计算 1/2 面积。

建筑物房顶上的建筑部件属于建筑空间的可以计算建筑面积，不属于建筑空间的则归为屋顶造型（装饰性结构构件），不计算建筑面积。

(18) 围护结构不垂直于水平面的楼层

应按其底板面的外墙外围水平面积计算。结构净高在 2.10m 及以上的部位，应计算全面积；结构净高在 1.20m 及以上至 2.10m 以下的部位，应计算 1/2 面积；结构净高在 1.20m 以下的部位，不应计算建筑面积。

围护结构不垂直既可以是向内倾斜，也可以是向外倾斜。在划分高度上，与斜屋面的划分原则相一致。由于目前很多建筑设计追求新、奇、特，造型越来越复杂，很多时候根本无法明确区分什么是围护结构、什么是屋顶。例如，国家大剧院的蛋壳型外壳，无法准确说其到底是算墙还是算屋顶，因此对于斜围护结构与斜屋顶采用相同的计算规则，即只要外壳倾斜，就按净高划段，分别计算建筑面积。但要注意，斜围护结构本身要计算建筑面积，若为斜屋顶时，屋面结构不计算建筑面积。如图 2.3.27 所示，为多（高）层建筑物非顶层，倾斜部位均视为斜围护结构，底板面处的围护结构应计算全面积。图中①部位结构净高在 1.20m 及以上至 2.10m 以下，计算 1/2 面积；图中②部位结构净高小于 1.20m，不计算建筑面积；图中部位③是围护结构，应计算全部面积。

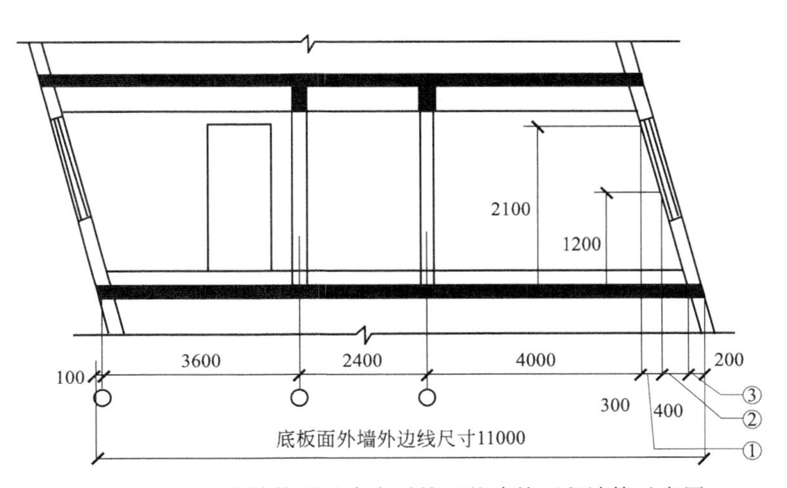

图 2.3.27 围护结构不垂直水平楼面的建筑面积计算示意图

【例 2.3.6】 如图 2.3.27 所示建筑物宽 10m，计算其建筑面积。

解： 建筑面积＝(0.1＋3.6＋2.4＋4.0＋0.2)×10＋0.3×10×0.5＝104.5(m^2)

(19) 建筑物内通道及采光井

建筑物的室内楼梯、电梯井、提物井、管道井、通风排气竖井、烟道，应并入建筑物的自然层计算建筑面积。有顶盖的采光井应按一层计算面积。结构净高在 2.10m 及以上的，应计算全面积；结构净高在 2.10m 以下的，应计算 1/2 面积。

室内楼梯包括了形成井道的楼梯（即室内楼梯间）和没有形成井道的楼梯（即室内楼梯），即没有形成井道的室内楼梯也应该计算建筑面积。如建筑物大堂内的楼梯、跃层（或复式）住宅的室内楼梯等应计算建筑面积。建筑物的楼梯间层数按建筑物的自然层数计算，如图 2.3.28 所示。

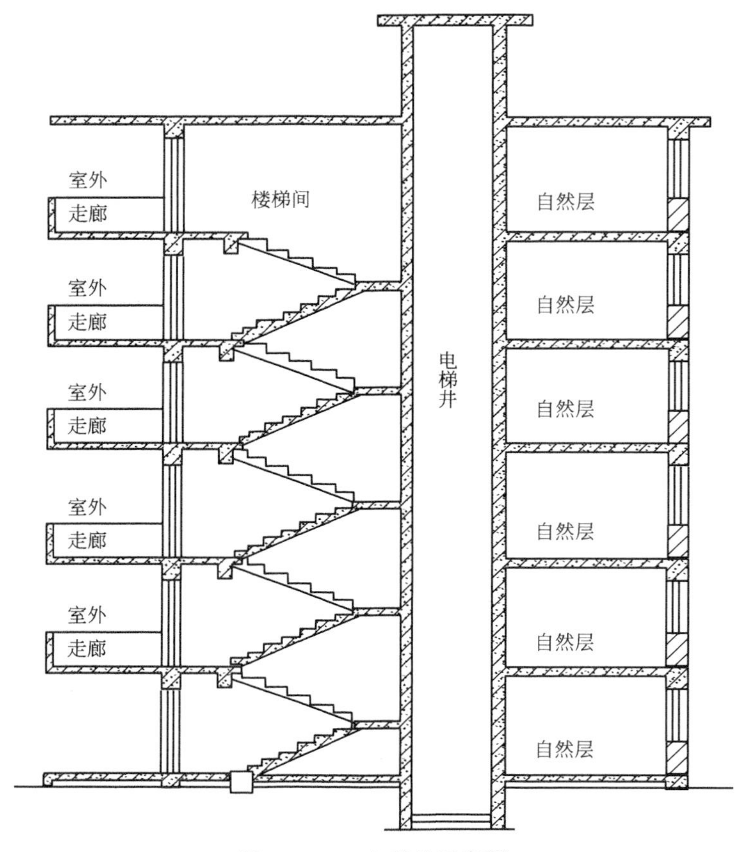

图 2.3.28 电梯井示意图

有顶盖的采光井包括建筑物中的采光井和地下室采光井。图 2.3.29 为地下室采光井，按一层计算面积。

当室内公共楼梯间两侧自然层数不同时，以楼层多的层数计算。如图 2.3.30 中楼梯间应计算 6 个自然层建筑面积。

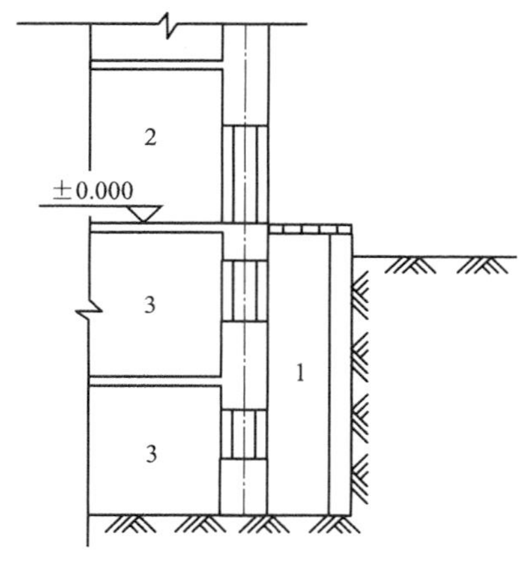

图 2.3.29 地下室采光井

1—地下室采光井；2—首层；3—地下室

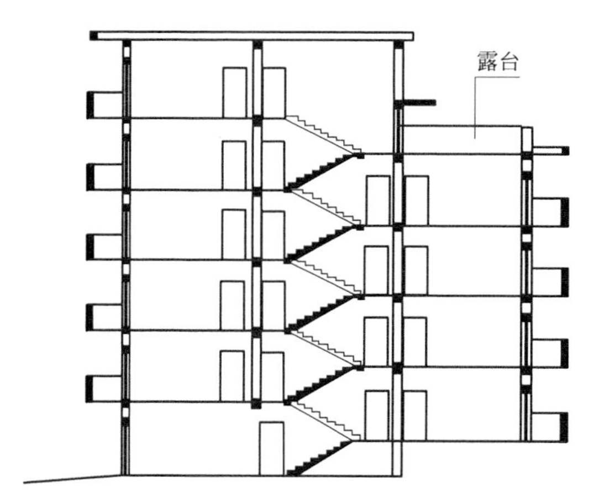

图 2.3.30 室内公共楼梯间两侧自然层数不同示意图

(20) 室外楼梯

应并入所依附建筑物自然层，并应按其水平投影面积的1/2计算建筑面积。

室外楼梯作为连接该建筑物层与层之间交通不可缺少的基本部件，无论从其功能还是工程计价的要求来说，均需计算建筑面积。室外楼梯不论是否有顶盖都需要计算建筑面积。层数为室外楼梯所依附的楼层数，即梯段部分投影到建筑物范围的层数。利用室外楼梯下部的建筑空间不得重复计算建筑面积；利用地势砌筑的为室外踏步，不计算建筑面积。如图2.3.31所示，该建筑物室外楼梯投影到建筑物范围层数为两层，所以应按两层计算建筑面积，室外楼梯建筑面积$S=3\times6.625\times2\times0.5=19.875(m^2)$。

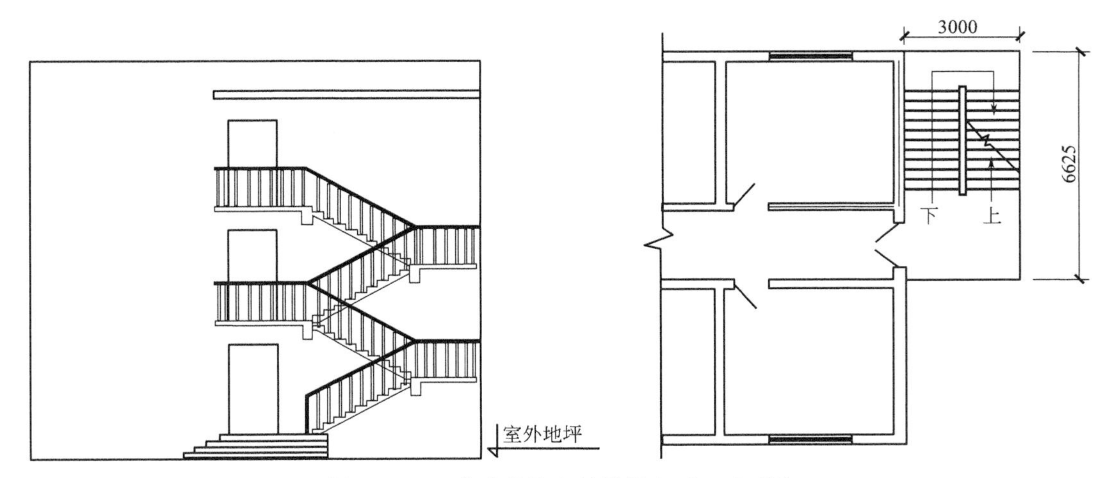

图2.3.31 某建筑物室外楼梯立面、平面图

(21) 阳台

在主体结构内的阳台，应按其结构外围水平面积计算全面积；在主体结构外的阳台，应按其结构底板水平投影面积计算1/2面积。

建筑物的阳台，不论其形式如何，均以建筑物主体结构为界分别计算建筑面积。所以，判断阳台是在主体结构内还是在主体结构外是计算建筑面积的关键。

主体结构是接受、承担和传递建设工程所有上部荷载，维持上部结构整体性、稳定性和安全性的有机联系的构造。判断主体结构要依据建筑平、立、剖面图，并结合结构图纸一起进行。可按如下原则进行判断：

① 砖混结构。通常以外墙（即围护结构，包括墙、门、窗）来判断，外墙以内为主体结构内，外墙以外为主体结构外。

② 框架结构。柱梁体系之内为主体结构内，柱梁体系之外为主体结构外。

③ 剪力墙结构。分以下几种情况：

a. 如阳台在剪力墙包围之内，则属于主体结构内；

b. 如相对两侧均为剪力墙时，也属于主体结构内；

c. 如相对两侧仅一侧为剪力墙时，属于主体结构外；

d. 如相对两侧均无剪力墙时，属于主体结构外。

④ 阳台处剪力墙与框架混合时，分两种情况：

a. 角柱为受力结构，根基落地，则阳台为主体结构内；

b. 角柱仅为造型，无根基，则阳台为主体结构外。

如图2.3.32(a) 所示平面图，该图中阳台处于剪力墙包围中，为主体结构内阳台，应计算全面积。如图 2.3.32(b) 所示平面图，该图中阳台有两部分，一部分处于主体结构内，一部分处于主体结构外，应分别计算建筑面积（以柱外侧为界，上面椭圆部分属于主体结构内，计算全面积，下面椭圆部分属于主体结构外，计算 1/2 面积）。

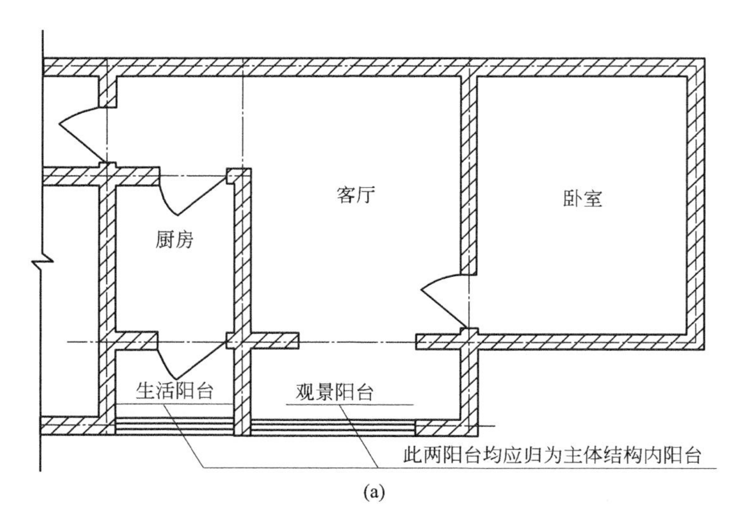

(a)

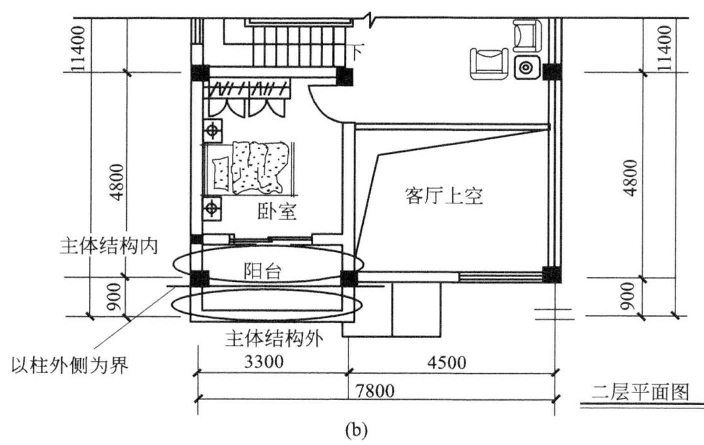

(b)

图 2.3.32 阳台平面图

(22) 车棚、货棚、站台、加油站、收费站

有顶盖无围护结构的车棚、货棚、站台、加油站、收费站等，应按其顶盖水平投影面积的 1/2 计算建筑面积。

【例 2.3.7】 如图 2.3.33 为某站台屋顶平面、剖面图，计算其建筑面积。

解： 图中建筑面积 $S=19.3\times9.3\times0.5=89.745(m^2)$

(23) 以幕墙作为围护结构的建筑物

应按幕墙外边线计算建筑面积。幕墙以其在建筑物中所起的作用和发挥的功能来区分：直接作为外墙起围护作用的幕墙，按其外边线计算建筑面积；设置在建筑物墙体外起装饰作用的幕墙，不计算建筑面积。

(24) 建筑物的外墙外保温层

应按其保温材料的水平截面积计算，并计入自然层建筑面积。

建筑物外墙外侧有保温隔热层的，保温隔热层以保温材料的净厚度乘以外墙结构外边线长度

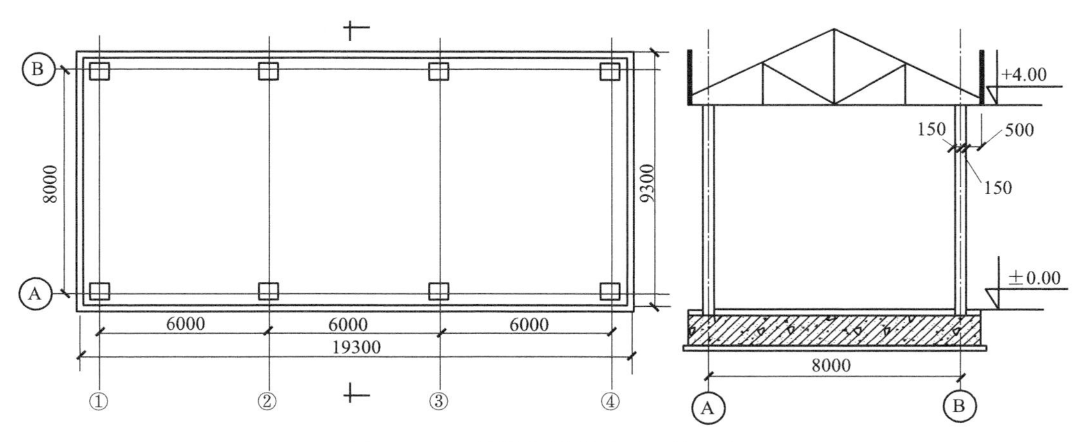

图 2.3.33　某站台屋顶平面、剖面图

按建筑物的自然层计算建筑面积，其外墙外边线长度不扣除门窗和建筑物外已计算建筑面积构件(如阳台、室外走廊、门斗、落地橱窗等部件）所占长度。当建筑物外已计算建筑面积的构件(如阳台、室外走廊、门斗、落地橱窗等部件）有保温隔热层时，其保温隔热层也不再计算建筑面积。外墙是斜面者按楼面楼板处的外墙外边线长度乘以保温材料的净厚度计算（见图 2.3.34)。外墙外保温以沿高度方向满铺为准，某层外墙外保温铺设高度未达到全部高度时（不包括阳台、室外走廊、门斗、落地橱窗、雨篷、飘窗等)，不计算建筑面积。保温隔热层的建筑面积是以保温隔热材料的厚度来计算的，不包含抹灰层、防潮层、保护层（墙）的厚度。建筑外墙外保温结构见图 2.3.35，图中 7 所示部分为计算建筑面积范围，只计算保温材料本身的面积。复合墙体不属于外墙外保温层，整体视为外墙结构，按外围面积计算。

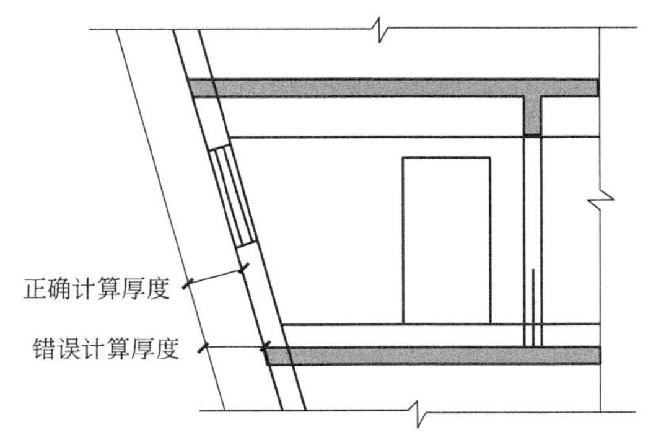

图 2.3.34　围护结构不垂直于水平面时外墙外保温计算厚度

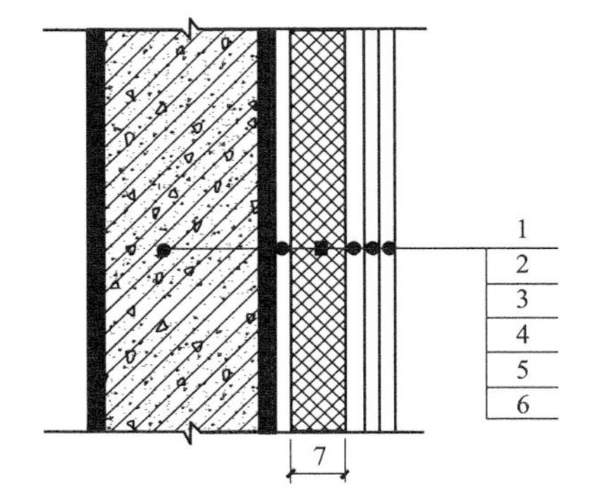

图 2.3.35　建筑外墙外保温结构

1—墙体；2—黏结胶浆；3—保温材料；4—标准网；5—加强网；6—抹面胶浆；7—计算建筑面积范围

(25) 变形缝

与室内相通的变形缝，应按其自然层合并在建筑物建筑面积内计算。对于高低联跨的建筑物，当高低跨内部连通时，其变形缝应计算在低跨面积内。

与室内相通的变形缝，是指暴露在建筑物内，在建筑物内可以看见的变形缝，应计算建筑面积；与室内不相通的变形缝不计算建筑面积。如图 2.3.36 所示变形缝不计算建筑面积。高低联跨的建筑物，当高低跨内部连通或局部连通时，其连通部分变形缝的面积计算在低跨面积内；当高低跨内部不相连通时，其变形缝不计算建筑面积。有高低跨的变形缝见图 2.3.37。

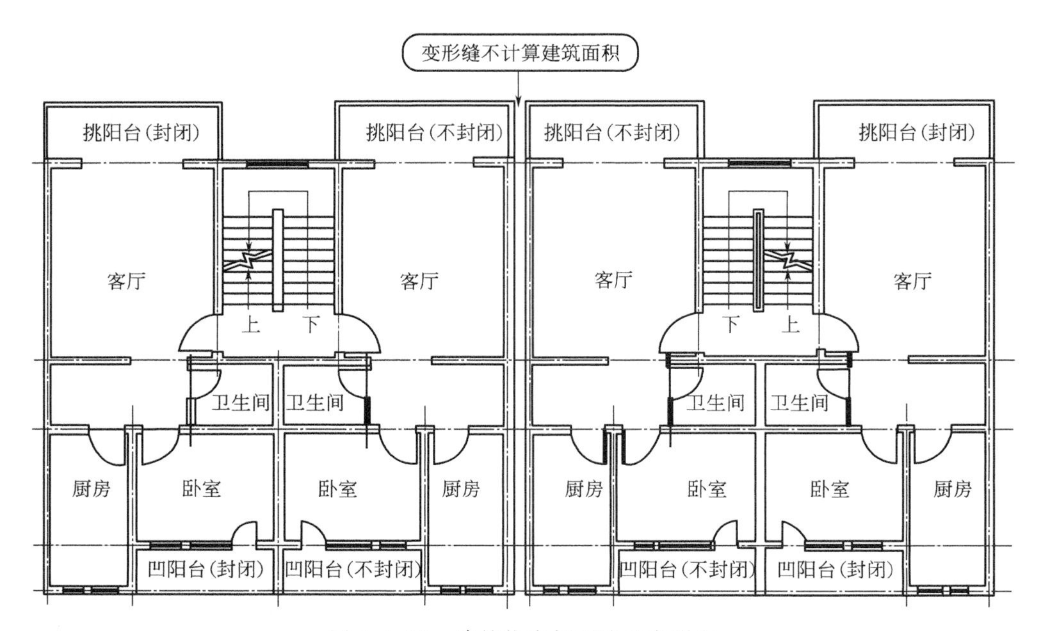

图 2.3.36 建筑物内部不连通变形缝

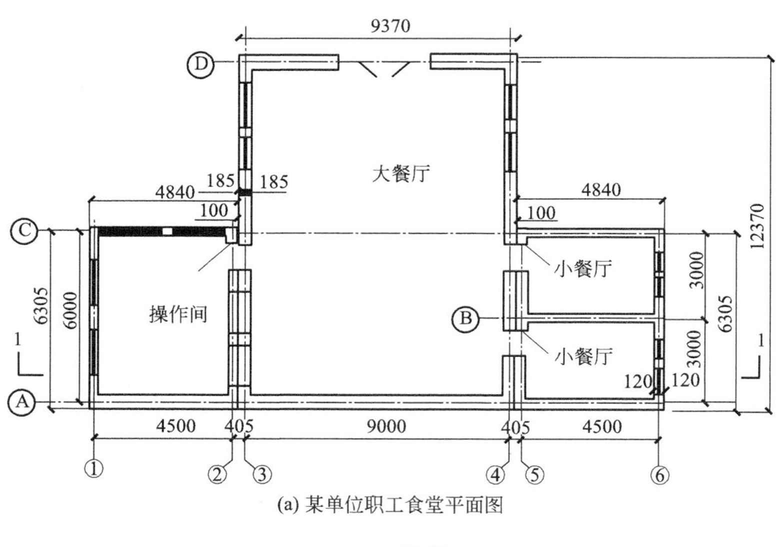

(a) 某单位职工食堂平面图

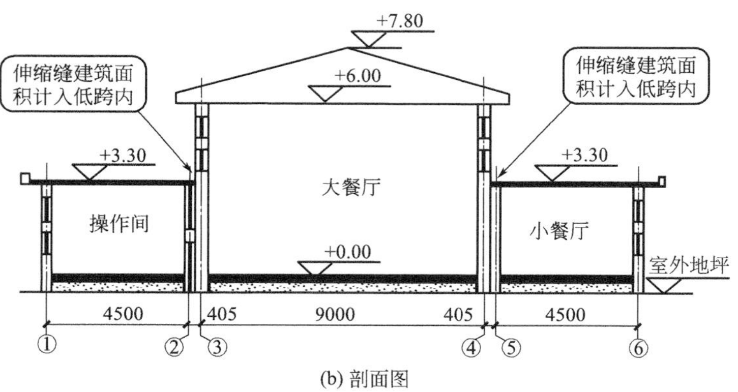

(b) 剖面图

图 2.3.37 有高低跨的变形缝

【例 2.3.8】 如图 2.3.37 所示，计算其建筑面积。

解： 大餐厅的建筑面积 $S=9.37\times12.37=115.91(m^2)$

操作间和小餐厅的建筑面积 $S=4.84\times6.305\times2=61.03(m^2)$

(26) 设备层、管道层、避难层

对于建筑物内的设备层、管道层、避难层等有结构层的楼层，结构层高在 2.20m 及以上的，应计算全面积；结构层高在 2.20m 以下的，应计算 1/2 面积。

设备层、管道层虽然其具体功能与普通楼层不同，但在结构上及施工消耗上并无本质区别，因此将设备、管道楼层归为自然层，其计算规则与普通楼层相同。在吊顶空间内设置管道的，则吊顶空间部分不能被视为设备层、管道层。设备层见图 2.3.38。

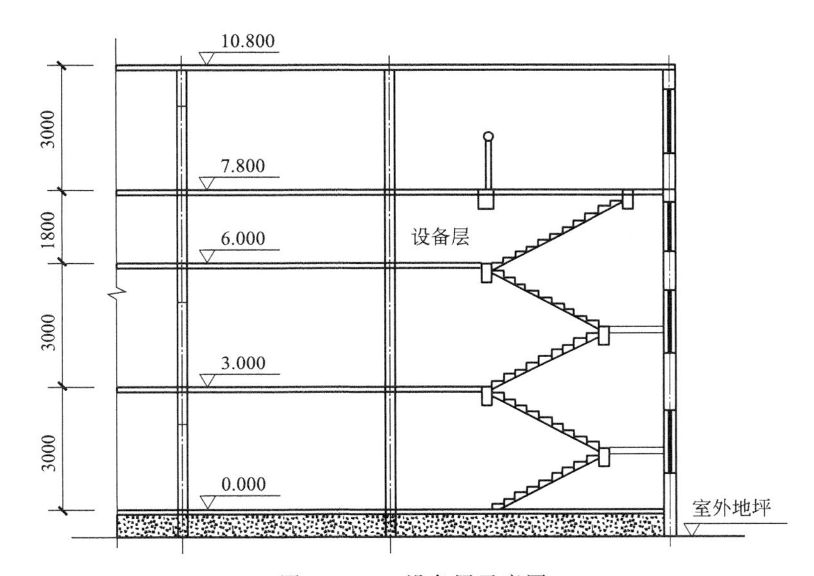

图 2.3.38 设备层示意图

图 2.3.38 中设备层结构层高为 1.8m，所以设备层按围护结构的 1/2 计算建筑面积。

2.3.2 不计算建筑面积的范围

(1) 与建筑物内不相连通的建筑部件

建筑部件指的是依附于建筑物外墙外不与户室开门连通，起装饰作用的敞开式挑台（廊）、平台，以及不与阳台相通的空调室外机搁板（箱）等设备平台部件。

“与建筑物内不相连通”是指没有正常的出入口。即：通过门进出的，视为“连通”，通过窗或栏杆等翻出去的，视为“不连通”。

(2) 骑楼、过街楼底层的开放公共空间和建筑物通道

骑楼指建筑底层沿街面后退且留出公共人行空间的建筑物，见图 2.3.39。过街楼指跨越道路上空并与两边建筑相连接的建筑物，见图 2.3.40。建筑物通道指为穿过建筑物而设置的空间，见图 2.3.41。

(3) 舞台及后台悬挂幕布和布景的天桥、挑台等

这里指的是影剧院的舞台及为舞台服务的可供上人维修、悬挂幕布、布置灯光及布景等搭设的天桥和挑台等构件设施。

(4) 露台、露天游泳池、花架、屋顶的水箱及装饰性结构构件

某建筑物屋顶水箱、凉棚、露台平面图见图 2.3.42。

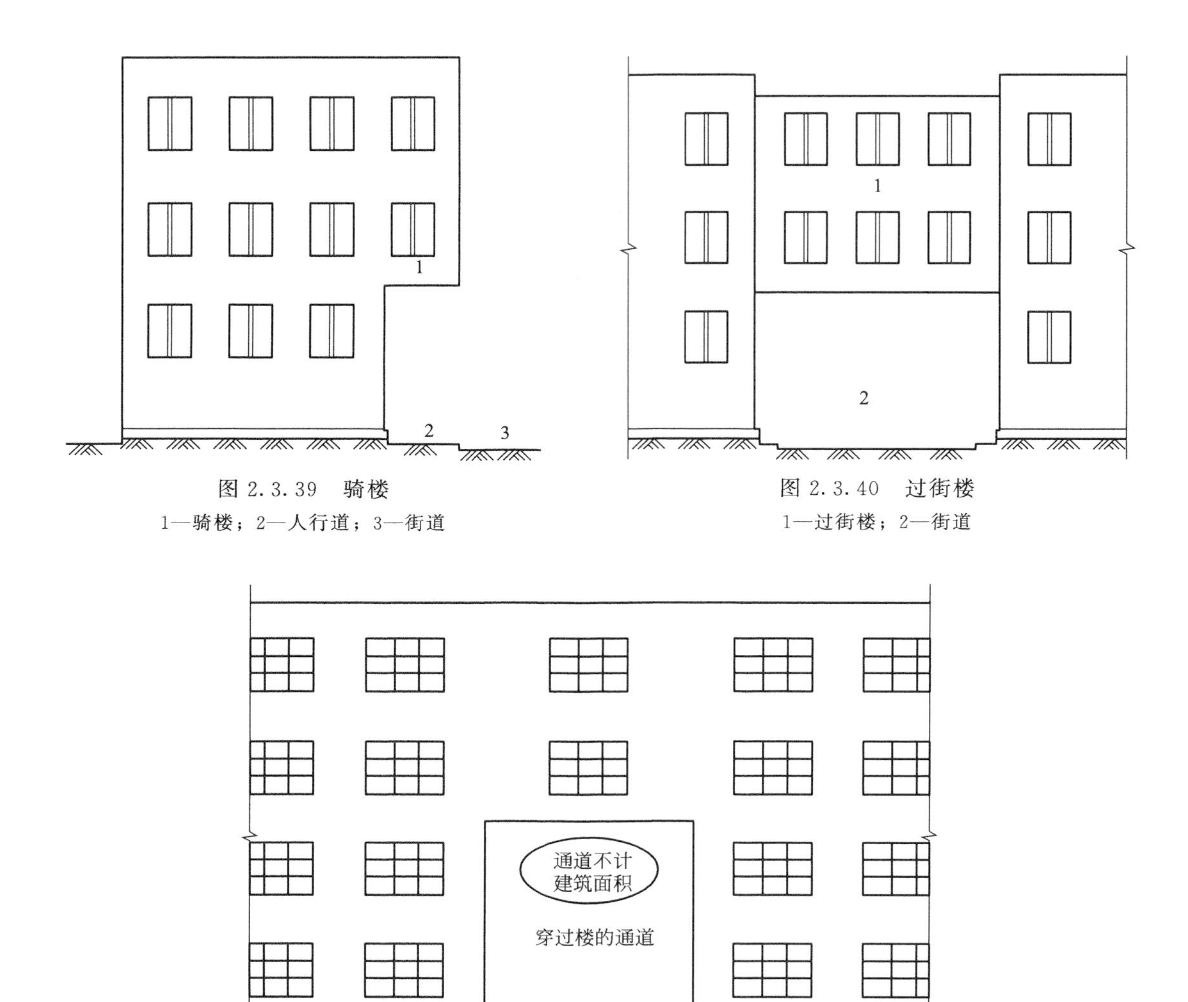

图 2.3.39 骑楼

1—骑楼；2—人行道；3—街道

图 2.3.40 过街楼

1—过街楼；2—街道

图 2.3.41 建筑物通道

(5) 建筑物内的操作平台、上料平台、安装箱和罐体的平台

建筑物内不构成结构层的操作平台、上料平台（包括工业厂房、搅拌站和料仓等建筑中的设备操作控制平台、上料平台等），其主要作用为室内构筑物或设备服务的独立上人设施，因此不计算建筑面积。某车间操作平台见图 2.3.43。

(6) 主体结构外附属装饰及构件

勒脚、附墙柱（附墙柱是指非结构性装饰柱）、垛、台阶、墙面抹灰、装饰面、镶贴块料面层、装饰性幕墙，主体结构外的空调室外机搁板（箱）、构件、配件，挑出宽度在 2.10m 以下的无柱雨篷和顶盖高度达到或超过两个楼层的无柱雨篷。

(7) 凸（飘）窗

窗台与室内地面高差在 0.45m 以下且结构净高在 2.10m 以下的凸（飘）窗，窗台与室内地面高差在 0.45m 及以上的凸（飘）窗。

(8) 室外爬梯、室外专用消防钢楼梯

专用的消防钢楼梯是不计算建筑面积的。当钢楼梯是建筑物通道，兼作消防用途时，则应计算建筑面积。

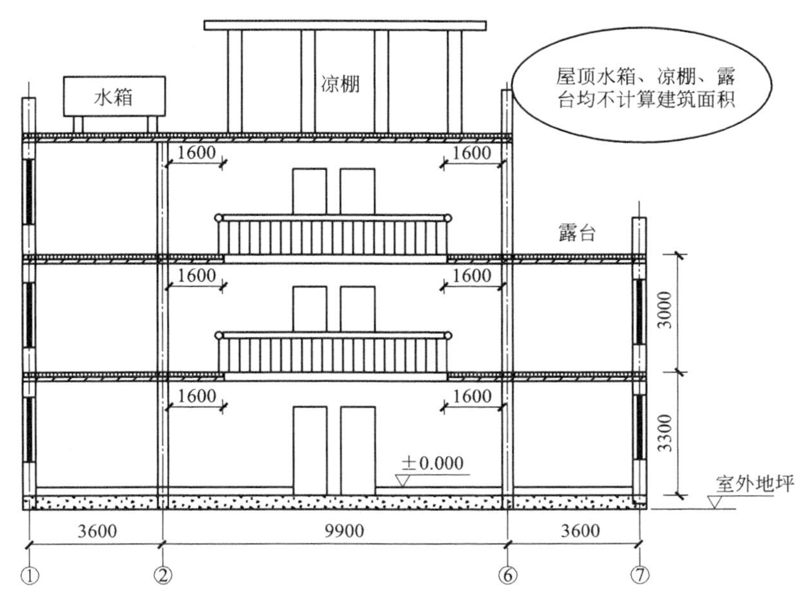

图 2.3.42 某建筑物屋顶水箱、凉棚、露台平面图

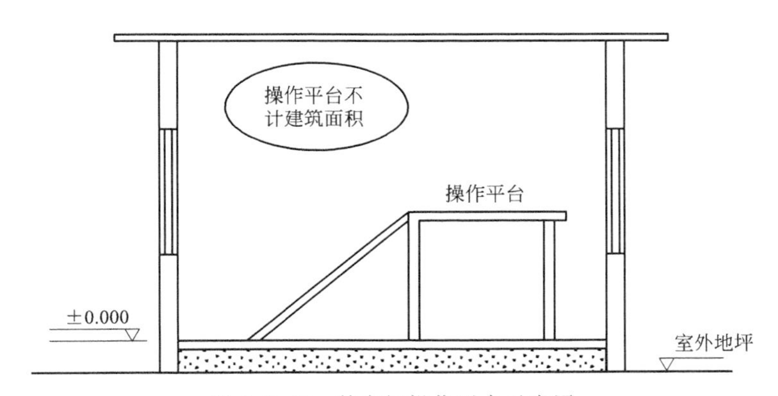

图 2.3.43 某车间操作平台示意图

(9) 无围护结构的观光电梯

(10) 构筑物

建筑物以外的地下人防通道，独立的烟囱、烟道、地沟、油（水）罐、气柜、水塔、贮油（水）池、贮仓、栈桥等构筑物。

2.4 工程案例

【例 2.4.1】 某教学办公楼的平面图、剖面图如图 2.4.1 所示。教学区的楼梯为室外楼梯，一楼教室外侧走廊为室外檐廊（无围护设施），二、三楼教室的外侧走廊为挑廊。教学区与办公区由通廊连接。试计算该建筑的建筑面积。

解：

(1) 办公区建筑面积＝$(9.6+3.6\times3+0.24)\times(10.6+0.24)\times4-6\times6\times3=786.95(m^2)$

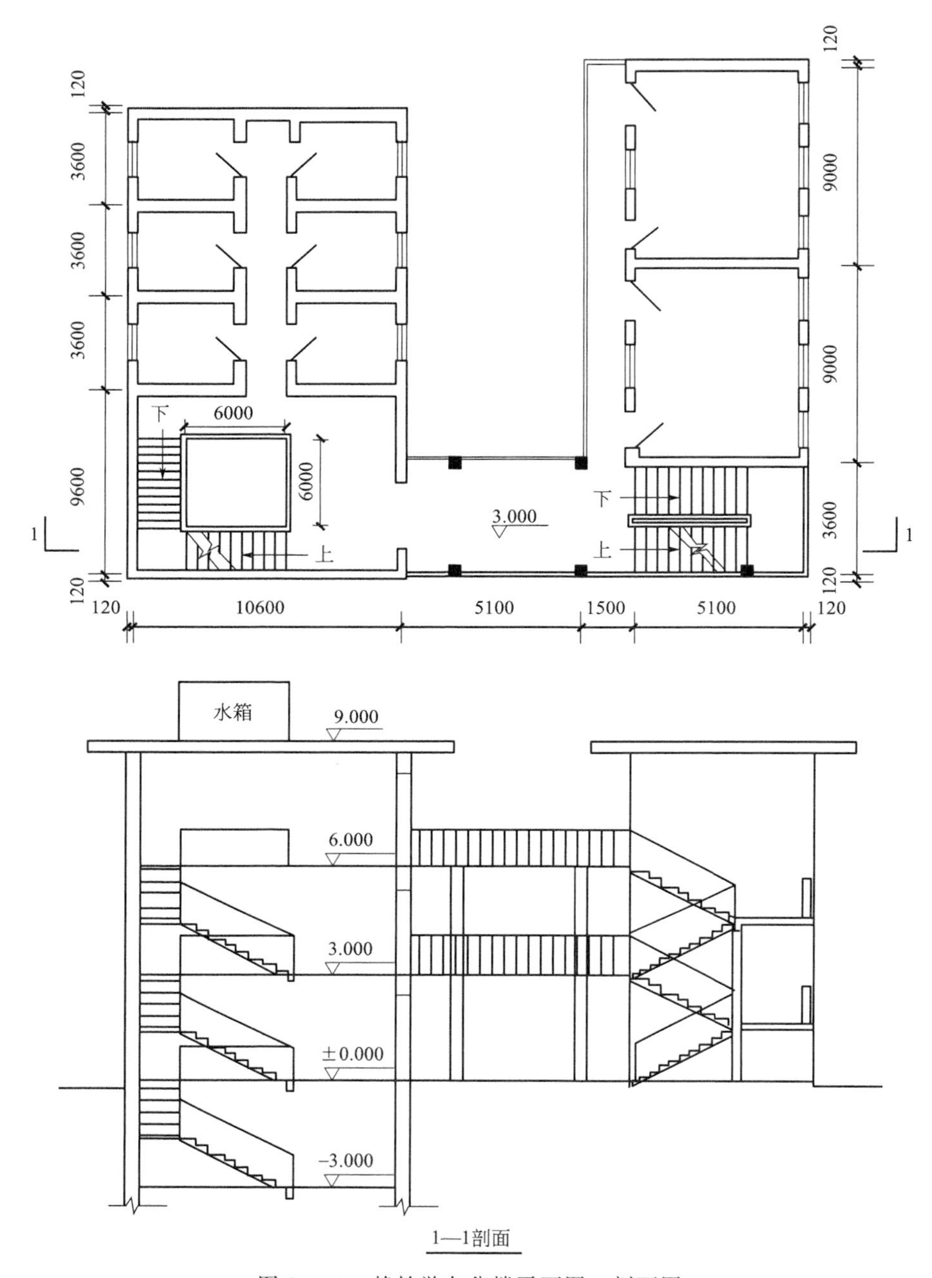

图 2.4.1 某教学办公楼平面图、剖面图

(2) 教室面积=(9×2+0.24)×(5.1+0.24)×3=292.20(m^2)

(3) 通廊、挑廊、室外楼梯的建筑面积=(5.1+1.5−0.24)×(3.6+0.24)×3/2+9×2×(1.5−0.12)×2/2+(5.1+0.24)×3.6×3/2=90.31(m^2)

(4) 总建筑面积=786.95+292.20+90.31=1169.46(m^2)

【例 2.4.2】 某建筑物的立面及平面如图 2.4.2 所示。该房屋的变形缝宽度为 0.20m，阳台水平投影尺寸为 1.80m×3.60m（共 18 个），雨篷水平投影尺寸为 2.60m×4.00m，坡屋面阁楼室内净高最高点为 3.65m，坡屋面屋檐底面标高为 12.6m，坡屋面坡度为 1∶2，平屋面女儿墙顶面标高为 11.60m。请计算该建筑的建筑面积。

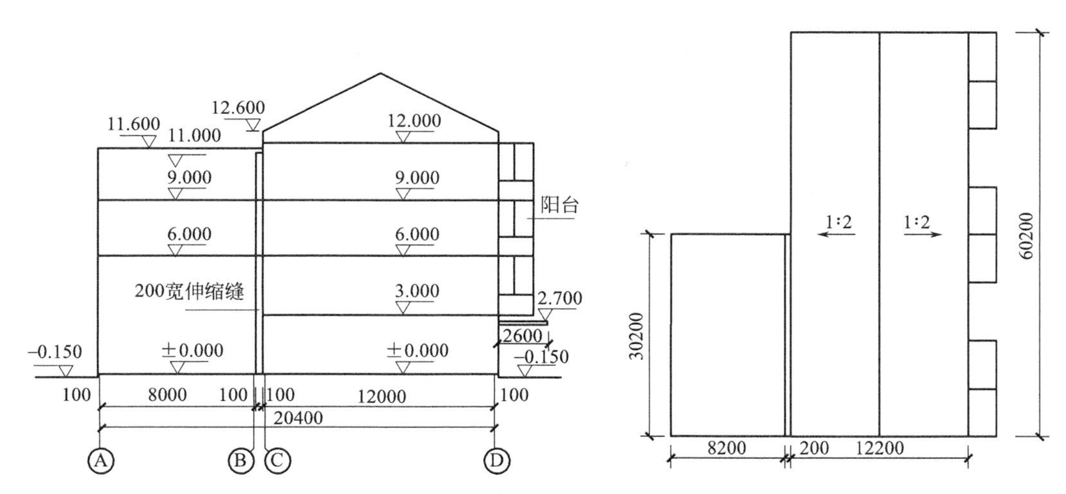

图 2.4.2 某建筑物立面图及平面图

解：

ⒶⒷ轴建筑：

因为 3 楼的层高<2.2m，所以按水平投影面积的 1/2 计算建筑面积。

ⒶⒷ轴建筑面积为：(8.2＋0.2)×30.2×2＋(8.2＋0.2)×30.2×1/2＝634.2(m^2)（包含变形缝）

ⒸⒹ轴建筑：

主体部分建筑面积为：12.2×60.2×4＝2937.76(m^2)

坡屋顶部分建筑面积：(3.65－2.1)×2×2×60.2＋(2.1－1.2)×2×2×60.2×1/2＝481.6(m^2)

阳台建筑面积：3.6×1.8×1/2×18＝58.32(m^2)

雨篷建筑面积：2.6×4×1/2＝5.2(m^2)

ⒸⒹ轴建筑面积为：2937.76＋481.6＋58.32＋5.2＝3482.88(m^2)

该建筑物的总建筑面积＝634.2＋3482.88＝4117.08(m^2)

第 3 章 工程量清单编制

教学目标：

通过本章的学习，能够理解工程量清单的含义，阐释工程量清单的组成，能够根据《房屋建筑与装饰工程工程量计算规范》明确各分部分项工程、措施项目的项目编码，描述项目特征，并进行工程计量，编制工程量清单。

教学要求：

能力目标	知识要点	相关知识
理解工程量清单的含义，阐释工程量清单的组成	工程量清单的概念	工程量清单的概念、工程量清单的编制依据、工程量清单的组成
理解《房屋建筑与装饰工程工程量计算规范》中分部分项工程工程量计算规则，能够进行特征描述及工程量计算	分部分项工程量清单工程量计算及清单编制	各分部分项工程的清单列项、项目编码、项目特征描述、工程量计算
理解《房屋建筑与装饰工程工程量计算规范》中措施项目的内容，能够对单价措施项目进行特征描述及工程量计算，对总价措施项目列项	措施项目工程量计算及清单编制	各单价措施项目的清单列项、项目编码、项目特征描述、工程量计算；总价措施项目的清单列项

3.1 工程量清单计价与工程量计量规范

3.1.1 概述

3.1.1.1 工程量清单计价的概念

工程量清单是载明建设工程分部分项工程项目、措施项目和其他项目的名称和相应数量以及规费和税金项目等内容的明细清单。

由招标人根据国家标准、招标文件、设计文件以及施工现场实际情况编制的称为招标工程量清单，招标工程量清单应由具有编制能力的招标人或受其委托，具有相应资质的工程造价咨询人或招标代理人编制。

而已标价工程量清单是指构成合同文件组成部分的投标文件中已标明价格，经算术性错误修正（如有）且承包人已确认的工程量清单，包括其说明和表格。

采用工程量清单方式招标，招标工程量清单必须作为招标文件的组成部分，其准确性和完整性由招标人负责。招标工程量清单应以单位（项）工程为单位编制，由分部分项工程项目清单、措施项目清单、其他项目清单、规费项目清单和税金项目清单组成。

3.1.1.2 工程量清单的编制依据

目前，工程量清单计价主要遵循的依据是工程量清单计价规范与工程量计算规范。

(1) 建设工程工程量清单计价规范

《建设工程工程量清单计价规范》(GB 50500—2013)（以下简称《计价规范》）共1本，包括总则、术语、一般规定、工程量清单编制、招标控制价、投标报价、合同价款约定、工程计量、合同价款调整、合同价款期中支付、竣工结算与支付、合同解除的价款结算与支付、合同价款争议的解决、工程造价鉴定、工程计价资料与档案、工程计价表格及11个附录。

(2) 建设工程工程量计算规范

《建设工程工程量计算规范》(以下简称《计算规范》）共9本，包括《房屋建筑与装饰工程工程量计算规范》(GB 50854—2013)、《仿古建筑工程工程量计算规范》(GB 50855—2013)、《通用安装工程工程量计算规范》(GB 50856—2013)、《市政工程工程量计算规范》(GB 50857—2013)、《园林绿化工程工程量计算规范》(GB 50858—2013)、《矿山工程工程量计算规范》(GB 50859—2013)、《构筑物工程工程量计算规范》(GB 50860—2013)、《城市轨道交通工程工程量计算规范》(GB 50861—2013)、《爆破工程工程量计算规范》(GB 50862—2013）等，其组成内容为总则、术语、工程计量、工程量清单编制和附录。其目的主要是规范各专业建设工程造价计量行为，统一专业工程工程量计算规则、工程量清单的编制方法。

(3) 适用范围

清单计价规范适用于建设工程发承包及其实施阶段的计价活动。使用国有资金投资的建设工程发承包，必须采用工程量清单计价；非国有资金投资的建设工程，宜采用工程量清单计价；不采用工程量清单计价的建设工程，应执行清单计价规范除工程量清单等专门性规定外的其他规定。

3.1.1.3 工程量清单计价的作用

(1) 提供一个平等竞争的条件

采用施工图预算来投标报价，由于设计图纸的缺陷，不同施工企业的人员理解不一，计算出的工程量也不同，报价就更相去甚远，也容易产生纠纷。而工程量清单报价就为投标者提供了一个平等竞争的条件，相同的工程量，由企业根据自身的实力来填报不同的单价。投标人的这种自主报价，使得企业的优势体现到投标报价中，可在一定程度上规范建筑市场秩序，确保工程质量。

(2) 满足市场经济条件下竞争的需要

招投标过程就是竞争的过程，招标人提供工程量清单，投标人根据自身情况确定综合单价，利用单价与工程量逐项计算每个项目的合价，再分别填入工程量清单表内，计算出投标总价。单价成了决定性的因素，定高了不能中标，定低了又要承担过大的风险。单价的高低直接取决于企业管理水平和技术水平的高低，这种局面促成了企业整体实力的竞争，有利于我国建设市场的快速发展。

(3) 有利于提高工程计价效率，能真正实现快速报价

采用工程量清单计价方式，避免了传统计价方式下招标人与投标人之间的在工程量计算上的重复工作，各投标人以招标人提供的工程量清单为统一平台，结合自身的管理水平和施工方案进行报价，促进了各投标人企业定额的完善和工程造价信息的积累和整理，体现了现代工程建设中快速报价的要求。

(4) 有利于工程款的拨付和工程造价的最终结算

中标后，业主要与中标单位签订施工合同，中标价就是确定合同价的基础，投标清单上的单价就成了拨付工程款的依据。业主根据施工企业完成的工程量，可以很容易地确定进度款的拨付额。工程竣工后，根据设计变更、工程量增减等，业主也很容易确定工程的最终造价，可在某种

程度上减少业主与施工单位之间的纠纷。

(5) 有利于业主对投资的控制

采用施工图预算形式，业主对因设计变更、工程量的增减所引起的工程造价变化不敏感，往往等到竣工结算时才知道这些变化对项目投资的影响有多大，但此时常常是为时已晚。而采用工程量清单报价的方式则可对投资变化一目了然，在要进行设计变更时，能马上知道它对工程造价的影响，业主就能根据投资情况来决定是否变更或进行方案比较，以确定最恰当的处理方法。

3.1.2 工程量清单的构成

3.1.2.1 分部分项工程量清单

分部分项工程是“分部工程”和“分项工程”的总称。“分部工程”是单位工程的组成部分，系按结构部位、路段长度及施工特点或施工任务将单位工程划分为若干分部的工程。例如，砌筑工程分为砖砌体、砌块砌体、石砌体、垫层分部工程。“分项工程”是分部工程的组成部分，系按不同施工方法、材料、工序及路段长度等分部工程划分为若干个分项或项目的工程。例如砖砌体分为砖基础、砖砌挖孔桩护壁、实心砖墙、多孔砖墙、空心砖墙、空斗墙、空花墙、填充墙、实心砖柱、多孔砖柱、砖检查井、零星砌砖、砖散水、砖地坪、砖地沟、砖明沟等分项工程。

分部分项工程项目清单必须载明项目编码、项目名称、项目特征、计量单位和工程量。分部分项工程项目清单必须根据各专业工程工程量计算规范规定的项目编码、项目名称、项目特征、计量单位和工程量计算规则进行编制，其格式如表 3.1.1 所示。在分部分项工程项目清单的编制过程中，由招标人负责前六项内容填列，金额部分在编制招标控制价或投标报价时填列。

表 3.1.1 分部分项工程和单价措施项目清单与计价表

工程名称： 标段： 第 页 共 页

序号	项目编码	项目名称	项目特征描述	计量单位	工程量	金额		
						综合单价	合价	其中：暂估价

(1) 项目编码

项目编码是分部分项工程和措施项目清单名称的阿拉伯数字标识。清单项目编码以五级编码设置，用十二位阿拉伯数字表示。一、二、三、四级编码为全国统一，即一至九位应按工程量计算规范附录的规定设置，不得变动；第五级即十至十二位为清单项目编码，应根据拟建工程的工程量清单项目名称设置，不得有重号，这三位清单项目编码由招标人针对招标工程项目具体编制，并应自 001 起顺序编制。

各级编码代表的含义如下：

① 第一级表示专业工程代码（分二位）；

② 第二级表示附录分类顺序码（分二位）；

③ 第三级表示分部工程顺序码（分二位）；

④ 第四级表示分项工程项目名称顺序码（分三位）；

⑤ 第五级表示清单项目名称顺序码（分三位）。

项目编码结构如图 3.1.1 所示（以房屋建筑与装饰工程为例）。

当同一标段（或合同段）的一份工程量清单中含有多个单位工程且工程量清单是以单位工程

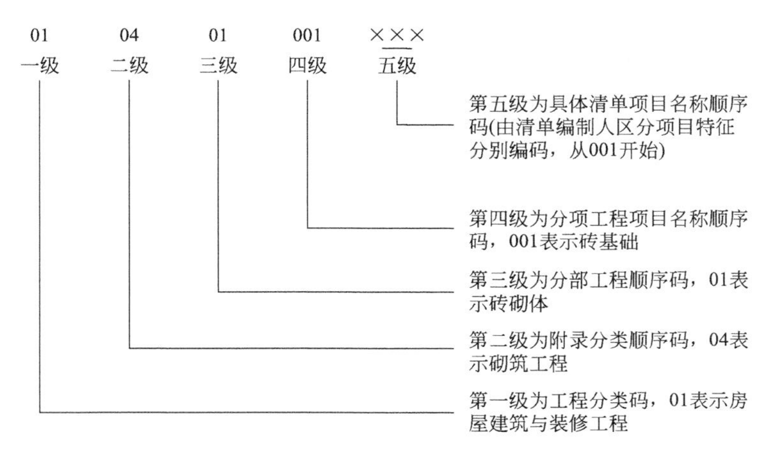

图 3.1.1 工程量清单项目编码结构图

为编制对象时，在编制工程量清单时应特别注意对项目编码十至十二位的设置不得有重码的规定。例如一个标段（或合同段）的工程量清单中含有三个单位工程，每一单位工程中都有项目特征相同的实心砖墙砌体，在工程量清单中又需反映三个不同单位工程的实心砖墙砌体工程量时，则第一个单位工程的实心砖墙的项目编码应为 010401003001，第二个单位工程的实心砖墙的项目编码应为 010401003002，第三个单位工程的实心砖墙的项目编码应为 010401003003，并分别列出各单位工程实心砖墙的工程量。

(2) 项目名称

分部分项工程项目清单的项目名称应按各专业工程量计算规范附录的项目名称结合拟建工程的实际确定。附录表中的“项目名称”为分项工程项目名称，是形成分部分项工程项目清单项目名称的基础。即在编制分部分项工程项目清单时，以附录中的分项工程项目名称为基础，考虑该项目的规格、型号、材质等特征要求，结合拟建工程的实际情况，使其工程量清单项目名称具体化、细化，以反映影响工程造价的主要因素。例如“门窗工程”中“特种门”应区分“冷藏门”“冷冻闸门”“保温门”“变电室门”“隔声门”“防射线门”“人防门”“金库门”等。清单项目名称应表达详细、准确，各专业工程量计算规范中的分项工程项目名称如有缺陷，招标人可作补充，并报当地工程造价管理机构（省级）备案。

(3) 项目特征

项目特征是构成分部分项工程项目、措施项目自身价值的本质特征。项目特征是对项目的准确描述，是确定一个清单项目综合单价不可缺少的重要依据，是区分清单项目的依据，是履行合同义务的基础。分部分项工程项目清单的项目特征应按各专业工程工程量计算规范附录中规定的项目特征，结合技术规范、标准图集、施工图纸，按照工程结构、使用材质及规格或安装位置等，予以详细而准确的表述和说明。凡项目特征中未描述到的其他独有特征，由清单编制人视项目具体内容确定，以准确描述清单项目为准。

在各专业工程工程量计算规范附录中还有关于各清单项目“工程内容”的描述。工程内容是指完成清单项目可能发生的具体工作和操作程序，但应注意的是，在编制分部分项工程项目清单时，工程内容通常无须描述，因为在工程量计算规范中，工程量清单项目与工程量计算规则、工程内容有一一对应关系，当采用工程量计算规范这一标准时，工程内容均有规定。

(4) 计量单位

计量单位应采用基本单位，除各专业另有特殊规定外均按以下单位计量：

① 以重量计算的项目——吨或千克（t 或 kg）；

② 以体积计算的项目——立方米（m^3）；

③ 以面积计算的项目——平方米（m^2）；

④ 以长度计算的项目——米（m）；

⑤ 以自然计量单位计算的项目——个、套、块、樘、组、台……；

⑥ 没有具体数量的项目——宗、项……。

各专业有特殊计量单位的，再另外加以说明，当计量单位有两个或两个以上时，应根据所编工程量清单项目的特征要求，选择最适宜表现该项目特征并方便计量的单位。例如：门窗工程计量单位为“樘/m^2”。实际工作中，应选择最适宜、最方便计量和组价的单位来表示。

计量单位的有效位数应遵守下列规定：

① 以“t”为单位，应保留三位小数，第四位小数四舍五入。

② 以“m^3”“m^2”“m”“kg”为单位，应保留两位小数，第三位小数四舍五入。

③ 以“个”“项”等为单位，应取整数。

(5) 工程数量的计算

工程数量主要通过工程量计算规则计算得到。工程量计算规则是指对清单项目工程量计算的规定。除另有说明外，所有清单项目的工程量应以实体工程量为准，并以完成后的净值计算；投标人投标报价时，应在单价中考虑施工中的各种损耗和需要增加的工程量。

根据工程量清单计价与工程量计算规范的规定，工程量计算规则可以分为房屋建筑与装饰工程、仿古建筑工程、通用安装工程、市政工程、园林绿化工程、构筑物工程、矿山工程、城市轨道交通工程、爆破工程等九大类。

以房屋建筑与装饰工程为例，其工程量计算规范中规定的分类项目包括土石方工程，地基处理与边坡支护工程，桩基工程，砌筑工程，混凝土及钢筋混凝土工程，金属结构工程，木结构工程，门窗工程，屋面及防水工程，保温、隔热、防腐工程，楼地面装饰工程，墙、柱面装饰与隔断，幕墙工程，天棚工程，油漆、涂料、裱糊工程，其他装饰工程，拆除工程，措施项目等，分别制定了它们的项目设置和工程量计算规则。

随着工程建设中新材料、新技术、新工艺等的不断涌现，工程量计算规范附录所列的工程量清单项目不可能包含所有项目。在编制工程量清单时，当出现工程量计算规范附录中未包括的清单项目时，编制人应作补充。在编制补充项目时应注意以下 3 个方面。

① 补充项目的编码，应按工程量计算规范的规定确定。具体做法如下：补充项目的编码由工程量计算规范的代码与“B”和三位阿拉伯数字组成，并应从 001 起顺序编制，例如房屋建筑与装饰工程如需补充项目，则其编码应从 01B001 开始起顺序编制，同一招标工程的项目不得重码。

② 在工程量清单中应附补充项目的项目名称、项目特征、计量单位、工程量计算规则和工作内容。

③ 将编制的补充项目报省级或行业工程造价管理机构备案。

3.1.2.2 措施项目清单

(1) 措施项目列项

措施项目是指为完成工程项目施工，发生于该工程施工准备和施工过程中的技术、生活、安全、环境保护等方面的项目。

措施项目清单应根据相关工程现行工程量计算规范的规定编制，并应根据拟建工程的实际情况列项。例如《房屋建筑与装饰工程工程量计算规范》(GB 50854—2013) 中规定的措施项目，包括脚手架工程、混凝土模板及支架（撑）、超高施工增加、垂直运输、大型机械设备进出场及安拆、施工排水、施工降水、安全文明施工及其他措施项目。

(2) 措施项目清单的类别

措施项目费用的发生与使用时间、施工方法或者两个以上的工序相关，如安全文明施工，夜间施工，非夜间施工照明，二次搬运，冬雨季施工，地上、地下设施和建筑物的临时保护设施，已完工程及设备保护等。但是有些措施项目则是可以计算工程量的项目，如脚手架工程、混凝土模板及支架（撑）、垂直运输、超高施工增加、大型机械设备进出场及安拆、施工排水、施工降水等，这类措施项目按照分部分项工程项目清单的方式采用综合单价计价，更有利于措施费的确定和调整。措施项目中可以计算工程量的项目（单价措施项目）宜采用分部分项工程项目清单的方式编制，列出项目编码、项目名称、项目特征、计量单位和工程量（如表3.1.1所示）；不能计算工程量的项目（总价措施项目），以“项”为计量单位进行编制（如表3.1.2所示）。

表3.1.2　总价措施项目清单与计价表

工程名称：　　　　标段：　　　　第　页　共　页

序号	项目编码	项目名称	计算基础	费率/%	金额/元	调整费率/%	调整后金额/元	备注
		安全文明施工费						
		夜间施工增加费						
		二次搬运费						
		冬雨季施工增加费						
		已完工程及设备保护费						
		……						
合计								

编制人(造价人员)：　　　　复核人(造价工程师)：

(3) 措施项目清单的编制依据

措施项目清单的编制需考虑多种因素，除工程本身的因素外，还涉及水文、气象、环境、安全等因素。措施项目清单应根据拟建工程的实际情况列项，若出现工程量计算规范中未列的项目，可根据工程实际情况补充。

措施项目清单的编制依据主要有：

① 施工现场情况、地勘水文资料、工程特点；

② 常规施工方案；

③ 与建设工程有关的标准、规范、技术资料；

④ 拟定的招标文件；

⑤ 建设工程设计文件及相关资料。

3.1.2.3　其他项目清单

其他项目清单是指分部分项工程项目清单、措施项目清单所包含的内容以外，因招标人的特殊要求而发生的与拟建工程有关的其他费用项目和相应数量的清单。工程建设标准的高低、工程的复杂程度、工程的工期长短、工程的组成内容、发包人对工程管理的要求等都直接影响其他项目清单的具体内容。

其他项目清单包括暂列金额、暂估价（包括材料暂估单价、工程设备暂估单价、专业工程暂估价）、计日工、总承包服务费。其他项目清单宜按照表3.1.3的格式编制，出现未含在表格中内容的项目，可根据工程实际情况补充。

表 3.1.3 其他项目清单与计价表

工程名称： 标段： 第 页 共 页

序号	项目名称	金额/元	结算金额/元	备注
1	暂列金额			明细详见表 3.1.4
2	暂估价			
2.1	材料(工程设备)暂估价/结算价	—		明细详见表 3.1.5
2.2	专业工程暂估价/结算价			明细详见表 3.1.6
3	计日工			明细详见表 3.1.7
4	总承包服务费			明细详见表 3.1.8
5	索赔与现场签证			
合计				

注：材料（工程设备）暂估单价进入清单项目综合单价，此处不汇总。

(1) 暂列金额

暂列金额是招标人在工程量清单中暂定并包括在合同价款中的一笔款项，用于工程合同签订时尚未确定或者不可预见的所需材料、工程设备、服务的采购，施工中可能发生的工程变更、合同约定调整因素出现时的合同价款调整，以及发生的索赔、现场签证确认等的费用。不管采用何种合同形式，其理想的标准是一份合同的价格就是其最终的竣工结算价格，或者至少两者应尽可能接近。我国规定对政府投资工程实行概算管理，经项目审批部门批复的设计概算是工程投资控制的刚性指标。即使商业性开发项目也有成本的预先控制问题，否则，无法相对准确预测投资的收益和科学合理地进行投资控制。但工程建设自身的特性决定了工程的设计需要根据工程进展不断地进行优化和调整，业主需求可能会随工程建设进展出现变化，工程建设过程还会存在一些不能预见、不能确定的因素。“消化”这些因素必然会影响合同价格的调整，暂列金额正是因这类不可避免的价格调整而设立，以便达到合理确定和有效控制工程造价的目标。设立暂列金额并不能保证合同结算价格就不会再出现超过合同价格的情况，是否超出合同价格完全取决于工程量清单编制人对暂列金额预测的准确性，以及工程建设过程是否出现了其他事先未预测到的事件。

暂列金额应根据工程特点，按有关计价规定估算。暂列金额可按照表 3.1.4 的格式列示。

表 3.1.4 暂列金额明细表

工程名称： 标段： 第 页 共 页

序号	项目名称	计量单位	暂定金额/元	备注
1				
2				
3				
合计				

注：此表由招标人填写，如不能详列，也可只列暂定金额总额，投标人应将上述暂列金额计入投标总价中。

(2) 暂估价

暂估价是指招标人在工程量清单中提供的用于支付必然发生但暂时不能确定价格的材料、工程设备的单价以及专业工程的金额，包括材料暂估单价、工程设备暂估单价和专业工程暂估价。

暂估价类似于FIDIC合同条款中的“Prime Cost Items”，在招标阶段预见肯定要发生，只是因为标准不明确或者需要由专业承包人完成，暂时无法确定价格。暂估价数量和拟用项目应当结合工程量清单中的“暂估价表”予以补充说明。为方便合同管理，需要纳入分部分项工程项目清单综合单价中的暂估价应只是材料、工程设备暂估单价，以方便投标人组价。

专业工程的暂估价一般应是综合暂估价，包括人工费、材料费、施工机具使用费、企业管理费和利润，不包括规费和税金。总承包招标时，专业工程设计深度往往是不够的，一般需要交由专业设计人员设计。在国际社会，出于对提高可建造性的考虑，一般由专业承包人负责设计，以发挥其专业技能和专业施工经验的优势。这类专业工程交由专业分包人完成在国际工程施工中有良好实践，目前在我国工程建设领域也已经比较普遍。公开透明地合理确定这类暂估价的实际金额的最佳途径，就是通过施工总承包人与工程建设项目招标人共同组织的招标。

暂估价中的材料、工程设备暂估单价应根据工程造价信息或参照市场价格估算，列出明细表；专业工程暂估价应分不同专业，按有关计价规定估算，列出明细表。暂估价可按照表3.1.5、表3.1.6的格式列示。

表3.1.5 材料（工程设备）暂估单价及调整表

工程名称： 标段： 第 页 共 页

序号	材料（工程设备）名称、规格、型号	计量单位	数量		暂估/元		确认/元		差额±/元		备注
			暂估	确认	单价	合价	单价	合价	单价	合价	
合计											

注：此表由招标人填写“暂估单价”，并在备注栏说明暂估价的材料、工程设备拟用在哪些清单项目上，投标人应将上述材料、工程设备暂估价计入工程量清单综合单价报价中。

表3.1.6 专业工程暂估价及结算价表

工程名称： 标段： 第 页 共 页

序号	工程名称	工程内容	暂估金额/元	结算金额/元	差额±/元	备注
合计						

注：此表“暂估金额”由招标人填写，投标人应将“暂估金额”计入投标总价中。结算时按合同约定结算金额填写。

(3) 计日工

在施工过程中，承包人完成发包人提出的工程合同范围以外的零星项目或工作，按合同中约定的单价计价的一种方式。计日工是为了解决现场发生的零星工作的计价而设立的。国际上常见的标准合同条款中，大多数都设立了计日工（daywork）计价机制。计日工对完成零星工作所消耗的人工工日、材料数量、施工机具台班进行计量，并按照计日工表中填报的适用项目的单价进行计价支付。计日工适用的所谓零星项目或工作一般是指合同约定之外的或者因变更而产生的、工程量清单中没有相应项目的额外工作，尤其是那些难以事先商定价格的额外工作。

计日工应列出项目名称、计量单位和暂估数量。计日工可按照表3.1.7的格式列示。

表 3.1.7 计日工表

工程名称： 标段： 第 页 共 页

编号	项目名称	单位	暂定数量	实际数量	综合单价/元	合价/元	
						暂定	实际
一	人工						
1							
2							
…							
人工小计							
二	材料						
1							
2							
…							
材料小计							
三	施工机具						
1							
2							
…							
施工机具小计							
四、企业管理费和利润							
总计							

注：此表项目名称、暂定数量由招标人填写，编制招标控制价时，单价由招标人按有关计价规定确定；投标时，单价由投标人自主报价，按暂定数量计算合价计入投标总价中。结算时，按发承包双方确认的实际数量计算合价。

（4）总承包服务费

总承包服务费是指总承包人为配合协调发包人进行的专业工程发包，对发包人提供自行采购的材料、工程设备等进行保管以及施工现场管理、竣工资料汇总整理等服务所需的费用。招标人应预计该项费用并按投标人的投标报价向投标人支付该项费用。

总承包服务费应列出服务项目及其内容等。总承包服务费按照表 3.1.8 的格式列示。

表 3.1.8 总承包服务费计价表

工程名称： 标段： 第 页 共 页

序号	项目名称	项目价值/元	服务内容	计算基础	费率/%	金额/元
1						
2						
…						

注：此表项目名称、服务内容由招标人填写，编制招标控制价时，费率及金额由招标人按有关计价规定确定；投标时，费率及金额由投标人自主报价，计入投标总价中。

3.1.2.4 规费及税金项目清单

规费项目清单应按照下列内容列项：社会保险费，包括养老保险费、失业保险费、医疗保险费、工伤保险费、生育保险费；住房公积金；工程排污费；出现计价规范中未列的项目，应根据省级政府或省级有关权力部门的规定列项。

税金项目清单应包括增值税。出现计价规范未列的项目，应根据税务部门的规定列项。

规费及税金项目计价表如表3.1.9所示。

表3.1.9 规费及税金项目计价表

工程名称：		标段：		第 页 共 页	
序号	项目名称	计算基础	计算基数	费率/%	金额/元
1	规费				
1.1	社会保险费				
(1)	养老保险费				
(2)	失业保险费				
(3)	医疗保险费				
(4)	工伤保险费				
(5)	生育保险费				
1.2	住房公积金				
1.3	工程排污费	按工程所在地环境保护部门收取标准，按实计入			
2	税金（增值税）	分部分项工程费＋措施项目费＋其他项目费＋规费		9	
合计					
编制人（造价人员）：			复核人（造价工程师）：		

3.2 土（石）方工程清单工程量计算及清单编制

工程量清单项目中分项工程工程量计算正确与否，直接关系到工程造价确定的准确与否，因而正确掌握工程量的计算方法，对于清单编制人及投标人都非常重要，否则将给招标、投标双方带来风险。本节依据《建设工程工程量清单计价规范》(GB 50500—2013)、《房屋建筑与装饰工程工程量计算规范》(GB 50854—2013) 等规范对常用项目的工程量计算规则和方法进行讲解。

土（石）方工程根据《房屋建筑与装饰工程工程量计算规范》附录A列项，在清单项目中分为土方工程、石方工程、回填等3节共13个清单项目，适用于建筑物和构筑物的土石方开挖及回填工程。

3.2.1 土方工程

土方工程包括平整场地、挖一般土方、挖沟槽土方、挖基坑土方、冻土开挖、挖淤泥（流砂）、管沟土方等项目。土方工程附录表的主要内容见表3.2.1。

表 3.2.1　土方工程（编码：010101）

项目编码	项目名称	项目特征	计量单位	工程量计算规则	工作内容
010101001	平整场地	1. 土壤类别； 2. 弃土运距； 3. 取土运距	m^2	按设计图示尺寸以建筑物首层建筑面积计算	1. 土方挖填； 2. 场地找平； 3. 运输
010101002	挖一般土方	1. 土壤类别； 2. 挖土深度； 3. 弃土运距	m^3	按设计图示尺寸以体积计算	1. 排地表水； 2. 土方开挖； 3. 围护（挡土板）及拆除； 4. 基底钎探； 5. 运输
010101003	挖沟槽土方			按设计图示尺寸以基础垫层底面积乘以挖土深度计算	
010101004	挖基坑土方				
010101005	冻土开挖	1. 冻土厚度； 2. 弃土运距		按设计图示尺寸开挖面积乘厚度以体积计算	1. 爆破； 2. 开挖； 3. 清理； 4. 运输
010101006	挖淤泥、流砂	1. 挖掘深度； 2. 弃淤泥、流砂距离		按设计图示位置、界限以体积计算	1. 开挖； 2. 运输
010101007	管沟土方	1. 土壤类别； 2. 管外径； 3. 挖沟深度； 4. 回填要求	1. m； 2. m^3	1. 以米计量，按设计图示以管道中心线长度计算； 2. 以立方米计量，按设计图示管底垫层面积乘以挖土深度计算。无管底垫层按管外径的水平投影面积乘以挖土深度计算	1. 排地表水； 2. 土方开挖； 3. 围护（挡土板）、支撑； 4. 运输； 5. 回填

（1）开挖深度

挖土方平均厚度应按自然地面测量标高至设计地坪标高间的平均厚度确定。基础土方开挖深度应按基础垫层底表面标高至交付施工场地标高确定；无交付施工场地标高时，应按自然地面标高确定。

（2）平整场地

建筑场地厚度≤±300mm 的就地挖、填、运、找平，应按平整场地项目列项，其工程量按设计图示尺寸以建筑物首层建筑面积计算（含落地阳台、地下室的采光井和出入口的面积）。

平整场地若需要外运土方或取土回填时，在清单项目特征中应描述弃土运距或取土运距，其报价应包括在平整场地项目中；当清单中没有描述弃、取土运距时，应注明由投标人根据施工现场实际情况自行考虑到投标报价中。

（3）挖一般土方

挖一般土方项目适用于厚度＞±300mm 的竖向布置挖土或山坡切土，且不属于沟槽、基坑的土方工程。

土石方体积应按挖掘前的天然密实体积计算，如需按天然密实体积折算时，应按表 3.2.2 所列系数计算。挖土方如需截桩头时，应按桩基工程相关项目列项。桩间挖土不扣除桩的体积，并在项目特征中加以描述。

表 3.2.2 土方体积折算系数表

天然密实度体积	虚方体积	夯实后体积	松填体积
0.77	1.00	0.67	0.83
1.00	1.30	0.87	1.08
1.15	1.50	1.00	1.25
0.92	1.20	0.80	1.00

注：1. 虚方指未经碾压、堆积时间≤1年的土壤。
2. 本表按《全国统一建筑工程预算工程量计算规则》（GJDGZ 101—95）整理。
3. 设计密实度超过规定的，填方体积按工程设计要求执行；无设计要求按各省、自治区、直辖市或行业建设行政主管部门规定的系数执行。

土壤的不同类型决定了土方工程施工的难易程度、施工方法、功效及工程成本，所以应掌握土壤类别的确定方法，如土壤类别不能准确划分时，招标人可注明为综合，由投标人根据地勘报告决定报价。土壤分类可参考表 3.2.3。

表 3.2.3 土壤分类表

土壤分类	土壤名称	开挖方法
一、二类土	粉土、砂土(粉砂、细砂、中砂、粗砂、砾砂)、粉质黏土、弱中盐渍土、软土(淤泥质土、泥炭、泥炭质土)、软塑红黏土、冲填土	用锹，少许用镐、条锄开挖。机械能全部直接铲挖满载者
三类土	黏土、碎石土(圆砾、角砾)混合土、可塑红黏土、硬塑红黏土、强盐渍土、素填土、压实填土	主要用镐、条锄，少许用锹开挖。机械需部分刨松方能铲挖满载者或可直接铲挖但不能满载者
四类土	碎石土(卵石、碎石、漂石、块石)、坚硬红黏土、超盐渍土、杂填土	全部用镐、条锄挖掘，少许用撬棍挖掘。机械须普遍刨松方能铲挖满载者

注：本表土的名称及其含义按国家标准《岩土工程勘察规范》（GB 50021—2001）定义。

（4）挖沟槽土方、挖基坑土方

挖沟槽土方适用于底宽≤7m、底长＞3倍底宽的土方开挖；挖基坑土方适用于底长≤3倍底宽且底面积≤150m^2的基坑土方开挖。

挖土深度以自然地坪到沟槽底的垂直深度计算。当自然地坪标高不明确时，可采用室外设计地坪标高计算；当沟槽深度不同时，应分别计算。

挖沟槽、基坑、一般土方因工作面和放坡增加的工程量（管沟工作面增加的工程量）是否并入土方工程量中，应按各省、自治区、直辖市或行业建设行政主管部门的规定实施，如并入各土方工程量中，办理工程结算时，按经发包人认可的施工组织设计规定计算。

圆形基坑挖土体积由式(3.2.1) 计算。

$$V=\pi R^2 H \tag{3.2.1}$$

式中 V——挖土体积，m^3；

R——坑底垫层或基底半径，m；

H——挖土深度，m。

（5）冻土开挖

冻土是指在零摄氏度以下且含有冰的土。冻土按冬夏是否冻融交替分为季节性冻土和永冻土两类。

(6) 挖淤泥、流砂

淤泥是指河流、湖沼、水库、池塘中沉淀的泥沙，所含有机物较多，常呈灰黑色，有异味，呈稀软状，坍落度较大；流砂是指挖土方深度超过地下水位时，坑底周边或地下的土层随地下水涌入基坑，和水形成流动状态的土壤。

挖方出现流砂、淤泥时，如设计未明确，在编制工程量清单时，其工程数量可为暂估量，结算时应根据实际情况由发包人与承包人双方现场签证确认工程量。

(7) 管沟土方

管沟土方适用于管道（给排水、工业、电力、通信）、光（电）缆沟及连接井（检查井）等土方开挖、回填。

有管沟设计时，平均深度以管沟垫层底面标高至交付施工场地标高计算；无管沟设计时，直埋管深度应按管底外表面标高至交付施工场地标高的平均高度计算。

3.2.2 石方工程

石方工程包括挖一般石方、挖沟槽石方、挖基坑石方、挖管沟石方。石方工程附录表的主要内容见表 3.2.4。岩石分类见表 3.2.5，石方体积折算表见表 3.2.6。

表 3.2.4 石方工程（编号：010102）

项目编码	项目名称	项目特征	计量单位	工程量计算规则	工作内容
010102001	挖一般石方	1. 岩石类别； 2. 开凿深度； 3. 弃渣运距	m^3	按设计图示尺寸以体积计算	1. 排地表水； 2. 凿石； 3. 运输
010102002	挖沟槽石方			按设计图示尺寸沟槽底面积乘以挖石深度以体积计算	
010102003	挖基坑石方			按设计图示尺寸基坑底面积乘以挖石深度以体积计算	
010102004	挖管沟石方	1. 岩石类别； 2. 管外径； 3. 挖沟深度	1. m； 2. m^3	1. 以米计量，按设计图示以管道中心线长度计算； 2. 以立方米计量，按设计图示截面积乘以长度计算	1. 排地表水； 2. 凿石； 3. 回填； 4. 运输

表 3.2.5 岩石分类表

岩石分类		代表性岩石	开挖方法
极软岩		1. 全风化的各种岩石； 2. 各种半成岩	部分用手凿工具、部分用爆破法开挖
软质石	软岩	1. 强风化的坚硬岩或较硬岩； 2. 中等风化-强风化的较软岩； 3. 未风化-微风化的页岩、泥岩、泥质砂岩等	用风镐和爆破法开挖
	较软岩	1. 中等风化-强风化的坚硬岩或较硬岩； 2. 未风化-微风化的凝灰岩、千枚岩、泥灰岩、砂质泥岩等	用爆破法开挖

续表

岩石分类		代表性岩石	开挖方法
硬质石	较硬岩	1. 微风化的坚硬岩； 2. 未风化-微风化的大理岩、板岩、石灰岩、白云岩、钙质砂岩等	用爆破法开挖
	坚硬岩	未风化-微风化的花岗岩、闪长岩、辉绿岩、玄武岩、安山岩、片麻岩、石英岩、石英砂岩、硅质砾岩、硅质石灰岩等	用爆破法开挖

表 3.2.6　石方体积折算系数表

石方类别	天然密实度体积	虚方体积	松填体积	码方
石方	1.0	1.54	1.31	
块石	1.0	1.75	1.43	1.67
砂夹石	1.0	1.07	0.94	

注：本表按原建设部颁发《爆破工程消耗量定额》(GYD-102-2008) 整理。

3.2.3　回填

回填包括回填方、余方弃置等项目。回填清单项目的主要内容见表 3.2.7。

表 3.2.7　回填（编号：010103）

项目编码	项目名称	项目特征	计量单位	工程量计算规则	工作内容
010103001	回填方	1. 密实度要求； 2. 填方材料品种； 3. 填方粒径要求； 4. 填方来源、运距	m^3	按设计图示尺寸以体积计算： 1. 场地回填：回填面积乘平均回填厚度； 2. 室内回填：主墙间面积乘回填厚度，不扣除间隔墙； 3. 基础回填：按挖方清单项目工程量减去自然地坪以下埋设的基础体积（包括基础垫层及其他构筑物）	1. 运输； 2. 回填； 3. 压实
010103002	余方弃置	1. 废弃料品种； 2. 运距		按挖方清单项目工程量减利用回填方体积（正数）计算	余方点装料运输至弃置点

(1) 回填方

回填方项目适用于场地回填、基础回填、室内回填，由式(3.2.2)、式(3.2.3) 计算。

室内回填厚度＝室内外设计标高差－垫层与面层厚度之和　　(3.2.2)

基础回填＝挖方体积－自然地坪以下埋设的基础体积　　(3.2.3)

(2) 余方弃置

当余方弃置的工程量为负值时，则称为缺方内运。

(3) 填方

① 填方密实度。在无特殊要求情况下，项目特征可描述为满足设计和规范的要求。

② 填方材料品种可以不描述，但应注明由投标人根据设计要求验方后方可填入，并符合相关工程的质量规范要求。

③ 填方粒径。在无特殊要求情况下，项目特征可以不描述。

④ 如需买土回填应在项目特征“填方来源、运距”中描述，并注明买土方数量。

3.2.4 工程案例

【例 3.2.1】 某办公楼基础平面图、剖面图如图 3.2.1、图 3.2.2 所示，土壤类别为二类土，施工采用人工挖地槽。经计算，设计室外地坪以下埋设的砌筑物的总量为 90.87m^3，室内地面垫层底标高为−0.15m。求该项目平整场地、挖沟槽、回填土及余方弃置的工程量，并编制工程量清单。

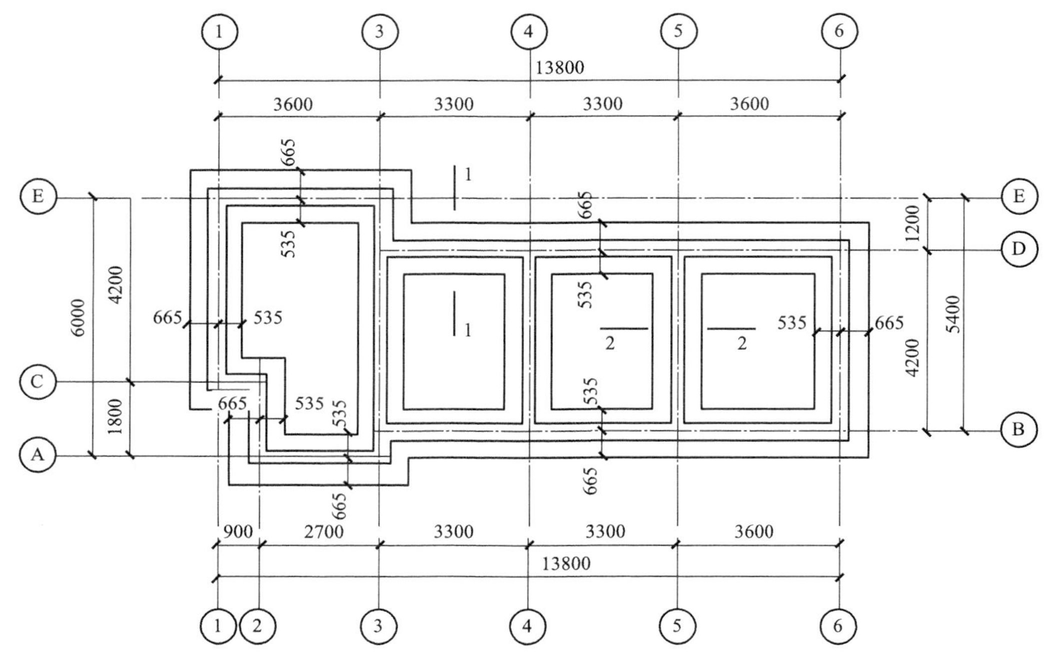

图 3.2.1 基础平面图

解：

计算工程量之前，一般要进行基数的计算。常见的计算基数有“三线一面”。即：

$L_{外}$——外墙外边线周长；

$L_{中}$——外墙中心线周长；

$L_{中}=L_{外}-4D$（D 是外墙厚度，此式适用于平面为直角的建筑物）；

$L_{内}$——内墙净长线长度；

$S_{底}$——底层建筑面积。

本题中，建筑物总长＝13.8＋0.25×2＝14.3(m)，建筑物总宽＝6＋0.25×2＝6.5(m)。

$L_{外}=(14.3+6.5)\times2=41.6(m)$；

$L_{中}=L_{外}-4D=41.6-4\times0.37=40.12(m)$

$L_{内}=(4.2-0.12\times2)\times3=3.96\times3=11.88(m)$

$S_{底}=14.3\times6.5-1.8\times0.9-(3.3\times2+3.6)\times(6-4.2)=72.97(m^2)$

(1) 平整场地工程量＝首层建筑面积＝72.97m^2

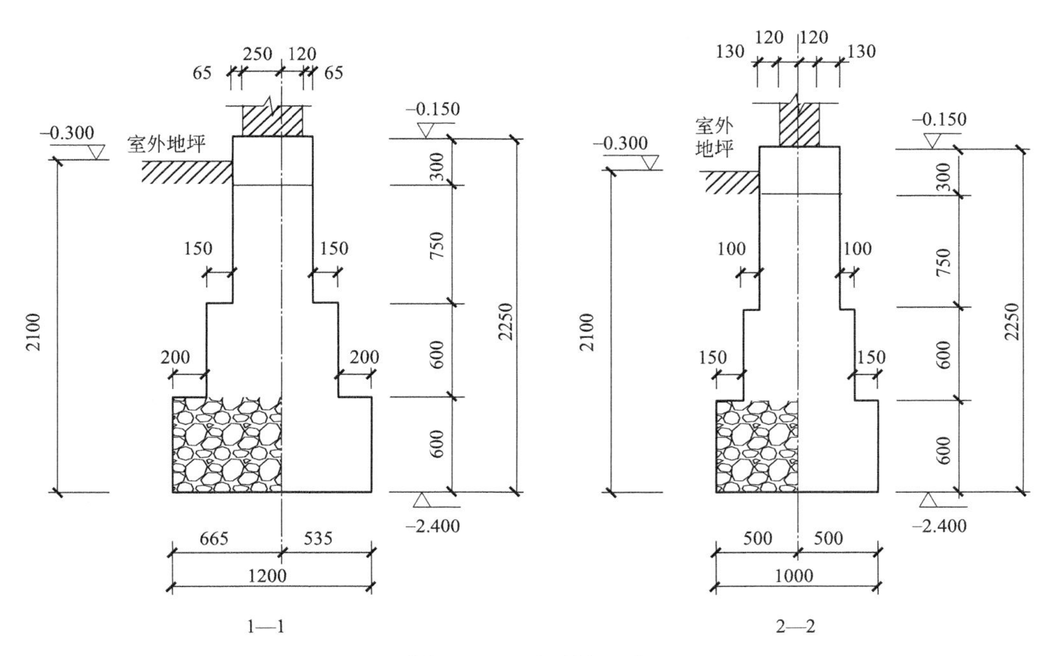

图 3.2.2 基础剖面图

(2) 挖沟槽的工程量，按设计图示尺寸以基础垫层底面积乘以挖土深度计算，该工程无基础垫层，故按基础底面积乘以挖土深度计算。

① 外墙沟槽：

基础长度$=L_{中}=40.12\text{m}$

基础宽度 $B_{外}=1.2\text{m}$

挖土深度 $H_{外}=2.4-0.3=2.1(\text{m})$

外墙挖沟槽工程量：$V_{外}=L_{中}\times B_{外}\times H_{外}=40.12\times1.2\times2.1=101.10(\text{m}^3)$

② 内墙沟槽：

基础长度=内墙基础净长线 $L_{内基}=(4.2-0.535\times2)\times3=9.39(\text{m})$

基础宽度 $B_{内}=1.0\text{m}$

挖土深度 $H_{内}=2.4-0.3=2.1(\text{m})$

内墙挖沟槽工程量：$V_{内}=L_{内基}\times B_{内}\times H_{内}=9.39\times1.0\times2.1=19.72(\text{m}^3)$

挖沟槽工程量合计 $V_{挖}=V_{外}+V_{内}=101.10+19.72=120.82(\text{m}^3)$

(3) 回填土工程量

基础回填土工程量=挖土体积-室外设计地坪以下埋入物体积

$=120.82-90.87=29.95(\text{m}^3)$

房心回填土工程量=室内主墙间净面积×回填土厚度

$=(S_{底}-L_{中}\times0.37-L_{内}\times0.24)\times$回填土厚度

$=(72.97-40.12\times0.37-11.88\times0.24)\times(0.3-0.15)=8.29(\text{m}^3)$

回填土工程量$=29.95+8.29=38.24(\text{m}^3)$

(4) 余方弃置的工程量

余土弃置=挖土工程量-回填工程量$=120.82-38.24=82.58(\text{m}^3)$

将上述计算结果填写到表 3.2.8 中。

表 3.2.8 案例工程的工程量清单（土方工程）

序号	项目编码	项目名称	项目特征	计量单位	工程数量
1	010101001001	平整场地	二类土	m^2	72.97
2	010101003001	挖沟槽土方	1. 二类土； 2. 挖土深度 2.1m	m^3	120.82
3	010103001001	回填方	填方密实度满足设计和规范要求	m^3	38.24
4	010103002001	余方弃置	运距 5km	m^3	82.58

3.3 地基处理、基坑与边坡支护工程清单工程量计算及清单编制

地基处理与边坡支护工程根据《房屋建筑与装饰工程工程量计算规范》附录 B 列项，包括地基处理、基坑与边坡支护等 2 节共 28 个清单项目。

3.3.1 地基处理

本项目包括换填垫层、铺设土工合成材料、预压地基、强夯地基、深层搅拌桩、粉喷桩、夯实水泥土桩、灰土（土）挤密桩、褥垫层等 17 个项目，具体内容见表 3.3.1。

表 3.3.1 地基处理（编号：010201）

项目编码	项目名称	项目特征	计量单位	工程量计算规则	工作内容
010201001	换填垫层	1. 材料种类及配比； 2. 压实系数； 3. 掺加剂品种	m^3	按设计图示尺寸以体积计算	1. 分层铺填； 2. 碾压、振密或夯实； 3. 材料运输
010201002	铺设土工合成材料	1. 部位； 2. 品种； 3. 规格	m^2	按设计图示尺寸以面积计算	1. 挖填锚固沟； 2. 铺设； 3. 固定； 4. 运输
010201003	预压地基	1. 排水竖井种类、断面尺寸、排列方式、间距、深度； 2. 预压方法； 3. 预压荷载、时间； 4. 砂垫层厚度		按设计图示处理范围以面积计算	1. 设置排水竖井、盲沟、滤水管； 2. 铺设砂垫层、密封膜； 3. 堆载、卸载或抽气设备安拆、抽真空； 4. 材料运输
010201004	强夯地基	1. 夯击能量； 2. 夯击遍数； 3. 夯击点布置形式、间距； 4. 地耐力要求； 5. 夯填材料种类			1. 铺设夯填材料； 2. 强夯； 3. 夯填材料运输
010201005	振冲密实（不填料）	1. 地层情况； 2. 振密深度； 3. 孔距			1. 振冲加密； 2. 泥浆运输

续表

项目编码	项目名称	项目特征	计量单位	工程量计算规则	工作内容
010201006	振冲桩（填料）	1. 地层情况； 2. 空桩长度、桩长； 3. 桩径； 4. 填充材料种类	1. m 2. m^3	1. 以米计量，按设计图示尺寸以桩长计算； 2. 以立方米计量，按设计桩截面乘以桩长以体积计算	1. 振冲成孔、填料、振实； 2. 材料运输； 3. 泥浆运输
010201007	砂石桩	1. 地层情况； 2. 空桩长度、桩长； 3. 桩径； 4. 成孔方法； 5. 材料种类、级配		1. 以米计量，按设计图示尺寸以桩长（包括桩尖）计算； 2. 以立方米计量，按设计桩截面乘以桩长（包括桩尖）以体积计算	1. 成孔； 2. 填充、振实； 3. 材料运输
010201008	水泥粉煤灰碎石桩	1. 地层情况； 2. 空桩长度、桩长； 3. 桩径； 4. 成孔方法； 5. 混合料强度等级	m	按设计图示尺寸以桩长（包括桩尖）计算	1. 成孔； 2. 混合料制作、灌注、养护； 3. 材料运输
010201009	深层搅拌桩	1. 地层情况； 2. 空桩长度、桩长； 3. 桩截面尺寸； 4. 水泥强度等级、掺量		按设计图示尺寸以桩长计算	1. 预搅下钻、水泥浆制作、喷浆搅拌提升成桩； 2. 材料运输
010201010	粉喷桩	1. 地层情况； 2. 空桩长度、桩长； 3. 桩径； 4. 粉体种类、掺量； 5. 水泥强度等级、石灰粉要求			1. 预搅下钻、喷粉搅拌提升成桩； 2. 材料运输
010201011	夯实水泥土桩	1. 地层情况； 2. 空桩长度、桩长； 3. 桩径； 4. 成孔方法； 5. 水泥强度等级； 6. 混合料配比		按设计图示尺寸以桩长（包括桩尖）计算	1. 成孔、夯底； 2. 水泥土拌和、填料、夯实； 3. 材料运输
010201012	高压喷射注浆桩	1. 地层情况； 2. 空桩长度、桩长； 3. 桩截面； 4. 注浆类型、方法； 5. 水泥强度等级		按设计图示尺寸以桩长计算	1. 成孔； 2. 水泥浆制作、高压喷射注浆； 3. 材料运输
010201013	石灰桩	1. 地层情况； 2. 空桩长度、桩长； 3. 桩径； 4. 成孔方法； 5. 掺合料种类、配合比		按设计图示尺寸以桩长（包括桩尖）计算	1. 成孔； 2. 混合料制作、运输、夯填

续表

项目编码	项目名称	项目特征	计量单位	工程量计算规则	工作内容
010201014	灰土(土)挤密桩	1. 地层情况; 2. 空桩长度、桩长; 3. 桩径; 4. 成孔方法; 5. 灰土级配	m	按设计图示尺寸以桩长(包括桩尖)计算	1. 成孔; 2. 灰土拌和、运输、填充、夯实
010201015	柱锤冲扩桩	1. 地层情况; 2. 空桩长度、桩长; 3. 桩径; 4. 成孔方法; 5. 桩体材料种类、配合比		按设计图示尺寸以桩长计算	1. 安、拔套管; 2. 冲孔、填料、夯实; 3. 桩体材料制作、运输
010201016	注浆地基	1. 地层情况; 2. 空钻深度、注浆深度; 3. 注浆间距; 4. 浆液种类及配比; 5. 注浆方法; 6. 水泥强度等级	1. m 2. m^3	1. 以米计量,按设计图示尺寸以钻孔深度计算; 2. 以立方米计量,按设计图示尺寸以加固体积计算	1. 成孔; 2. 注浆导管制作、安装; 3. 浆液制作、压浆; 4. 材料运输
010201017	褥垫层	1. 厚度; 2. 材料品种及比例	1. m^2 2. m^3	1. 以平方米计量,按设计图示尺寸以铺设面积计算; 2. 以立方米计量,按设计图示尺寸以体积计算	材料拌和、运输、铺设、压实

(1) 换填垫层

换填垫层是挖除基础底面下一定范围内的软弱土层或不均匀土层,回填其他性能稳定、无侵蚀性、强度较高的材料,并夯压密实形成的垫层。

(2) 铺设土工合成材料

土工合成材料是以聚合物为原料的材料名词的总称,主要起反滤、排水、加筋、隔离等作用,可分为土工织物、土工膜、特种土工合成材料和复合型土工合成材料。

(3) 预压地基、强夯地基、振冲密实

预压地基是指在地基上进行堆载预压或真空预压,或联合使用堆载和真空预压,形成固结压密后的地基。堆载预压是在地基上堆加荷载使地基土固结压密的地基处理方法。真空预压是通过对覆盖于竖井地基表面的封闭薄膜内抽真空排水使地基土固结压密的地基处理方法。

强夯地基属于夯实地基,即反复将夯锤提到高处使其自由落下,给地基以冲击和振动能量,将地基土密实处理或置换形成密实墩体的地基。

振冲密实是利用振动和压力水使砂层液化,砂颗粒相互挤密,重新排列,空隙减少,以提高砂层的承载能力和抗液化能力,又称振冲挤密砂石桩,可分为不加填料和加填料两种。

工程量均按设计图示处理范围以面积计算,即根据每个点位所代表的范围乘以点数计算。如图 3.3.1 所示,在图 3.3.1(a) 中每个点位所代表的处理范围为 $A \times B$ (矩形面积),共 20 个点位,所以处理范围面积为 $20 \times A \times B$;在图 3.3.1(b) 中,每个点位所代表的处理范围为 $A \times B$ (菱形面积),共 14 个点位,所以处理范围面积为 $14 \times A \times B$。

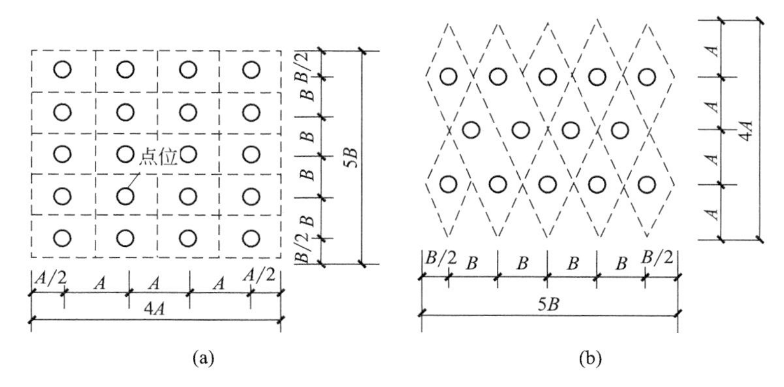

图 3.3.1　预压地基、强夯地基、振冲密实（不填料）工程量计算示意图

(4) 砂石桩

砂石桩是将碎石、砂或砂石混合料挤压入已成的孔中，形成密实砂石竖向增强桩体，与桩间土形成复合地基。

(5) 注浆地基

高压喷射注浆类型包括旋喷、摆喷、定喷。高压喷射注浆方法包括单管法、双重管法、三重管法和多重管法。

(6) 褥垫层

褥垫层是水泥粉煤灰碎石桩（CFG桩）复合地基中解决地基不均匀的一种方法。如建筑物一边在岩石地基上，一边在黏土地基上时，采用在岩石地基上加褥垫层（级配砂石）来解决地基不均匀问题。

地层情况按表3.2.2和表3.2.5的规定，并根据岩土工程勘察报告按单位工程各地层所占比例（包括范围值）进行描述。对无法准确描述的地层情况，可注明由投标人根据岩土工程勘察报告自行决定报价。

项目特征中的桩长应包括桩尖，空桩长度=孔深－桩长，孔深为自然地面至设计桩底的深度。

如采用泥浆护壁成孔，工作内容包括土方、废泥浆外运；如采用沉管灌注成孔，工作内容包括桩尖制作、安装。

3.3.2　基坑与边坡支护

基坑与边坡支护包括地下连续墙、咬合灌注桩、圆木桩、预制钢筋混凝土板桩、型钢桩、钢板桩、锚杆（锚索）、土钉、喷射混凝土（水泥砂浆）、钢筋混凝土支撑、钢支撑等项目。具体内容见表3.3.2。

(1) 地下连续墙

地下连续墙和喷射混凝土（砂浆）的钢筋网、咬合灌注桩的钢筋笼及钢筋混凝土支撑的钢筋制作、安装，混凝土挡土墙按3.6节中相关项目列项。

(2) 咬合灌注桩

所谓咬合灌注桩是指在桩与桩之间形成相互咬合排列的一种基坑围护结构。桩的排列方式为一条不配筋并采用超缓凝素混凝土桩（A桩）和一条钢筋混凝土桩（B桩）间隔布置。施工时，先施工A桩，后施工B桩，在A桩混凝土初凝之前完成B桩的施工。A桩、B桩均采用全套管钻机施工，切割掉相邻A桩相交部分的混凝土，从而实现咬合。

表 3.3.2 基坑与边坡支护（编码：010202）

项目编码	项目名称	项目特征	计量单位	工程量计算规则	工作内容
010202001	地下连续墙	1. 地层情况； 2. 导墙类型、截面； 3. 墙体厚度； 4. 成槽深度； 5. 混凝土种类、强度等级； 6. 接头形式	m^3	按设计图示墙中心线长乘以厚度乘以槽深以体积计算	1. 导墙挖填、制作、安装、拆除； 2. 挖土成槽、固壁、清底置换； 3. 混凝土制作、运输、灌注、养护； 4. 接头处理； 5. 土方、废泥浆外运； 6. 打桩场地硬化及泥浆池、泥浆沟
010202002	咬合灌注桩	1. 地层情况； 2. 桩长； 3. 桩径； 4. 混凝土种类、强度等级； 5. 部位		1. 以米计量，按设计图示尺寸以桩长计算； 2. 以根计量，按设计图示数量计算	1. 成孔、固壁； 2. 混凝土制作、运输、灌注、养护； 3. 套管压拔； 4. 土方、废泥浆外运； 5. 打桩场地硬化及泥浆池、泥浆沟
010202003	圆木桩	1. 地层情况； 2. 桩长； 3. 材质； 4. 尾径； 5. 桩倾斜度	1. m； 2. 根	1. 以米计量，按设计图示尺寸以桩长（包括桩尖）计算； 2. 以根计量，按设计图示数量计算	1. 工作平台搭拆； 2. 桩机移位； 3. 桩靴安装； 4. 沉桩
010202004	预制钢筋混凝土板桩	1. 地层情况； 2. 送桩深度、桩长； 3. 桩截面； 4. 沉桩方法； 5. 连接方式； 6. 混凝土强度等级			1. 工作平台搭拆； 2. 桩机移位； 3. 沉桩； 4. 板桩连接
010202005	型钢桩	1. 地层情况或部位； 2. 送桩深度、桩长； 3. 规格型号； 4. 桩倾斜度； 5. 防护材料种类； 6. 是否拔出	1. t； 2. 根	1. 以吨计量，按设计图示尺寸以质量计算； 2. 以根计量，按设计图示数量计算	1. 工作平台搭拆； 2. 桩机移位； 3. 打（拔）桩； 4. 接桩； 5. 刷防护材料
010202006	钢板桩	1. 地层情况； 2. 桩长； 3. 板桩厚度	1. t； 2. m^2	1. 以吨计量，按设计图示尺寸以质量计算； 2. 以平方米计量，按设计图示墙中心线长乘以桩长以面积计算	1. 工作平台搭拆； 2. 桩机移位； 3. 打拔钢板桩

续表

项目编码	项目名称	项目特征	计量单位	工程量计算规则	工作内容
010202007	锚杆(锚索)	1. 地层情况； 2. 锚杆(索)类型、部位； 3. 钻孔深度； 4. 钻孔直径； 5. 杆体材料品种、规格、数量； 6. 预应力； 7. 浆液种类、强度等级	1. m； 2. 根	1. 以米计量，按设计图示尺寸以钻孔深度计算； 2. 以根计量，按设计图示数量计算	1. 钻孔、浆液制作、运输、压浆； 2. 锚杆(锚索)制作、安装； 3. 张拉锚固； 4. 锚杆(锚索)施工平台搭设、拆除
010202008	土钉	1. 地层情况； 2. 钻孔深度； 3. 钻孔直径； 4. 置入方法； 5. 杆体材料品种、规格、数量； 6. 浆液种类、强度等级			1. 钻孔、浆液制作、运输、压浆； 2. 土钉制作、安装； 3. 土钉施工平台搭设、拆除
010202009	喷射混凝土、水泥砂浆	1. 部位； 2. 厚度； 3. 材料种类； 4. 混凝土(砂浆)类别、强度等级	m^2	按设计图示尺寸以面积计算	1. 修整边坡； 2. 混凝土(砂浆)制作、运输、喷射、养护； 3. 钻排水孔、安装排水管； 4. 喷射施工平台搭设、拆除
010202010	钢筋混凝土支撑	1. 部位； 2. 混凝土种类； 3. 混凝土强度等级	m^3	按设计图示尺寸以体积计算	1. 模板(支架或支撑)制作、安装、拆除、堆放、运输及清理模内杂物、刷隔离剂等； 2. 混凝土制作、运输、浇筑、振捣、养护
010202011	钢支撑	1. 部位； 2. 钢材品种、规格； 3. 探伤要求	t	按设计图示尺寸以质量计算。不扣除孔眼质量，焊条、铆钉、螺栓等不另增加质量	1. 支撑、铁件制作(摊销、租赁)； 2. 支撑、铁件安装； 3. 探伤； 4. 刷漆； 5. 拆除； 6. 运输

(3) 锚杆（锚索）、土钉

锚杆是指由杆体（钢绞线、普通钢筋、热处理钢筋或钢管）、注浆形成的固结体、锚具、套管、连接器所组成的一端与支护结构构件连接，另一端锚固在稳定岩土体内的受拉杆件。杆体采用钢绞线时，亦可称为锚索。

土钉是设置在基坑侧壁土体内的承受拉力与剪力的杆件。例如，成孔后植入钢筋杆并通过孔内注浆在杆体周围形成固结体的钢筋土钉；将设有出浆孔的钢管直接击入基坑壁土中并在钢管内注浆的钢管土钉。土钉置入方法包括钻孔置入、打入或射入等。

在清单列项时要正确区分锚杆项目和土钉项目。

① 土钉是被动受力，即土体发生一定变形后，土钉才受力，从而阻止土体的继续变形；锚杆是主动受力，通过拉力杆将表层不稳定岩土体的荷载传递至岩土体深部稳定位置，从而实现被加固岩土体的稳定。

② 土钉是全长受力，受力方向分为两部分，潜在滑裂面把土钉分为两部分，前半部分受力方向指向潜在滑裂面方向，后半部分受力方向背向潜在的滑裂面方向；锚杆则是前半部分为自由端，后半部分为受力段，所以有时候在锚杆的前半部分不充填砂浆。

③ 土钉一般不施加预应力，而锚杆一般施加预应力。

地层情况按表 3.2.3 和表 3.2.5 的规定，并根据岩土工程勘察报告按单位工程各地层所占比例（包括范围值）进行描述。对无法准确描述的地层情况，可注明由投标人根据岩土工程勘察报告自行决定报价。

混凝土种类指清水混凝土、彩色混凝土等，如在同一地区既使用预拌（商品）混凝土，又允许现场搅拌混凝土时，也应注明。

地下连续墙和喷射混凝土（砂浆）的钢筋网、咬合灌注桩的钢筋笼及钢筋混凝土支撑的钢筋制作、安装，按 3.6 节中相关项目列项。本分部未列的基坑与边坡支护的排桩按 3.4 节中相关项目列项。水泥土墙、坑内加固按 3.3 节中相关项目列项。砖、石挡土墙、护坡按 3.5 节中相关项目列项。混凝土挡土墙按 3.6 节中相关项目列项。

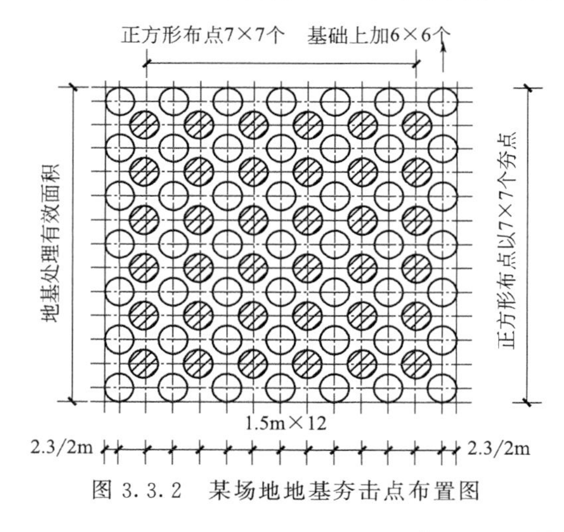

图 3.3.2 某场地地基夯击点布置图

3.3.3 工程案例

【例 3.3.1】 某场地采用地基强夯方法进行地基加固，夯击点布置如图 3.3.2 所示，夯击能量为 400t·m，每坑 6 击，要求第一、二遍按设计的分隔点夯击，第三遍为低锤满夯。试计算其清单工程量。

解： 根据题意可知，按强夯地基计算其清单工程量，即以设计图示尺寸加固面积计算。

强夯地基工程量 $S=(12\times1.5+2.3)\times(12\times1.5+2.3)=412.09(m^2)$

其工程量清单见表 3.3.3。

表 3.3.3 强夯地基工程量清单

序号	项目编码	项目名称	项目特征	计量单位	工程数量
1	010201004001	强夯地基	1. 夯击能量:400t·m; 2. 夯击遍数:3 遍,每坑 6 击,要求第一、二遍按设计的分隔点夯击,第三遍为低锤满夯; 3. 夯击点布置形式、间距:正方形布点 7×7 个,基础上加 6×6 个,间距为 1.5m	m^2	412.09

【例 3.3.2】 某地下室工程采用地下连续墙做基坑挡土和地下室外墙。设计墙身长度纵轴线为 75m、横轴线为 55m，各两道围成封闭状态，墙底标高为 −12m，墙顶标高为 −3.6m，自然地坪标高为 −0.6m，墙厚 1000mm，C35 混凝土浇筑，设计要求导墙采用 C30 混凝土浇筑，具体

方案由施工方自行确定（根据地质资料已知导沟范围内土质为三类土）；现场余土及泥浆必须外运至 5km 处弃置。试编制该连续墙工程量清单。

解：（1）连续墙长度＝(75＋55)×2＝260(m)

（2）成槽深度＝12－0.6＝11.4(m)

（3）连续墙工程量 $V=260\times11.4\times1.0=2964(\mathrm{m}^3)$

故其工程量清单见表 3.3.4。

表 3.3.4 地下连续墙工程量清单

序号	项目编码	项目名称	项目特征	计量单位	工程数量
1	010202001001	地下连续墙	土壤类别：三类土； 墙体厚度：1m； 成槽深度：11.4m； 混凝土强度等级：C35； 导墙混凝土强度等级：C30	m^3	2964

【例 3.3.3】 某别墅工程基底为可塑黏土（三类土），采用水泥粉煤灰碎石桩进行地基处理，桩径 400mm，桩体强度等级 C20，根数 52 根，设计长度 10m，桩端进入硬塑性黏土不少于 1.5m，桩顶在地面以下 1.5～2.0m，CFG 桩采用振动沉管灌注桩施工，桩顶采用 200mm 厚人工级配砂石（砂：碎石＝3：7，最大粒径 30mm）作为褥垫层，如图 3.3.3 和图 3.3.4 所示。请根据工程量计算规范计算 CFG 桩、褥垫层及截桩头工程量，编制工程量清单。

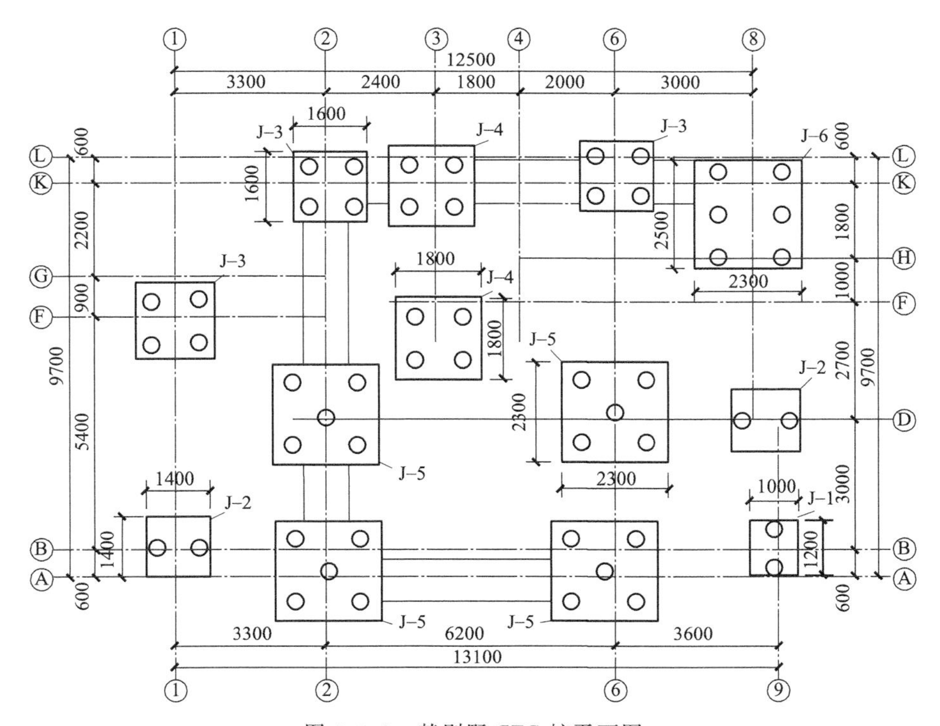

图 3.3.3 某别墅 CFG 桩平面图

解：（1）CFG 桩：$L=52\times10=520(\mathrm{m})$

（2）褥垫层：

J-1：$1.8\times1.6\times1=2.88(\mathrm{m}^2)$

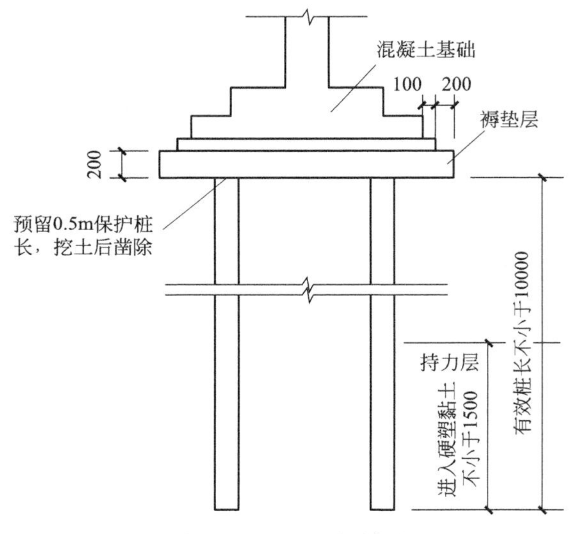

图 3.3.4 CFG 桩详图

J-2：2.0×2.0×2=8.00(m^2)

J-3：2.2×2.2×3=14.52(m^2)

J-4：2.4×2.4×2=11.52(m^2)

J-5：2.9×2.9×4=33.64(m^2)

J-6：2.9×3.1×1=8.99(m^2)

S=2.88+8.00+14.52+11.52+33.64+8.99=79.55(m^2)

截桩头按根数计算，计 52 根。

工程量清单见表 3.3.5。

表 3.3.5 CFG 桩、褥垫层工程量清单

序号	项目编码	项目名称	项目特征	计量单位	工程数量
1	010202008001	CFG 桩	基底为可塑黏土(三类土)，桩端进入硬塑性黏土不少于 1.5m，桩顶在地面以下 1.5～2.0m，桩径 400mm，设计长度 10m，桩体强度等级 C20，振动沉管灌注桩施工	m	520
2	010202017001	褥垫层	200mm 厚人工级配砂石(砂：碎石=3：7，最大粒径 30mm)	m^2	79.55
3	010301004001	截桩头	水泥粉煤灰碎石桩，桩径 400mm，设计长度 10m，桩体强度等级 C20	根	52

3.4 桩基工程清单工程量计算及清单编制

桩基础工程根据《房屋建筑与装饰工程工程量计算规范》附录 C 列项，包括打桩、灌注桩，共 2 节 11 个项目。项目特征中涉及“地层情况”和“桩长”的，地层情况和桩长描述与 3.3 节一致。

地层情况按表 3.2.3 和表 3.2.5 的规定，并根据岩土工程勘察报告按单位工程各地层所占比例（包括范围值）进行描述。对无法准确描述的地层情况，可注明由投标人根据岩土工程勘察报告自行决定报价。

3.4.1 打桩

打桩包括预制钢筋混凝土方桩、预制钢筋混凝土管桩、钢管桩、截（凿）桩头等项目，具体内容见表 3.4.1。

表 3.4.1 打桩（编号：010301）

项目编码	项目名称	项目特征	计量单位	工程量计算规则	工作内容
010301001	预制钢筋混凝土方桩	1. 地层情况； 2. 送桩深度、桩长； 3. 桩截面； 4. 桩倾斜度； 5. 沉桩方法； 6. 接桩方式； 7. 混凝土强度等级	1. m； 2. m^3； 3. 根	1. 以米计量，按设计图示尺寸以桩长（包括桩尖）计算； 2. 以立方米计量，按设计图示截面积乘以桩长（包括桩尖）以实体积计算； 3. 以根计量，按设计图示数量计算	1. 工作平台搭拆； 2. 桩机竖拆、移位； 3. 沉桩； 4. 接桩； 5. 送桩
010301002	预制钢筋混凝土管桩	1. 地层情况； 2. 送桩深度、桩长； 3. 桩外径、壁厚； 4. 桩倾斜度； 5. 沉桩方法； 6. 桩尖类型； 7. 混凝土强度等级； 8. 填充材料种类； 9. 防护材料种类			1. 工作平台搭拆； 2. 桩机竖拆、移位； 3. 沉桩； 4. 接桩； 5. 送桩； 6. 桩尖制作安装； 7. 填充材料、刷防护材料
010301003	钢管桩	1. 地层情况； 2. 送桩深度、桩长； 3. 材质； 4. 管径、壁厚； 5. 桩倾斜度； 6. 沉桩方法； 7. 填充材料种类； 8. 防护材料种类	1. t； 2. 根	1. 以吨计量，按设计图示尺寸以质量计算； 2. 以根计量，按设计图示数量计算	1. 工作平台搭拆； 2. 桩机竖拆、移位； 3. 沉桩； 4. 接桩； 5. 送桩； 6. 切割钢管、精割盖帽； 7. 管内取土； 8. 填充材料、刷防护材料
010301004	截（凿）桩头	1. 桩类型； 2. 桩头截面、高度； 3. 混凝土强度等级； 4. 有无钢筋	1. m^3； 2. 根	1. 以立方米计量，按设计桩截面乘以桩头长度以体积计算； 2. 以根计量，按设计图示数量计算	1. 截（切割）桩头； 2. 凿平； 3. 废料外运

项目特征中的桩截面、混凝土强度等级、桩类型等可直接用标准图代号或设计桩型进行描述。预制钢筋混凝土方桩、预制钢筋混凝土管桩项目以成品桩编制，应包括成品桩购置费，如果用现场预制，应包括现场预制桩的所有费用。打试验桩和打斜桩应按相应项目单独列项，并应在项目特征中注明试验桩或斜桩（斜率）。预制钢筋混凝土管桩桩顶与承台的连接构造按混凝土工程相关项目列项。

3.4.2 灌注桩

灌注桩包括泥浆护壁成孔灌注桩、沉管灌注桩、干作业成孔灌注桩、挖孔桩土（石）方、人工挖孔灌注桩、钻孔压浆桩、灌注桩，具体内容见表 3.4.2。混凝土灌注桩的钢筋笼制作、安装，按 3.6 节中相关项目编码列项。

表 3.4.2　灌注桩（编号：010302）

<table>
<tr><th>项目编码</th><th>项目名称</th><th>项目特征</th><th>计量单位</th><th>工程量计算规则</th><th>工作内容</th></tr>
<tr><td>0302001</td><td>泥浆护壁成孔灌注桩</td><td>1. 地层情况；
2. 空桩长度、桩长；
3. 桩径；
4. 成孔方法；
5. 护筒类型、长度；
6. 混凝土种类、强度等级</td><td rowspan="2">1. m；
2. m^3；
3. 根</td><td rowspan="2">1. 以米计量，按设计图示尺寸以桩长（包括桩尖）计算；
2. 以立方米计量，按不同截面在桩上范围内以体积计算；
3. 以根计量，按设计图示数量计算</td><td>1. 护筒埋设；
2. 成孔、固壁；
3. 混凝土制作、运输、灌注、养护；
4. 土方、废泥浆外运；
5. 打桩场地硬化及泥浆池、泥浆沟</td></tr>
<tr><td>010302002</td><td>沉管灌注桩</td><td>1. 地层情况；
2. 空桩长度、桩长；
3. 复打长度；
4. 桩径；
5. 沉管方法；
6. 桩尖类型；
7. 混凝土种类、强度等级</td><td>1. 打（沉）拔钢管；
2. 桩尖制作、安装；
3. 混凝土制作、运输、灌注、养护</td></tr>
<tr><td>010302003</td><td>干作业成孔灌注桩</td><td>1. 地层情况；
2. 空桩长度、桩长；
3. 桩径；
4. 扩孔直径、高度；
5. 成孔方法；
6. 混凝土种类、强度等级</td><td>1. m；
2. m^3；
3. 根</td><td>1. 以米计量，按设计图示尺寸以桩长（包括桩尖）计算；
2. 以立方米计量，按不同截面在桩上范围内以体积计算；
3. 以根计量，按设计图示数量计算</td><td>1. 成孔、扩孔；
2. 混凝土制作、运输、灌注、振捣、养护</td></tr>
<tr><td>010302004</td><td>挖孔桩土（石）方</td><td>1. 地层情况；
2. 挖孔深度；
3. 弃土（石）运距</td><td>m^3</td><td>按设计图示尺寸（含护壁）截面积乘以挖孔深度以立方米计算</td><td>1. 排地表水；
2. 挖土、凿石；
3. 基底钎探；
4. 运输</td></tr>
<tr><td>010302005</td><td>人工挖孔灌注桩</td><td>1. 桩芯长度；
2. 桩芯直径、扩底直径、扩底高度；
3. 护壁厚度、高度；
4. 护壁混凝土种类、强度等级；
5. 桩芯混凝土种类、强度等级</td><td>1. m^3
2. 根</td><td>1. 以立方米计量，按桩芯混凝土体积计算；
2. 以根计量，按设计图示数量计算</td><td>1. 护壁制作；
2. 混凝土制作、运输、灌注、振捣、养护</td></tr>
<tr><td>010302006</td><td>钻孔压浆桩</td><td>1. 地层情况；
2. 空钻长度、桩长；
3. 钻孔直径；
4. 水泥强度等级</td><td>1. m
2. 根</td><td>1. 以米计量，按设计图示尺寸以桩长计算；
2. 以根计量，按设计图示数量计算</td><td>钻孔、下注浆管、投放骨料、浆液制作、运输、压浆</td></tr>
<tr><td>010302007</td><td>灌注桩后压浆</td><td>1. 注浆导管材料、规格；
2. 注浆导管长度；
3. 单孔注浆量；
4. 水泥强度等级</td><td>孔</td><td>按设计图示以注浆孔数计算</td><td>1. 注浆导管制作安装；
2. 浆液制作、运输、压浆</td></tr>
</table>

项目特征中的桩长应包括桩尖，空桩长度＝孔深－桩长，孔深为自然地面至设计桩底的深度。项目特征中的“桩截面（桩径）”“混凝土强度等级”“桩类型”等可直接用标准图代号或设计桩型进行描述。

泥浆护壁成孔灌注桩是指在泥浆护壁条件下成孔，采用水下灌注混凝土的桩。其成孔方法包括冲击钻成孔、冲抓锥成孔、回旋钻成孔、潜水钻成孔、泥浆护壁的旋挖成孔等。沉管灌注桩的沉管方法包括锤击沉管法、振动沉管法、振动冲击沉管法、内夯沉管法等。干作业成孔灌注桩是指不用泥浆护壁和套管护壁的情况下，用钻机成孔后，下钢筋笼，灌注混凝土的桩，适用于地下水位以上的土层使用，其成孔方法包括螺旋钻成孔、螺旋钻成孔扩底、干作业的旋挖成孔等。

混凝土种类指清水混凝土、彩色混凝土、水下混凝土等，如在同一地区既使用预拌（商品）混凝土，又允许现场搅拌混凝土时，也应注明。混凝土灌注桩的钢筋笼制作、安装，按混凝土工程中相关项目编码列项。

人工挖孔桩挖土的工程量，按图示桩护壁外径截面积乘以设计桩孔中心线深度计算。

挖孔桩土方的体积计算涉及圆台（图3.4.1）、球缺（图3.4.2）体积的计算公式，如式(3.4.1)、式(3.4.2)所示。

$$V_{圆台}=\frac{1}{3}\pi(R^2+Rr+r^2)H \tag{3.4.1}$$

式中 $V_{圆台}$——圆台的体积；

R，r——圆台上、下圆的半径；

H——圆台的高度。

$$V_{球缺}=\frac{1}{6}\pi(3r^2+h^2)h=\frac{1}{24}\pi(3d^2+4h^2)h \tag{3.4.2}$$

式中 $V_{球缺}$——球缺的体积；

h——球缺的高度；

d——球圆的直径。

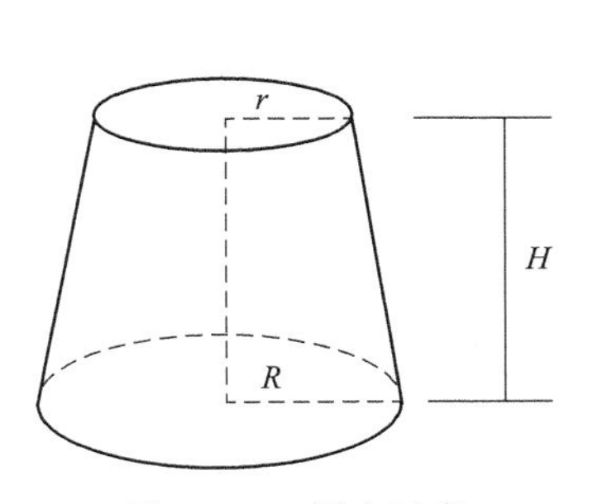

图3.4.1 圆台示意

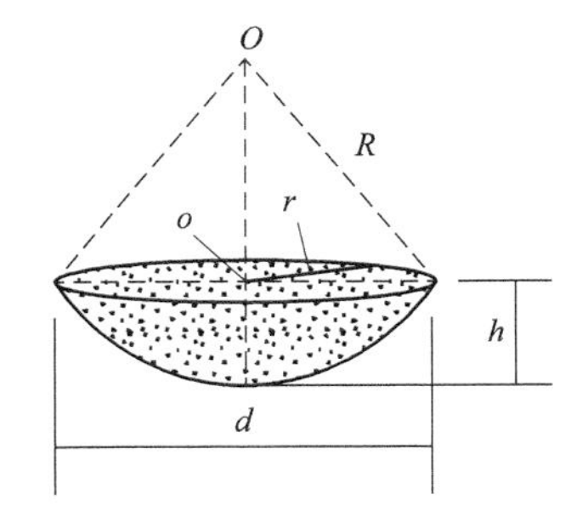

图3.4.2 球缺示意

3.4.3 工程案例

【例3.4.1】 如图3.4.3所示，某工程的独立承台采用静力压桩法施工，C30预制混凝土方桩，设计桩截面尺寸为400mm×400mm，桩长19m（含桩尖长度），共计50根。每根桩分两段在现场预制，场内平均运距为300m，采用角钢焊接接桩，送桩平均深度为2m，土壤类别为二类土，试编制预制钢筋混凝土方桩工程量清单。

解： 预制钢筋混凝土方桩总长＝19×50＝950(m)

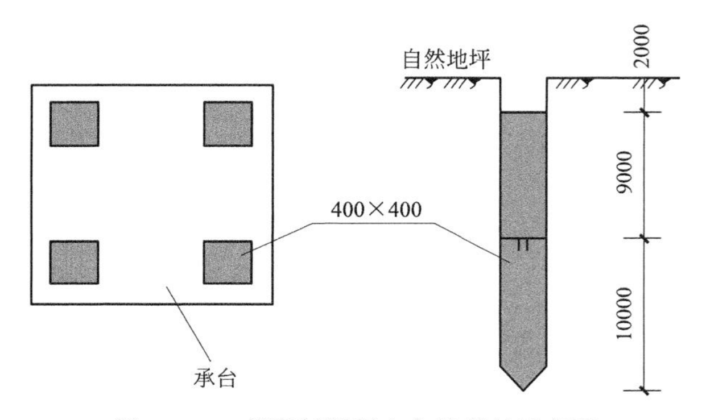

图 3.4.3　某预制混凝土方桩基础示意图

其工程量清单见表 3.4.3。

表 3.4.3　预制钢筋混凝土方桩工程量清单

序号	项目编码	项目名称	项目特征	计量单位	工程数量
1	010301001001	预制钢筋混凝土方桩	土壤类别:二类土; 送桩深度、桩长:2m、19m; 桩截面:400mm×400mm; 沉桩方法:静力压桩; 接桩方式:角钢焊接; 混凝土强度等级 C30	m	950

【例 3.4.2】 某工程冲击成孔泥浆护壁灌注桩资料如下：土壤类别为二类土，单根桩设计长度为 7.5m，桩总根数为 188 根，桩直径为 760mm，混凝土强度等级为 C40。试编制其工程量清单。

解： 根据灌注桩基础施工图计算灌注桩长度

$$\text{混凝土灌注桩总长} = 7.5 \times 188 = 1410(\text{m})$$

其工程量清单见表 3.4.4。

表 3.4.4　泥浆护壁灌注桩工程量清单

序号	项目编码	项目名称	项目特征	计量单位	工程数量
1	010302001001	泥浆护壁灌注桩	土壤类别:二类土; 单根桩长:7.5m; 桩径:直径为 0.76m; 成孔方法:冲击成孔; 混凝土强度等级:C40	m	1410

【例 3.4.3】 某工程采用人工挖孔桩基础，尺寸如图 3.4.4 所示，共 10 根，强度等级为 C25，桩芯采用商品混凝土，强度等级为 C25。地层自上而下：卵石层（四类土）厚 5～7m，强风化泥岩（极软岩）厚 3～5m，以下为中风化泥岩（软岩）。请根据工程量计算规范计算挖孔桩土（石）方、人工挖孔灌注桩的工程量。

解：（1）挖孔桩土（石）方

直芯：$V_1 = \pi \times \left(\dfrac{1.150}{2}\right)^2 \times 10.9 = 11.32(\text{m}^3)$

扩大头：$V_2 = \dfrac{1}{3} \times 1 \times (\pi \times 0.4^2 + \pi \times 0.6^2 + \pi \times 0.4 \times 0.6) = 0.80(\text{m}^3)$

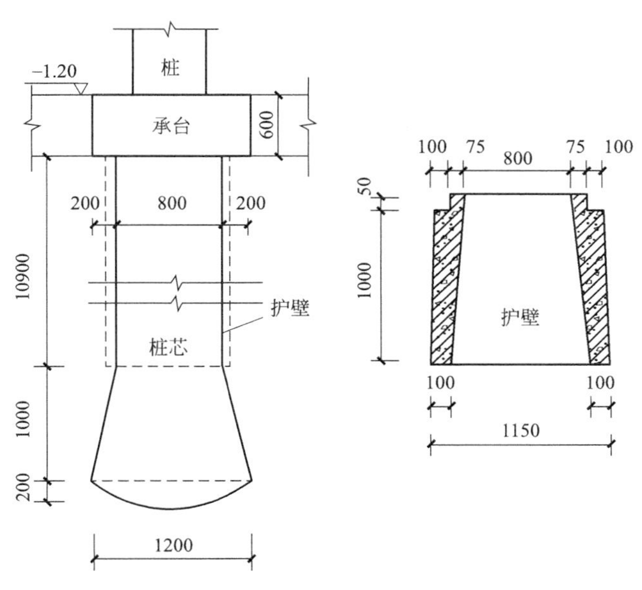

图 3.4.4 某桩基础工程桩尺寸示意图

扩大头球冠：$V_3=\frac{\pi}{24}\times(3\times1.2^2+4\times0.2^2)\times0.2=0.12(m^3)$

$V=V_1+V_2+V_3=(11.32+0.8+0.12)\times10=122.40(m^3)$

(2) 人工挖孔灌注桩

护桩壁 C20 混凝土：$V=\pi\times\left[\left(\frac{1.15}{2}\right)^2-\left(\frac{0.875}{2}\right)^2\right]\times10.9\times10=47.65(m^3)$

桩芯混凝土：$V=122.4-47.65=74.75(m^3)$

其工程量清单见表 3.4.5。

表 3.4.5 挖孔桩土方、人工挖孔灌注桩工程量清单

序号	项目编码	项目名称	项目特征	计量单位	工程数量
1	010302004001	挖孔桩土(石)方	地层自上而下：卵石层（四类土）厚 5～7m，强风化泥岩（极软岩）厚 3～5m，以下为中风化泥岩（软岩）；挖孔深度 12.1m	m^3	122.40
2	010302004001	人工挖孔灌注桩	桩芯长度 10.9m；桩芯直径 800mm，扩底直径 1200mm，扩底高度 200mm；护壁厚度 100～175mm，高度 10.9m；护壁混凝土 C25，商品混凝土；桩芯混凝土 C25	m^3	74.75

3.5 砌筑工程清单工程量计算及清单编制

砌筑工程根据《房屋建筑与装饰工程工程量计算规范》附录 D 列项，包括砖砌体、砌块砌体、石砌体、垫层等 4 节 28 个项目。砌体内钢筋加固应按 3.6 节中相关项目编码列项。

3.5.1 砖砌体

砖砌体包括砖基础、砖砌挖孔桩护壁、实心砖墙、多孔砖墙、空心砖墙、空斗墙、空花墙、填充墙、实心砖柱、多孔砖柱、砖检查井、零星砌砖、砖散水（地坪）、砖地沟（明沟）。砖砌体具体内容见表3.5.1。

表3.5.1 砖砌体（编号：010401）

项目编码	项目名称	项目特征	计量单位	工程量计算规则	工作内容
010401001	砖基础	1. 砖品种、规格、强度等级； 2. 基础类型； 3. 砂浆强度等级； 4. 防潮层材料种类	m^3	按设计图示尺寸以体积计算。 包括附墙垛基础宽出部分体积，扣除地梁(圈梁)、构造柱所占体积，不扣除基础大放脚T形接头处的重叠部分及嵌入基础内的钢筋、铁件、管道、基础砂浆防潮层和单个面积≤0.3m^2的孔洞所占体积，靠墙暖气沟的挑檐不增加。 基础长度：外墙按外墙中心线，内墙按内墙净长线计算	1. 砂浆制作、运输； 2. 砌砖； 3. 防潮层铺设； 4. 材料运输
010401002	砖砌挖孔桩护壁	1. 砖品种、规格、强度等级； 2. 砂浆强度等级	m^3	按设计图示尺寸以立方米计算	1. 砂浆制作、运输； 2. 砌砖； 3. 材料运输
010401003	实心砖墙	1. 砖品种、规格、强度等级； 2. 墙体类型； 3. 砂浆强度等级、配合比	m^3	按设计图示尺寸以体积计算。扣除门窗、洞口、嵌入墙内的钢筋混凝土柱、梁、圈梁、挑梁、过梁及凹进墙内的壁龛、管槽、暖气槽、消火栓箱所占体积，不扣除梁头、板头、檩头、垫木、木楞头、沿椽木、木砖、门窗走头、砖墙内加固钢筋、木筋、铁件、钢管及单个面积≤0.3m^2的孔洞所占的体积。凸出墙面的腰线、挑檐、压顶、窗台线、虎头砖、门窗套的体积亦不增加。凸出墙面的砖垛并入墙体体积内计算。 1. 墙长度：外墙按中心线、内墙按净长计算。 2. 墙高度： (1)外墙：斜(坡)屋面无檐口天棚者算至屋面板底；有屋架且室内外均有天棚者算至屋架下弦底另加200mm，无天棚者算至屋架下弦底另加300mm，出檐宽度超过600mm时按实砌高度计算；有钢筋混凝土楼板隔层者算至板顶。平屋顶算至钢筋混凝土板底。 (2)内墙：位于屋架下弦者，算至屋架下弦底；无屋架者算至天棚底另加100mm；有钢筋混凝土楼板隔层者算至楼板顶；有框架梁时算至梁底。 (3)女儿墙：从屋面板上表面算至女儿墙顶面(如有混凝土压顶时算至压顶下表面)。 (4)内、外山墙：按其平均高度计算。 3. 框架间墙：不分内外墙按墙体净尺寸以体积计算。 4. 围墙：高度算至压顶上表面(如有混凝土压顶时算至压顶下表面)，围墙柱并入围墙体积内	1. 砂浆制作、运输； 2. 砌砖； 3. 刮缝； 4. 砖压顶砌筑； 5. 材料运输
010401004	多孔砖墙	1. 砖品种、规格、强度等级； 2. 墙体类型； 3. 砂浆强度等级、配合比	m^3	（同上）	（同上）
010401005	空心砖墙	1. 砖品种、规格、强度等级； 2. 墙体类型； 3. 砂浆强度等级、配合比	m^3	（同上）	（同上）

续表

项目编码	项目名称	项目特征	计量单位	工程量计算规则	工作内容
010401006	空斗墙	1. 砖品种、规格、强度等级； 2. 墙体类型； 3. 砂浆强度等级、配合比	m^3	按设计图示尺寸以空斗墙外形体积计算。墙角、内外墙交接处、门窗洞口立边、窗台砖、屋檐处的实砌部分体积并入空斗墙体积内	1. 砂浆制作、运输； 2. 砌砖； 3. 装填充料； 4. 刮缝； 5. 材料运输
010401007	空花墙			按设计图示尺寸以空花部分外形体积计算，不扣除空洞部分体积	
010401008	填充墙	1. 砖品种、规格、强度等级； 2. 墙体类型； 3. 填充材料种类及厚度； 4. 砂浆强度等级、配合比		按设计图示尺寸以填充墙外形体积计算	
010401009	实心砖柱	1. 砖品种、规格、强度等级； 2. 柱类型； 3. 砂浆强度等级、配合比		按设计图示尺寸以体积计算。扣除混凝土及钢筋混凝土梁垫、梁头、板头所占体积	1. 砂浆制作、运输； 2. 砌砖； 3. 刮缝； 4. 材料运输
010401010	多孔砖柱				
010401011	砖检查井	1. 井截面、深度； 2. 砖品种、规格、强度等级； 3. 垫层材料种类、厚度； 4. 底板厚度； 5. 井盖安装； 6. 混凝土强度等级； 7. 砂浆强度等级； 8. 防潮层材料种类	座	按设计图示数量计算	1. 砂浆制作、运输； 2. 铺设垫层； 3. 底板混凝土制作、运输、浇筑、振捣、养护； 4. 砌砖； 5. 刮缝； 6. 井池底、壁抹灰； 7. 抹防潮层； 8. 材料运输
010401012	零星砌砖	1. 零星砌砖名称、部位； 2. 砖品种、规格、强度等级； 3. 砂浆强度等级、配合比	1. m^3； 2. m^2； 3. m； 4. 个	1. 以立方米计量，按设计图示尺寸截面积乘以长度计算； 2 以平方米计量，按设计图示尺寸水平投影面积计算； 3. 以米计量，按设计图示尺寸长度计算； 4. 以个计量，按设计图示数量计算	1. 砂浆制作、运输； 2. 砌砖； 3. 刮缝； 4. 材料运输

续表

项目编码	项目名称	项目特征	计量单位	工程量计算规则	工作内容
010401013	砖散水、地坪	1. 砖品种、规格、强度等级； 2. 垫层材料种类、厚度； 3. 散水、地坪厚度； 4. 面层种类、厚度； 5. 砂浆强度等级	m^2	按设计图示尺寸以面积计算	1. 土方挖、运、填； 2. 地基找平、夯实； 3. 铺设垫层； 4. 砌砖散水、地坪； 5. 抹砂浆面层
010401014	砖地沟、明沟	1. 砖品种、规格、强度等级； 2. 沟截面尺寸； 3. 垫层材料种类、厚度； 4. 混凝土强度等级； 5. 砂浆强度等级	m	以米计量，按设计图示以中心线长度计算	1. 土方挖、运、填； 2. 铺设垫层； 3. 底板混凝土制作、运输、浇筑、振捣、养护； 4. 砌砖； 5. 刮缝、抹灰； 6. 材料运输

(1) 标准砖墙厚度

标准砖尺寸应为240mm×115mm×53mm，标准砖墙厚度应按表3.5.2计算。

表3.5.2 标准砖墙厚度表

砖数/厚度	$\frac{1}{4}$	$\frac{1}{2}$	$\frac{3}{4}$	1	$1\frac{1}{2}$	2	$2\frac{1}{2}$	3
计算厚度/mm	53	115	180	240	365	490	615	740

(2) 基础与墙（柱）身的划分

① 基础与墙（柱）身使用同一种材料时，以设计室内地面为界（有地下室者，以地下室室内设计地面为界），地面以下为基础，地面以上为墙（柱）身。

② 基础与墙身使用不同材料时，设计室内地面高度≤±300mm时，以不同材料为分界线；设计室内高度>±300mm时，以设计室内地面为分界线。

③ 基础与勒脚应以设计室外地坪为界。勒脚与墙身应以设计室内地面为界。

④ 砖围墙应以设计室外地坪为界，以下为基础，以上为墙身。

(3) 砖基础

砖基础项目适用于各种类型砖基础、柱基础、墙基础、管道基础等。为了简化砖基础工程量的计算，可将基础大放脚增加的断面面积转换成折加高度后再进行基础工程量计算。

应增加、扣除或不加、不扣体积的规定，见表3.5.3。

表3.5.3 砖基础体积计算中的加扣规定

增加的体积	墙垛基础宽出部分体积(见图3.5.1)
扣除的体积	地梁(圈梁)、构造柱所占体积

续表

不增加的体积	靠墙暖气沟的挑檐
不扣除的体积	基础大放脚T形接头处的重叠部分(见图3.5.2)及嵌入基础内的钢筋、铁件、管道、基础砂浆防潮层和单个面积≤0.3m² 的孔洞所占体积

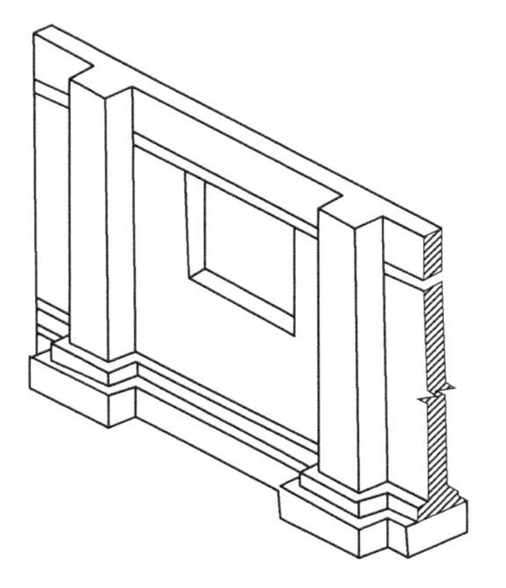

图3.5.1 墙垛基础宽出部分

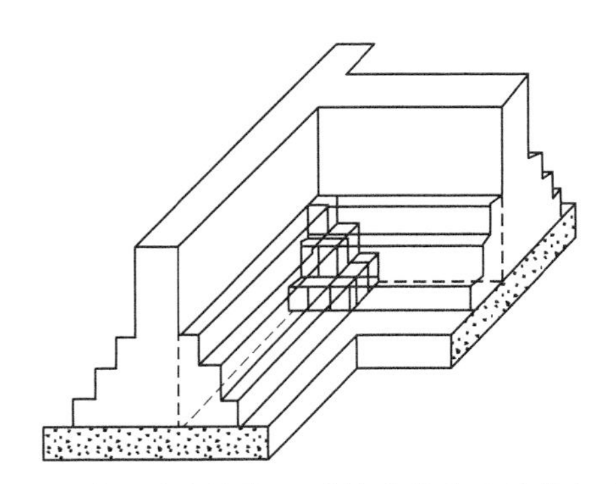

图3.5.2 砖基础大放脚T形接头处的重叠部分示意图

(4) 实心砖墙、多孔砖墙、空心砖墙

墙高度（H）的确定：起点从墙与基础的分界处算起，计算顶点见图3.5.3、图3.5.4及表3.5.4。

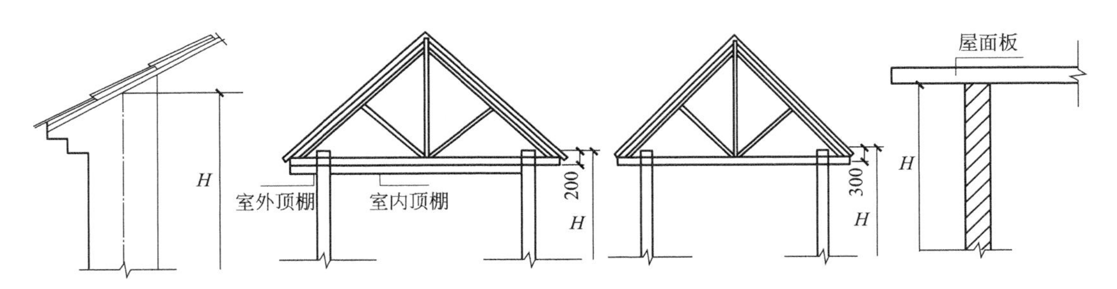

图3.5.3 外墙高度计算示意图

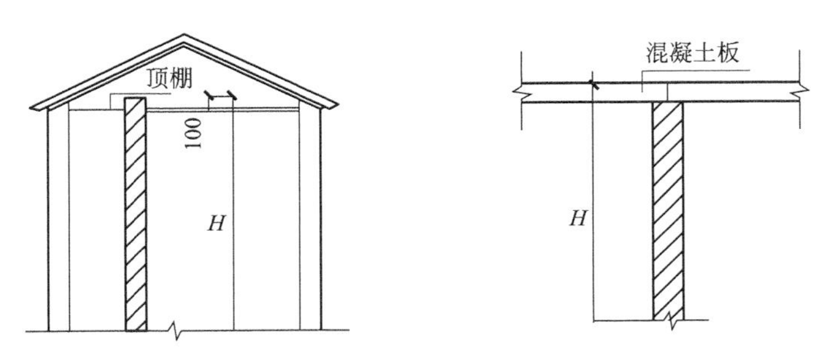

图3.5.4 内墙高度计算示意图

表 3.5.4 墙高计算顶点规定

部位		计算顶点规定
外墙	平屋面	算至钢筋混凝土板底
	坡屋面	无檐口天棚者算至屋面板底；有屋架且室内外均有天棚者算至屋架下弦底另加 200mm，无天棚者算至屋架下弦底另加 300mm，出檐宽度超过 600mm 时按实砌高度计算；有钢筋混凝土楼板隔层者算至板顶
内墙	位于屋架下弦者	算至屋架下弦底
	无屋架者	算至天棚底另加 100mm
	有钢筋混凝土楼板隔层者	算至楼板顶
	有框架梁时	算至梁底
女儿墙		从屋面板上表面算至女儿墙顶面（如有混凝土压顶时算至压顶下表面）
围墙		算至压顶上表面（如有混凝土压顶时算至压顶下表面），围墙柱并入围墙体积内计算
内、外山墙		按其平均高度计算

墙体体积中，应增加、扣除或不加、不扣体积的规定，见表 3.5.5。

表 3.5.5 墙体体积计算中的加扣规定

扣除的体积	门窗、洞口、嵌入墙内的钢筋混凝土柱、梁、圈梁、挑梁、过梁及凹进墙内的壁龛、管槽、暖气槽、消火栓箱所占体积
不扣除的体积	梁头、板头、檩头、垫木、木楞头、沿缘木、木砖、门窗走头、砖墙内加固钢筋、木筋、铁件、钢管及单个面积≤0.3m^2 的孔洞所占的体积
增加的体积	凸出墙面的砖垛； 附墙烟囱、通风道、垃圾道应按设计图示尺寸以体积（扣除孔洞所占体积）计算并入所依附的墙体体积内
不增加的体积	凸出墙面的腰线、挑檐、压顶、窗台线、虎头砖、门窗套的体积

(5) 砖砌体勾缝

按墙面抹灰中“墙面勾缝”项目编码列项，实心砖墙、多孔砖墙、空心砖墙等项目工作内容中不包括勾缝，包括刮缝。

(6) 空花墙

项目适用于各种类型的空花墙，使用混凝土花格砌筑的空花墙，实砌墙体与混凝土花格应分别计算，混凝土花格按混凝土及钢筋混凝土中预制构件相关项目编码列项。

(7) 零星项目

按零星项目列项的有：框架外表面的镶贴砖部分，空斗墙的窗间墙、窗台下、楼板下、梁头下等的实砌部分，台阶、台阶挡墙、梯带、锅台、炉灶、蹲台、池槽、池槽腿、砖胎模、花台、花池、楼梯栏板、阳台栏板、地垄墙、小于或等于 0.3m^2 的孔洞填塞等。

(8) 其他

附墙烟囱、通风道、垃圾道应按设计图示尺寸以体积（扣除孔洞所占体积）计算并入所依附的墙体体积内。当设计规定孔洞内需抹灰时，应按 3.13 节中零星抹灰项目编码列项。砖砌锅台与炉灶可按外形尺寸以个计算，砖砌台阶可按水平投影面积以平方米计算，小便槽、地垄墙可按长度计算、其他工程以立方米计算。

砖砌体勾缝按3.13节中相关项目编码列项。检查井内的爬梯按3.6节中相关项目编码列项；井内的混凝土构件按3.6节中预制构件编码列项。如施工图设计标注做法见标准图集时，应在项目特征描述中注明标注图集的编码、页号及节点大样。

3.5.2 砌块砌体和石砌体

(1) 砌块砌体

砌块砌体包括砌块墙、砌块柱等项目。项目特征应描述砌块品种、规格、强度等级，墙体类型，砂浆强度等级。砖块砌体的有关说明：

① 砌块排列应上、下错缝搭砌，如果搭错缝长度满足不了规定的压搭要求，应采取压砌钢筋网片的措施，具体构造要求按设计规定。若设计无规定时，应注明由投标人根据工程实际情况自行考虑；钢筋网片按3.6节中相应编码列项。

② 砌块砌体中工作内容包括了勾缝。

③ 砌体垂直灰缝宽大于30mm时，采用C20细石混凝土灌实。灌注的混凝土应按“混凝土及钢筋混凝土工程”相关项目编码列项。

④ 工程量计算时，砌块墙和砌块柱分别与实心砖墙和实心砖柱一致。

(2) 石砌体

石砌体包括石基础、石勒脚、石墙、石挡土墙、石柱、石栏杆、石护坡、石台阶、石坡道、石地沟（明沟）等项目。石砌体有关说明：

① 石基础、石勒脚、石墙的划分：基础与勒脚应以设计室外地坪为界。勒脚与墙身应以设计室内地面为界。石围墙内外地坪标高不同时，应以较低地坪标高为界，以下为基础；内外标高之差为挡土墙时，挡土墙以上为墙身。

② 石砌体中工作内容包括了勾缝。

③ 工程量计算：石墙和石柱分别与实心砖墙和实心砖柱一致。

3.5.3 垫层

除混凝土垫层应按3.6节中相关项目编码列项外，没有包括垫层要求的清单项目应按该垫层项目编码列项，例如灰土垫层、楼地面等（非混凝土）垫层。具体内容见表3.5.6。

表3.5.6 垫层（编号：010404）

项目编码	项目名称	项目特征	计量单位	工程量计算规则	工作内容
010404001	垫层	垫层材料种类、配合比、厚度	m^3	按设计图示尺寸以立方米计算	1. 垫层材料的拌制； 2. 垫层铺设； 3. 材料运输

3.5.4 工程案例

【例3.5.1】 某工程平面图及剖面图如图3.5.5所示，已知M1尺寸为1.2m×2.4m，M2尺寸为0.9m×2.0m，C1尺寸为1.8m×1.8m，承重多孔砖（240mm×115mm×90mm）墙用M7.5混合砂浆砌筑，纵横墙均设C20混凝土圈梁，圈梁尺寸为0.24m×0.18m，试计算多孔砖墙工程量并编制工程量清单。

解： 外墙中心线　$L_{中}=(3.6\times2+3.9+4.5)\times2=31.2(m)$

内墙净长线　$L_{内}=(4.5-0.24)\times2=8.52(m)$

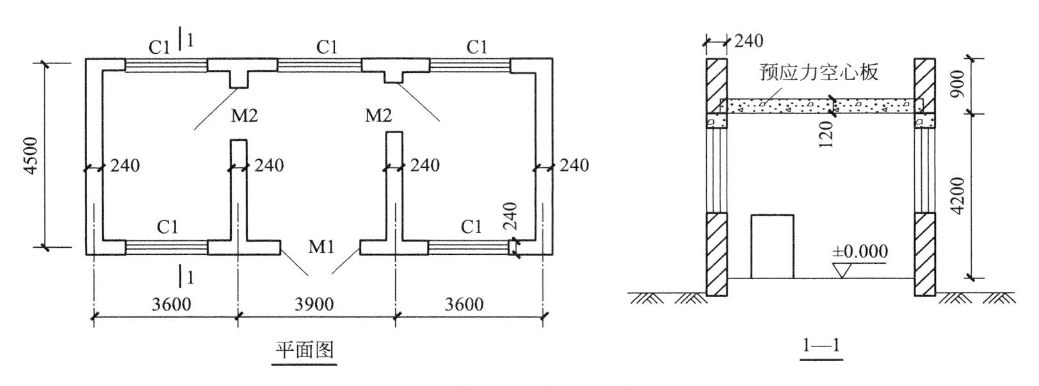

图 3.5.5　某工程平面图及剖面图

外墙门窗洞口面积　$S_1=1.2\times2.4+1.8\times1.8\times5=19.08(m^2)$

内墙门窗洞口面积　$S_2=0.9\times2.0\times2=3.6(m^2)$

外墙上圈梁体积　$V_{圈1}=31.2\times0.24\times0.18=1.35(m^3)$

内墙上圈梁体积　$V_{圈2}=8.52\times0.24\times0.18=0.37(m^3)$

外墙高度算至钢筋混凝土楼板底为 4.2m。

内墙高度算至楼板顶，为 4.2+0.12=4.32(m)。

女儿墙高度=0.9m

根据多孔砖墙工程量计算公式：

V=(墙长×墙高－门窗洞口等面积)×墙厚－应扣除体积＋应并入体积

外墙工程量　$V_{外}=(31.2\times4.2-19.08)\times0.24-1.35=25.52(m^3)$

内墙工程量　$V_{内}=(8.52\times4.32-3.6)\times0.24-0.37=7.60(m^3)$

女儿墙工程量　$V_{女儿墙}=31.2\times0.9\times0.24=25.84(m^3)$

工程量清单见表 3.5.7。

表 3.5.7　多孔砖墙工程量清单

序号	项目编码	项目名称	项目特征	计量单位	工程数量
1	0100401004001	多孔砖墙	砌块品种、规格：承重多孔砖 240mm×115mm×90mm； 墙体类型：外墙； 墙体厚度：240mm； 砂浆强度：M7.5 混合砂浆	m^3	25.52
2	0100401004002	多孔砖墙	砌块品种、规格：承重多孔砖 240mm×115mm×90mm； 墙体类型：内墙； 墙体厚度：240mm； 砂浆强度：M7.5 混合砂浆	m^3	7.60
3	0100401004003	多孔砖墙	砌块品种、规格：承重多孔砖 240mm×115mm×90mm； 墙体类型：女儿墙； 墙体厚度：240mm； 砂浆强度：M7.5 混合砂浆	m^3	5.84

【**例 3.5.2**】某办公楼基础平面图、剖面图如图 3.2.1、图 3.2.2 所示，基础采用粗料石，用 M10 水泥砂浆砌筑。求该基础的工程量，并编制工程量清单。

解： 根据该基础的剖面图可知，砖墙与石基础的分界线为－0.15m 处。

外墙基础的断面面积

$S_{外}=1.2\times0.6+(1.2-0.4)\times0.6+(1.2-0.4-0.3)\times(0.75+0.3)=1.725(m^2)$

内墙基础的断面面积

$S_{内}=1.0\times0.6+(1.0-0.3)\times0.6+(1.0-0.3-0.2)\times(0.75+0.3)=1.545(m^2)$

由【例 3.2.1】可知 $L_{中}=40.12m$，$L_{内}=11.88m$

则外墙基础的体积　$V_{外}=S_{外}\times L_{中}=1.725\times40.12=69.21\ (m^3)$

则内墙基础的体积　$V_{内}=S_{内}\times L_{内}=1.545\times11.88=18.35\ (m^3)$

粗料石基础工程量合计　$V=69.21+18.35=87.56\ (m^3)$

工程量清单见表 3.5.8。

表 3.5.8　粗料石基础工程量清单

序号	项目编码	项目名称	项目特征	计量单位	工程数量
1	010403001001	石基础	基础形式：条形基础； 品种：粗料石； 砂浆：M10 水泥砂浆	m^3	87.56

【例 3.5.3】 某工程±0.00 以下条形基础平面、剖面大样图详见图 3.5.6，室内外高差为 150mm，室外标高为－0.15m。基础垫层为原槽浇筑，垫层为 3∶7 灰土，现场拌和。砌石部分，采用清条石 1000mm×300mm×300mm，M7.5 水泥砂浆砌筑。砌砖部分，采用 MU7.5 的页岩标砖，M5 水泥砂浆砌筑。请根据工程量计算规范确定该工程基础垫层、石基础、砖基础的分部分项工程量，并编制工程量清单。

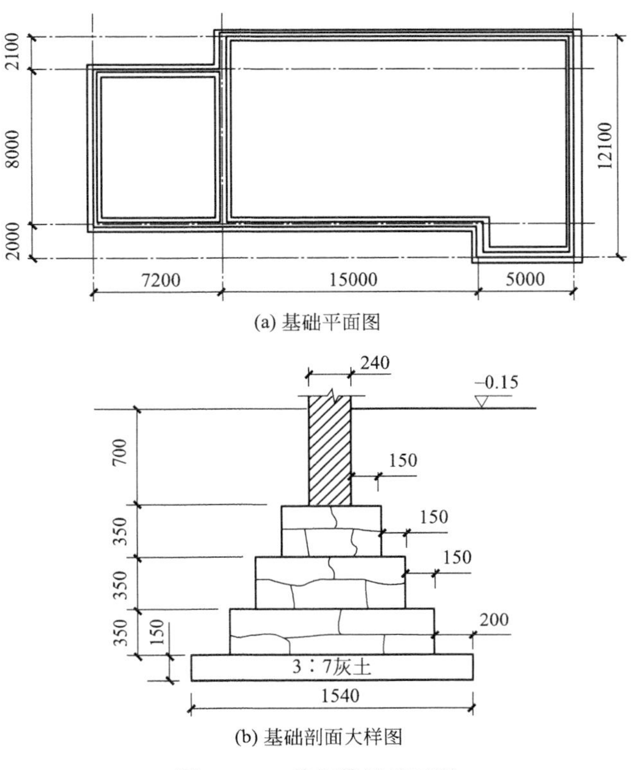

图 3.5.6　某砌筑基础工程

解： 外墙中心线长度 $L_{中}=(27.2+12.1)\times2=78.6(\mathrm{m})$

内墙净长线长度 $L_{内}=8-0.24=7.76(\mathrm{m})$

内墙垫层净长线长度 $L_{净}=8-1.54=6.46(\mathrm{m})$

砖基础工程量 $V_1=(78.6+7.76)\times0.24\times(0.7+0.15)=17.62(\mathrm{m}^3)$

石基础工程量 $V_2=(78.6+7.76)\times(1.14\times0.35+0.84\times0.35+0.54\times0.35)=76.17(\mathrm{m}^3)$

垫层工程量 $V_3=(78.6+6.46)\times1.54\times0.15=19.65(\mathrm{m}^3)$

工程量清单见表 3.5.9。

表 3.5.9 砌筑工程量清单

序号	项目编码	项目名称	项目特征	计量单位	工程数量
1	010401001001	砖基础	基础形式：条形基础； 品种：MU7.5 页岩标砖； 砂浆：M5 水泥砂浆	m^3	17.62
2	010403001001	石基础	基础形式：条形基础； 品种：清条石 1000mm×300mm×300mm； 砂浆：M7.5 水泥砂浆	m^3	76.17
3	010404001001	垫层	原层浇注； 3：7 灰土垫层，现场拌和	m^3	19.65

3.6 混凝土及钢筋混凝土工程清单工程量计算及清单编制

混凝土及钢筋混凝土工程根据《房屋建筑与装饰工程工程量计算规范》附录 E 列项，包括现浇混凝土构件、预制混凝土构件及钢筋工程等分 17 节共 76 个项目。在计算现浇或预制混凝土和钢筋混凝土构件工程量时，不扣除构件内钢筋、螺栓、预埋铁件、张拉孔道所占体积，但应扣除劲性骨架的型钢所占体积。

3.6.1 现浇混凝土基础

现浇混凝土基础包括垫层、带形基础、独立基础、满堂基础、桩承台基础、设备基础等项目。具体内容见表 3.6.1。

表 3.6.1 现浇混凝土基础（编号：010501）

项目编码	项目名称	项目特征	计量单位	工程量计算规则	工作内容
010501001	垫层	1. 混凝土种类； 2. 混凝土强度等级	m^3	按设计图示尺寸以体积计算。不扣除伸入承台基础的桩头所占体积	1. 模板及支撑制作、安装、拆除、堆放、运输及清理模内杂物、刷、隔离剂等； 2. 混凝土制作、运输、浇筑、振捣、养护
010501002	带形基础				
010501003	独立基础				
010501004	满堂基础				
010501005	桩承台基础				
010501006	设备基础	1. 混凝土种类； 2. 混凝土强度等级； 3. 灌浆材料及其强度等级			

(1) 各基础的适用范围

① 带形基础项目适用于各种带形基础，有肋带形基础、无肋带形基础应分别编码列项（从第五级编码上区分开），且有肋式的基础应注明肋高和肋宽。

② 独立基础项目适用于块体柱基础、杯基础、无筋倒圆台基础、壳体基础、电梯井基础等。同一工程中若有不同形式的独立基础应分别编码列项。

③ 满堂基础项目适用于箱式满堂基础、筏形基础（分为有梁式、无梁式）等。箱式满堂基础底板按表3.6.1满堂基础项目列项，箱式满堂基础中柱、梁、墙、板，可按现浇混凝土柱、梁、墙、板分别编码列项。

④ 设备基础项目适用于设备的块体基础、框架式基础等。框架式设备基础中柱、梁、墙、板分别按现浇混凝土柱、梁、板分别编码列项。

⑤ 桩承台基础项目适用于浇筑在组桩（如梅花状）上的承台。

⑥ 垫层项目适用于基础现浇混凝土垫层。

(2) 混凝土的种类

指清水混凝土、彩色混凝土等，如在同一地区既允许使用预拌（商品）混凝土，又允许现场搅拌混凝土时，也应注明。

3.6.2 现浇混凝土柱

现浇混凝土柱包括矩形柱、构造柱、异形柱等项目。具体内容见表3.6.2。

表3.6.2 现浇混凝土柱（编号：010502）

项目编码	项目名称	项目特征	计量单位	工程量计算规则	工作内容
010502001	矩形柱	1. 混凝土种类； 2. 混凝土强度等级	m^3	按设计图示尺寸以体积计算。 柱高： 1. 有梁板的柱高，应自柱基上表面（或楼板上表面）至上一层楼板上表面之间的高度计算； 2. 无梁板的柱高，应自柱基上表面（或楼板上表面）至柱帽下表面之间的高度计算； 3. 框架柱的柱高：应自柱基上表面至柱顶高度计算； 4. 构造柱按全高计算，嵌接墙体部分（马牙槎）并入柱身体积； 5. 依附柱上的牛腿和升板的柱帽，并入柱身体积计算	1. 模板及支架（撑）制作、安装、拆除、堆放、运输及清理模内杂物、刷隔离剂等。 2. 混凝土制作、运输、浇筑、振捣、养护
010502002	构造柱				
010502003	异形柱	1. 柱形状； 2. 混凝土种类； 3. 混凝土强度等级			

现浇混凝土柱柱高（H）如图3.6.1～图3.6.5所示，带马牙槎构造柱工程量由构造柱截面面积与柱高的乘积计算，其中截面面积（S）的计算如图3.6.6所示。

3.6.3 现浇混凝土梁

现浇混凝土梁包括基础梁、矩形梁、异形梁、圈梁、过梁、弧形梁（拱形梁）等项目。具体内容见表3.6.3。

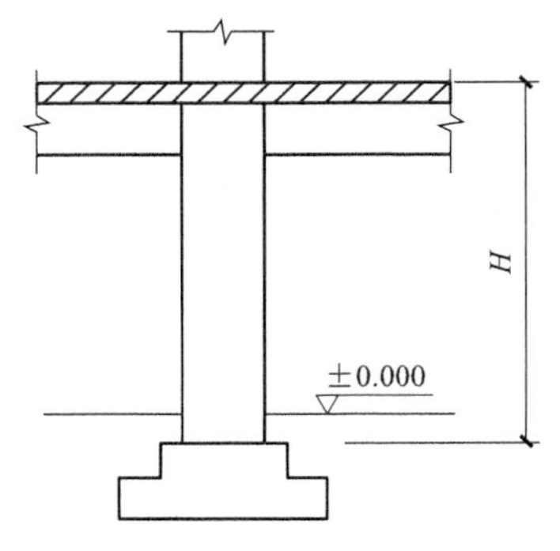

图 3.6.1　有梁板柱高示意图

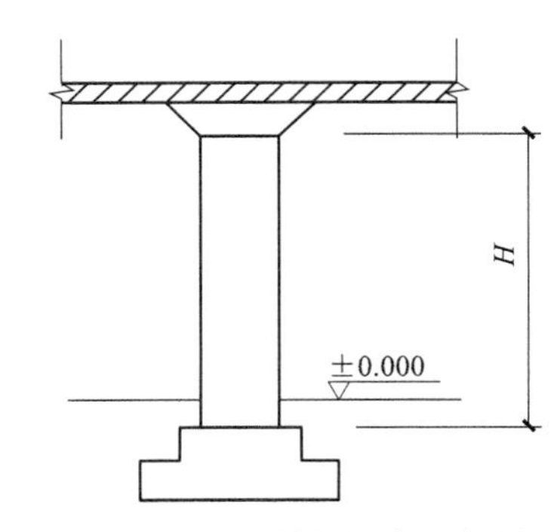

图 3.6.2　无梁板柱高示意图

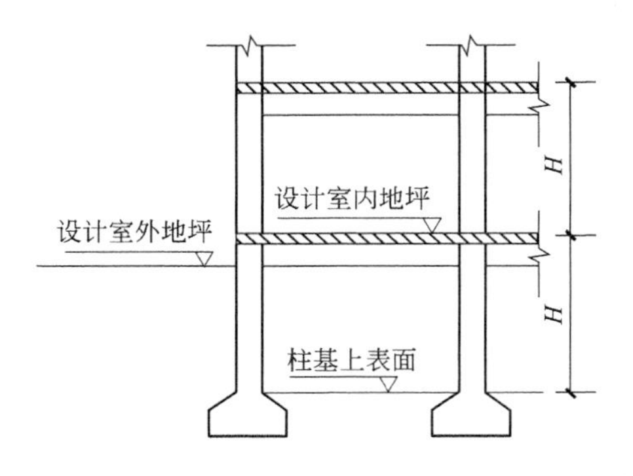

图 3.6.3　框架柱高示意图

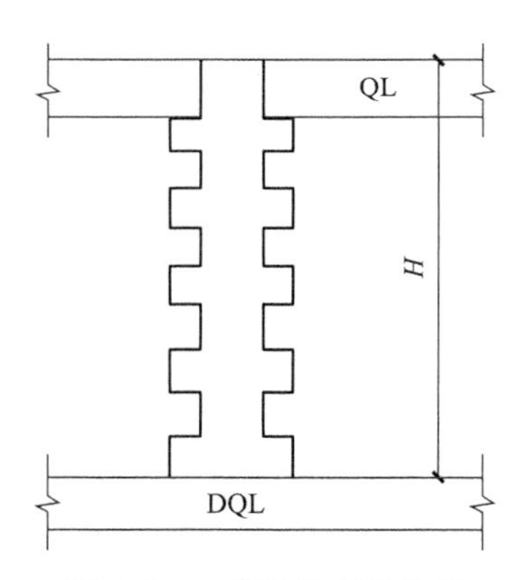

图 3.6.4　构造柱高示意图

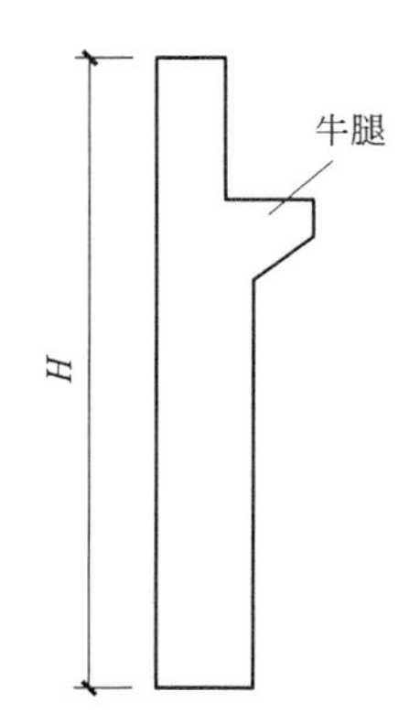

图 3.6.5　带牛腿的柱高示意图

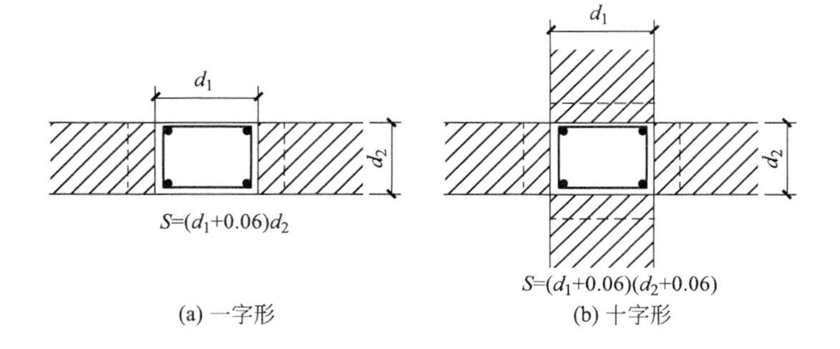

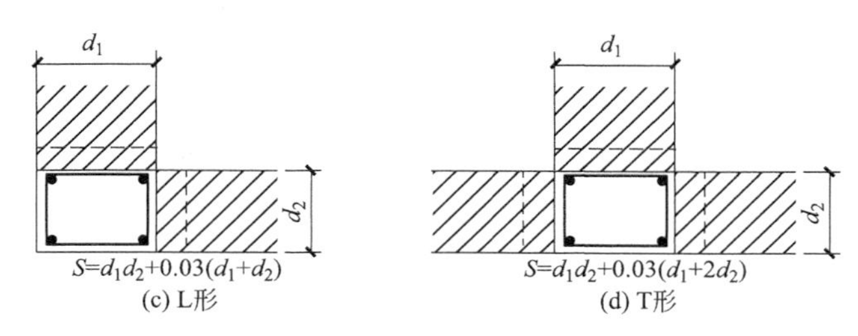

图 3.6.6 构造柱马牙槎截面面积计算方法

表 3.6.3 现浇混凝土梁（编号：010503）

项目编码	项目名称	项目特征	计量单位	工程量计算规则	工作内容
010503001	基础梁	1. 混凝土种类； 2. 混凝土强度等级	m^3	按设计图示尺寸以体积计算。伸入墙内的梁头、梁垫并入梁体积内。梁长： 1. 梁与柱连接时，梁长算至柱侧面； 2. 主梁与次梁连接时，次梁长算至主梁侧面	1. 模板及支架（撑）制作、安装、拆除、堆放、运输及清理模内杂物、刷隔离剂等； 2. 混凝土制作、运输、浇筑、振捣、养护
010503002	矩形梁				
010503003	异形梁				
010503004	圈梁				
010503005	过梁				
010503006	弧形（拱形）梁				

梁长的确定如图 3.6.7 和图 3.6.8 所示。

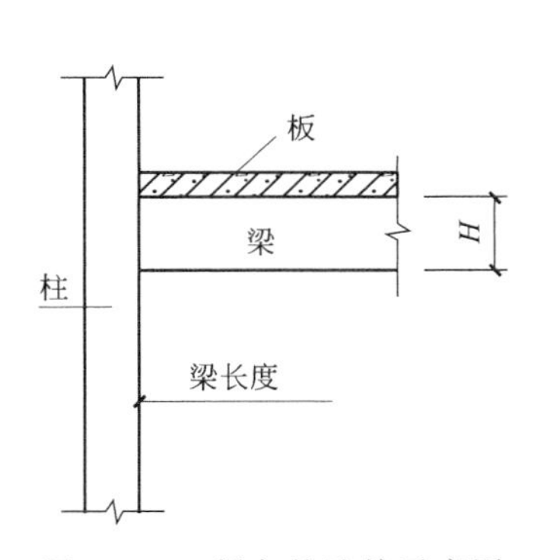

图 3.6.7 梁与柱连接示意图

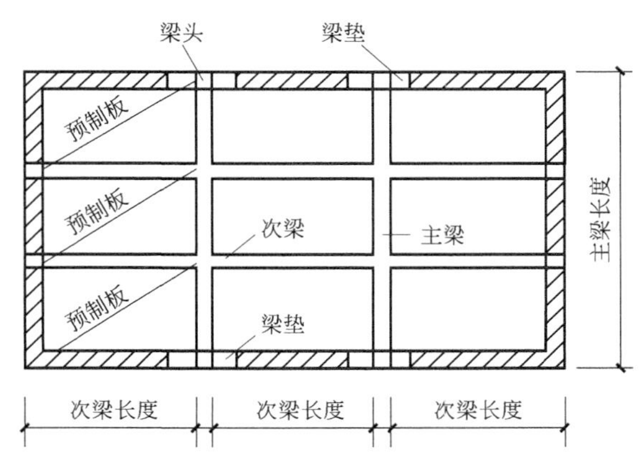

图 3.6.8 主梁与次梁连接示意图

3.6.4 现浇混凝土墙

现浇混凝土墙包括直形墙、弧形墙、短肢剪力墙、挡土墙。具体内容见表 3.6.4。

表 3.6.4 现浇混凝土墙（编号：010504）

项目编码	项目名称	项目特征	计量单位	工程量计算规则	工作内容
010504001	直形墙	1. 混凝土种类； 2. 混凝土强度等级	m^3	按设计图示尺寸以体积计算，扣除门窗洞口及单个面积 $>0.3m^2$ 的孔洞所占体积，墙垛及突出墙面部分并入墙体体积计算	1. 模板及支架（撑）制作、安装、拆除、堆放、运输及清理模内杂物、刷隔离剂等； 2. 混凝土制作、运输、浇筑、振捣、养护
010504002	弧形墙				
010504003	短肢剪力墙				
010504004	挡土墙				

墙与柱连接时，墙算至柱边；墙与梁连接时墙算至梁底；墙与板连接时墙算至墙侧；未突出墙面的暗梁柱并入墙体积。

短肢剪力墙是指截面厚度不大于300mm、各肢截面高度与厚度之比最大值大于4但不大于8的剪力墙；各肢截面高度与厚度之比最大值不大于4的剪力墙按柱项目编码列项。如图3.6.9所示，判断是短肢剪力墙还是柱。在图(a)中，各肢截面高度与厚度之比为：(500+300)/200=4，所以按异形柱列项；在图(b)中，各肢截面高度与厚度之比为：(600+300)/200=4.5，大于4不大于8，按短肢剪力墙列项。

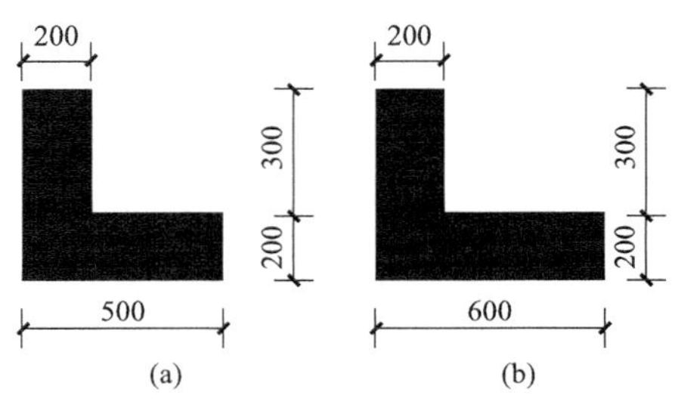

图3.6.9 短肢剪力墙与柱区分

3.6.5 现浇混凝土板

现浇混凝土板清单项目的具体内容见表3.6.5。

表3.6.5 现浇混凝土板(编号：010505)

项目编码	项目名称	项目特征	计量单位	工程量计算规则	工作内容
010505001	有梁板	1. 混凝土种类； 2. 混凝土强度等级	m^3	按设计图示尺寸以体积计算，不扣除单个面积≤0.3m² 的柱、垛以及孔洞所占体积。压型钢板混凝土楼板扣除构件内压形钢板所占体积。有梁板(包括主、次梁与板)按梁、板体积之和计算，无梁板按板和柱帽体积之和计算，各类板伸入墙内的板头并入板体积内，薄壳板的肋、基梁并入薄壳体积内计算	1. 模板及支架(撑)制作、安装、拆除、堆放、运输及清理模内杂物、刷隔离剂等； 2. 混凝土制作、运输、浇筑、振捣、养护
010505002	无梁板				
010505003	平板				
010505004	拱板				
010505005	薄壳板				
010505006	栏板				
010505007	天沟(檐沟)、挑檐板			按设计图示尺寸以体积计算	
010505008	雨篷、悬挑板、阳台板			按设计图示尺寸以墙外部分体积计算。包括伸出墙外的牛腿和雨篷反挑檐的体积	
010505009	空心板			按设计图示尺寸以体积计算。空心板(GBF高强薄壁蜂巢芯板等)应扣除空心部分体积	
010505010	其他板			按设计图示尺寸以体积计算	

有梁板、无梁板的构造分别如图3.6.10、图3.6.11所示。有梁板与平板的区分见图3.6.12。

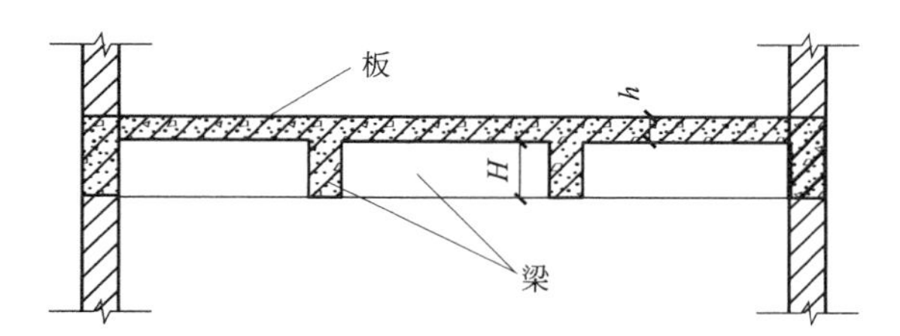

图3.6.10 有梁板(包括主、次梁与板)

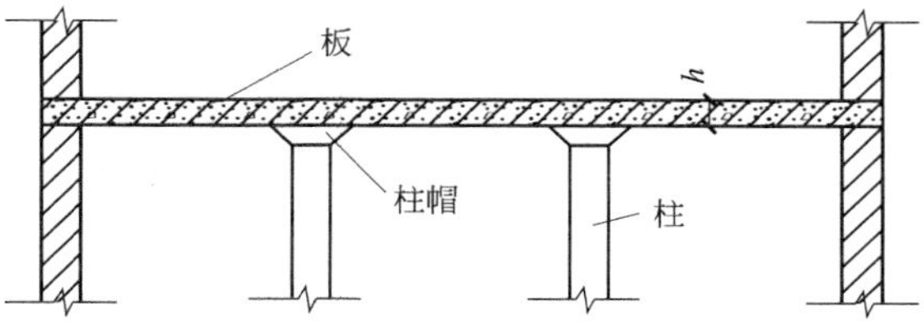

图 3.6.11 无梁板（包括柱帽）

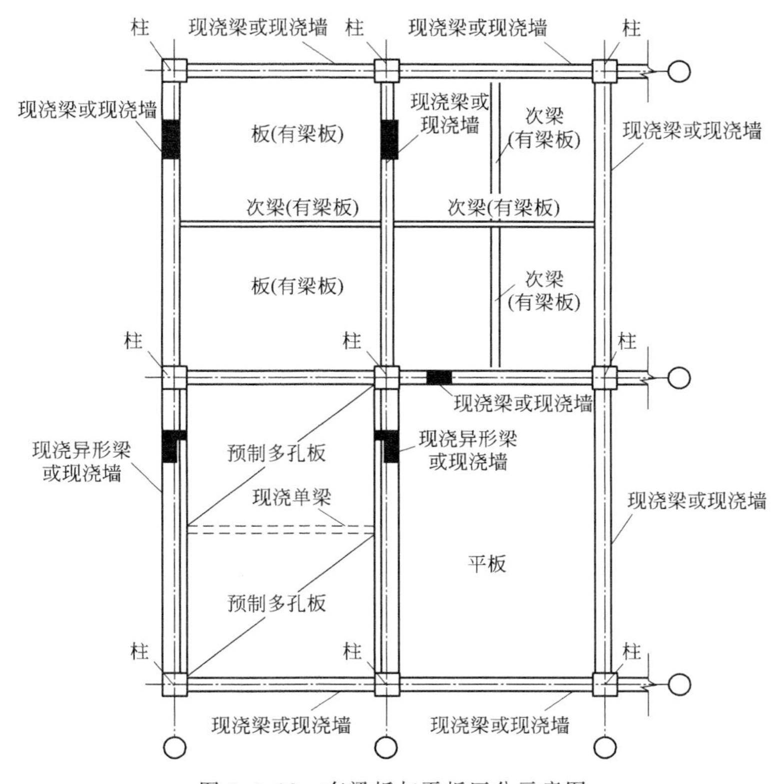

图 3.6.12 有梁板与平板区分示意图

现浇挑檐、天沟板、雨篷、阳台与板（包括屋面板、楼板）连接时，以外墙外边线为分界线；与圈梁（包括其他梁）连接时，以梁外边线为分界线。外边线以外为挑檐、天沟、雨篷或阳台，见图 3.6.13。

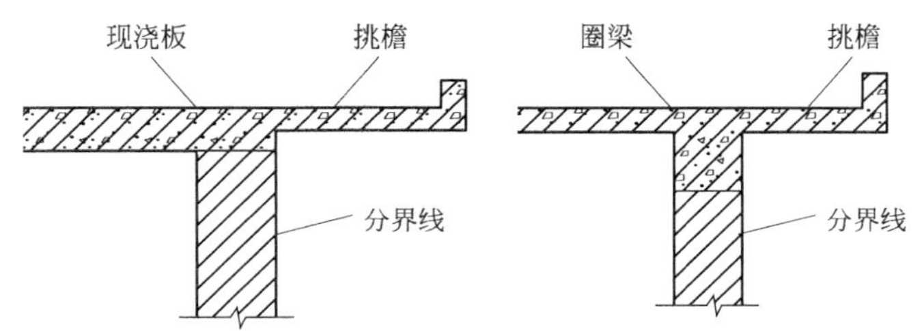

图 3.6.13 现浇混凝土挑檐板分界线示意图

3.6.6 现浇混凝土楼梯

现浇混凝土楼梯包括直形楼梯、弧形楼梯。具体内容见表 3.6.6。

表 3.6.6 现浇混凝土楼梯（编号：010506）

项目编码	项目名称	项目特征	计量单位	工程量计算规则	工作内容
010506001	直形楼梯	1. 混凝土种类； 2. 混凝土强度等级	1. m^2； 2. m^3	1. 以平方米计量，按设计图示尺寸以水平投影面积计算。不扣除宽度≤500mm的楼梯井，伸入墙内部分不计算； 2. 以立方米计量，按设计图示尺寸以体积计算	1. 模板及支架(撑)制作、安装、拆除、堆放、运输及清理模内杂物、刷隔离剂等； 2. 混凝土制作、运输、浇筑、振捣、养护
010506002	弧形楼梯				

整体楼梯（包括直形楼梯、弧形楼梯）水平投影面积包括休息平台、平台梁、斜梁和楼梯的连接梁。当整体楼梯与现浇楼板无梯梁连接时，以楼梯的最后一个踏步边缘加300mm为界，如图3.6.14所示。

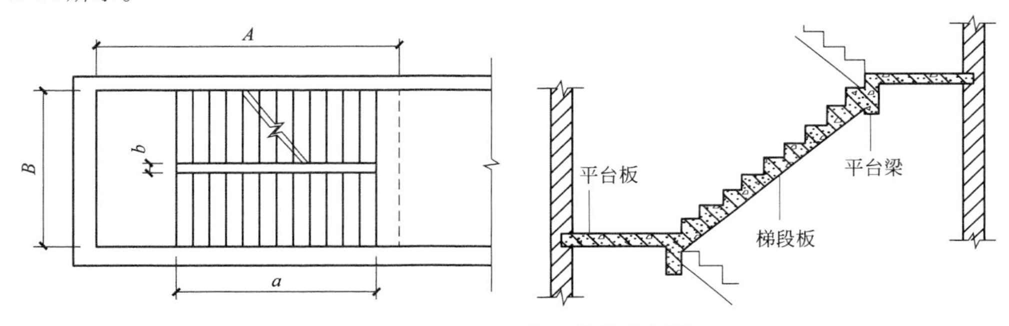

图 3.6.14 现浇混凝土楼梯示意图

3.6.7 现浇混凝土其他构件

现浇混凝土其他构件包括散水与坡道、室外地坪、电缆沟与地沟、台阶、扶手和压顶、化粪池和检查井、其他构件。具体内容见表3.6.7。

表 3.6.7 现浇混凝土其他构件（编号：010507）

项目编码	项目名称	项目特征	计量单位	工程量计算规则	工作内容
010507001	散水、坡道	1. 垫层材料种类、厚度； 2. 面层厚度； 3. 混凝土种类； 4. 混凝土强度等级； 5. 变形缝填塞材料种类	m^2	按设计图示尺寸以水平投影面积计算。不扣除单个≤0.3m^2的孔洞所占面积	1. 地基夯实； 2. 铺设垫层； 3. 模板及支撑制作、安装、拆除、堆放、运输及清理模内杂物、刷隔离剂等； 4. 混凝土制作、运输、浇筑、振捣、养护； 5. 变形缝填塞
010507002	室外地坪	1. 地坪厚度； 2. 混凝土强度等级			
010507003	电缆沟、地沟	1. 土壤类别； 2. 沟截面净空尺寸； 3. 垫层材料种类、厚度； 4. 混凝土种类； 5. 混凝土强度等级； 6. 防护材料种类	m	按设计图示以中心线长度计算	1. 挖、填、运土石方； 2. 铺设垫层； 3. 模板及支撑制作、安装、拆除、堆放、运输及清理模内杂物、刷隔离剂等； 4. 混凝土制作、运输、浇筑、振捣、养护； 5. 刷防护材料

续表

<table>
<tr><th>项目编码</th><th>项目名称</th><th>项目特征</th><th>计量单位</th><th>工程量计算规则</th><th>工作内容</th></tr>
<tr><td>010507004</td><td>台阶</td><td>1. 踏步高、宽；
2. 混凝土种类；
3. 混凝土强度等级</td><td>1. m^2；
2. m^3</td><td>1. 以平方米计量，按设计图示尺寸水平投影面积计算；
2. 以立方米计量，按设计图示尺寸以体积计算</td><td>1. 模板及支撑制作、安装、拆除、堆放、运输及清理模内杂物、刷隔离剂等；
2. 混凝土制作、运输、浇筑、振捣、养护</td></tr>
<tr><td>010507005</td><td>扶手、压顶</td><td>1. 断面尺寸；
2. 混凝土种类；
3. 混凝土强度等级</td><td>1. m；
2. m^3</td><td>1. 以米计量，按设计图示的中心线延长米计算；
2. 以立方米计量，按设计图示尺寸以体积计算</td><td rowspan="3">1. 模板及支架(撑)制作、安装、拆除、堆放、运输及清理模内杂物、刷隔离剂等；
2. 混凝土制作、运输、浇筑、振捣、养护</td></tr>
<tr><td>010507006</td><td>化粪池、检查井</td><td>1. 部位；
2. 混凝土强度等级；
3. 防水、抗渗要求</td><td>1. m^3；
2. 座</td><td rowspan="2">1. 按设计图示尺寸以体积计算；
2. 以座计量，按设计图示数量计算</td></tr>
<tr><td>010507007</td><td>其他构件</td><td>1. 构件的类型；
2. 构件规格；
3. 部位；
4. 混凝土种类；
5. 混凝土强度等级</td><td>m^3</td></tr>
</table>

现浇混凝土小型池槽、垫块、门框等，应按其他构件项目编码列项。架空式混凝土台阶，按现浇楼梯计算。

3.6.8 后浇带

后浇带项目适用于梁、墙、板的后浇带。具体内容见表 3.6.8。

表 3.6.8 后浇带（编号：010508）

项目编码	项目名称	项目特征	计量单位	工程量计算规则	工作内容
010508001	后浇带	1. 混凝土种类； 2. 混凝土强度等级	m^3	按设计图示尺寸以体积计算	1. 模板及支架(撑)制作、安装、拆除、堆放、运输及清理模内杂物、刷隔离剂等； 2. 混凝土制作、运输、浇筑、振捣、养护及混凝土交接面、钢筋等的清理

3.6.9 预制混凝土柱

预制混凝土柱包括矩形柱、异形柱。具体内容见表 3.6.9。

预制混凝土柱当以根计量时，必须描述单件体积。

3.6.10 预制混凝土梁

预制混凝土梁包括矩形梁、异形梁、过梁、拱形梁、鱼腹式吊车梁和其他梁。具体内容见表 3.6.10。

表 3.6.9 预制混凝土柱（编号：010509）

项目编码	项目名称	项目特征	计量单位	工程量计算规则	工作内容
010509001	矩形柱	1. 图代号； 2. 单件体积； 3. 安装高度； 4. 混凝土强度等级； 5. 砂浆（细石混凝土）强度等级、配合比	1. m^3； 2. 根	1. 以立方米计量，按设计图示尺寸以体积计算； 2. 以根计量，按设计图示尺寸以数量计算	1. 模板制作、安装、拆除、堆放、运输及清理模内杂物、刷隔离剂等； 2. 混凝土制作、运输、浇筑、振捣、养护； 3. 构件运输、安装； 4. 砂浆制作、运输； 5. 接头灌缝、养护
010509002	异形柱				

表 3.6.10 预制混凝土梁（编号：010510）

项目编码	项目名称	项目特征	计量单位	工程量计算规则	工作内容
010510001	矩形梁	1. 图代号； 2. 单件体积； 3. 安装高度； 4. 混凝土强度等级； 5. 砂浆（细石混凝土）强度等级、配合比	1. m^3； 2. 根	1. 以立方米计量，按设计图示尺寸以体积计算； 2. 以根计量，按设计图示尺寸以数量计算	1. 模板制作、安装、拆除、堆放、运输及清理模内杂物、刷隔离剂等； 2. 混凝土制作、运输、浇筑、振捣、养护； 3. 构件运输、安装； 4. 砂浆制作、运输； 5. 接头灌缝、养护
010510002	异形梁				
010510003	过梁				
010510004	拱形梁				
010510005	鱼腹式吊车梁				
010510006	其他梁				

预制混凝土梁当以根计量时，必须描述单件体积。

3.6.11 预制混凝土屋架

预制混凝土屋架清单项目的具体内容见表 3.6.11。

表 3.6.11 预制混凝土屋架（编号：010511）

项目编码	项目名称	项目特征	计量单位	工程量计算规则	工作内容
010511001	折线型	1. 图代号； 2. 单件体积； 3. 安装高度； 4. 混凝土强度等级； 5. 砂浆（细石混凝土）强度等级、配合比	1. m^3； 2. 榀	1. 以立方米计量，按设计图示尺寸以体积计算； 2. 以榀计量，按设计图示尺寸以数量计算	1. 模板制作、安装、拆除、堆放、运输及清理模内杂物、刷隔离剂等； 2. 混凝土制作、运输、浇筑、振捣、养护； 3. 构件运输、安装； 4. 砂浆制作、运输； 5. 接头灌缝、养护
010511002	组合				
010511003	薄腹				
010511004	门式刚架				
010511005	天窗架				

其工程量以榀计量时，项目特征必须描述单件体积。三角形屋架按折线型屋架项目编码列项。

3.6.12 预制混凝土板

预制混凝土板清单项目的具体内容见表 3.6.12。

表 3.6.12 预制混凝土板（编号：010512）

项目编码	项目名称	项目特征	计量单位	工程量计算规则	工作内容
010512001	平板	1. 图代号； 2. 单件体积； 3. 安装高度； 4. 混凝土强度等级； 5. 砂浆（细石混凝土）强度等级、配合比	1. m^3； 2. 块	1. 以立方米计量，按设计图示尺寸以体积计算。不扣除单个面积≤300mm×300mm的孔洞所占体积，扣除空心板空洞体积。 2. 以块计量，按设计图示尺寸以数量计算	1. 模板制作、安装、拆除、堆放、运输及清理模内杂物、刷隔离剂等； 2. 混凝土制作、运输、浇筑、振捣、养护； 3. 构件运输、安装； 4. 砂浆制作、运输； 5. 接头灌缝、养护
010512002	空心板				
010512003	槽形板				
010512004	网架板				
010512005	折线板				
010512006	带肋板				
010512007	大型板				
010512008	沟盖板、井盖板、井圈	1. 单件体积； 2. 安装高度； 3. 混凝土强度等级； 4. 砂浆强度等级、配合比	1. m^3； 2. 块（套）	1. 以立方米计量，按设计图示尺寸以体积计算； 2. 以块计量，按设计图示尺寸以数量计算	

以块、套计量时，项目特征必须描述单件体积。不带肋的预制遮阳板、雨篷板、挑檐板、栏板等，应按平板项目编码列项。预制F形板、双T形板、单肋板和带反挑檐的雨篷板、挑檐板、遮阳板等，应按带肋板项目编码列项。预制大型墙板、大型楼板、大型屋面板等，按中大型板项目编码列项。

3.6.13 预制混凝土楼梯

预制混凝土楼梯清单项目的具体内容见表3.6.13。

表 3.6.13 预制混凝土楼梯（编号：010513）

项目编码	项目名称	项目特征	计量单位	工程量计算规则	工作内容
010513001	楼梯	1. 楼梯类型； 2. 单件体积； 3. 混凝土强度等级； 4. 砂浆（细石混凝土）强度等级	1. m^3； 2. 块	1. 以立方米计量，按设计图示尺寸以体积计算。不扣除构件内钢筋、预埋铁件所占体积，扣除空心踏步板空洞体积。 2. 以段计量，按设计图示数量计算	1. 模板制作、安装、拆除、堆放、运输及清理模内杂物、刷隔离剂等； 2. 混凝土制作、运输、浇筑、振捣、养护； 3. 构件运输、安装； 4. 砂浆制作、运输； 5. 接头灌缝、养护

以块计量时，按设计图示数量计算，项目特征必须描述单件体积。

3.6.14 其他预制构件

其他预制构件包括烟道、垃圾道、通风道及其他构件。预制钢筋混凝土小型池槽、压顶、扶手、垫块、隔热板、花格等，按其他构件项目编码列项。具体内容见表3.6.14。

以块、根计量，项目特征必须描述单件体积。

表 3.6.14 其他预制构件（编号：010514）

项目编码	项目名称	项目特征	计量单位	工程量计算规则	工作内容
010514001	垃圾道、通风道、烟道	1. 单件体积； 2. 混凝土强度等级； 3. 砂浆强度等级	1. m^3； 2. m^2； 3. 根(块)	1. 以立方米计量，按设计图示尺寸以体积计算。不扣除单个面积≤300mm×300mm的孔洞所占体积，扣除烟道、垃圾道、通风道的孔洞所占体积。 2. 以平方米计量，按设计图示尺寸以面积计算。不扣除构件内钢筋、预埋铁件及单个面积≤300mm×300mm的孔洞所占面积； 3. 以根计量，按设计图示尺寸以数量计算	1. 模板制作、安装、拆除、堆放、运输及清理模内杂物、刷隔离剂等； 2. 混凝土制作、运输、浇筑、振捣、养护； 3. 构件运输、安装； 4. 砂浆制作、运输； 5. 接头灌缝、养护
010514002	其他构件	1. 单件体积； 2. 构件的类型； 3. 混凝土强度等级； 4. 砂浆强度等级			

3.6.15 钢筋工程和螺栓、铁件

钢筋工程包括现浇构件钢筋、预制构件钢筋、钢筋网片、钢筋笼、先张法预应力钢筋、后张法预应力钢筋、预应力钢丝、预应力钢绞线、支撑钢筋（铁马）、声测管。具体内容详见第 6 章。

3.6.16 工程案例

【例 3.6.1】某工程柱下独立基础采用 C30 预拌混凝土浇筑，如图 3.6.15 所示，共 18 根，试计算该工程柱下独立基础的混凝土工程量，并编制工程量清单。

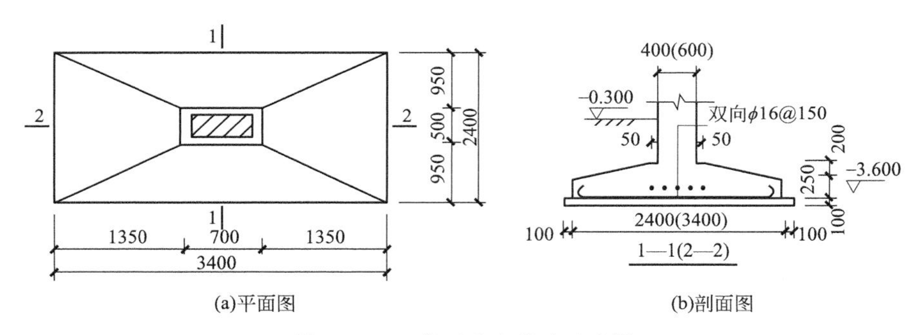

图 3.6.15 柱下独立基础示意图

解：$V=\left\{3.4\times2.4\times0.25+\frac{0.2}{6}\left[3.4\times2.4+0.7\times0.5+(3.4+0.7)\times(2.4+0.5)\right]\right\}\times18$

$=48.96(m^3)$

工程量清单见表 3.6.15。

表 3.6.15 独立基础工程量清单

序号	项目编码	项目名称	项目特征	计量单位	工程数量
1	010501002001	独立基础	混凝土种类：预拌混凝土； 混凝土强度等级：C30	m^3	48.96

【例 3.6.2】某一字形构造柱，断面尺寸为 240mm×240mm，总高 25m，共 16 根，采用 C25 预拌混凝土浇筑，试计算该构造柱混凝土工程量并编制工程量清单。

解： 构造柱断面面积＝(0.24＋0.06)×0.24＝0.072(m^2)

16 根构造柱的混凝土工程量＝0.072×25×16＝28.8(m^3)

工程量清单见表 3.6.16。

表 3.6.16　构造柱工程量清单

序号	项目编码	项目名称	项目特征	计量单位	工程数量
1	010502002001	构造柱	混凝土种类：预拌混凝土； 混凝土强度等级：C25	m^3	28.8

【例 3.6.3】某现浇框架结构房屋的二层结构平面如图 3.6.16 所示。已知一层板顶标高为 3.3m，二层板顶标高为 6.6m，板厚 100mm，构件断面尺寸见表 3.6.17。柱混凝土为 C30，梁、板混凝土为 C20，均为现场搅拌。试编制钢筋混凝土构件工程量清单。

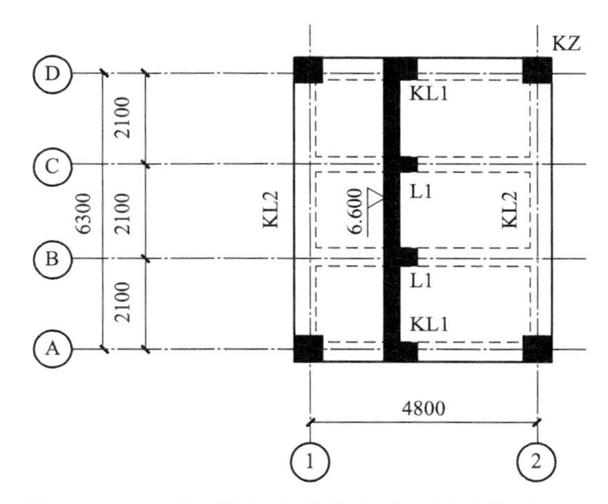

图 3.6.16　某现浇框架结构房屋二层结构平面图

表 3.6.17　构件断面尺寸表

构件名称	构件尺寸/(mm×mm)	构件名称	构件尺寸/(mm×mm)
KZ	400×400	KL2	300×600(宽×高)
KL1	250×550(宽×高)	L1	250×500(宽×高)

解： (1) 矩形柱混凝土工程量

V＝0.4×0.4×3.3×4＝2.11(m^3)

(2) 有梁板混凝土工程量＝板的体积＋梁的体积

梁的体积：

KL1：(4.8－0.4)×(0.55－0.1)×0.25×2＝0.99(m^3)

KL2：(6.3－0.4)×(0.6－0.1)×0.3×2＝1.77(m^3)

L1：(4.8－0.1×2)×(0.5－0.1)×0.25×2＝0.92(m^3)

矩形梁混凝土工程量合计＝0.99＋1.77＋0.92＝3.68 (m^3)

板的体积：(4.8＋0.4)×(6.3＋0.4)×0.1－0.4×0.4×0.1×4＝3.42(m^3)

有梁板混凝土工程量＝3.68＋3.42＝7.1(m^3)

工程量清单见表 3.6.18。

表 3.6.18 现浇柱、有梁板混凝土工程量清单

序号	项目编码	项目名称	项目特征	计量单位	工程数量
1	010502001001	矩形柱	混凝土种类:现场搅拌混凝土; 混凝土强度等级:C30; 柱截面尺寸:400mm×400mm	m^3	2.11
2	010505001001	有梁板	混凝土种类:现场搅拌混凝土; 混凝土强度等级:C20; 板厚:100mm	m^3	7.1

3.7 金属结构工程清单工程量计算及清单编制

金属结构工程根据《房屋建筑与装饰工程工程量计算规范》附录 F 列项，包括钢网架、钢屋架、钢托架、钢桁架、钢架桥、钢柱、钢梁、钢板楼板、墙板、钢构件、金属制品等 7 节共 31 个清单项目。金属构件的切边，不规则及多边形钢板发生的损耗在综合单价中考虑。

3.7.1 钢网架

钢网架项目适用于一般钢网架和不锈钢网架。不论何种节点形式（球形节点、板式节点等）和节点连接方式（焊接、丝接）等均使用该项目，具体内容见表 3.7.1。编制钢网架项目清单时，描述的项目特征中“防火要求”指耐火极限。

表 3.7.1 钢网架（编码：010601）

项目编码	项目名称	项目特征	计量单位	工程量计算规则	工作内容
010601001	钢网架	1. 钢材品种、规格; 2. 网架节点形式、连接方式; 3. 网架跨度、安装高度; 4. 探伤要求; 5. 防火要求	t	按设计图示尺寸以质量计算。不扣除孔眼的质量,焊条、铆钉等不另增加质量	1. 拼装; 2. 安装; 3. 探伤; 4. 补刷油漆

3.7.2 钢屋架、钢托架、钢桁架、钢架桥

钢托架是指在工业厂房中，由于工业或者交通需要而在大开间位置设置的承托屋架的钢构件。以榀计量，按标准图设计的应注明标准图代号，按非标准图设计的项目特征必须描述单榀屋架的质量。具体内容见表 3.7.2。

3.7.3 钢柱

钢柱包括实腹钢柱、空腹钢柱、钢管柱等项目。具体内容见表 3.7.3。

表 3.7.2 钢屋架、钢托架、钢桁架、钢架桥（编码：010602）

项目编码	项目名称	项目特征	计量单位	工程量计算规则	工作内容
010602001	钢屋架	1. 钢材品种、规格； 2. 单榀质量； 3. 屋架跨度、安装高度； 4. 螺栓种类； 5. 探伤要求； 6. 防火要求	1. 榀； 2. t	1. 以榀计量，按设计图示数量计算； 2. 以吨计量，按设计图示尺寸以质量计算。不扣除孔眼的质量，焊条、铆钉、螺栓等不另增加质量	1. 拼装； 2. 安装； 3. 探伤； 4. 补刷油漆
010602002	钢托架	1. 钢材品种、规格； 2. 单榀质量； 3. 安装高度； 4. 螺栓种类； 5. 探伤要求； 6. 防火要求	t	按设计图示尺寸以质量计算。不扣除孔眼的质量，焊条、铆钉、螺栓等不另增加质量	
010602003	钢桁架				
010602004	钢架桥	1. 桥类型； 2. 钢材品种、规格； 3. 单榀质量； 4. 安装高度； 5. 螺栓种类； 6. 探伤要求		按设计图示尺寸以质量计算。不扣除孔眼的质量，焊条、铆钉、螺栓等不另增加质量	1. 拼装； 2. 安装； 3. 探伤； 4. 补刷油漆

表 3.7.3 钢柱（编码：010603）

项目编码	项目名称	项目特征	计量单位	工程量计算规则	工作内容
010603001	实腹钢柱	1. 柱类型； 2. 钢材品种、规格； 3. 单根柱质量； 4. 螺栓种类； 5. 探伤要求； 6. 防火要求	t	按设计图示尺寸以质量计算。不扣除孔眼的质量，焊条、铆钉、螺栓等不另增加质量，依附在钢柱上的牛腿及悬臂梁等并入钢柱工程量内	1. 拼装； 2. 安装； 3. 探伤； 4. 补刷油漆
010603002	空腹钢柱				
010603003	钢管柱	1. 钢材品种、规格； 2. 单根柱质量； 3. 螺栓种类； 4. 探伤要求； 5. 防火要求		按设计图示尺寸以质量计算。不扣除孔眼的质量，焊条、铆钉、螺栓等不另增加质量，钢管柱上的节点板、加强环、内衬管、牛腿等并入钢管柱工程量内	

实腹钢柱类型包括十字形、T形、L形、H形等。空腹钢柱类型包括箱形、格构等。型钢混凝土柱浇筑钢筋混凝土，其混凝土和钢筋应按3.6节中相关项目编码列项。

3.7.4 钢梁

钢梁包括钢梁、钢吊车梁等项目。具体内容见表3.7.4。

表 3.7.4 钢梁（编码：010604）

项目编码	项目名称	项目特征	计量单位	工程量计算规则	工作内容
010604001	钢梁	1. 梁类型； 2. 钢材品种、规格； 3. 单根质量； 4. 螺栓种类； 5. 安装高度； 6. 探伤要求； 7. 防火要求	t	按设计图示尺寸以质量计算。不扣除孔眼的质量，焊条、铆钉、螺栓等不另增加质量，制动梁、制动板、制动桁架、车挡并入钢吊车梁工程量内	1. 拼装； 2. 安装； 3. 探伤； 4. 补刷油漆
010604002	钢吊车梁	1. 钢材品种、规格； 2. 单根质量； 3. 螺栓种类； 4. 安装高度； 5. 探伤要求； 6. 防火要求			

梁类型指 H 形、L 形、T 形、箱形、格构式等。型钢混凝土梁浇筑钢筋混凝土，其混凝土和钢筋应按 3.6 节中相关项目编码列项。

3.7.5 钢板楼板、墙板

钢板楼板、墙板具体内容见表 3.7.5。

表 3.7.5 钢板楼板、墙板（编码：010605）

项目编码	项目名称	项目特征	计量单位	工程量计算规则	工作内容
010605001	钢板楼板	1. 钢材品种、规格； 2. 钢板厚度； 3. 螺栓种类； 4. 防火要求	m^2	按设计图示尺寸以铺设水平投影面积计算。不扣除单个面积≤0.3m^2 的柱、垛及孔洞所占面积	1. 拼装； 2. 安装； 3. 探伤； 4. 补刷油漆
010605002	钢板墙板	1. 钢材品种、规格； 2. 钢板厚度、复合板厚度； 3. 螺栓种类； 4. 复合板夹芯材料种类、层数、型号、规格； 5. 防火要求		按设计图示尺寸以铺挂展开面积计算。不扣除单个面积≤0.3m^2 的梁、孔洞所占面积，包角、包边、窗台泛水等不另加面积	

钢板楼板上浇筑钢筋混凝土，其混凝土和钢筋应按 3.6 节中相关项目编码列项。压型钢楼板按“钢板楼板”项目编码列项。

3.7.6 钢构件

钢构件清单项目的具体内容见表 3.7.6。

钢墙架项目包括墙架柱、墙架梁和连接杆件。钢支撑、钢拉条类型有单式、复式；钢檩条类型有型钢式、格构式；钢漏斗形式指方形、圆形；天沟形式指矩形沟或半圆形沟。加工铁件等小型构件，按“零星钢构件”项目编码列项。

表3.7.6 钢构件（编码：010606）

项目编码	项目名称	项目特征	计量单位	工程量计算规则	工作内容
010606001	钢支撑、钢拉条	1. 钢材品种、规格； 2. 构件类型； 3. 安装高度； 4. 螺栓种类； 5. 探伤要求； 6. 防火要求	t	按设计图示尺寸以质量计算，不扣除孔眼的质量，焊条、铆钉、螺栓等不另增加质量	1. 拼装； 2. 安装； 3. 探伤； 4. 补刷油漆
010606002	钢檩条	1. 钢材品种、规格； 2. 构件类型； 3. 单根质量； 4. 安装高度； 5. 螺栓种类； 6. 探伤要求； 7. 防火要求			
010606003	钢天窗架	1. 钢材品种、规格； 2. 单榀质量； 3. 安装高度； 4. 螺栓种类； 5. 探伤要求； 6. 防火要求			
010606004	钢挡风架	1. 钢材品种、规格； 2. 单榀质量； 3. 螺栓种类； 4. 探伤要求； 5. 防火要求			
010606005	钢墙架				
010606006	钢平台	1. 钢材品种、规格； 2. 螺栓种类； 3. 防火要求			
010606007	钢走道				
010606008	钢梯	1. 钢材品种、规格； 2. 钢梯形式； 3. 螺栓种类； 4. 防火要求			
010606009	钢护栏	1. 钢材品种、规格； 2. 防火要求			
010606010	钢漏斗	1. 钢材品种、规格； 2. 漏斗、天沟形式； 3. 安装高度； 4. 探伤要求		按设计图示尺寸以质量计算，不扣除孔眼的质量，焊条、铆钉、螺栓等不另增加质量，依附漏斗或天沟的型钢并入漏斗或天沟工程量内	
010606011	钢板天沟				
010606012	钢支架	1. 钢材品种、规格； 2. 安装高度； 3. 防火要求		按设计图示尺寸以质量计算，不扣除孔眼的质量，焊条、铆钉、螺栓等不另增加质量	
010606013	零星钢构件	1. 构件名称； 2. 钢材品种、规格			

3.7.7 金属制品

金属制品包括成品空调金属百叶护栏、成品栅栏、成品雨篷、金属网栏、砌块墙钢丝网加固、后浇带金属网。抹灰钢丝网加固按“砌块墙钢丝网加固”项目编码列项。具体内容见表 3.7.7。

表 3.7.7 金属制品（编码：010607）

项目编码	项目名称	项目特征	计量单位	工程量计算规则	工作内容
010607001	成品空调金属百页护栏	1. 材料品种、规格； 2. 边框材质	m^2	按设计图示尺寸以框外围展开面积计算	1. 安装； 2. 校正； 3. 预埋铁件及安螺栓
010607002	成品栅栏	1. 材料品种、规格； 2. 边框及立柱型钢；品种、规格			1. 安装； 2. 校正； 3. 预埋铁件； 4. 安螺栓及金属立柱
010607003	成品雨篷	1. 材料品种、规格； 2. 雨篷宽度； 3. 晾衣杆品种、规格	1. m； 2. m^2	1. 以米计量，按设计图示接触边以米计算； 2. 以平方米计量，按设计图示尺寸以展开面积计算	1. 安装； 2. 校正； 3. 预埋铁件及安螺栓
010607004	金属网栏	1. 材料品种、规格； 2. 边框及立柱型钢品种、规格	m^2	按设计图示尺寸以框外围展开面积计算	1. 安装； 2. 校正； 3. 安螺栓及金属立柱
010607005	砌块墙钢丝网加固	1. 材料品种、规格； 2. 加固方式		按设计图示尺寸以面积计算	1. 铺贴； 2. 铆固
010607006	后浇带金属网				

3.7.8 工程案例

【例 3.7.1】 某工程空腹钢柱如图 3.7.1 所示，共 20 根，采用 HPB400 钢材由加工厂制作，

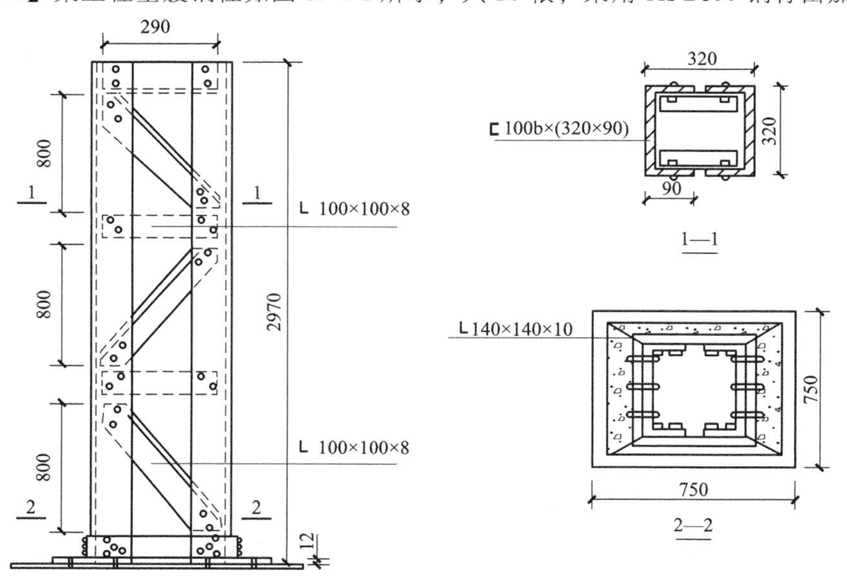

图 3.7.1 空腹钢柱示意图

运输到现场拼装、安装，超声波探伤，耐火极限为二级，螺栓为C级普通螺栓。根据工程量计算规范计算该工程空腹钢柱的分部分项工程量（表3.7.8为钢材单位理论质量）。

表3.7.8　钢材单位理论质量表

规格	单位质量/(kg/m)	备注
[100b×(320×90)	43.25	槽钢
∟ 100×100×8	12.28	角钢
∟ 140×140×10	21.49	角钢
—12	94.20	钢板

解：(1) 槽钢[100b×(320×90)：$G_1=2.97\times2\times43.25\times20=5138.1$(kg)

(2) 水平杆、斜杆角钢∟ 100×100×8：

$G_2=(0.29\times6+\sqrt{0.8^2+0.29^2}\times6)\times12.28\times20=1681.29$(kg)

(3) 底座角钢∟ 140×140×10：$G_3=(0.32+0.14\times2)\times4\times21.49\times20=1031.52$(kg)

(4) 底座钢板—12：$G_4=0.75\times0.75\times94.20\times20=1059.75$(kg)

$G=G_1+G_2+G_3+G_4=5138.1+1681.29+1031.52+1059.75=8910.66(kg)=8.911$(t)

工程量清单见表3.7.9。

表3.7.9　空腹钢柱工程量清单

序号	项目编码	项目名称	项目特征	计量单位	工程数量
1	010603002001	空腹钢柱	柱类型:格构柱; 钢材品种:HPB400; 单根柱质量:0.45t; 螺栓种类:C级普通螺栓; 探伤要求:超声波探伤; 防火要求:二级防火	t	8.911

3.8　木结构工程清单工程量计算及清单编制

木结构工程根据《房屋建筑与装饰工程工程量计算规范》附录G列项，清单项目包括木屋架、木构件、屋面木基层等3节，共8个清单项目。

3.8.1　木屋架

木屋架包括木屋架和钢木屋架。具体内容见表3.8.1。

表3.8.1　木屋架（编码：010701）

项目编码	项目名称	项目特征	计量单位	工程量计算规则	工作内容
010701001	木屋架	1. 跨度; 2. 材料品种、规格; 3. 刨光要求; 4. 拉杆及夹板种类; 5. 防护材料种类	1. 榀; 2. m^3	1. 以榀计量，按设计图示数量计算; 2. 以立方米计量，按设计图示的规格尺寸以体积计算	1. 制作; 2. 运输; 3. 安装; 4. 刷防护材料

续表

项目编码	项目名称	项目特征	计量单位	工程量计算规则	工作内容
010701002	钢木屋架	1. 跨度； 2. 木材品种、规格； 3. 刨光要求； 4. 钢材品种、规格； 5. 防护材料种类	榀	以榀计量，按设计图示数量计算	1. 制作； 2. 运输； 3. 安装； 4. 刷防护材料

屋架的跨度以上、下弦中心线两交点之间的距离计算。带气楼的屋架和马尾、折角以及正交部分的半屋架，按相关屋架项目编码列项。以榀计量，按标准图设计的应注明标准图代号，按非标准图设计的项目特征需要描述木屋架的跨度、材料品种及规格、刨光要求。

3.8.2 木构件

木构件包括木柱、木梁、木檩、木楼梯及其他木构件。具体内容见表 3.8.2。

表 3.8.2 木构件（编码：010702）

项目编码	项目名称	项目特征	计量单位	工程量计算规则	工作内容
010702001	木柱	1. 构件规格尺寸； 2. 木材种类； 3. 刨光要求； 4. 防护材料种类	m^3	按设计图示尺寸以体积计算	1. 制作； 2. 运输； 3. 安装； 4. 刷防护材料
010702002	木梁				
010702003	木檩		1. m^3； 2. m	1. 以立方米计量，按设计图示尺寸以体积计算； 2. 以米计量，按设计图示尺寸以长度计算	
010702004	木楼梯	1. 楼梯形式； 2. 木材种类； 3. 刨光要求； 4. 防护材料种类	m^2	按设计图示尺寸以水平投影面积计算。不扣除宽度≤300mm 的楼梯井，伸入墙内部分不计算	
010702005	其他木构件	1. 构件名称； 2. 构件规格尺寸； 3. 木材种类； 4. 刨光要求； 5. 防护材料种类	1. m^3； 2. m	1. 以立方米计量，按设计图示尺寸以体积计算； 2. 以米计量，按设计图示尺寸以长度计算	

木构件工程量计算中，若按图示数量以米计量，项目特征必须描述构件规格尺寸。木楼梯的栏杆（栏板）、扶手，应按其他装饰工程中的相关项目编码列项。

3.8.3 屋面木基层

屋面木基层项目具体内容见表 3.8.3。

表 3.8.3 屋面木基层（编码：010703）

项目编码	项目名称	项目特征	计量单位	工程量计算规则	工作内容
010703001	屋面木基层	1. 椽子断面尺寸及椽距； 2. 望板材料种类、厚度； 3. 防护材料种类	m^2	按设计图示尺寸以斜面积计算，不扣除房上烟囱、风帽底座、风道、小气窗、斜沟等所占面积。小气窗的出檐部分不增加面积	1. 椽子制作、安装； 2. 望板制作、安装； 3. 顺水条和挂瓦条制作、安装； 4. 刷防护材料

3.8.4 工程案例

【例 3.8.1】 某厂房方木屋架如图 3.8.1 所示，共四榀，杉木现场制作，不刨光，拉杆为 ϕ10mm 的圆钢，铁件刷防锈漆一遍，轮胎式起重机安装，安装高度 6m。根据工程量计价规范计算该工程方木屋架以立方米计量的分部分项工程量，并编制工程量清单。

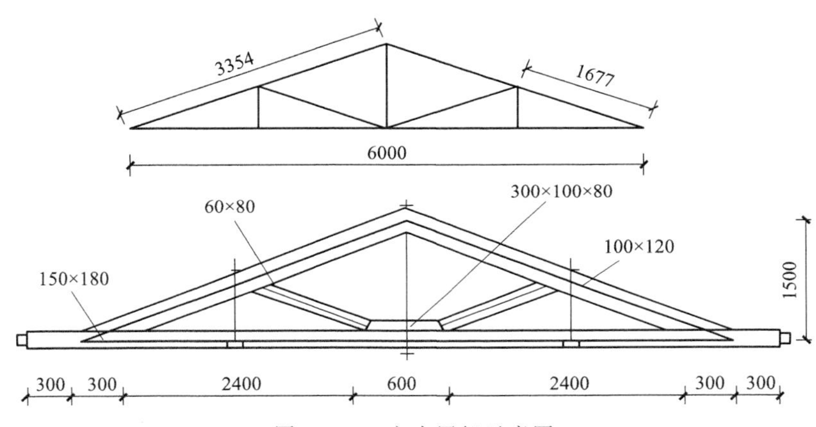

图 3.8.1 方木屋架示意图

解： 下弦杆体积＝0.15×0.18×6.6×4＝0.713(m^3)

上弦杆体积＝0.10×0.12×3.354×2×4＝0.322(m^3)

斜撑体积＝0.06×0.08×1.677×2×4＝0.064(m^3)

元宝垫木体积＝0.30×0.10×0.08×4＝0.010(m^3)

合计：0.713＋0.322＋0.064＋0.010＝1.11(m^3)

工程量清单见表 3.8.4。

表 3.8.4 方木屋架工程量清单

序号	项目编码	项目名称	项目特征	计量单位	工程数量
1	010701001001	方木屋架	跨度：6m；材料：杉木；不刨光；拉杆为 ϕ10mm 的圆钢；铁件刷防锈漆一遍；轮胎式起重机安装，安装高度 6m	m^3	1.11

3.9 门窗工程清单工程量计算及清单编制

门窗工程根据《房屋建筑与装饰工程工程量计算规范》附录 H 列项，包括木门、金属门、金属卷帘（闸）门、厂库房大门及特种门、其他门等 10 节共 55 个清单项目。

3.9.1 木门

木门清单项目的具体内容见表 3.9.1。

表 3.9.1 木门（编码：010801）

项目编码	项目名称	项目特征	计量单位	工程量计算规则	工作内容
010801001	木质门	1. 门代号及洞口尺寸； 2. 镶嵌玻璃品种、厚度	1. 樘； 2. m^2	1. 以樘计量，按设计图示数量计算； 2. 以平方米计量，按设计图示洞口尺寸以面积计算	1. 门安装； 2. 玻璃安装； 3. 五金安装
010801002	木质门带套				
010801003	木质连窗门				
010801004	木质防火门				
010801005	木门框	1. 门代号及洞口尺寸； 2. 框截面尺寸； 3. 防护材料种类	1. 樘； 2. m	1. 以樘计量，按设计图示数量计算； 2. 以米计量，按设计图示框的中心线以延长米计算	1. 木门框制作、安装； 2. 运输； 3. 刷防护材料
010801006	门锁安装	1. 锁品种； 2. 锁规格	个（套）	按设计图示数量计算	安装

木质门应区分镶板木门、企口木板门、实木装饰门、胶合板门、夹板装饰门、木纱门、全玻门（带木质扇框）、木质半玻门（带木质扇框），分别编码列项。木门五金应包括折页、插销、门碰珠、弓背拉手、搭机、木螺钉、弹簧折页（自动门）、管子拉手（自由门、地弹门）、地弹簧（地弹门）、角铁、门轧头（地弹门、自由门）等。木质门带套计量按洞口尺寸以面积计算，不包括门套的面积，但门套应计算在综合单价中。以樘计量，项目特征必须描述洞口尺寸；以平方米计量，项目特征可不描述洞口尺寸。单独制作安装木门框按“木门框”项目编码列项。

3.9.2 金属门

金属门清单项目的具体内容见表 3.9.2。

表 3.9.2 金属门（编码：010802）

项目编码	项目名称	项目特征	计量单位	工程量计算规则	工作内容
010802001	金属（塑钢）门	1. 门代号及洞口尺寸； 2. 门框或扇外围尺寸； 3. 门框、扇材质； 4. 玻璃品种、厚度	1. 樘； 2. m^2	1. 以樘计量，按设计图示数量计算； 2. 以平方米计量，按设计图示洞口尺寸以面积计算	1. 门安装； 2. 五金安装； 3. 玻璃安装
010802002	彩板门	1. 门代号及洞口尺寸； 2. 门框或扇外围尺寸			
010802003	钢质防火门	1. 门代号及洞口尺寸； 2. 门框或扇外围尺寸； 3. 门框、扇材质			1. 门安装； 2. 五金安装
010802004	防盗门				

金属门应区分金属平开门、金属推拉门、金属地弹门、全玻门（带金属扇框）、金属半玻门（带扇框）等项目，分别编码列项。铝合金门五金包括地弹簧、门锁、拉手、门插、门铰、螺钉等。金属门五金包括 L 形执手插锁（双舌）、执手锁（单舌）、门轨头、地锁、防盗门机、门眼

(猫眼)、门碰珠、电子锁（磁卡锁)、闭门器、装饰拉手等。所以，金属门门锁安装不需要单独列项，已包含在金属门工作内容中，这与木门不同。

以樘计量，项目特征必须描述洞口尺寸，没有洞口尺寸必须描述门框或扇外围尺寸，以平方米计量，项目特征可不描述洞口尺寸及框、扇的外围尺寸。以平方米计量，无设计图示洞口尺寸，按门框、扇外围以面积计算。

3.9.3 金属卷帘（闸）门

金属卷帘（闸）门包括金属卷帘（闸）门、防火卷帘（闸）门。具体内容见表3.9.3。以樘计量，项目特征必须描述洞口尺寸；以平方米计量，项目特征可不描述洞口尺寸。

表3.9.3 金属卷帘（闸）门（编码：010803）

<table>
<tr><th>项目编码</th><th>项目名称</th><th>项目特征</th><th>计量单位</th><th>工程量计算规则</th><th>工作内容</th></tr>
<tr><td>010803001</td><td>金属卷帘（闸）门</td><td rowspan="2">1. 门代号及洞口尺寸；
2. 门材质；
3. 启动装置品种、规格</td><td rowspan="2">1. 樘；
2. m^2</td><td rowspan="2">1. 以樘计量，按设计图示数量计算；
2. 以平方米计量，按设计图示洞口尺寸以面积计算</td><td rowspan="2">1. 门运输、安装；
2. 启动装置、活动小门、五金安装</td></tr>
<tr><td>010803002</td><td>防火卷帘（闸）门</td></tr>
</table>

3.9.4 厂库房大门、特种门

厂库房大门、特种门等清单项目的具体内容见表3.9.4。

表3.9.4 厂库房大门、特种门（编码：010804）

<table>
<tr><th>项目编码</th><th>项目名称</th><th>项目特征</th><th>计量单位</th><th>工程量计算规则</th><th>工作内容</th></tr>
<tr><td>010804001</td><td>木板大门</td><td rowspan="4">1. 门代号及洞口尺寸；
2. 门框或扇外围尺寸；
3. 门框、扇材质；
4. 五金种类、规格；
5. 防护材料种类</td><td rowspan="7">1. 樘；
2. m^2</td><td rowspan="3">1. 以樘计量，按设计图示数量计算；
2. 以平方米计量，按设计图示洞口尺寸以面积计算</td><td rowspan="4">1. 门（骨架）制作、运输；
2. 门、五金配件安装；
3. 刷防护材料</td></tr>
<tr><td>010804002</td><td>钢木大门</td></tr>
<tr><td>010804003</td><td>全钢板大门</td></tr>
<tr><td>010804004</td><td>防护铁丝门</td><td>1. 以樘计量，按设计图示数量计算；
2. 以平方米计量，按设计图示门框或扇以面积计算</td></tr>
<tr><td>010804005</td><td>金属格栅门</td><td>1. 门代号及洞口尺寸；
2. 门框或扇外围尺寸；
3. 门框、扇材质；
4. 启动装置的品种、规格</td><td>1. 以樘计量，按设计图示数量计算；
2. 以平方米计量，按设计图示洞口尺寸以面积计算</td><td>1. 门安装；
2. 启动装置、五金配件安装</td></tr>
<tr><td>010804006</td><td>钢质花饰大门</td><td rowspan="2">1. 门代号及洞口尺寸；
2. 门框或扇外围尺寸；
3. 门框、扇材质</td><td>1. 以樘计量，按设计图示数量计算；
2. 以平方米计量，按设计图示门框或扇以面积计算</td><td rowspan="2">1. 门安装；
2. 五金配件安装</td></tr>
<tr><td>010804007</td><td>特种门</td><td>1. 以樘计量，按设计图示数量计算；
2. 以平方米计量，按设计图示洞口尺寸以面积计算</td></tr>
</table>

特种门应区分冷藏门、冷冻间门、保温门、变电室门、隔声门、防射线门、人防门、金库门等项目，分别编码列项。

以樘计量，项目特征必须描述洞口尺寸，没有洞口尺寸必须描述门框或扇外围尺寸；以平方米计量，项目特征可不描述洞口尺寸及框、扇的外围尺寸。以平方米计量，无设计图示洞口尺寸，按门框、扇外围以面积计算。

3.9.5 其他门

其他门清单项目的具体内容见表 3.9.5。

表 3.9.5 其他门（编码：010805）

<table>
<tr><th>项目编码</th><th>项目名称</th><th>项目特征</th><th>计量单位</th><th>工程量计算规则</th><th>工作内容</th></tr>
<tr><td>010805001</td><td>电子感应门</td><td rowspan="2">1. 门代号及洞口尺寸；
2. 门框或扇外围尺寸；
3. 门框、扇材质；
4. 玻璃品种、厚度；
5. 启动装置的品种、规格；
6. 电子配件品种、规格</td><td rowspan="7">1. 樘；
2. m^2</td><td rowspan="7">1. 以樘计量，按设计图示数量计算；
2. 以平方米计量，按设计图示洞口尺寸以面积计算</td><td rowspan="4">1. 门安装；
2. 启动装置、五金、电子配件安装</td></tr>
<tr><td>010805002</td><td>旋转门</td></tr>
<tr><td>010805003</td><td>电子对讲门</td><td rowspan="2">1. 门代号及洞口尺寸；
2. 门框或扇外围尺寸；
3. 门材质；
4. 玻璃品种、厚度；
5. 启动装置的品种、规格；
6. 电子配件品种、规格</td></tr>
<tr><td>010805004</td><td>电动伸缩门</td></tr>
<tr><td>010805005</td><td>全玻自由门</td><td>1. 门代号及洞口尺寸；
2. 门框或扇外围尺寸；
3. 框材质；
4. 玻璃品种、厚度</td><td rowspan="3">1. 门安装；
2. 五金安装</td></tr>
<tr><td>010805006</td><td>镜面不锈钢饰面门</td><td rowspan="2">1. 门代号及洞口尺寸；
2. 门框或扇外围尺寸；
3. 框、扇材质；
4. 玻璃品种、厚度</td></tr>
<tr><td>010805007</td><td>复合材料门</td></tr>
</table>

以樘计量，项目特征必须描述洞口尺寸，没有洞口尺寸必须描述门框或扇外围尺寸；以平方米计量，项目特征可不描述洞口尺寸及框、扇的外围尺寸。以平方米计量，无设计图示洞口尺寸，按门框、扇外围以面积计算。

3.9.6 木窗

木窗包括木质窗、木飘（凸）窗、木橱窗、木纱窗。清单项目的具体内容见表 3.9.6。

木质窗应区分木百叶窗、木组合窗、木天窗、木固定窗、木装饰空花窗等项目，分别编码列项。

以樘计量，项目特征必须描述洞口尺寸，没有洞口尺寸必须描述窗框外围尺寸；以平方米计量，项目特征可不描述洞口尺寸及框的外围尺寸。以平方米计量，无设计图示洞口尺寸，按窗框外围以面积计算。

表 3.9.6　木窗（编码：010806）

项目编码	项目名称	项目特征	计量单位	工程量计算规则	工作内容
010806001	木质窗	1. 窗代号及洞口尺寸； 2. 玻璃品种、厚度	1. 樘； 2. m^2	1. 以樘计量，按设计图示数量计算； 2. 以平方米计量，按设计图示洞口尺寸以面积计算	1. 窗安装； 2. 五金、玻璃安装
010806002	木飘(凸)窗			1. 以樘计量，按设计图示数量计算； 2. 以平方米计量，按设计图示尺寸以框外围展开面积计算	
010806003	木橱窗	1. 窗代号； 2. 框截面及外围展开面积； 3. 玻璃品种、厚度； 4. 防护材料种类			1. 窗制作、运输、安装； 2. 五金、玻璃安装； 3. 刷防护材料
010806004	木纱窗	1. 窗代号及框的外围尺寸； 2. 窗纱材料品种、规格		1. 以樘计量，按设计图示数量计算； 2. 以平方米计量，按框的外围尺寸以面积计算	1. 窗安装； 2. 五金安装

木橱窗、木飘（凸）窗以樘计量，项目特征必须描述框截面及外围展开面积。木窗五金包括折页、插销、风钩、木螺钉、滑轮滑轨（推拉窗）等。

3.9.7　金属窗

金属窗的清单项目具体内容见表 3.9.7。

金属窗应区分金属组合窗、防盗窗等项目，分别编码列项。

以樘计量，项目特征必须描述洞口尺寸，没有洞口尺寸必须描述窗框外围尺寸；以平方米计量，项目特征可不描述洞口尺寸及框的外围尺寸。以平方米计量，无设计图示洞口尺寸，按窗框外围以面积计算。

表 3.9.7　金属窗（编码：010807）

项目编码	项目名称	项目特征	计量单位	工程量计算规则	工作内容
010807001	金属(塑钢、断桥)窗	1. 窗代号及洞口尺寸； 2. 框、扇材质； 3. 玻璃品种、厚度	1. 樘； 2. m^2	1. 以樘计量，按设计图示数量计算； 2. 以平方米计量，按设计图示洞口尺寸以面积计算	1. 窗安装； 2. 五金、玻璃安装
010807002	金属防火窗				
010807003	金属百叶窗	1. 窗代号及洞口尺寸； 2. 框、扇材质； 3. 玻璃品种、厚度		1. 以樘计量，按设计图示数量计算； 2. 以平方米计量，按设计图示洞口尺寸以面积计算	1. 窗安装； 2. 五金安装
010807004	金属纱窗	1. 窗代号及框的外围尺寸； 2. 框材质； 3. 窗纱材料品种、规格		1. 以樘计量，按设计图示数量计算； 2. 以平方米计量，按框的外围尺寸以面积计算	
010807005	金属格栅窗	1. 窗代号及洞口尺寸； 2. 框外围尺寸； 3. 框、扇材质		1. 以樘计量，按设计图示数量计算； 2. 以平方米计量，按设计图示洞口尺寸以面积计算	

续表

项目编码	项目名称	项目特征	计量单位	工程量计算规则	工作内容
010807006	金属(塑钢、断桥)橱窗	1. 窗代号； 2. 框外围展开面积； 3. 框、扇材质； 4. 玻璃品种、厚度； 5. 防护材料种类	1. 樘； 2. m^2	1. 以樘计量，按设计图示数量计算； 2. 以平方米计量，按设计图示尺寸以框外围展开面积计算	1. 窗制作、运输、安装； 2. 五金、玻璃安装； 3. 刷防护材料
010807007	金属(塑钢、断桥)飘(凸)窗	1. 窗代号； 2. 框外围展开面积； 3. 框、扇材质； 4. 玻璃品种、厚度			1. 窗安装； 2. 五金、玻璃安装
010807008	彩板窗	1. 窗代号及洞口尺寸； 2. 框外围尺寸； 3. 框、扇材质； 4. 玻璃品种、厚度		1. 以樘计量，按设计图示数量计算； 2. 以平方米计量，按设计图示洞口尺寸或框外围以面积计算	
010807009	复合材料窗				

金属橱窗、飘（凸）窗以樘计量，项目特征必须描述框外围展开面积。金属窗五金包括折页、螺钉、执手、卡锁、铰拉、风撑、滑轮、滑轨、拉把、拉手、角码、牛角制等。

3.9.8 门窗套

门窗套清单项目的具体内容见表 3.9.8。

表 3.9.8 门窗套（编码：010808）

项目编码	项目名称	项目特征	计量单位	工程量计算规则	工作内容
010808001	木门窗套	1. 窗代号及洞口尺寸； 2. 门窗套展开宽度； 3. 基层材料种类； 4. 面层材料品种、规格； 5. 线条品种、规格； 6. 防护材料种类	1. 樘； 2. m^2； 3. m	1. 以樘计量，按设计图示数量计算； 2. 以平方米计量，按设计图示尺寸以展开面积计算； 3. 以米计量，按设计图示中心以延长米计算	1. 清理基层； 2. 立筋制作、安装； 3. 基层板安装； 4. 面层铺贴； 5. 线条安装； 6. 刷防护材料
010808002	木筒子板	1. 筒子板宽度； 2. 基层材料种类； 3. 面层材料品种、规格； 4. 线条品种、规格； 5. 防护材料种类			
010808003	饰面夹板筒子板				
010808004	金属门窗套	1. 窗代号及洞口尺寸； 2. 门窗套展开宽度； 3. 基层材料种类； 4. 面层材料品种、规格； 5. 防护材料种类			1. 清理基层； 2. 立筋制作、安装； 3. 基层板安装； 4. 面层铺贴； 5. 刷防护材料
010808005	石材门窗套	1. 窗代号及洞口尺寸； 2. 门窗套展开宽度； 3. 黏结层厚度、砂浆配合比； 4. 面层材料品种、规格； 5. 线条品种、规格			1. 清理基层； 2. 立筋制作、安装； 3. 基层抹灰； 4. 面层铺贴； 5. 线条安装

续表

项目编码	项目名称	项目特征	计量单位	工程量计算规则	工作内容
010808006	门窗木贴脸	1. 门窗代号及洞口尺寸； 2. 贴脸板宽度； 3. 防护材料种类	1. 樘； 2. m	1. 以樘计量，按设计图示数量计算； 2. 以米计量，按设计图示尺寸以延长米计算	安装
010808007	成品木门窗套	1. 门窗代号及洞口尺寸； 2. 门窗套展开宽度； 3. 门窗套材料品种、规格	1. 樘； 2. m^2； 3. m	1. 以樘计量，按设计图示数量计算； 2. 以平方米计量，按设计图示尺寸以展开面积计算； 3. 以米计量，按设计图示中心以延长米计算	1. 清理基层； 2. 立筋制作、安装； 3. 板安装

木门窗套适用于单独门窗套的制作、安装。在项目特征描述时，当以樘计量时，项目特征必须描述洞口尺寸、门窗套展开宽度。当以平方米计量时，项目特征可不描述洞口尺寸、门窗套展开宽度。当以米计量时，项目特征必须描述门窗套展开宽度、筒子板及贴脸宽度。

3.9.9 窗台板

窗台板清单项目的具体内容见表3.9.9。

表3.9.9 窗台板（编码：010809）

项目编码	项目名称	项目特征	计量单位	工程量计算规则	工作内容
010809001	木窗台板	1. 基层材料种类； 2. 窗台面板材质、规格、颜色； 3. 防护材料种类	m^2	按设计图示尺寸以展开面积计算	1. 基层清理； 2. 基层制作、安装； 3. 窗台板制作、安装； 4. 刷防护材料
010809002	铝塑窗台板				
010809003	金属窗台板				
010809004	石材窗台板	1. 黏结层厚度、砂浆配合比； 2. 窗台板材质、规格、颜色			1. 基层清理； 2. 抹找平层； 3. 窗台板制作、安装

3.9.10 窗帘、窗帘盒、窗帘轨

窗帘、窗帘盒、窗帘轨清单项目的具体内容见表3.9.10。

表3.9.10 窗帘、窗帘盒、轨（编码：010810）

项目编码	项目名称	项目特征	计量单位	工程量计算规则	工作内容
010810001	窗帘	1. 窗帘材质； 2. 窗帘高度、宽度； 3. 窗帘层数； 4. 带幔要求	1. m； 2. m^2	1. 以米计量，按设计图示尺寸以成活后长度计算； 2. 以平方米计量，按图示尺寸以成活后展开面积计算	1. 制作、运输； 2. 安装

续表

项目编码	项目名称	项目特征	计量单位	工程量计算规则	工作内容
010810002	木窗帘盒	1. 窗帘盒材质、规格； 2. 防护材料种类	m	按设计图示尺寸以长度计算	1. 制作、运输、安装； 2. 刷防护材料
010810003	饰面夹板、塑料窗帘盒				
010810004	铝合金窗帘盒				
010810005	窗帘轨	1. 窗帘轨材质、规格； 2. 轨的数量； 3. 防护材料种类			

窗帘若是双层，项目特征必须描述每层材质。当窗帘以米计量，项目特征必须描述窗帘高度和宽度。

3.9.11 工程案例

【例 3.9.1】 某房屋施工平面图如图 3.9.1 所示，该房屋门、窗的做法及洞口尺寸见表 3.9.11，试编制该房屋门、窗以数量计量的工程量清单。

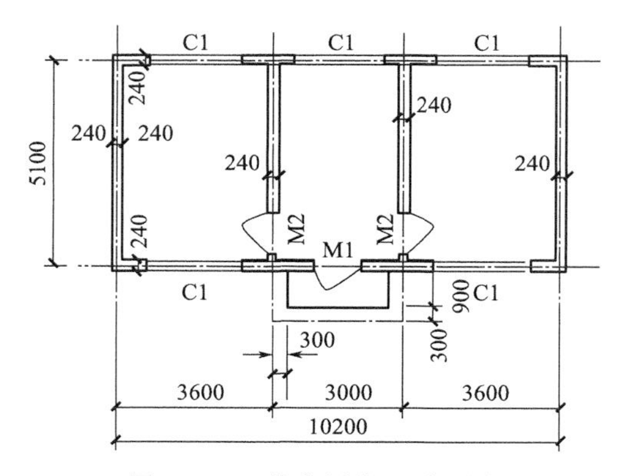

图 3.9.1 某房屋施工平面图

表 3.9.11 工程做法表

部位	工程做法
M1	门类型：成品防盗门； 门材料种类、规格及外围尺寸：钢材、成品，1000mm×2400mm
M2	门类型：单扇红榉装饰木门； 门材质及外围尺寸：木龙骨基层、细木工板 9mm 厚面饰红榉面板，900mm×2100mm
C1	窗类型：双扇推拉窗，带上亮； 材料种类、规格及外围尺寸：铝合金，1800mm×2100mm

解：防盗门的工程量：1（樘）。

木质门的工程量：2（樘）。

铝合金窗的工程量：5（樘）。

门窗工程量清单见表 3.9.12。

表 3.9.12 门窗工程量清单

序号	项目编码	项目名称	项目特征	计量单位	工程数量
1	010802004001	防盗门	成品防盗门；钢材、成品，1000mm×2400mm	樘	1
2	010801001001	夹板装饰门	单扇红榉装饰木门；木龙骨基层、细木工板9mm厚面饰红榉面板，900mm×2100mm	樘	2
3	010802001001	铝合金门	铝合金双扇推拉窗，带上亮； 外围尺寸：1800mm×2100mm	樘	5

3.10 屋面及防水工程清单工程量计算及清单编制

屋面及防水工程根据《房屋建筑与装饰工程工程量计算规范》附录J列项，包括瓦、型材及其他屋面，屋面防水及其他，墙面防水、防潮，楼（地）面防水、防潮等4节共21个清单项目。

3.10.1 瓦、型材屋面及其他屋面

瓦、型材及其他屋面清单项目的具体内容见表3.10.1。

表 3.10.1 瓦、型材及其他屋面（编码：010901）

<table>
<tr><th>项目编码</th><th>项目名称</th><th>项目特征</th><th>计量单位</th><th>工程量计算规则</th><th>工作内容</th></tr>
<tr><td>010901001</td><td>瓦屋面</td><td>1. 瓦品种、规格；
2. 黏结层砂浆的配合比</td><td rowspan="5">m²</td><td rowspan="2">按设计图示尺寸以斜面积计算。不扣除房上烟囱、风帽底座、风道、小气窗、斜沟等所占面积。小气窗的出檐部分不增加面积</td><td>1. 砂浆制作、运输、摊铺、养护；
2. 安瓦、做瓦脊</td></tr>
<tr><td>010901002</td><td>型材屋面</td><td>1. 型材品种、规格；
2. 金属檩条材料品种、规格；
3. 接缝、嵌缝材料种类</td><td>1. 檩条制作、运输、安装；
2. 屋面型材安装；
3. 接缝、嵌缝</td></tr>
<tr><td>010901003</td><td>阳光板屋面</td><td>1. 阳光板品种、规格；
2. 骨架材料品种、规格；
3. 接缝、嵌缝材料种类；
4. 油漆品种、刷漆遍数</td><td rowspan="2">按设计图示尺寸以斜面积计算。不扣除屋面面积≤0.3m²孔洞所占面积</td><td>1. 骨架制作、运输、安装、刷防护材料、油漆；
2. 阳光板安装；
3. 接缝、嵌缝</td></tr>
<tr><td>010901004</td><td>玻璃钢屋面</td><td>1. 玻璃钢品种、规格；
2. 骨架材料品种、规格；
3. 玻璃钢固定方式；
4. 接缝、嵌缝材料种类；
5. 油漆品种、刷漆遍数</td><td>1. 骨架制作、运输、安装、刷防护材料、油漆；
2. 玻璃钢制作、安装；
3. 接缝、嵌缝</td></tr>
<tr><td>010901005</td><td>膜结构屋面</td><td>1. 膜布品种、规格；
2. 支柱（网架）钢材品种、规格；
3. 钢丝绳品种、规格；
4. 锚固基座做法；
5. 油漆品种、刷漆遍数</td><td>按设计图示尺寸以需要覆盖的水平投影面积计算</td><td>1. 膜布热压胶接；
2. 支柱（网架）制作、安装；
3. 膜布安装；
4. 穿钢丝绳、锚头锚固；
5. 锚固基座、挖土、回填；
6. 刷防护材料，油漆</td></tr>
</table>

瓦屋面若是在木基层上铺瓦，项目特征不必描述黏结层砂浆的配合比，瓦屋面铺防水层，按屋面防水及其他中相关项目编码列项。型材屋面、阳光板屋面、玻璃钢屋面的柱、梁、屋架，按金属结构工程、木结构工程中相关项目编码列项。

瓦屋面、型材屋面等计算斜面积时，斜面积按屋面水平投影面积乘以屋面延尺系数。延尺系数可根据屋面坡度的大小确定。见表 3.10.2 和图 3.10.1。

表 3.10.2 屋面坡度系数表

坡度		角度	延尺系数	隅延尺系数	坡度		角度	延尺系数	隅延尺系数
$B(A=1)$	$B/2A$	θ	$C(A=1)$	$D(A=1)$	$B(A=1)$	$B/2A$	θ	$C(A=1)$	$D(A=1)$
1	1/2	45°	1.1442	1.7320	0.4	1/5	21°48′	1.077	1.4697
0.75		36°52′	1.2500	1.6008	0.35		19°47′	1.0595	1.4569
0.7		35°	1.2207	1.5780	0.3		16°42′	1.0440	1.4457
0.666	1/3	33°40′	1.2015	1.5632	0.25	1/8	14°02′	1.0380	1.4362
0.65		33°01′	1.1927	1.5564	0.2	1/10	11°19′	1.0198	1.4283
0.6		30°58′	1.662	1.5362	0.15		8°32′	1.0112	1.4222
0.577		30°	1.1545	1.5274	0.125	1/16	7°08′	1.0078	1.4197
0.55		28°49′	1.143	1.5174	0.1	1/20	5°42′	1.0050	1.4178
0.5	1/4	26°34′	1.1180	1.5000	0.083	1/24	4°45′	1.0034	1.4166
0.45		24°14′	1.0966	1.4841	0.066	1/30	3°49′	1.0022	1.4158

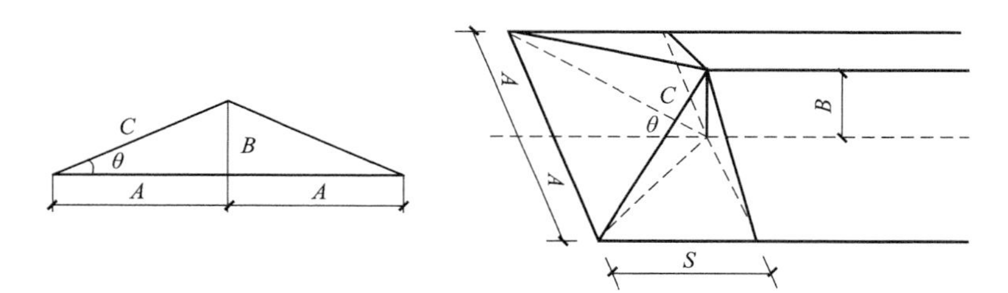

图 3.10.1 两坡水及四坡水屋面示意图

膜结构屋面以需要覆盖的水平投影面积计算，如图 3.10.2 所示。

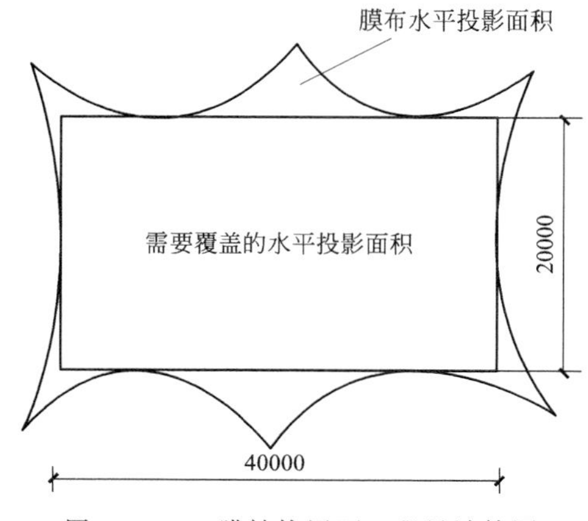

图 3.10.2 膜结构屋面工程量计算图

3.10.2 屋面防水及其他

屋面防水及其他的清单项目具体内容见表 3.10.3。

表 3.10.3 屋面防水及其他（编码：010902）

项目编码	项目名称	项目特征	计量单位	工程量计算规则	工作内容
010902001	屋面卷材防水	1. 卷材品种、规格、厚度； 2. 防水层数； 3. 防水层做法	m^2	按设计图示尺寸以面积计算 1. 斜屋顶（不包括平屋顶找坡）按斜面积计算，平屋顶按水平投影面积计算； 2. 不扣除房上烟囱、风帽底座、风道、屋面小气窗和斜沟所占面积； 3. 屋面的女儿墙、伸缩缝和天窗等处的弯起部分，并入屋面工程量内	1. 基层处理； 2. 刷底油； 3. 铺油毡卷材、接缝
010902002	屋面涂膜防水	1. 防水膜品种； 2. 涂膜厚度、遍数； 3. 增强材料种类			1. 基层处理； 2. 刷基层处理剂； 3. 铺布、喷涂防水层
010902003	屋面刚性层	1. 刚性层厚度； 2. 混凝土种类； 3. 混凝土强度等级； 4. 嵌缝材料种类； 5. 钢筋规格、型号		按设计图示尺寸以面积计算。不扣除房上烟囱、风帽底座、风道等所占面积	1. 基层处理； 2. 混凝土制作、运输、铺筑、养护； 3. 钢筋制作、安装
010902004	屋面排水管	1. 排水管品种、规格； 2. 雨水斗、山墙出水口品种、规格； 3. 接缝、嵌缝材料种类； 4. 油漆品种、刷漆遍数	m	按设计图示尺寸以长度计算。如设计未标注尺寸，以檐口至设计室外散水上表面垂直距离计算	1. 排水管及配件安装、固定； 2. 雨水斗、山墙出水口、雨水箅子安装； 3. 接缝、嵌缝； 4. 刷漆
010902005	屋面排（透）气管	1. 排（透）气管品种、规格； 2. 接缝、嵌缝材料种类； 3. 油漆品种、刷漆遍数		按设计图示尺寸以长度计算	1. 排（透）气管及配件安装、固定； 2. 铁件制作、安装； 3. 接缝、嵌缝； 4. 刷漆
010902006	屋面（廊、阳台）泄（吐）水管	1. 泄水管品种、规格； 2. 接缝、嵌缝材料种类； 3. 泄水管长度； 4. 油漆品种、刷漆遍数	根（个）	按设计图示数量计算	1. 水管及配件安装、固定； 2. 接缝、嵌缝； 3. 刷漆
010902007	屋面天沟、檐沟	1. 材料品种、规格； 2. 接缝、嵌缝材料种类	m^2	按设计图示尺寸以展开面积计算	1. 天沟材料铺设； 2. 天沟配件安装； 3. 接缝、嵌缝； 4. 刷防护材料
010902008	屋面变形缝	1. 嵌缝材料种类； 2. 止水带材料种类； 3. 盖缝材料； 4. 防护材料种类	m	按设计图示以长度计算	1. 清缝； 2. 填塞防水材料； 3. 止水带安装； 4. 盖缝制作、安装； 5. 刷防护材料

屋面刚性层无钢筋，其钢筋项目特征不必描述。屋面找平层按楼地面装饰工程“平面砂浆找平层”项目编码列项。屋面防水搭接及附加层用量不另行计算，在综合单价中考虑。屋面保温找坡层按保温、隔热、防腐工程中“保温隔热屋面”项目编码列项。

3.10.3 墙面防水、防潮

墙面防水、防潮清单项目的具体内容见表3.10.4。

表3.10.4 墙面防水、防潮（编码：010903）

项目编码	项目名称	项目特征	计量单位	工程量计算规则	工作内容
010903001	墙面卷材防水	1. 卷材品种、规格、厚度； 2. 防水层数； 3. 防水层做法	m^2	按设计图示尺寸以面积计算	1. 基层处理； 2. 刷黏结剂； 3. 铺防水卷材； 4. 接缝、嵌缝
010903002	墙面涂膜防水	1. 防水膜品种； 2. 涂膜厚度、遍数； 3. 增强材料种类			1. 基层处理； 2. 刷基层处理剂； 3. 铺布、喷涂防水层
010903003	墙面砂浆防水（防潮）	1. 防水层做法； 2. 砂浆厚度、配合比； 3. 钢丝网规格			1. 基层处理； 2. 挂钢丝网片； 3. 设置分格缝； 4. 砂浆制作、运输、摊铺、养护
010903004	墙面变形缝	1. 嵌缝材料种类； 2. 止水带材料种类； 3. 盖缝材料； 4. 防护材料种类	m	按设计图示以长度计算	1. 清缝； 2. 填塞防水材料； 3. 止水带安装； 4. 盖缝制作、安装； 5. 刷防护材料

墙面防水搭接及附加层用量不另行计算，在综合单价中考虑。墙面变形缝，若做双面，工程量乘系数2。墙面找平层按墙、柱面装饰与隔断、幕墙工程中“立面砂浆找平层”项目编码列项。

3.10.4 楼（地）面防水、防潮

楼（地）面防水、防潮清单项目的具体内容见表3.10.5。

楼（地）面防水找平层按楼地面装饰工程“平面砂浆找平层”项目编码列项。楼（地）面防水搭接及附加层用量不另行计算，在综合单价中考虑。

3.10.5 工程案例

【例3.10.1】 某房屋平面及侧立面建筑尺寸如图3.10.3所示，屋面铺水泥大瓦，用1∶3水泥砂浆黏结。试计算其工程量。

表 3.10.5 楼（地）面防水、防潮（编码：010904）

项目编码	项目名称	项目特征	计量单位	工程量计算规则	工作内容
010904001	楼(地)面卷材防水	1. 卷材品种、规格、厚度； 2. 防水层数； 3. 防水层做法； 4. 反边高度	m^2	按设计图示尺寸以面积计算。 1. 楼（地）面防水：按主墙间净空面积计算，扣除凸出地面的构筑物、设备基础等所占面积，不扣除间壁墙及单个面积≤0.3m^2柱、垛、烟囱和孔洞所占面积； 2. 楼(地)面防水反边高度≤300mm算作地面防水，反边高度＞300mm按墙面防水计算	1. 基层处理； 2. 刷黏结剂； 3. 铺防水卷材； 4. 接缝、嵌缝
010904002	楼(地)面涂膜防水	1. 防水膜品种； 2. 涂膜厚度、遍数； 3. 增强材料种类； 4. 反边高度			1. 基层处理； 2. 刷基层处理剂； 3. 铺布、喷涂防水层
010904003	楼(地)面砂浆防水（防潮）	1. 防水层做法； 2. 砂浆厚度、配合比； 3. 反边高度			1. 基层处理； 2. 砂浆制作、运输、摊铺、养护
010904004	楼(地)面变形缝	1. 嵌缝材料种类； 2. 止水带材料种类； 3. 盖缝材料； 4. 防护材料种类	m	按设计图示以长度计算	1. 清缝； 2. 填塞防水材料； 3. 止水带安装； 4. 盖缝制作、安装； 5. 刷防护材料

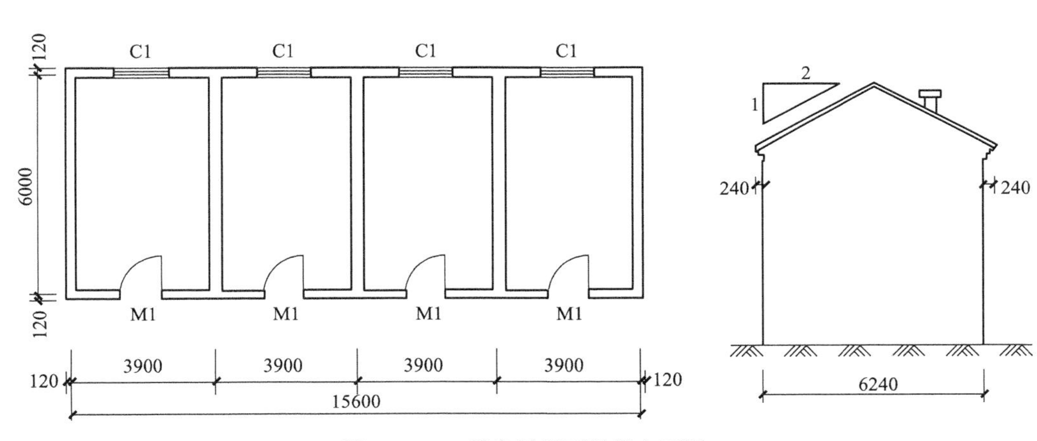

图 3.10.3 某房屋平面及侧立面图

解： 瓦屋面工程量按斜面积计算

瓦屋面工程量＝屋面总长×屋面总宽×延尺系数

$=(15.6+0.24)\times(6.24+0.24\times2)\times1.118=119.0(m^2)$

工程量清单见表 3.10.6。

表 3.10.6 瓦屋面工程量清单

序号	项目编码	项目名称	项目特征	计量单位	工程数量
1	010901001001	瓦屋面	水泥大瓦； 1∶3 水泥砂浆黏结	m^2	119.0

【例 3.10.2】 某工程屋面防水采用 3mm 厚 SBS 改性沥青卷材一道，其平面、剖面图如图 3.10.4 所示，找平层反边高 300mm，防水卷材反边高 300mm。不考虑嵌缝，砂浆使用中砂为拌合料。该屋面设计有铸铁雨水口 6 个，塑料水斗 6 个，配套的 PVC 排水管直径 100mm，每根长度 16m。试根据工程量计价规范计算该屋面卷材防水、排水管的分部分项工程量。

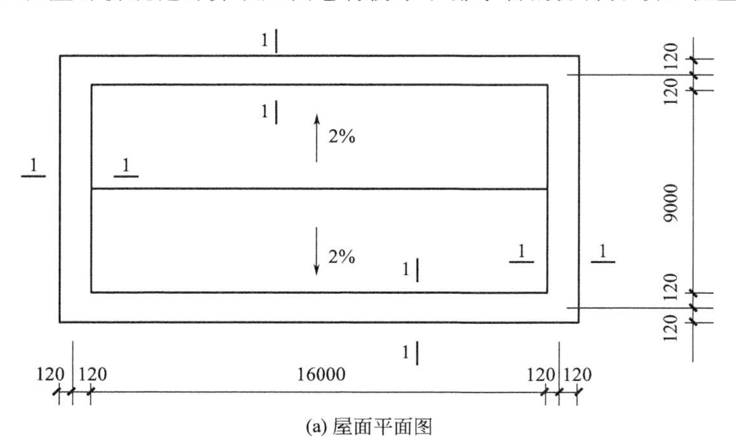

(a) 屋面平面图

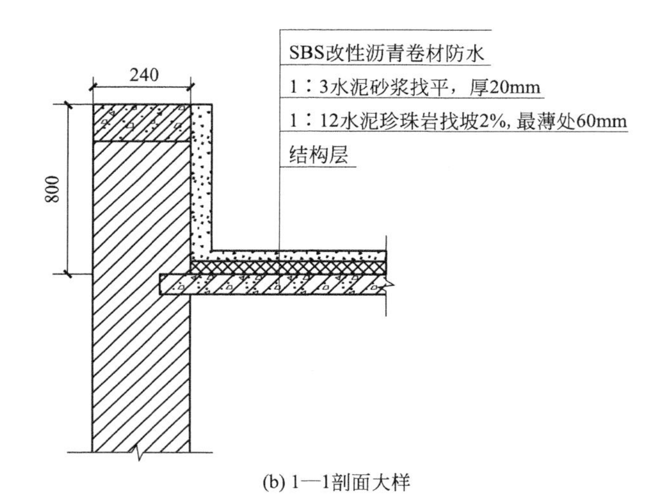

(b) 1—1剖面大样

图 3.10.4 屋面平面图、剖面图

解： 屋面水平投影面积＝16×9＝144(m^2)

泛水卷起面积＝(16＋9)×2×0.3＝15(m^2)

屋面卷材防水工程量＝144＋15＝159(m^2)

屋面排水管总长度＝16×6＝96(m)

工程量清单见表 3.10.7。

表 3.10.7 屋面卷材防水工程量清单

序号	项目编码	项目名称	项目特征	计量单位	工程数量
1	010902001001	屋面卷材防水	3mm 厚 SBS 改性沥青防水卷材一道（反边高 300mm）	m^2	159
2	010902004001	屋面排水管	PVC 排水管直径 100mm，铸铁雨水口，塑料水斗	m	96

【例3.10.3】 某住宅楼，共32户，每户一个卫生间，卫生间地面净长为2.16m，净宽为1.56m，门宽700mm。防水做法：1∶3水泥砂浆找平厚20mm，非焦油聚氨酯涂膜防水2mm厚，翻起高度350mm。试计算涂膜防水清单工程量。

解： 地面涂膜防水＝2.16×1.56×32＝107.84(m^2)

反边高度为350mm＞300mm，故按墙面防水计量，

墙面涂膜防水工程量＝[(2.16＋1.56)×2－0.7]×0.35×32＝75.50(m^2)

工程量清单见表3.10.8。

表3.10.8 涂膜防水工程量清单

序号	项目编码	项目名称	项目特征	计量单位	工程数量
1	010903002001	墙面涂膜防水	非焦油聚氨酯涂膜防水2mm厚，翻起高度350mm	m^2	75.50
2	010904002001	地面涂膜防水	非焦油聚氨酯涂膜防水2mm厚	m^2	107.84

3.11 保温、隔热、防腐工程清单工程量计算及清单编制

保温、隔热、防腐工程根据《房屋建筑与装饰工程工程量计算规范》附录K列项，包括保温、隔热，防腐面层，其他防腐等3节共16个清单项目。

3.11.1 保温、隔热

保温、隔热清单项目的具体内容见表3.11.1。

保温隔热装饰面层，按楼地面装饰工程，墙、柱面装饰工程，天棚工程等中相关项目编码列项；仅做找平层按楼地面装饰工程“平面砂浆找平层”或墙、柱面装饰工程“立面砂浆找平层”项目编码列项。

柱帽保温隔热应并入天棚保温隔热工程量内。池槽保温隔热应按其他保温隔热项目编码列项。保温隔热方式指内保温、外保温、夹心保温。保温柱、梁适用于不与墙、天棚相连的独立柱、梁。

表3.11.1 保温、隔热（编码：011001）

项目编码	项目名称	项目特征	计量单位	工程量计算规则	工作内容
011001001	保温隔热屋面	1. 保温隔热材料品种、规格、厚度； 2. 隔气层材料品种、厚度； 3. 黏结材料种类、做法； 4. 防护材料种类、做法	m^2	按设计图示尺寸以面积计算。扣除面积＞0.3m^2孔洞及占位面积	1. 基层清理； 2. 刷黏结材料； 3. 铺粘保温层； 4. 铺、刷（喷）防护材料
011001002	保温隔热天棚	1. 保温隔热面层材料品种、规格、性能； 2. 保温隔热材料品种、规格及厚度； 3. 黏结材料种类及做法； 4. 防护材料种类及做法		按设计图示尺寸以面积计算。扣除面积＞0.3m^2上柱、垛、孔洞所占面积，与天棚相连的梁按展开面积，计算并入天棚工程量内	

续表

项目编码	项目名称	项目特征	计量单位	工程量计算规则	工作内容
011001003	保温隔热墙面	1. 保温隔热部位； 2. 保温隔热方式； 3. 踢脚线、勒脚线保温做法； 4. 龙骨材料品种、规格； 5. 保温隔热面层材料品种、规格、性能； 6. 保温隔热材料品种、规格及厚度； 7. 增强网及抗裂防水砂浆种类； 8. 黏结材料种类及做法； 9. 防护材料种类及做法	m^2	按设计图示尺寸以面积计算。扣除门窗洞口以及面积＞0.3m^2梁、孔洞所占面积；门窗洞口侧壁以及与墙相连的柱，并入保温墙体工程量内	1. 基层清理； 2. 刷界面剂； 3. 安装龙骨； 4. 填贴保温材料； 5. 保温板安装； 6. 粘贴面层； 7. 铺设增强格网，抹抗裂、防水砂浆面层； 8. 嵌缝； 9. 铺、刷（喷）防护材料
011001004	保温柱、梁			按设计图示尺寸以面积计算； 1. 柱按设计图示柱断面保温层中心线展开长度乘保温层高度以面积计算，扣除面积＞0.3m^2梁所占面积； 2. 梁按设计图示梁断面保温层中心线展开长度乘保温层长度以面积计算	
011001005	保温隔热楼地面	1. 保温隔热部位； 2. 保温隔热材料品种、规格、厚度； 3. 隔气层材料品种、厚度； 4. 黏结材料种类、做法； 5. 防护材料种类、做法		按设计图示尺寸以面积计算。扣除面积＞0.3m^2柱、垛、孔洞等所占面积。门洞、空圈、暖气包槽、壁龛的开口部分不增加面积	1. 基层清理； 2. 刷黏结材料； 3. 铺粘保温层； 4. 铺、刷（喷）防护材料
011001006	其他保温隔热	1. 保温隔热部位； 2. 保温隔热方式； 3. 隔气层材料品种、厚度； 4. 保温隔热面层材料品种、规格、性能； 5. 保温隔热材料品种、规格及厚度； 6. 黏结材料种类及做法； 7. 增强网及抗裂防水砂浆种类； 8. 防护材料种类及做法		按设计图示尺寸以展开面积计算。扣除面积＞0.3m^2孔洞及占位面积	1. 基层清理； 2. 刷界面剂； 3. 安装龙骨； 4. 填贴保温材料； 5. 保温板安装； 6. 粘贴面层； 7. 铺设增强格网，抹抗裂、防水砂浆面层； 8. 嵌缝； 9. 铺、刷（喷）防护材料

3.11.2 防腐面层

防腐面层清单项目的具体内容见表3.11.2。防腐踢脚线，应按3.12节中“踢脚线”项目编码列项。

3.11.3 其他防腐

其他防腐清单项目的具体内容见表3.11.3。“浸渍砖砌法”指平砌、立砌。

表 3.11.2 防腐面层（编码：011002）

项目编码	项目名称	项目特征	计量单位	工程量计算规则	工作内容
011002001	防腐混凝土面层	1. 防腐部位； 2. 面层厚度； 3. 混凝土种类； 4. 胶泥种类、配合比	m^2	按设计图示尺寸以面积计算。 1. 平面防腐：扣除凸出地面的构筑物、设备基础等以及面积＞0.3m^2孔洞、柱、垛等所占面积，门洞、空圈、暖气包槽、壁龛的开口部分不增加面积。 2. 立面防腐：扣除门、窗、洞口以及面积＞0.3m^2孔洞、梁所占面积，门、窗、洞口侧壁、垛突出部分按展开面积并入墙面积内	1. 基层清理； 2. 基层刷稀胶泥； 3. 混凝土制作、运输、摊铺、养护
011002002	防腐砂浆面层	1. 防腐部位； 2. 面层厚度； 3. 砂浆、胶泥种类、配合比			1. 基层清理； 2. 基层刷稀胶泥； 3. 砂浆制作、运输、摊铺、养护
011002003	防腐胶泥面层	1. 防腐部位； 2. 面层厚度； 3. 胶泥种类、配合比			1. 基层清理； 2. 胶泥调制、摊铺
011002004	玻璃钢防腐面层	1. 防腐部位； 2. 玻璃钢种类； 3. 贴布材料的种类、层数； 4. 面层材料品种			1. 基层清理； 2. 刷底漆、刮腻子； 3. 胶浆配制、涂刷； 4. 粘布、涂刷面层
011002005	聚氯乙烯板面层	1. 防腐部位； 2. 面层材料品种、厚度； 3. 黏结材料种类			1. 基层清理； 2. 配料、涂胶； 3. 聚氯乙烯板铺设
011002006	块料防腐面层	1. 防腐部位； 2. 块料品种、规格； 3. 黏结材料种类； 4. 勾缝材料种类			1. 基层清理； 2. 铺贴块料； 3. 胶泥调制、勾缝
011002007	池、槽块料防腐面层	1. 防腐池、槽名称、代号； 2. 块料品种、规格； 3. 黏结材料种类； 4. 勾缝材料种类		按设计图示尺寸以展开面积计算	1. 基层清理； 2. 铺贴块料； 3. 胶泥调制、勾缝

表 3.11.3 其他防腐（编码：011003）

项目编码	项目名称	项目特征	计量单位	工程量计算规则	工作内容
011003001	隔离层	1. 隔离层部位； 2. 隔离层材料品种； 3. 隔离层做法； 4. 粘贴材料种类	m^2	按设计图示尺寸以面积计算： 1. 平面防腐：扣除凸出地面的构筑物、设备基础等以及面积＞0.3m^2孔洞、柱、垛等所占面积，门洞、空圈、暖气包槽、壁龛的开口部分不增加面积。 2. 立面防腐：扣除门、窗、洞口以及面积＞0.3m^2孔洞、梁所占面积，门、窗、洞口侧壁、垛突出部分按展开面积并入墙面积内	1. 基层清理、刷油； 2. 煮沥青； 3. 胶泥调制； 4. 隔离层铺设

续表

项目编码	项目名称	项目特征	计量单位	工程量计算规则	工作内容
011003002	砌筑沥青浸渍砖	1. 砌筑部位； 2. 浸渍砖规格； 3. 胶泥种类； 4. 浸渍砖砌法	m^3	按设计图示尺寸以体积计算	1. 基层清理； 2. 胶泥调制； 3. 浸渍砖铺砌
011003003	防腐涂料	1. 涂刷部位； 2. 基层材料类型； 3. 刮腻子的种类、遍数； 4. 涂料品种、刷涂遍数	m^2	按设计图示尺寸以面积计算； 1. 平面防腐：扣除凸出地面的构筑物、设备基础等以及面积＞0.3m^2孔洞、柱、垛等所占面积，门洞、空圈、暖气包槽、壁龛的开口部分不增加面积； 2. 立面防腐：扣除门、窗、洞口以及面积＞0.3m^2孔洞、梁所占面积，门、窗、洞口侧壁、垛突出部分按展开面积并入墙面积内	1. 基层清理； 2. 刮腻子； 3. 刷涂料

3.11.4 工程案例

【例 3.11.1】 计算【例 3.10.2】中屋面保温层的清单工程量。

解： 保温屋面按照设计图示尺寸以面积计算

工程数量＝16×9＝144(m^2)

工程量清单见表 3.11.4。

表 3.11.4 屋面卷材防水工程量清单

序号	项目编码	项目名称	项目特征	计量单位	工程数量
1	011001001001	屋面保温	1∶12水泥珍珠岩找坡，坡度2%，最薄处60mm	m^2	96

【例 3.11.2】 某库房地面做 1∶0.533∶0.533∶3.121 不发火沥青砂浆防腐面层，踢脚线抹 1∶0.3∶1.5∶4 铁屑砂浆，厚度均为 20mm，踢脚线高度 200mm，如图 3.11.1 所示。墙厚均为 240mm，门洞地面做防腐面层，侧边不做踢脚线。根据工程量计算规范计算该库房工程防腐面层的分部分项工程量。

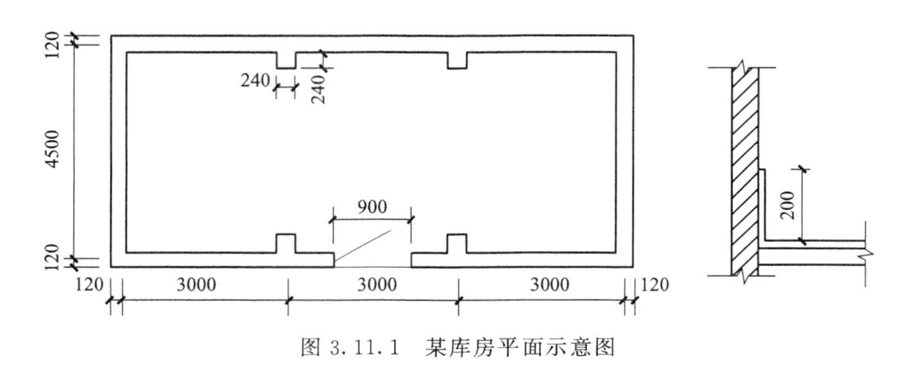

图 3.11.1 某库房平面示意图

解： 单个墙垛面积 0.24×0.24＝0.058(m^2)＜0.3(m^2)，计算防腐砂浆面层时不予扣除，门洞开口部分也不增加。

防腐砂浆面层工程量：

$S=(9.0-0.12\times2)\times(4.5-0.12\times2)=37.32(m^2)$

工程量清单见表3.11.5。

表3.11.5　防腐砂浆面层工程量清单

序号	项目编码	项目名称	项目特征	计量单位	工程数量
1	011002002001	防腐砂浆面层	不发火沥青砂浆防腐面层； 防腐部位：地面； 厚度：20mm； 配合比：1：0.533：0.533：3.121	m^2	37.32

3.12　楼地面装饰工程清单工程量计算及清单编制

楼地面装饰工程根据《房屋建筑与装饰工程工程量计算规范》附录L列项，包括整体面层及找平层、块料面层、橡塑面层、其他材料面层、踢脚线、楼梯面层、台阶装饰、零星装饰项目，适用于楼地面、楼梯、台阶等8节共43个项目。

3.12.1　整体面层及找平层

整体面层及找平层包括水泥砂浆楼地面、现浇水磨石楼地面、细石混凝土楼地面、菱苦土楼地面、自流平楼地面、平面砂浆找平层。具体内容见表3.12.1。

表3.12.1　整体面层及找平层（编码：011101）

项目编码	项目名称	项目特征	计量单位	工程量计算规则	工作内容
011101001	水泥砂浆楼地面	1. 找平层厚度、砂浆配合比； 2. 素水泥浆涂刷遍数； 3. 面层厚度、砂浆配合比； 4. 面层做法要求	m^2	按设计图示尺寸以面积计算。扣除凸出地面构筑物、设备基础、室内铁道、地沟等所占面积，不扣除间壁墙及≤$0.3m^2$柱、垛、附墙烟囱及孔洞所占面积。门洞、空圈、暖气包槽、壁龛的开口部分不增加面积	1. 基层清理； 2. 抹找平层； 3. 抹面层； 4. 材料运输
011101002	现浇水磨石楼地面	1. 找平层厚度、砂浆配合比； 2. 面层厚度、水泥石子浆配合比； 3. 嵌条材料种类、规格； 4. 石子种类、规格、颜色； 5. 颜料种类、颜色； 6. 图案要求； 7. 磨光、酸洗、打蜡要求			1. 基层清理； 2. 抹找平层； 3. 面层铺设； 4. 嵌缝条安装； 5. 磨光、酸洗打蜡； 6. 材料运输
011101003	细石混凝土楼地面	1. 找平层厚度、砂浆配合比； 2. 面层厚度、混凝土强度等级			1. 基层清理； 2. 抹找平层； 3. 面层铺设； 4. 材料运输
011101004	菱苦土楼地面	1. 找平层厚度、砂浆配合比； 2. 面层厚度； 3. 打蜡要求			1. 基层清理； 2. 抹找平层； 3. 面层铺设； 4. 打蜡； 5. 材料运输

续表

项目编码	项目名称	项目特征	计量单位	工程量计算规则	工作内容
011101005	自流平楼地面	1. 找平层砂浆配合比、厚度； 2. 界面剂材料种类； 3. 中层漆材料种类、厚度； 4. 面漆材料种类、厚度； 5. 面层材料种类	m^2	按设计图示尺寸以面积计算。扣除凸出地面构筑物、设备基础、室内铁道、地沟等所占面积，不扣除间壁墙及≤0.3m^2柱、垛、附墙烟囱及孔洞所占面积。门洞、空圈、暖气包槽、壁龛的开口部分不增加面积	1. 基层处理； 2. 抹找平层； 3. 涂界面剂； 4. 涂刷中层漆； 5. 打磨、吸尘； 6. 镘自流平面漆（浆）； 7. 拌和自流平浆料； 8. 铺面层
011101006	平面砂浆找平层	找平层厚度、砂浆配合比		按设计图示尺寸以面积计算	1. 基层清理； 2. 抹找平层； 3. 材料运输

水泥砂浆面层处理是拉毛还是提浆压光应在面层做法要求中描述。平面砂浆找平层只适用于仅做找平层的平面抹灰。间壁墙指墙厚≤120mm 的墙。

楼地面混凝土垫层另按 3.6 节中要求编码列项，除混凝土外的其他材料垫层按 3.5 节中要求编码列项。

3.12.2 块料面层

块料面层包括石材楼地面、碎石材楼地面、块料楼地面。具体内容见表 3.12.2。

表 3.12.2 块料面层（编码：011102）

项目编码	项目名称	项目特征	计量单位	工程量计算规则	工作内容
011102001	石材楼地面	1. 找平层厚度、砂浆配合比； 2. 结合层厚度、砂浆配合比； 3. 面层材料品种、规格、颜色； 4. 嵌缝材料种类； 5. 防护层材料种类； 6. 酸洗、打蜡要求	m^2	按设计图示尺寸以面积计算。门洞、空圈、暖气包槽、壁龛的开口部分并入相应的工程量内	1. 基层清理； 2. 抹找平层； 3. 面层铺设、磨边； 4. 嵌缝； 5. 刷防护材料； 6. 酸洗、打蜡； 7. 材料运输
011102002	碎石材楼地面				
011102003	块料楼地面				

在描述碎石材楼地面项目的面层材料特征时可不用描述规格、颜色。石材、块料与黏结材料的结合面刷防渗材料的种类在“防护层材料种类”中描述。表 3.12.2“工作内容”中的“磨边”指施工现场磨边，与后面章节工作内容中涉及的磨边含义同。

3.12.3 橡塑面层

橡塑面层包括橡胶板楼地面、橡胶卷材楼地面、塑料板楼地面、塑料卷材楼地面。具体内容见表 3.12.3。表中如涉及找平层，另按表 3.12.1 中找平层项目编码列项。

表 3.12.3 橡塑面层（编码：011103）

项目编码	项目名称	项目特征	计量单位	工程量计算规则	工作内容
011103001	橡胶板楼地面	1. 黏结层厚度、材料种类； 2. 面层材料品种、规格、颜色； 3. 压线条种类	m^2	按设计图示尺寸以面积计算。门洞、空圈、暖气包槽、壁龛的开口部分并入相应的工程量内	1. 基层清理； 2. 面层铺贴； 3. 压缝条装钉； 4. 材料运输
011103002	橡胶卷材楼地面				
011103003	塑料板楼地面				
011103004	塑料卷材楼地面				

3.12.4 其他材料面层

其他材料面层包括地毯楼地面，竹、木（复合）地板，金属复合地板，防静电活动地板。具体内容见表 3.12.4。

表 3.12.4 其他材料面层（编码：011104）

项目编码	项目名称	项目特征	计量单位	工程量计算规则	工作内容
011104001	地毯楼地面	1. 面层材料品种、规格、颜色； 2. 防护材料种类； 3. 黏结材料种类； 4. 压线条种类	m^2	按设计图示尺寸以面积计算。门洞、空圈、暖气包槽、壁龛的开口部分并入相应的工程量内	1. 基层清理； 2. 铺贴面层； 3. 刷防护材料； 4. 装钉压条； 5. 材料运输
011104002	竹、木(复合)地板	1. 龙骨材料种类,规格、铺设间距； 2. 基层材料种类、规格； 3. 面层材料品种、规格、颜色； 4. 防护材料种类			1. 基层清理； 2. 龙骨铺设； 3. 基层铺设； 4. 面层铺贴； 5. 刷防护材料； 6. 材料运输
011104003	金属复合地板				
011104004	防静电活动地板	1. 支架高度、材料种类； 2. 面层材料品种、规格、颜色； 3. 防护材料种类			1. 基层清理； 2. 固定支架安装； 3. 活动面层安装； 4. 刷防护材料； 5. 材料运输

3.12.5 踢脚线

踢脚线清单项目的具体内容见表 3.12.5。石材、块料与黏结材料的结合面刷防渗材料的种类在“防护材料种类”中描述。

表 3.12.5 踢脚线（编码：011105）

项目编码	项目名称	项目特征	计量单位	工程量计算规则	工作内容
011105001	水泥砂浆踢脚线	1. 踢脚线高度； 2. 底层厚度、砂浆配合比； 3. 面层厚度、砂浆配合比	1. m^2； 2. m	1. 以平方米计量,按设计图示长度乘高度以面积计算； 2. 以米计量,按延长米计算	1. 基层清理； 2. 底层和面层抹灰； 3. 材料运输
011105002	石材踢脚线	1. 踢脚线高度； 2. 粘贴层厚度、材料种类； 3. 面层材料品种、规格、颜色； 4. 防护材料种类			1. 基层清理； 2. 底层抹灰； 3. 面层铺贴、磨边； 4. 擦缝； 5. 磨光、酸洗、打蜡； 6. 刷防护材料； 7. 材料运输
011105003	块料踢脚线				
011105004	塑料板踢脚线	1. 踢脚线高度； 2. 黏结层厚度、材料种类； 3. 面层材料种类、规格、颜色			1. 基层清理； 2. 基层铺贴； 3. 面层铺贴； 4. 材料运输
011105005	木质踢脚线	1. 踢脚线高度； 2. 基层材料种类、规格； 3. 面层材料品种、规格、颜色			
011105006	金属踢脚线				
011105007	防静电踢脚线				

3.12.6 楼梯面层

楼梯面层清单项目的具体内容见表 3.12.6。在描述碎石材项目的面层材料特征时可不必描述规格、颜色。石材、块料与黏结材料的结合面刷防渗材料的种类在“防护材料种类”中描述。

表 3.12.6 楼梯面层（编码：011106）

项目编码	项目名称	项目特征	计量单位	工程量计算规则	工作内容
011106001	石材楼梯面层	1. 找平层厚度、砂浆配合比； 2. 黏结层厚度、材料种类； 3. 面层材料品种、规格、颜色； 4. 防滑条材料种类、规格； 5. 勾缝材料种类； 6. 防护材料种类； 7. 酸洗、打蜡要求	m^2	按设计图示尺寸以楼梯（包括踏步、休息平台及≤500mm 的楼梯井）水平投影面积计算。楼梯与楼地面相连时，算至梯口梁内侧边沿；无梯口梁者，算至最上一层踏步边沿加 300mm	1. 基层清理； 2. 抹找平层； 3. 面层铺贴、磨边； 4. 贴嵌防滑条； 5. 勾缝； 6. 刷防护材料； 7. 酸洗、打蜡； 8. 材料运输
011106002	块料楼梯面层				
011106003	拼碎块料面层				
011106004	水泥砂浆楼梯面层	1. 找平层厚度、砂浆配合比； 2. 面层厚度、砂浆配合比； 3. 防滑条材料种类、规格			1. 基层清理； 2. 抹找平层； 3. 抹面层； 4. 抹防滑条； 5. 材料运输
011106005	现浇水磨石楼梯面层	1. 找平层厚度、砂浆配合比； 2. 面层厚度、水泥石子浆配合比； 3. 防滑条材料种类、规格； 4. 石子种类、规格、颜色； 5. 颜料种类、颜色； 6. 磨光、酸洗、打蜡要求			1. 基层清理； 2. 抹找平层； 3. 抹面层； 4. 贴嵌防滑条； 5. 磨光、酸洗、打蜡； 6. 材料运输
011106006	地毯楼梯面层	1. 基层种类； 2. 面层材料品种、规格、颜色； 3. 防护材料种类； 4. 黏结材料种类； 5. 固定配件材料种类、规格			1. 基层清理； 2. 铺贴面层； 3. 固定配件安装； 4. 刷防护材料； 5. 材料运输
011106007	木板楼梯面层	1. 基层材料种类、规格； 2. 面层材料品种、规格、颜色； 3. 黏结材料种类； 4. 防护材料种类			1. 基层清理； 2. 基层铺贴； 3. 面层铺贴； 4. 刷防护材料； 5. 材料运输
011106008	橡胶板楼梯面层	1. 黏结层厚度、材料种类； 2. 面层材料品种、规格、颜色； 3. 压线条种类			1. 基层清理； 2. 面层铺贴； 3. 压缝条装钉； 4. 材料运输
011106009	塑料板楼梯面层				

3.12.7 台阶装饰

台阶装饰清单项目的具体内容见表 3.12.7。在描述碎石材项目的面层材料特征时可不用描述规格、颜色。石材、块料与黏结材料的结合面刷防渗材料的种类在“防护材料种类”中描述。

表 3.12.7 台阶装饰（编码：011107）

<table>
<tr><th>项目编码</th><th>项目名称</th><th>项目特征</th><th>计量单位</th><th>工程量计算规则</th><th>工作内容</th></tr>
<tr><td>011107001</td><td>石材台阶面</td><td rowspan="3">1. 找平层厚度、砂浆配合比；
2. 黏结材料种类；
3. 面层材料品种、规格、颜色；
4. 勾缝材料种类；
5. 防滑条材料种类、规格；
6. 防护材料种类</td><td rowspan="6">m²</td><td rowspan="6">按设计图示尺寸以台阶(包括最上层踏步边沿加 300mm)水平投影面积计算</td><td rowspan="3">1. 基层清理；
2. 抹找平层；
3. 面层铺贴；
4. 贴嵌防滑条；
5. 勾缝；
6. 刷防护材料；
7. 材料运输</td></tr>
<tr><td>011107002</td><td>块料台阶面</td></tr>
<tr><td>011107003</td><td>拼碎块料台阶面</td></tr>
<tr><td>011107004</td><td>水泥砂浆台阶面</td><td>1. 找平层厚度、砂浆配合比；
2. 面层厚度、砂浆配合比；
3. 防滑条材料种类</td><td>1. 基层清理；
2. 抹找平层；
3. 抹面层；
4. 抹防滑条；
5. 材料运输</td></tr>
<tr><td>011107005</td><td>现浇水磨石台阶面</td><td>1. 找平层厚度、砂浆配合比；
2. 面层厚度、水泥石子浆配合比；
3. 防滑条材料种类、规格；
4. 石子种类、规格、颜色；
5. 颜料种类、颜色；
6. 磨光、酸洗、打蜡要求</td><td>1. 清理基层；
2. 抹找平层；
3. 抹面层；
4. 贴嵌防滑条；
5. 打磨、酸洗、打蜡；
6. 材料运输</td></tr>
<tr><td>011107006</td><td>剁假石台阶面</td><td>1. 找平层厚度、砂浆配合比；
2. 面层厚度、砂浆配合比；
3. 剁假石要求</td><td>1. 清理基层；
2. 抹找平层；
3. 抹面层；
4. 剁假石；
5. 材料运输</td></tr>
</table>

3.12.8 零星装饰项目

零星装饰项目清单项目的具体内容见表 3.12.8。

表 3.12.8 零星装饰项目（编码：011108）

<table>
<tr><th>项目编码</th><th>项目名称</th><th>项目特征</th><th>计量单位</th><th>工程量计算规则</th><th>工作内容</th></tr>
<tr><td>011108001</td><td>石材零星项目</td><td rowspan="3">1. 工程部位；
2. 找平层厚度、砂浆配合比；
3. 贴结合层厚度、材料种类；
4. 面层材料品种、规格、颜色；
5. 勾缝材料种类；
6. 防护材料种类；
7. 酸洗、打蜡要求</td><td rowspan="4">m²</td><td rowspan="4">按设计图示尺寸以面积计算</td><td rowspan="3">1. 清理基层；
2. 抹找平层；
3. 面层铺贴、磨边；
4. 勾缝；
5. 刷防护材料；
6. 酸洗、打蜡；
7. 材料运输</td></tr>
<tr><td>011108002</td><td>拼碎石材零星项目</td></tr>
<tr><td>011108003</td><td>块料零星项目</td></tr>
<tr><td>011108004</td><td>水泥砂浆零星项目</td><td>1. 工程部位；
2. 找平层厚度、砂浆配合比；
3. 面层厚度、砂浆厚度</td><td>1. 清理基层；
2. 抹找平层；
3. 抹面层；
4. 材料运输</td></tr>
</table>

楼梯、台阶牵边和侧面镶贴块料面层，不大于 0.5m² 的少量分散的楼地面镶贴块料面层，应按表 3.12.8 执行。石材、块料与黏结材料的结合面刷防渗材料的种类在“防护材料种类”中描述。

3.12.9 工程案例

【例 3.12.1】 计算【例 3.10.2】中屋面找平层的清单工程量。

屋面水平投影面积＝16×9＝144(m²)

反边卷起面积＝(16＋9)×2×0.3＝15(m²)

屋面找平层工程量＝144＋15＝159(m²)

工程量清单见表 3.12.9。

表 3.12.9 屋面找平层工程量清单

序号	项目编码	项目名称	项目特征	计量单位	工程数量
1	011101006001	平面砂浆找平层	1：3 水泥砂浆找平，厚 20mm，反边高 300mm	m²	159

【例 3.12.2】 计算【例 3.11.2】中以“米”计量的砂浆踢脚线的清单工程量。

砂浆踢脚线长度

$L=(9-0.12\times2)\times2+(4.5-0.12\times2)\times2+0.24\times8-0.9=27.06(\mathrm{m})$

工程量清单见表 3.12.10。

表 3.12.10 砂浆踢脚线工程量清单

序号	项目编码	项目名称	项目特征	计量单位	工程数量
1	011105001001	砂浆踢脚线	1：0.3：1.5：4 铁屑砂浆，厚度 20mm，踢脚线高度 200mm	m	27.06

【例 3.12.3】 某建筑物二层平面图及楼面做法如图 3.12.1 和表 3.12.11 所示，墙厚 240mm，门框厚 90mm，居墙内侧平，试编制该楼地面装饰工程的工程量清单。

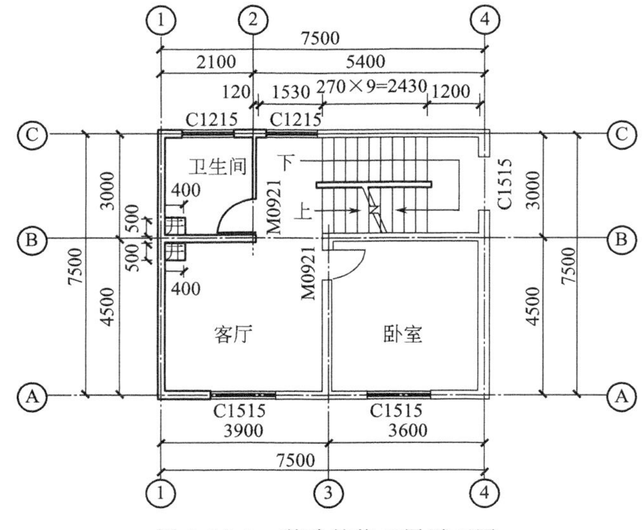

图 3.12.1 某建筑物二层平面图

表 3.12.11 楼面做法

序号	部位	做法
1	客厅、楼梯	1. 20mm厚1∶2水泥白石子浆磨光； 2. 20mm厚1∶2.5水泥砂浆找平层； 3. 素水泥浆结合层一道； 4. 钢筋混凝土结构板，踢脚线：1∶2水泥砂浆，踢脚线 $H=150$mm
2	卧室	1. 长条复合地板铺在细木工板上； 2. 钢筋混凝土结构板，踢脚线：装饰夹板踢脚，$H=150$mm。门口做金属压条
3	卫生间	1. 8～10mm厚300mm×300mm防滑地砖，干水泥浆擦缝； 2. 20mm厚1∶3干硬性水泥砂浆结合层； 3. 1.5mm厚丙烯酸复合防水涂料，沿墙上翻500mm； 4. 20mm厚1∶3水泥砂浆找平层； 5. 钢筋混凝土结构板

解：(1) 现浇水磨石地面（整体面层）

$S=(3.9-0.24)\times(4.5-0.24)+(1.53-0.3)\times3=19.28(m^2)$

(2) 水泥砂浆踢脚线

$S=0.15\times[(3.9-0.24+4.5-0.24)\times2+3-0.9\times2+(0.24-0.09)\times4]=2.65(m^2)$

(3) 现浇水磨石楼梯面

$S=(2.43+1.2+0.3)\times(3-0.24)=10.85(m^2)$

(4) 竹木地板

$S=(3.6-0.24)\times(4.5-0.24)=14.31(m^2)$

(5) 木质踢脚线

$S=0.15\times[(3.6-0.24+4.5-0.24)\times2-0.9]=2.15(m^2)$

(6) 块料楼地面

$S=(3-0.24)\times(2.1-0.12)-0.4\times0.5=5.26(m^2)$

工程量清单见表3.12.12。

表 3.12.12 楼地面装饰工程工程量清单

序号	项目编码	项目名称	项目特征	计量单位	工程数量
1	011101002001	现浇水磨石楼地面	1.20mm厚1∶2水泥白石子浆磨光； 2.20mm厚1∶2.5水泥砂浆找平层	m^2	19.28
2	011102003001	块料楼地面	1.8～10mm厚300mm×300mm防滑地砖，干水泥浆擦缝 2.20mm厚1∶3干硬性水泥砂浆结合层 3.1.5mm厚丙烯酸复合防水涂料，沿墙上翻500mm 4.20mm厚1∶3水泥砂浆找平层		2.15
3	011104002001	竹木地板	长条复合地板铺在细木工板上		14.31
4	011105001001	水泥砂浆踢脚线	1∶2水泥砂浆踢脚线，$H=150$mm		2.65
5	011105005001	木质踢脚线	装饰夹板踢脚，$H=150$mm		2.15

续表

序号	项目编码	项目名称	项目特征	计量单位	工程数量
6	011106005001	现浇水磨石楼梯面	20mm 厚 1∶2 水泥白石子浆磨光； 20mm 厚 1∶2.5 水泥砂浆找平层	m^2	10.85

3.13 墙、柱面装饰与隔断、幕墙工程清单工程量计算及清单编制

墙、柱面装饰与隔断、幕墙工程根据《房屋建筑与装饰工程工程量计算规范》附录 M 列项，包括墙面抹灰、柱（梁）面抹灰、零星抹灰、墙面块料面层、柱（梁）面镶贴块料、镶贴零星块料、墙饰面、柱（梁）饰面、幕墙工程、隔断等 10 节共 35 个项目。

3.13.1 墙面抹灰

墙面抹灰清单项目的具体内容见表 3.13.1。

表 3.13.1 墙面抹灰（编码：011201）

项目编码	项目名称	项目特征	计量单位	工程量计算规则	工作内容
011201001	墙面一般抹灰	1. 墙体类型； 2. 底层厚度、砂浆配合比； 3. 面层厚度、砂浆配合比； 4. 装饰面材料种类； 5. 分格缝宽度、材料种类	m^2	按设计图示尺寸以面积计算。扣除墙裙、门窗洞口及单个＞$0.3m^2$ 的孔洞面积，不扣除踢脚线、挂镜线和墙与构件交接处的面积，门窗洞口和孔洞的侧壁及顶面不增加面积。附墙柱、梁、垛、烟囱侧壁并入相应的墙面面积内。 1. 外墙抹灰面积按外墙垂直投影面积计算。 2. 外墙裙抹灰面积按其长度乘以高度计算。 3. 内墙抹灰面积按主墙间的净长乘以高度计算： (1)无墙裙的，高度按室内楼地面至天棚底面计算； (2)有墙裙的，高度按墙裙顶至天棚底面计算； (3)有吊顶天棚抹灰，高度算至天棚底。 4. 内墙裙抹灰面按内墙净长乘以高度计算	1. 基层清理； 2. 砂浆制作、运输； 3. 底层抹灰； 4. 抹面层； 5. 抹装饰面； 6. 勾分格缝
011201002	墙面装饰抹灰				
011201003	墙面勾缝	1. 勾缝类型； 2. 勾缝材料种类			1. 基层清理； 2. 砂浆制作、运输； 3. 勾缝
011201004	立面砂浆找平层	1. 基层类型； 2. 找平层砂浆厚度、配合比			1. 基层清理； 2. 砂浆制作、运输； 3. 抹灰找平

立面砂浆找平项目适用于仅做找平层的立面抹灰。

墙面抹石灰砂浆，水泥砂浆、混合砂浆、聚合物水泥砂浆、麻刀石灰浆、石膏灰浆等按表 3.13.1 中墙面“一般抹灰”列项；墙面水刷石、剁假石、干粘石、假面砖等按表 3.13.1 中“墙面装饰抹灰”列项。飘窗凸出外墙面增加的抹灰并入外墙工程量内。有吊顶天棚的内墙面抹灰，抹至吊顶以上部分在综合单价中考虑。

3.13.2 柱(梁)面抹灰

柱(梁)面抹灰清单项目的具体内容见表3.13.2。

表3.13.2 柱(梁)面抹灰(编码:011202)

<table>
<tr><th>项目编码</th><th>项目名称</th><th>项目特征</th><th>计量单位</th><th>工程量计算规则</th><th>工作内容</th></tr>
<tr><td>011202001</td><td>柱、梁面一般抹灰</td><td rowspan="2">1. 柱(梁)体类型;
2. 底层厚度、砂浆配合比;
3. 面层厚度、砂浆配合比;
4. 装饰面材料种类;
5. 分格缝宽度、材料种类</td><td rowspan="4">m^2</td><td rowspan="3">1. 柱面抹灰:按设计图示柱断面周长乘高度以面积计算。
2. 梁面抹灰:按设计图示梁断面周长乘长度以面积计算</td><td rowspan="2">1. 基层清理;
2. 砂浆制作、运输;
3. 底层抹灰;
4. 抹面层;
5. 勾分格缝</td></tr>
<tr><td>011202002</td><td>柱、梁面装饰抹灰</td></tr>
<tr><td>011202003</td><td>柱、梁面砂浆找平</td><td>1. 柱(梁)体类型;
2. 找平的砂浆厚度、配合比</td><td>1. 基层清理;
2. 砂浆制作、运输;
3. 抹灰找平</td></tr>
<tr><td>011202004</td><td>柱面勾缝</td><td>1. 勾缝类型;
2. 勾缝材料种类</td><td>按设计图示柱断面周长乘高度以面积计算</td><td>1. 基层清理;
2. 砂浆制作、运输;
3. 勾缝</td></tr>
</table>

砂浆找平项目适用于仅做找平层的柱(梁)面抹灰。柱(梁)面抹石灰砂浆、水泥砂浆、混合砂浆、聚合物水泥砂浆、麻刀石灰浆、石膏灰浆等按表3.13.2中"柱、梁面一般抹灰"编码列项;柱(梁)面水刷石、斩假石、干粘石、假面砖等按表3.13.2中"柱、梁面装饰抹灰"项目编码列项。

3.13.3 零星抹灰

零星抹灰清单项目的具体内容见表3.13.3。

表3.13.3 零星抹灰(编码:011203)

<table>
<tr><th>项目编码</th><th>项目名称</th><th>项目特征</th><th>计量单位</th><th>工程量计算规则</th><th>工作内容</th></tr>
<tr><td>011203001</td><td>零星项目一般抹灰</td><td>1. 基层类型、部位;
2. 底层厚度、砂浆配合比;
3. 面层厚度、砂浆配合比;
4. 装饰面材料种类;
5. 分格缝宽度、材料种类</td><td rowspan="3">m^2</td><td rowspan="3">按设计图示尺寸以面积计算</td><td rowspan="2">1. 基层清理;
2. 砂浆制作、运输;
3. 底层抹灰;
4. 抹面层;
5. 抹装饰面;
6. 勾分格缝</td></tr>
<tr><td>011203002</td><td>零星项目装饰抹灰</td><td>1. 基层类型、部位;
2. 底层厚度、砂浆配合比;
3. 面层厚度、砂浆配合比;
4. 装饰面材料种类;
5. 分格缝宽度、材料种类</td></tr>
<tr><td>011203003</td><td>零星项目砂浆找平</td><td>1. 基层类型、部位;
2. 找平的砂浆厚度、配合比</td><td>1. 基层清理;
2. 砂浆制作、运输;
3. 抹灰找平</td></tr>
</table>

零星项目抹石灰砂浆、水泥砂浆、混合砂浆、聚合物水泥砂浆、麻刀石灰浆、石膏灰浆等按表3.13.3中"零星项目一般抹灰"编码列项。水刷石、斩假石、干粘石、假面砖等按表3.13.3中"零星项目装饰抹灰"编码列项。墙、柱(梁)面≤0.5m^2的少量分散的抹灰按表3.13.3中"零星项目砂浆找平"编码列项。

3.13.4 块料面层

在描述碎块项目的面层材料特征时可不用描述规格、颜色。石材、块料与黏结材料的结合面刷防渗材料的种类在“防护层材料种类”中描述。

(1) 墙面块料面层

墙面块料面层清单项目的具体内容见表 3.13.4。

表 3.13.4 墙面块料面层 (编码: 011204)

项目编码	项目名称	项目特征	计量单位	工程量计算规则	工作内容
011204001	石材墙面	1. 墙体类型; 2. 安装方式; 3. 面层材料品种、规格、颜色; 4. 缝宽、嵌缝材料种类; 5. 防护材料种类; 6. 磨光、酸洗、打蜡要求	m^2	按镶贴表面积计算	1. 基层清理; 2. 砂浆制作、运输; 3. 黏结层铺贴; 4. 面层安装; 5. 嵌缝; 6. 刷防护材料; 7. 磨光、酸洗、打蜡
011204002	拼碎石材墙面				
011204003	块料墙面				
011204004	干挂石材钢骨架	1. 骨架种类、规格; 2. 防锈漆品种遍数	t	按设计图示以质量计算	1. 骨架制作、运输、安装; 2. 刷漆

“安装方式”可描述为砂浆或黏结剂粘贴、挂贴、干挂等，不论哪种安装方式，都要详细描述与组价相关的内容。

(2) 柱(梁)面镶贴块料

柱(梁)面镶贴块料清单项目的具体内容见表 3.13.5。

表 3.13.5 柱(梁)面镶贴块料 (编码: 011205)

项目编码	项目名称	项目特征	计量单位	工程量计算规则	工作内容
011205001	石材柱面	1. 柱截面类型、尺寸; 2. 安装方式; 3. 面层材料品种、规格、颜色; 4. 缝宽、嵌缝材料种类; 5. 防护材料种类; 6. 磨光、酸洗、打蜡要求	m^2	按镶贴表面积计算	1. 基层清理; 2. 砂浆制作、运输; 3. 黏结层铺贴; 4. 面层安装; 5. 嵌缝; 6. 刷防护材料; 7. 磨光、酸洗、打蜡
011205002	块料柱面				
011205003	拼碎块柱面				
011205004	石材梁面	1. 安装方式; 2. 面层材料品种、规格、颜色; 3. 缝宽、嵌缝材料种类; 4. 防护材料种类; 5. 磨光、酸洗、打蜡要求			
011205005	块料梁面				

柱(梁)面干挂石材的钢骨架按表 3.13.4 中相应项目编码列项。

(3) 镶贴零星块料

镶贴零星块料清单项目的具体内容见表 3.13.6。

零星项目干挂石材的钢骨架按表 3.13.4 中相应项目编码列项。墙柱面≤0.5m^2 的少量分散的镶贴块料面层按表 3.13.6 中零星项目执行。

表 3.13.6 镶贴零星块料（编码：011206）

项目编码	项目名称	项目特征	计量单位	工程量计算规则	工作内容
011206001	石材零星项目	1. 基层类型、部位； 2. 安装方式； 3. 面层材料品种、规格、颜色； 4. 缝宽、嵌缝材料种类； 5. 防护材料种类； 6. 磨光、酸洗、打蜡要求	m^2	按镶贴表面积计算	1. 基层清理； 2. 砂浆制作、运输； 3. 面层安装； 4. 嵌缝； 5. 刷防护材料； 6. 磨光、酸洗、打蜡
011206002	块料零星项目				
011206003	拼碎块零星项目				

3.13.5 饰面

(1) 墙饰面

墙饰面包括墙面装饰板、墙面装饰浮雕。具体内容见表 3.13.7。

表 3.13.7 墙饰面（编码：011207）

项目编码	项目名称	项目特征	计量单位	工程量计算规则	工作内容
011207001	墙面装饰板	1. 龙骨材料种类、规格、中距； 2. 隔离层材料种类、规格； 3. 基层材料种类、规格； 4. 面层材料品种、规格、颜色； 5. 压条材料种类、规格	m^2	按设计图示墙净长乘净高以面积计算。扣除门窗洞口及单个＞$0.3m^2$ 的孔洞所占面积	1. 基层清理； 2. 龙骨制作、运输、安装； 3. 钉隔离层； 4. 基层铺钉； 5. 面层铺贴
011207002	墙面装饰浮雕	1. 基层类型； 2. 浮雕材料种类； 3. 浮雕样式		按设计图示尺寸以面积计算	1. 基层清理； 2. 材料制作、运输； 3. 安装成型

(2) 柱（梁）饰面

柱（梁）饰面包括柱（梁）面装饰、成品装饰柱。具体内容见表 3.13.8。

表 3.13.8 柱（梁）饰面（编码：011208）

项目编码	项目名称	项目特征	计量单位	工程量计算规则	工作内容
011208001	柱(梁)面装饰	1. 龙骨材料种类、规格、中距； 2. 隔离层材料种类； 3. 基层材料种类、规格； 4. 面层材料品种、规格、颜色； 5. 压条材料种类、规格	m^2	按设计图示饰面外围尺寸以面积计算。柱帽、柱墩并入相应柱饰面工程量内	1. 清理基层； 2. 龙骨制作、运输、安装； 3. 钉隔离层； 4. 基层铺钉； 5. 面层铺贴
011208002	成品装饰柱	1. 柱截面、高度尺寸； 2. 柱材质	1. 根； 2. m	1. 以根计量，按设计数量计算； 2. 以米计量，按设计长度计算	柱运输、固定、安装

3.13.6 幕墙工程

幕墙清单项目的具体内容见表 3.13.9。幕墙钢骨架按“干挂石材钢骨架”另列项目。

表 3.13.9 幕墙工程（编码：011209）

项目编码	项目名称	项目特征	计量单位	工程量计算规则	工作内容
011209001	带骨架幕墙	1. 骨架材料种类、规格、中距； 2. 面层材料品种、规格、颜色； 3. 面层固定方式； 4. 隔离带、框边封闭材料品种、规格； 5. 嵌缝、塞口材料种类	m^2	按设计图示框外围尺寸以面积计算。与幕墙同种材质的窗所占面积不扣除	1. 骨架制作、运输、安装； 2. 面层安装； 3. 隔离带、框边封闭； 4. 嵌缝、塞口； 5. 清洗
011209002	全玻（无框玻璃）幕墙	1. 玻璃品种、规格、颜色； 2. 黏结塞口材料种类； 3. 固定方式		按设计图示尺寸以面积计算。带肋全玻幕墙按展开面积计算	1. 幕墙安装； 2. 嵌缝、塞口； 3. 清洗

3.13.7 隔断

隔断清单项目的具体内容见表 3.13.10。

表 3.13.10 隔断（编码：011210）

项目编码	项目名称	项目特征	计量单位	工程量计算规则	工作内容
011210001	木隔断	1. 骨架、边框材料种类、规格； 2. 隔板材料品种、规格、颜色； 3. 嵌缝、塞口材料品种； 4. 压条材料种类	m^2	按设计图示框外围尺寸以面积计算。不扣除单个≤0.3m^2的孔洞所占面积；浴厕门的材质与隔断相同时，门的面积并入隔断面积内	1. 骨架及边框制作、运输、安装； 2. 隔板制作、运输、安装； 3. 嵌缝、塞口； 4. 装钉压条
011210002	金属隔断	1. 骨架、边框材料种类、规格； 2. 隔板材料品种、规格、颜色； 3. 嵌缝、塞口材料品种			1. 骨架及边框制作、运输、安装； 2. 隔板制作、运输、安装； 3. 嵌缝、塞口
011210003	玻璃隔断	1. 边框材料种类、规格； 2. 玻璃品种、规格、颜色； 3. 嵌缝、塞口材料品种		按设计图示框外围尺寸以面积计算。不扣除单个≤0.3m^2的孔洞所占面积	1. 边框制作、运输、安装； 2. 玻璃制作、运输、安装； 3. 嵌缝、塞口
011210004	塑料隔断	1. 边框材料种类、规格； 2. 隔板材料品种、规格、颜色； 3. 嵌缝、塞口材料品种			1. 骨架及边框制作、运输、安装； 2. 隔板制作、运输、安装； 3. 嵌缝、塞口
011210005	成品隔断	1. 隔断材料品种、规格、颜色； 2. 配件品种、规格	1. m^2 2. 间	1. 以平方米计量，按设计图示框外围尺寸以面积计算； 2. 以间计量，按设计间的数量计算	1. 隔断运输、安装； 2. 嵌缝、塞口

续表

项目编码	项目名称	项目特征	计量单位	工程量计算规则	工作内容
011210006	其他隔断	1. 骨架、边框材料种类、规格； 2. 隔板材料品种、规格、颜色； 3. 嵌缝、塞口材料品种	m^2	按设计图示框外围尺寸以面积计算。不扣除单个≤0.3m^2 的孔洞所占面积	1. 骨架及边框安装； 2. 隔板安装； 3. 嵌缝、塞口

3.14 天棚工程清单工程量计算及清单编制

天棚工程根据《房屋建筑与装饰工程工程量计算规范》附录N列项，包括天棚抹灰、天棚吊顶、采光天棚、天棚其他装饰等4节共10个项目。

3.14.1 天棚抹灰

天棚抹灰适用于各种天棚抹灰。具体内容见表3.14.1。

表3.14.1 天棚抹灰（编码：011301）

项目编码	项目名称	项目特征	计量单位	工程量计算规则	工作内容
011301001	天棚抹灰	1. 基层类型； 2. 抹灰厚度、材料种类； 3. 砂浆配合比	m^2	按设计图示尺寸以水平投影面积计算。不扣除间壁墙、垛、柱、附墙烟囱、检查口和管道所占的面积，带梁天棚的梁两侧抹灰面积并入天棚面积内，板式楼梯底面抹灰按斜面积计算，锯齿形楼梯底板抹灰按展开面积计算	1. 基层清理； 2. 底层抹灰； 3. 抹面层

3.14.2 天棚吊顶

天棚吊顶清单项目的具体内容见表3.14.2。

表3.14.2 天棚吊顶（编码：011302）

项目编码	项目名称	项目特征	计量单位	工程量计算规则	工作内容
011302001	吊顶天棚	1. 吊顶形式、吊杆规格、高度； 2. 龙骨材料种类、规格、中距； 3. 基层材料种类、规格； 4. 面层材料品种、规格； 5. 压条材料种类、规格； 6. 嵌缝材料种类； 7. 防护材料种类	m^2	按设计图示尺寸以水平投影面积计算。天棚面中的灯槽及跌级、锯齿形、吊挂式、藻井式天棚面积不展开计算。不扣除间壁墙、检查口、附墙烟囱、柱垛和管道所占面积，扣除单个＞0.3m^2 的孔洞、独立柱及与天棚相连的窗帘盒所占的面积	1. 基层清理、吊杆安装； 2. 龙骨安装； 3. 基层板铺贴； 4. 面层铺贴； 5. 嵌缝； 6. 刷防护材料

续表

项目编码	项目名称	项目特征	计量单位	工程量计算规则	工作内容
011302002	格栅吊顶	1. 龙骨材料种类、规格、中距； 2. 基层材料种类、规格； 3. 面层材料品种、规格； 4. 防护材料种类			1. 基层清理； 2. 安装龙骨； 3. 基层板铺贴； 4. 面层铺贴； 5. 刷防护材料
011302003	吊筒吊顶	1. 吊筒形状、规格； 2. 吊筒材料种类； 3. 防护材料种类	m^2	按设计图示尺寸以水平投影面积计算	1. 基层清理； 2. 吊筒制作安装； 3. 刷防护材料
011302004	藤条造型悬挂吊顶	1. 骨架材料种类、规格； 2. 面层材料品种、规格			1. 基层清理； 2. 龙骨安装； 3. 铺贴面层
011302005	织物软雕吊顶				
011302006	装饰网架吊顶	网架材料品种、规格			1. 基层清理； 2. 网架制作安装

3.14.3 采光天棚

采光天棚清单项目的具体内容见表 3.14.3。采光天棚骨架应单独按金属结构中相关项目编码列项。

表 3.14.3 采光天棚（编码：011303）

项目编码	项目名称	项目特征	计量单位	工程量计算规则	工作内容
011303001	采光天棚	1. 骨架类型； 2. 固定类型、固定材料品种、规格； 3. 面层材料品种、规格； 4. 嵌缝、塞口材料种类	m^2	按框外围展开面积计算	1. 清理基层； 2. 面层制作安装； 3. 嵌缝、塞口； 4. 清洗

3.14.4 天棚其他装饰

天棚其他装饰包括灯带（槽）、送风口及回风口。具体内容见表 3.14.4。

表 3.14.4 天棚其他装饰（编码：011304）

项目编码	项目名称	项目特征	计量单位	工程量计算规则	工作内容
011304001	灯带（槽）	1. 灯带型式、尺寸； 2. 格栅片材料品种、规格； 3. 安装固定方式	m^2	按设计图示尺寸以框外围面积计算	安装、固定
011304002	送风口、回风口	1. 风口材料品种、规格； 2. 安装固定方式； 3. 防护材料种类	个	按设计图示数量计算	1. 安装、固定； 2. 刷防护材料

3.14.5 工程案例

【例 3.14.1】 某装饰工程地面、墙面、天棚的装饰工程如图 3.14.1～图 3.14.4 所示，房间外墙厚度 240mm，外墙中线到中线尺寸为 12000mm×18000mm，截面为 800mm×800mm 的独立柱 4 根，墙体抹灰厚度 20mm，底层 14mm 厚干混抹灰砂浆 DPM10，面层 6mm 厚干混抹灰砂浆 DPM10，墙面喷刷乳胶漆一底两面（门窗占位面积 80m²，门窗洞口侧壁抹灰 15m²，柱跺展开面积 11m²），地砖地面施工完成后尺寸为（12－0.24－0.04）×(18－0.24－0.04)，吊顶高度 3600mm（窗帘盒占位面积 7m²），做法：地面 20mm 厚 1∶3 水泥砂浆找平、20mm 厚 1∶2 干性水泥砂浆粘贴玻化砖，玻化砖踢脚线，高度 150mm（门洞宽度合计 4m），乳胶漆一底两面，天棚轻钢龙骨石膏板面刮成品腻子面罩乳胶漆一底两面。柱面挂贴 30mm 厚花岗石板，花岗石板和柱结构面之间空隙填灌 50mm 厚的 1∶3 水泥砂浆。根据工程量计算规范计算该装饰工程地面、墙面、天棚等分部分项工程量。

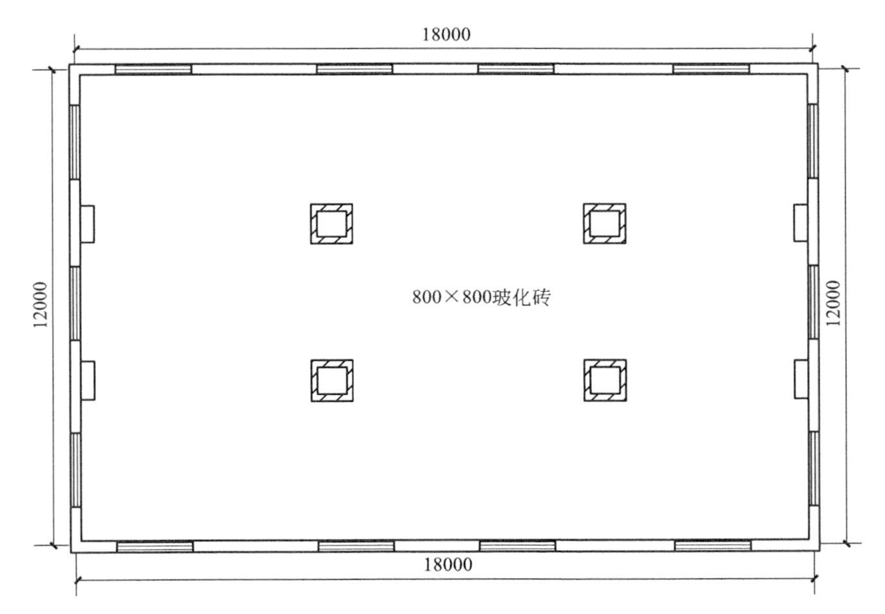

图 3.14.1 某工程地面示意图

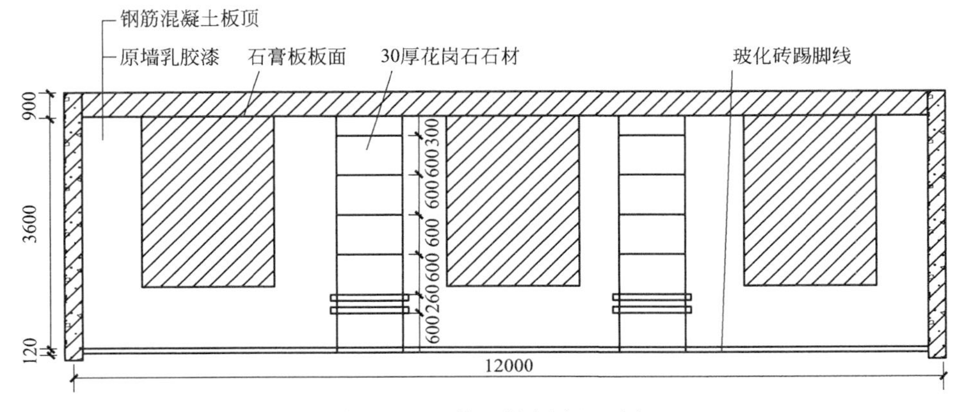

图 3.14.2 某工程大厅立面图

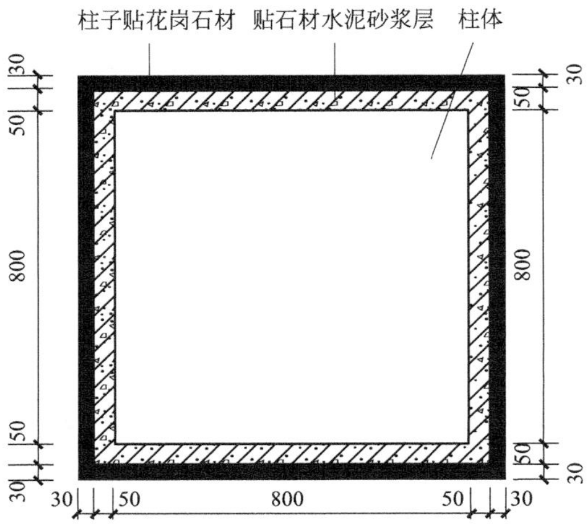

柱子贴花岗石材 贴石材水泥砂浆层 柱体

图 3.14.3 某工程大厅立柱剖面图

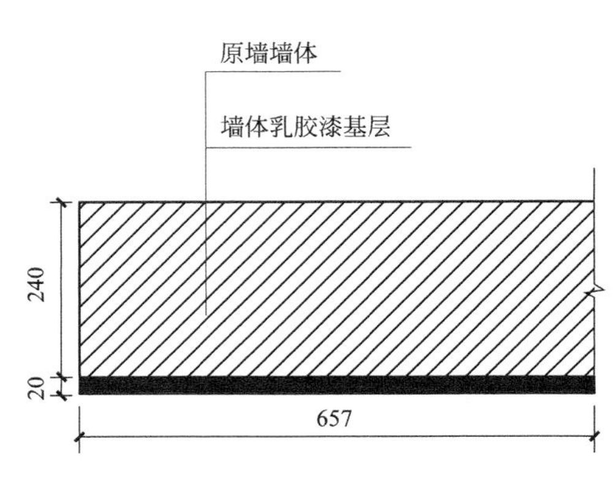

图 3.14.4 某工程墙体抹灰剖面图

解：(1) 玻化砖地面

S=(12－0.24－0.04)×(18－0.24－0.04)=207.68(m^2)

扣除柱占位面积：0.8×0.8×4(根数)=2.56(m^2)

小计：207.68－2.56=205.12(m^2)

(2) 玻化砖踢脚线

L=[(12－0.24－0.04)+(18－0.24－0.04)]×2－4(门洞宽度)=54.88(m)

S=54.88×0.15=8.23(m^2)

(3) 墙面混合砂浆抹灰

S =[(12－0.24)+(18－0.24)]×2×3.6(高度)－80(门窗洞口占位面积)+11(柱跺展开面积)=143.54(m^2)

(4) 花岗岩柱面

柱周长：[(0.8+(0.05+0.03)×2]×4=3.84(m)

S=3.84×3.6(高度)×4(根数)=55.30(m^2)

(5) 轻钢龙骨石膏板吊顶天棚

地面面积－窗帘盒占位面积=207.68－0.8×0.8×4－7=198.12(m^2)

(6) 墙面喷刷乳胶漆

墙面抹灰+门窗洞口侧壁=143.54+15=158.54(m^2)

(7) 天棚喷刷乳胶漆

207.88－(0.8+0.05×2+0.03×2)×(0.8+0.05×2+0.03×2)×4－7=196.99(m^2)

工程量清单见表 3.14.5。

表 3.14.5 装饰工程工程量清单

序号	项目编码	项目名称	项目特征	计量单位	工程数量
1	011102001001	玻化砖地面	20mm 厚 1∶3 水泥砂浆找平、20mm 厚 1∶2 干性水泥砂浆粘贴艳玻化砖	m^2	205.12
2	011105003001	玻化砖踢脚线	玻化砖踢脚线，高度 150mm	m^2	8.23

续表

序号	项目编码	项目名称	项目特征	计量单位	工程数量
3	011201001001	墙面混合砂浆抹灰	墙体抹灰厚度20mm，底层14mm厚干混抹灰砂浆DPM10，面层6mm厚干混抹灰砂浆DPM10	m^2	143.54
4	011205001001	花岗石柱面	柱面挂贴30mm厚花岗石板，花岗石板和柱结构面之间空隙填灌50mm厚1∶3水泥砂浆	m^2	55.30
5	011302001001	轻钢龙骨石膏板吊顶天棚	轻钢龙骨石膏板吊顶天棚，吊顶高度3600mm	m^2	198.12
6	011407001001	墙面喷刷、乳胶漆	乳胶漆一底两面	m^2	158.54
7	011407002001	天棚喷刷乳胶漆	天棚轻钢龙骨石膏板面刮成品腻子面罩乳胶漆一底两面	m^2	196.99

【例3.14.2】某工程现浇井字梁天棚如图3.14.5所示，面层水泥石灰浆做法如下：刷素水泥浆一道；5mm厚1∶0.3∶3水泥石灰膏打底扫毛；5mm厚1∶0.3∶0.25水泥石灰砂浆找平。试计算天棚抹灰清单工程量。

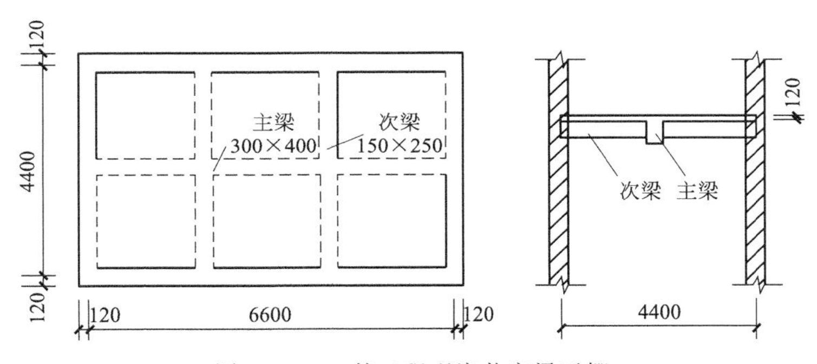

图3.14.5 某工程现浇井字梁天棚

解：天棚抹灰工程量＝主墙间净长度×主墙间净宽度＋梁侧面面积

$$=(6.6-0.24)\times(4.4-0.24)+(0.4-0.12)\times(6.6-0.24)\times2+(0.25-0.12)\times(4.4-0.24-0.3)\times2\times2-(0.25-0.12)\times0.15\times4$$

$$=31.95(m^2)$$

工程量清单见表3.14.6。

表3.14.6 天棚抹灰工程量清单

序号	项目编码	项目名称	项目特征	计量单位	工程数量
1	011301001001	天棚抹灰	基层：钢筋混凝土楼板；刷素水泥浆一道；5mm厚1∶0.3∶3水泥石灰膏打底扫毛；5mm厚1∶0.3∶0.25水泥石灰砂浆找平	m^2	31.95

3.15 油漆、涂料、裱糊工程清单工程量计算及清单编制

油漆、涂料、裱糊工程根据《房屋建筑与装饰工程工程量计算规范》附录P列项，包括门油

漆、窗油漆、木扶手及其他板条（线条）油漆、木材面油漆、金属面油漆、抹灰面油漆、喷刷涂料、裱糊等 8 节共 36 个项目。在列项时，当木栏杆带扶手，木扶手不单独列项，应包含在木栏杆油漆中，按“木栏杆（带扶手）”列项。抹灰面油漆和刷涂料工作内容中包括“刮腻子”，此处的“刮腻子”不得单独列项为“满刮腻子”项目。“满刮腻子”项目仅适用于单独刮腻子的情况。

3.15.1 门油漆

门油漆清单项目的具体内容见表 3.15.1。

表 3.15.1 门油漆（编号：011401）

项目编码	项目名称	项目特征	计量单位	工程量计算规则	工作内容
011401001	木门油漆	1. 门类型； 2. 门代号及洞口尺寸； 3. 腻子种类； 4. 刮腻子遍数； 5. 防护材料种类； 6. 油漆品种、刷漆遍数	1. 樘； 2. m^2	1. 以樘计量，按设计图示数量计量； 2. 以平方米计量，按设计图示洞口尺寸以面积计算	1. 基层清理； 2. 刮腻子； 3. 刷防护材料、油漆
011401002	金属门油漆				1. 除锈、基层清理； 2. 刮腻子； 3. 刷防护材料、油漆

木门油漆应区分木大门、单层木门、双层（一玻一纱）木门、双层（单裁口）木门、全玻自由门、半玻自由门、装饰门及有框门或无框门等项目，分别编码列项。金属门油漆应区分平开门、推拉门、钢制防火门等项目，分别编码列项。以平方米计量，项目特征可不必描述洞口尺寸。

3.15.2 窗油漆

窗油漆清单项目的具体内容见表 3.15.2。

表 3.15.2 窗油漆（编号：011402）

项目编码	项目名称	项目特征	计量单位	工程量计算规则	工作内容
011402001	木窗油漆	1. 窗类型； 2. 窗代号及洞口尺寸； 3. 腻子种类； 4. 刮腻子遍数； 5. 防护材料种类； 6. 油漆品种、刷漆遍数	1. 樘； 2. m^2	1. 以樘计量，按设计图示数量计量； 2. 以平方米计量，按设计图示洞口尺寸以面积计算	1. 基层清理； 2. 刮腻子； 3. 刷防护材料、油漆
011402002	金属窗油漆				1. 除锈、基层清理； 2. 刮腻子； 3. 刷防护材料、油漆

木窗油漆应区分单层玻璃窗、双层（一玻一纱）木窗、双层框扇（单裁口）木窗、双层框三层（二玻一纱）木窗、单层组合窗、双层组合窗、木百叶窗、木推拉窗等，分别编码列项。金属窗油漆应区分平开窗、推拉窗、固定窗、组合窗、金属隔栅窗等项目，分别编码列项。以平方米计量，项目特征可不必描述洞口尺寸。

3.15.3 木扶手及其他板条、线条油漆

该项目清单项目的具体内容见表 3.15.3。木扶手应区分带托板与不带托板，分别编码列项。若是木栏杆带扶手，木扶手不应单独列项。应包含在“木栏杆油漆”中。

表 3.15.3 木扶手及其他板条、线条油漆（编号：011403）

项目编码	项目名称	项目特征	计量单位	工程量计算规则	工作内容
011403001	木扶手油漆	1. 断面尺寸； 2. 腻子种类； 3. 刮腻子遍数； 4. 防护材料种类； 5. 油漆品种、刷漆遍数	m	按设计图示尺寸以长度计算	1. 基层清理； 2. 刮腻子； 3. 刷防护材料、油漆
011403002	窗帘盒油漆				
011403003	封檐板、顺水板油漆				
011403004	挂衣板、黑板框油漆				
011403005	挂镜线、窗帘棍、单独木线油漆				

3.15.4 木材面油漆

木材面油漆清单项目的具体内容见表3.15.4。

表 3.15.4 木材面油漆（编号：011404）

项目编码	项目名称	项目特征	计量单位	工程量计算规则	工作内容
011404001	木护墙、木墙裙油漆	1. 腻子种类； 2. 刮腻子遍数； 3. 防护材料种类； 4. 油漆品种、刷漆遍数	m^2	按设计图示尺寸以面积计算	1. 基层清理； 2. 刮腻子； 3. 刷防护材料、油漆
011404002	窗台板、筒子板、盖板、门窗套、踢脚线油漆				
011404003	清水板条天棚、檐口油漆				
011404004	木方格吊顶天棚油漆				
011404005	吸声板墙面、天棚面油漆				
011404006	暖气罩油漆				
011404007	其他木材面				
011404008	木间壁、木隔断油漆			按设计图示尺寸以单面外围面积计算	
011404009	玻璃间壁露明墙筋油漆				
011404010	木栅栏、木栏杆（带扶手）油漆				
011404011	衣柜、壁柜油漆			按设计图示尺寸以油漆部分展开面积计算	
011404012	梁柱饰面油漆				
011404013	零星木装修油漆				
011404014	木地板油漆			按设计图示尺寸以面积计算。空洞、空圈、暖气包槽、壁龛的开口部分并入相应的工程量内	
011404015	木地板烫硬蜡面	1. 硬蜡品种； 2. 面层处理要求			1. 基层清理； 2. 烫蜡

3.15.5 金属面油漆

金属面油漆工程清单项目的具体内容见表3.15.5。

表3.15.5 金属面油漆（编号：011405）

项目编码	项目名称	项目特征	计量单位	工程量计算规则	工作内容
011405001	金属面油漆	1. 构件名称； 2. 腻子种类； 3. 刮腻子要求； 4. 防护材料种类； 5. 油漆品种、刷漆遍数	1. t； 2. m^2	1. 以吨计量，按设计图示尺寸以质量计算； 2. 以平方米计量，按设计展开面积计算；	1. 基层清理； 2. 刮腻子； 3. 刷防护材料、油漆

3.15.6 抹灰面油漆

抹灰面油漆包括抹灰面油漆、抹灰线条油漆、满刮腻子。具体内容见表3.15.6。

表3.15.6 抹灰面油漆（编号：011406）

<table>
<tr><th>项目编码</th><th>项目名称</th><th>项目特征</th><th>计量单位</th><th>工程量计算规则</th><th>工作内容</th></tr>
<tr><td>011406001</td><td>抹灰面油漆</td><td>1. 基层类型；
2. 腻子种类；
3. 刮腻子遍数；
4. 防护材料种类；
5. 油漆品种、刷漆遍数；
6. 部位</td><td>m^2</td><td>按设计图示尺寸以面积计算</td><td rowspan="2">1. 基层清理；
2. 刮腻子；
3. 刷防护材料、油漆</td></tr>
<tr><td>011406002</td><td>抹灰线条油漆</td><td>1. 线条宽度、道数；
2. 腻子种类；
3. 刮腻子遍数；
4. 防护材料种类；
5. 油漆品种、刷漆遍数</td><td>m</td><td>按设计图示尺寸以长度计算</td></tr>
<tr><td>011406003</td><td>满刮腻子</td><td>1. 基层类型；
2. 腻子种类；
3. 刮腻子遍数</td><td>m^2</td><td>按设计图示尺寸以面积计算</td><td>1. 基层清理；
2. 刮腻子</td></tr>
</table>

3.15.7 喷刷涂料

喷刷涂料清单项目的具体内容见表3.15.7。喷刷墙面涂料部位要注明内墙或外墙。

表3.15.7 喷刷涂料（编号：011407）

<table>
<tr><th>项目编码</th><th>项目名称</th><th>项目特征</th><th>计量单位</th><th>工程量计算规则</th><th>工作内容</th></tr>
<tr><td>011407001</td><td>墙面喷刷涂料</td><td rowspan="2">1. 基层类型；
2. 喷刷涂料部位；
3. 腻子种类；
4. 刮腻子要求；
5. 涂料品种、喷刷遍数</td><td rowspan="3">m^2</td><td rowspan="2">按设计图示尺寸以面积计算</td><td rowspan="3">1. 基层清理；
2. 刮腻子；
3. 刷、喷涂料</td></tr>
<tr><td>011407002</td><td>天棚喷刷涂料</td></tr>
<tr><td>011407003</td><td>空花格、栏杆刷涂料</td><td>1. 腻子种类；
2. 刮腻子遍数；
3. 涂料品种、刷喷遍数</td><td>按设计图示尺寸以单面外围面积计算</td></tr>
</table>

续表

项目编码	项目名称	项目特征	计量单位	工程量计算规则	工作内容
011407004	线条刷涂料	1. 基层清理； 2. 线条宽度； 3. 刮腻子遍数； 4. 刷防护材料、油漆	m	按设计图示尺寸以长度计算	1. 基层清理； 2. 刮腻子； 3. 刷、喷涂料
011407005	金属构件刷防火涂料	1. 喷刷防火涂料构件名称； 2. 防火等级要求； 3. 涂料品种、喷刷遍数	1. m^2； 2. t	1. 以吨计量，按设计图示尺寸以质量计算； 2. 以平方米计量，按设计展开面积计算	1. 基层清理； 2. 刷防护材料、油漆
011407006	木材构件喷刷防火涂料		m^2	以平方米计量，按设计图示尺寸以面积计算	1. 基层清理； 2. 刷防火材料

3.15.8 裱糊

裱糊包括墙纸裱糊、织锦缎裱糊。具体内容见表3.15.8。

表3.15.8 裱糊（编号：011408）

项目编码	项目名称	项目特征	计量单位	工程量计算规则	工作内容
011408001	墙纸裱糊	1. 基层类型； 2. 裱糊部位； 3. 腻子种类； 4. 刮腻子遍数； 5. 黏结材料种类； 6. 防护材料种类； 7. 面层材料品种、规格、颜色	m^2	按设计图示尺寸以面积计算	1. 基层清理； 2. 刮腻子； 3. 面层铺粘； 4. 刷防护材料
011408002	织锦缎裱糊				

3.16 其他装饰工程清单工程量计算及清单编制

其他装饰工程根据《房屋建筑与装饰工程工程量计算规范》附录Q列项，包括柜类、货架，压条、装饰线，扶手、栏杆、栏板装饰，暖气罩，浴厕配件，雨篷、旗杆，招牌、灯箱，美术字等8节共62个项目。项目工作内容中包括“刷油漆”的，不得单独将油漆分离，单列油漆清单项目；工作内容中没有包括“刷油漆”的，可单独按油漆项目列项。

3.16.1 柜类、货架

柜类、货架清单项目的具体内容见表3.16.1。

表3.16.1 柜类、货架（编号：011501）

项目编码	项目名称	项目特征	计量单位	工程量计算规则	工作内容
011501001	柜台	1. 台柜规格； 2. 材料种类、规格； 3. 五金种类、规格； 4. 防护材料种类； 5. 油漆品种、刷漆遍数	1. 个； 2. m； 3. m^3	1. 以个计量，按设计图示数量计量； 2. 以米计量，按设计图示尺寸以延长米计算； 3. 以立方米计量，按设计图示尺寸以体积计算	1. 台柜制作、运输、安装(安放)； 2. 刷防护材料、油漆； 3. 五金件安装
011501002	酒柜				
011501003	衣柜				
011501004	存包柜				
011501005	鞋柜				

续表

<table>
<tr><th>项目编码</th><th>项目名称</th><th>项目特征</th><th>计量单位</th><th>工程量计算规则</th><th>工作内容</th></tr>
<tr><td>011501006</td><td>书柜</td><td rowspan="15">1. 台柜规格；
2. 材料种类、规格；
3. 五金种类、规格；
4. 防护材料种类；
5. 油漆品种、刷漆遍数</td><td rowspan="15">1. 个；
2. m；
3. m^3</td><td rowspan="15">1. 以个计量，按设计图示数量计量；
2. 以米计量，按设计图示尺寸以延长米计算；
3. 以立方米计量，按设计图示尺寸以体积计算</td><td rowspan="15">1. 台柜制作、运输、安装(安放)；
2. 刷防护材料、油漆；
3. 五金件安装</td></tr>
<tr><td>011501007</td><td>厨房壁柜</td></tr>
<tr><td>011501008</td><td>木壁柜</td></tr>
<tr><td>011501009</td><td>厨房低柜</td></tr>
<tr><td>011501010</td><td>厨房吊柜</td></tr>
<tr><td>011501011</td><td>矮柜</td></tr>
<tr><td>011501012</td><td>吧台背柜</td></tr>
<tr><td>011501013</td><td>酒吧吊柜</td></tr>
<tr><td>011501014</td><td>酒吧台</td></tr>
<tr><td>011501015</td><td>展台</td></tr>
<tr><td>011501016</td><td>收银台</td></tr>
<tr><td>011501017</td><td>试衣间</td></tr>
<tr><td>011501018</td><td>货架</td></tr>
<tr><td>011501019</td><td>书架</td></tr>
<tr><td>011501020</td><td>服务台</td></tr>
</table>

3.16.2 压条、装饰线

压条、装饰线清单项目的具体内容见表 3.16.2。

表 3.16.2 压条、装饰线（编号：011502）

<table>
<tr><th>项目编码</th><th>项目名称</th><th>项目特征</th><th>计量单位</th><th>工程量计算规则</th><th>工作内容</th></tr>
<tr><td>011502001</td><td>金属装饰线</td><td rowspan="4">1. 基层类型；
2. 线条材料品种、规格、颜色；
3. 防护材料种类</td><td rowspan="8">m</td><td rowspan="8">按设计图示尺寸以长度计算</td><td rowspan="7">1. 线条制作、安装；
2. 刷防护材料</td></tr>
<tr><td>011502002</td><td>木质装饰线</td></tr>
<tr><td>011502003</td><td>石材装饰线</td></tr>
<tr><td>011502004</td><td>石膏装饰线</td></tr>
<tr><td>011502005</td><td>镜面玻璃线</td><td rowspan="3">1. 基层类型；
2. 线条材料品种、规格、颜色；
3. 防护材料种类</td></tr>
<tr><td>011502006</td><td>铝塑装饰线</td></tr>
<tr><td>011502007</td><td>塑料装饰线</td></tr>
<tr><td>011502008</td><td>GRC 装饰线条</td><td>1. 基层类型；
2. 线条规格；
3. 线条安装部位；
4. 填充材料种类</td><td>线条制作、安装</td></tr>
</table>

3.16.3 扶手、栏杆、栏板装饰

扶手、栏杆、栏板装饰清单项目的具体内容见表 3.16.3。

表 3.16.3 扶手、栏杆、栏板装饰（编码：011503）

项目编码	项目名称	项目特征	计量单位	工程量计算规则	工作内容
011503001	金属扶手、栏杆、栏板	1. 扶手材料种类、规格； 2. 栏杆材料种类、规格； 3. 栏板材料种类、规格、颜色； 4. 固定配件种类； 5. 防护材料种类	m	按设计图示以扶手中心线长度(包括弯头长度)计算	1. 制作； 2. 运输； 3. 安装； 4. 刷防护材料
011503002	硬木扶手、栏杆、栏板				
011503003	塑料扶手、栏杆、栏板				
011503004	GRC 栏杆、扶手	1. 栏杆的规格； 2. 安装间距； 3. 扶手类型规格； 4. 填充材料种类			
011503005	金属靠墙扶手	1. 扶手材料种类、规格； 2. 固定配件种类； 3. 防护材料种类			
011503006	硬木靠墙扶手				
011503007	塑料靠墙扶手				
011503008	玻璃栏板	1. 栏杆玻璃的种类、规格、颜色； 2. 固定方式； 3. 固定配件种类			

3.16.4 暖气罩

暖气罩清单项目的具体内容见表 3.16.4。

表 3.16.4 暖气罩（编号：011504）

项目编码	项目名称	项目特征	计量单位	工程量计算规则	工作内容
011504001	饰面板暖气罩	1. 暖气罩材质； 2. 防护材料种类	m^2	按设计图示尺寸以垂直投影面积(不展开)计算	1. 暖气罩制作、运输、安装； 2. 刷防护材料
011504002	塑料板暖气罩				
011504003	金属暖气罩				

3.16.5 浴厕配件

浴厕配件清单项目的具体内容见表 3.16.5。

表 3.16.5 浴厕配件（编号：011505）

项目编码	项目名称	项目特征	计量单位	工程量计算规则	工作内容
011505001	洗漱台	1. 材料品种、规格、颜色； 2. 支架、配件品种、规格	1. m^2； 2. 个	1. 按设计图示尺寸以台面外接矩形面积计算。不扣除孔洞、挖弯、削角所占面积，挡板、吊沿板面积并入台面面积内。 2. 按设计图示数量计算	1. 台面及支架运输、安装； 2. 杆、环、盒、配件安装； 3. 刷油漆
011505002	晒衣架		个	按设计图示数量计算	1. 台面及支架运输、安装； 2. 杆、环、盒、配件安装； 3. 刷油漆
011505003	帘子杆				
011505004	浴缸拉手				
011505005	卫生间扶手				
011505006	毛巾杆(架)		套		1. 台面及支架制作、运输、安装； 2. 杆、环、盒、配件安装； 3. 刷油漆
011505007	毛巾环		副		
011505008	卫生纸盒		个		
011505009	肥皂盒				
011505010	镜面玻璃	1. 镜面玻璃品种、规格； 2. 框材质、断面尺寸； 3. 基层材料种类； 4. 防护材料种类	m^2	按设计图示尺寸以边框外围面积计算	1. 基层安装； 2. 玻璃及框制作、运输、安装
011505011	镜箱	1. 箱体材质、规格； 2. 玻璃品种、规格； 3. 基层材料种类； 4. 防护材料种类； 5. 油漆品种、刷漆遍数	个	按设计图示数量计算	1. 基层安装； 2. 箱体制作、运输、安装； 3. 玻璃安装； 4. 刷防护材料、油漆

3.16.6 雨篷、旗杆

雨篷、旗杆包括雨篷吊挂饰面、金属旗杆、玻璃雨篷。具体内容见表 3.16.6。

表 3.16.6 雨篷、旗杆（编号：011506）

项目编码	项目名称	项目特征	计量单位	工程量计算规则	工作内容
011506001	雨篷吊挂饰面	1. 基层类型； 2. 龙骨材料种类、规格、中距； 3. 面层材料品种、规格； 4. 吊顶(天棚)材料品种、规格； 5. 嵌缝材料种类； 6. 防护材料种类	m^2	按设计图示尺寸以水平投影面积计算	1. 底层抹灰； 2. 龙骨基层安装； 3. 面层安装； 4. 刷防护材料、油漆
011506002	金属旗杆	1. 旗杆材料、种类、规格； 2. 旗杆高度； 3. 基础材料种类； 4. 基座材料种类； 5. 基座面层材料、种类、规格	根	按设计图示数量计算	1. 土石挖、填、运； 2. 基础混凝土浇筑； 3. 旗杆制作、安装； 4. 旗杆台座制作、饰面

续表

项目编码	项目名称	项目特征	计量单位	工程量计算规则	工作内容
011506003	玻璃雨篷	1. 玻璃雨篷固定方式； 2. 龙骨材料种类、规格、中距； 3. 玻璃材料品种、规格； 4. 嵌缝材料种类； 5. 防护材料种类	m^2	按设计图示尺寸以水平投影面积计算	1. 龙骨基层安装； 2. 面层安装； 3. 刷防护材料、油漆

3.16.7 招牌、灯箱

招牌、灯箱包括平面、箱式招牌，竖式标箱，灯箱，信报箱。具体内容见表3.16.7。

表3.16.7 招牌、灯箱（编号：011507）

项目编码	项目名称	项目特征	计量单位	工程量计算规则	工作内容
011507001	平面、箱式招牌	1. 箱体规格； 2. 基层材料种类； 3. 面层材料种类； 4. 防护材料种类	m^2	按设计图示尺寸以正立面边框外围面积计算。复杂形的凸凹造型部分不增加面积	1. 基层安装； 2. 箱体及支架制作、运输、安装； 3. 面层制作、安装； 4. 刷防护材料、油漆
011507002	竖式标箱		个	按设计图示数量计算	
011507003	灯箱				
011507004	信报箱	1. 箱体规格； 2. 基层材料种类； 3. 面层材料种类； 4. 保护材料种类； 5. 户数			

3.16.8 美术字

美术字清单项目的具体内容见表3.16.8。

表3.16.8 美术字（编号：011508）

项目编码	项目名称	项目特征	计量单位	工程量计算规则	工作内容
011508001	泡沫塑料字	1. 基层类型； 2. 镌字材料品种、颜色； 3. 字体规格； 4. 固定方式； 5. 油漆品种、刷漆遍数	个	按设计图示数量计算	1. 字制作、运输、安装； 2. 刷油漆
011508002	有机玻璃字				
011508003	木质字				
011508004	金属字				
011508005	吸塑字				

3.17 拆除工程清单工程量计算及清单编制

拆除工程内容包括砖砌体拆除等15节共37个项目。

3.17.1 砖砌体拆除

砖砌体拆除项目的具体内容见表3.17.1。

表 3.17.1 砖砌体拆除（编码：011601）

项目编码	项目名称	项目特征	计量单位	工程量计算规则	工作内容
011601001	砖砌体拆除	1. 砌体名称； 2. 砌体材质； 3. 拆除高度； 4. 拆除砌体的截面尺寸； 5. 砌体表面的附着物种类	1. m^3； 2. m	1. 以立方米计量，按拆除的体积计算； 2. 以米计量，按拆除的延长米计算	1. 拆除； 2. 控制扬尘； 3. 清理； 4. 建渣场内、外运输

“砌体名称”指墙、柱、水池等。“砌体表面的附着物种类”指抹灰层、块料层、龙骨及装饰面层等。以米计量，如砖地沟、砖明沟等必须描述拆除部位的截面尺寸；以立方米计量，截面尺寸则不必描述。

3.17.2 混凝土及钢筋混凝土构件拆除

混凝土及钢筋混凝土构件拆除项目具体内容见表 3.17.2。

表 3.17.2 混凝土及钢筋混凝土构件拆除（编码：011602）

项目编码	项目名称	项目特征	计量单位	工程量计算规则	工作内容
011602001	混凝土构件拆除	1. 构件名称； 2. 拆除构件的厚度或规格、尺寸； 3. 构件表面的附着物种类	1. m^3； 2. m^2； 3. m	1. 以立方米计量，按拆除构件的混凝土体积计算； 2. 以平方米计量，按拆除部位的面积计算； 3. 以米计量，按拆除部位的延长米计算	1. 拆除； 2. 控制扬尘； 3. 清理； 4. 建渣场内、外运输
011602002	钢筋混凝土构件拆除				

以立方米作为计量单位时，可不描述构件的规格、尺寸；以平方米作为计量单位时，则应描述构件的厚度；以米作为计量单位时，则必须描述构件的规格、尺寸。“构件表面的附着物种类”指抹灰层、块料层、龙骨及装饰面层等。

3.17.3 木构件拆除

木构件拆除项目的具体内容见表 3.17.3。

表 3.17.3 木构件拆除（编码：011603）

项目编码	项目名称	项目特征	计量单位	工程量计算规则	工作内容
011603001	木构件拆除	1. 构件名称； 2. 拆除构件的厚度或规格、尺寸； 3. 构件表面的附着物种类	1. m^3； 2. m^2； 3. m	1. 以立方米计量，按拆除构件的体积计算； 2. 以平方米计量，按拆除面积计算； 3. 以米计量，按拆除延长米计算	1. 拆除； 2. 控制扬尘； 3. 清理； 4. 建渣场内、外运输

拆除木构件应按木梁、木柱、木楼梯、木屋架、承重木楼板等分别在构件名称中描述。

以立方米作为计量单位时，可不描述构件的规格尺寸；以平方米作为计量单位时，则应描述构件的厚度；以米作为计量单位时，则必须描述构件的规格尺寸。“构件表面的附着物种类”指抹灰层、块料层、龙骨及装饰面层等。

3.17.4 抹灰层拆除

抹灰层拆除项目的具体内容见表 3.17.4。

表 3.17.4 抹灰面拆除（编码：011604）

项目编码	项目名称	项目特征	计量单位	工程量计算规则	工作内容
011604001	平面抹灰层拆除	1. 拆除部位； 2. 抹灰层种类	m^2	按拆除部位的面积计算	1. 拆除； 2. 控制扬尘； 3. 清理； 4. 建渣场内、外运输
011604002	立面抹灰层拆除				
011604003	天棚抹灰面拆除				

单独拆除抹灰层应按表 3.17.4 中的项目编码列项。“抹灰层种类”可描述为一般抹灰或装饰抹灰。

3.17.5 块料面层拆除

块料面层构件拆除项目的具体内容见表 3.17.5。

表 3.17.5 块料面层拆除（编码：011605）

项目编码	项目名称	项目特征	计量单位	工程量计算规则	工作内容
011605001	平面块料拆除	1. 拆除的基层类型； 2. 饰面材料种类	m^2	按拆除面积计算	1. 拆除； 2. 控制扬尘； 3. 清理； 4. 建渣场内、外运输
011605002	立面块料拆除				

如仅拆除块料层，“拆除的基层类型”不用描述。“拆除的基层类型”的描述指砂浆层、防水层、干挂或挂贴所采用的钢骨架层等。

3.17.6 龙骨及饰面拆除

龙骨及饰面拆除项目的具体内容见表 3.17.6。

表 3.17.6 龙骨及饰面拆除（编码：011606）

项目编码	项目名称	项目特征	计量单位	工程量计算规则	工作内容
011606001	楼地面龙骨及饰面拆除	1. 拆除的基层类型； 2. 龙骨及饰面种类	m^2	按拆除面积计算	1. 拆除； 2. 控制扬尘； 3. 清理； 4. 建渣场内、外运输
011606002	墙柱面龙骨及饰面拆除				
011606003	天棚面龙骨及饰面拆除				

基层类型的描述指砂浆层、防水层等。如仅拆除龙骨及饰面，“拆除的基层类型”不必描述。如只拆除饰面，不必描述龙骨材料种类。

3.17.7 屋面拆除

屋面拆除项目的具体内容见表 3.17.7。

表 3.17.7 屋面拆除（编码：011607）

项目编码	项目名称	项目特征	计量单位	工程量计算规则	工作内容
011607001	刚性层拆除	刚性层厚度	m^2	按拆除部位的面积计算	1. 拆除； 2. 控制扬尘； 3. 清理； 4. 建渣场内、外运输
011607002	防水层拆除	防水层种类			

3.17.8 铲除油漆涂料裱糊面

铲除油漆涂料裱糊面项目的具体内容见表3.17.8。

表3.17.8 铲除油漆涂料裱糊面（编码：011608）

项目编码	项目名称	项目特征	计量单位	工程量计算规则	工作内容
011608001	铲除油漆面	1. 铲除部位名称； 2. 铲除部位的截面尺寸	1. m^2； 2. m	1. 以平方米计量，按铲除部位的面积计算； 2. 以米计量，按铲除部位的延长米计算	1. 铲除； 2. 控制扬尘； 3. 清理； 4. 建渣场内、外运输
011608002	铲除涂料面				
011608003	铲除裱糊面				

单独铲除油漆涂料裱糊面的工程按表3.17.8中的项目编码列项。铲除部位名称的描述指墙面、柱面、天棚、门窗等。按米计量，必须描述铲除部位的截面尺寸；以平方米计量时，则不必描述铲除部位的截面尺寸。

3.17.9 栏杆栏板、轻质隔断隔墙拆除

栏杆栏板、轻质隔断隔墙拆除项目的具体内容见表3.17.9。以平方米计量，不必描述栏杆（板）的高度。

表3.17.9 栏杆栏板、轻质隔断隔墙拆除（编码：011609）

项目编码	项目名称	项目特征	计量单位	工程量计算规则	工作内容
011609001	栏杆、栏板拆除	1. 栏杆（板）的高度； 2. 栏杆、栏板种类	1. m^2； 2. m	1. 以平方米计量，按拆除部位的面积计算； 2. 以米计量，按拆除的延长米计算	1. 拆除； 2. 控制扬尘； 3. 清理； 4. 建渣场内、外运输
011609002	隔断隔墙拆除	1. 拆除隔墙的骨架种类； 2. 拆除隔墙的饰面种类	m^2	按拆除部位的面积计算	

3.17.10 门窗拆除

门窗拆除项目的具体内容见表3.17.10。门窗拆除以平方米计量，不用描述门窗的洞口尺寸。“室内高度”指室内楼地面至门窗的上边框。

表3.17.10 门窗拆除（编码：011610）

项目编码	项目名称	项目特征	计量单位	工程量计算规则	工作内容
011610001	木门窗拆除	1. 室内高度； 2. 门窗洞口尺寸	1. m^2； 2. 樘	1. 以平方米计量，按拆除面积计算； 2. 以樘计量，按拆除樘数计算	1. 拆除； 2. 控制扬尘； 3. 清理； 4. 建渣场内、外运输
011610002	金属门窗拆除				

3.17.11 金属构件拆除

金属构件拆除项目的具体内容见表3.17.11。

表 3.17.11　金属构件拆除（编码：011611）

项目编码	项目名称	项目特征	计量单位	工程量计算规则	工作内容
011611001	钢梁拆除	1. 构件名称； 2. 拆除构件的规格尺寸	1. t； 2. m	1. 以吨计量，按拆除构件的质量计算； 2. 以米计量，按拆除延长米计算	1. 拆除； 2. 控制扬尘； 3. 清理； 4. 建渣场内、外运输
011611002	钢柱拆除				
011611003	钢网架拆除		t	按拆除构件的质量计算	
011611004	钢支撑、钢墙架拆除		1. t； 2. m	1. 以吨计量，按拆除构件的质量计算； 2. 以米计量，按拆除延长米计算	
011611005	其他金属构件拆除				

3.17.12　管道及卫生洁具拆除

管道及卫生洁具拆除项目的具体内容见表 3.17.12。

表 3.17.12　管道及卫生洁具拆除（编码：011612）

项目编码	项目名称	项目特征	计量单位	工程量计算规则	工作内容
011612001	管道拆除	1. 管道种类、材质； 2. 管道上的附着物种类	m	按拆除管道的延长米计算	1. 拆除； 2. 控制扬尘； 3. 清理； 4. 建渣场内、外运输
011612002	卫生洁具拆除	卫生洁具种类	1. 套； 2. 个	按拆除的数量计算	

3.17.13　灯具、玻璃拆除

灯具、玻璃拆除项目的具体内容见表 3.17.13。“拆除部位”的描述指门窗玻璃、隔断玻璃、墙玻璃、家具玻璃等。

表 3.17.13　灯具、玻璃拆除（编码：011613）

项目编码	项目名称	项目特征	计量单位	工程量计算规则	工作内容
011613001	灯具拆除	1. 拆除灯具高度； 2. 灯具种类	套	按拆除的数量计算	1. 拆除； 2. 控制扬尘； 3. 清理； 4. 建渣场内、外运输
011603002	玻璃拆除	1. 玻璃厚度； 2. 拆除部位	m^2	按拆除的面积计算	

3.17.14　其他构件拆除

其他构件拆除项目包括暖气罩、柜体、窗台板、筒子板、窗帘盒、窗帘轨等项目，具体内容见表 3.17.14。双轨窗帘轨拆除按双轨长度分别计算工程量。

表 3.17.14 其他构件拆除（编码：011614）

项目编码	项目名称	项目特征	计量单位	工程量计算规则	工作内容
011614001	暖气罩拆除	暖气罩材质	1. 个； 2. m	1. 以个为单位计量，按拆除个数计算； 2. 以米为单位计量，按拆除延长米计算	1. 拆除； 2. 控制扬尘； 3. 清理； 4. 建渣场内、外运输
011614002	柜体拆除	1. 柜体材质； 2. 柜体尺寸：长、宽、高			
011614003	窗台板拆除	窗台板平面尺寸	1. 块； 2. m	1. 以块计量，按拆除数量计算； 2. 以米计量，按拆除的延长米计算	
011614004	筒子板拆除	筒子板的平面尺寸			
011614005	窗帘盒拆除	窗帘盒的平面尺寸	m	按拆除的延长米计算	
011614006	窗帘轨拆除	窗帘轨的材质			

3.17.15 开孔、打洞

开孔、打洞项目的具体内容见表 3.17.15。“部位”可描述为墙面或楼板。“打洞部位材质”可描述为页岩砖或空心砖或钢筋混凝土等。

表 3.17.15 开孔、打洞（编码：011615）

项目编号	项目名称	项目特征	计量单位	工程量计算规则	工作内容
011615001	开孔(打洞)	1. 部位； 2. 打洞部位材质； 3. 洞尺寸	个	按数量计算	1. 拆除； 2. 控制扬尘； 3. 清理； 4. 建渣场内、外运输

3.17.16 工程案例

【例 3.17.1】 现要拆除某车库工程钢筋混凝土柱、墙、板，结构布置如图 3.17.1 所示。门洞尺寸 4.0m×3.0m。试编制钢筋混凝土拆除工程量清单。

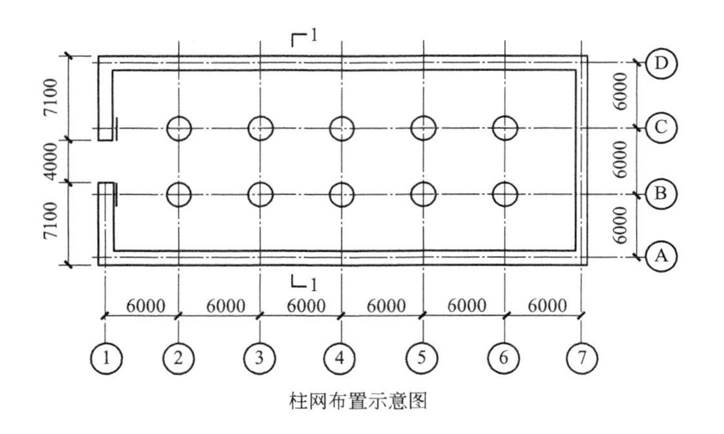

柱网布置示意图

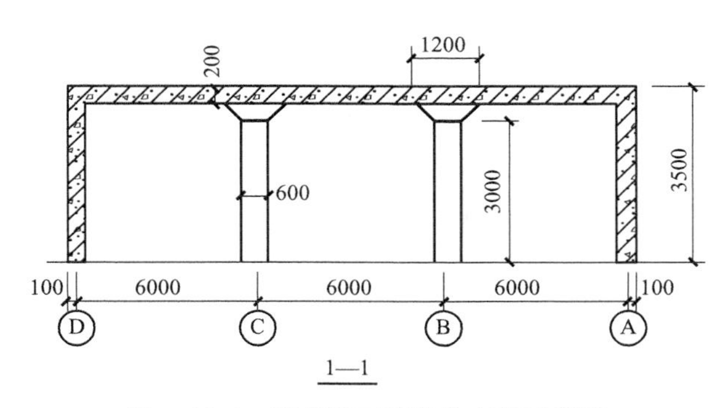

图 3.17.1 某车库工程结构布置示意图

解： (1) 混凝土墙拆除工程量 $=[(6.0\times6+6.0\times3)\times2\times3.5-4.0\times3.0]\times0.2=73.2(\mathrm{m}^3)$

(2) 混凝土柱拆除工程量 $=3.14\times0.3\times0.3\times3\times10=8.48(\mathrm{m}^3)$

(3) 混凝土无梁楼板拆除工程量＝板的体积＋柱帽体积

$$=(6.0\times6-0.2)\times(6.0\times3-0.2)\times0.2+\frac{3.14\times(0.3^2+0.6^2+0.3\times0.6)\times0.3}{3}\times10$$

$$=129.43(\mathrm{m}^3)$$

工程量清单见表 3.17.16。

表 3.17.16 拆除工程工程量清单

序号	项目编码	项目名称	项目特征	计量单位	工程数量
1	011602002001	钢筋混凝土构件拆除	混凝土外墙，厚度 200mm	m^3	73.2
2	011602002002	钢筋混凝土构件拆除	混凝土无梁柱，直径 600mm	m^3	8.48
3	011602002003	钢筋混凝土构件拆除	混凝土无梁楼板，200mm 厚，柱帽高 300mm	m^3	129.43

3.18 措施项目清单的编制

措施项目是指为完成工程项目施工，发生于该工程施工准备和施工过程中的技术、生活、安全、环境保护等方面的项目。

措施项目清单应根据相关工程现行工程量计算规范的规定编制，并应根据拟建工程的实际情况列项。《房屋建筑与装饰工程工程量计算规范》(GB 50854—2013) 中规定的措施项目包括脚手架工程，混凝土模板及支架（撑），垂直运输，超高施工增加，大型机械设备进出场及安拆，施工排水、降水，安全文明施工及其他措施项目。其中前六项措施项目可以计算工程量，称为单价措施项目，宜采用分部分项工程项目清单的方式编制，列出项目编码、项目名称、项目特征、计量单位和工程量（如表 3.1.1 所示）；安全文明施工及其他措施项目不能计算工程量，称为总价措施项目，以“项”为计量单位进行编制（如表 3.1.2 所示）。

建筑物的檐口高度是指设计室外地坪至檐口滴水的高度（平屋顶系指屋面板底高度），突出主体建筑物屋顶的电梯机房、楼梯出口间、水箱间、瞭望塔、排烟机房等不计入檐口高度。

3.18.1 脚手架工程

脚手架工程清单项目的具体内容见表3.18.1。

表3.18.1 脚手架工程（编码：011701）

<table>
<tr><th>项目编码</th><th>项目名称</th><th>项目特征</th><th>计量单位</th><th>工程量计算规则</th><th>工作内容</th></tr>
<tr><td>011701001</td><td>综合脚手架</td><td>1. 建筑结构形式；
2. 檐口高度</td><td rowspan="4">m^2</td><td>按建筑面积计算</td><td>1. 场内、场外材料搬运；
2. 搭、拆脚手架、斜道、上料平台；
3. 安全网的铺设；
4. 选择附墙点与主体连接；
5. 测试电动装置、安全锁等；
6. 拆除脚手架后材料的堆放</td></tr>
<tr><td>011701002</td><td>外脚手架</td><td rowspan="2">1. 搭设方式；
2. 搭设高度；
3. 脚手架材质</td><td rowspan="2">按所服务对象的垂直投影面积计算</td><td rowspan="5">1. 场内、场外材料搬运；
2. 搭、拆脚手架、斜道、上料平台；
3. 安全网的铺设；
4. 拆除脚手架后材料的堆放</td></tr>
<tr><td>011701003</td><td>里脚手架</td></tr>
<tr><td>011701004</td><td>悬空脚手架</td><td rowspan="2">1. 搭设方式；
2. 悬挑宽度；
3. 脚手架材质</td><td>按搭设的水平投影面积计算</td></tr>
<tr><td>011701005</td><td>挑脚手架</td><td>m</td><td>按搭设长度乘以搭设层数以延长米计算</td></tr>
<tr><td>011701006</td><td>满堂脚手架</td><td>1. 搭设方式；
2. 搭设高度；
3. 脚手架材质</td><td rowspan="2">m^2</td><td>按搭设的水平投影面积计算</td></tr>
<tr><td>011701007</td><td>整体提升架</td><td>1. 搭设方式及启动装置；
2. 搭设高度</td><td>按所服务对象的垂直投影面积计算</td><td>1. 场内、场外材料搬运；
2. 选择附墙点与主体连接；
3. 搭、拆脚手架、斜道、上料平台；
4. 安全网的铺设；
5. 测试电动装置、安全锁等；
6. 拆除脚手架后材料的堆放</td></tr>
<tr><td>011701008</td><td>外装饰吊篮</td><td>1. 升降方式及启动装置；
2. 搭设高度及吊篮型号</td><td>m^2</td><td>按所服务对象的垂直投影面积计算</td><td>1. 场内、场外材料搬运；
2. 吊篮的安装；
3. 测试电动装置、安全锁、平衡控制器等；
4. 吊篮的拆卸</td></tr>
</table>

“综合脚手架”针对整个房屋建筑的土建和装饰装修部分。在编制清单项目时，当列出了综合脚手架项目时，不得再列出外脚手架、里脚手架等单项脚手架项目。“综合脚手架”适用于能够按“建筑面积计算规则”计算建筑面积的建筑工程脚手架，不适用于房屋加层、构筑物及附属工程脚手架。同一建筑物有不同的檐高时，按建筑物竖向切面分别按不同檐高编列清单项目。

“整体提升架”包括2m高的防护架体设施。脚手架材质可以不描述，但应注明由投标人根据工程实际情况按照国家现行标准《建筑施工扣件式钢管脚手架安全技术规范》（JGJ 130—2011）、《建筑施工附着升降脚手架管理暂行规定》（建建［2000］230号）等规范自行确定。

3.18.2 混凝土模板及支架（撑）

混凝土模板及支架（撑）清单项目，以平方米计量，按模板与混凝土构件的接触面积计算，具体内容见表3.18.2。以立方米计量的模板及支架（撑），按混凝土及钢筋混凝土实体项目执行，其综合单价应包含模板及支架（撑）。

表 3.18.2 混凝土模板及支架（撑）（编码：011702）

项目编码	项目名称	项目特征	计量单位	工程量计算规则	工作内容
011702001	基础	基础类型	m^2	按模板与现浇混凝土构件的接触面积计算。 1. 现浇钢筋混凝土墙、板单孔面积≤0.3m^2的孔洞不予扣除，洞侧壁模板亦不增加；单孔面积>0.3m^2时应予扣除，洞侧壁模板面积并入墙、板工程量内计算。 2. 现浇框架分别按梁、板、柱有关规定计算；附墙柱、暗梁、暗柱并入墙内工程量内计算。 3. 柱、梁、墙、板相互连接的重叠部分，均不计算模板面积。 4. 构造柱按图示外露部分计算模板面积	1. 模板制作； 2. 模板安装、拆除、整理堆放及场内外运输； 3. 清理模板黏结物及模内杂物、刷隔离剂等
011702002	矩形柱				
011702003	构造柱				
011702004	异形柱	柱截面形状			
011702005	基础梁	梁截面形状			
011702006	矩形梁	支撑高度			
011702007	异形梁	1. 梁截面形状； 2. 支撑高度			
011702008	圈梁				
011702009	过梁				
011702010	弧形、拱形梁	1. 梁截面形状 2. 支撑高度			
011702011	直形墙			按模板与现浇混凝土构件的接触面积计算。 1. 现浇钢筋混凝土墙、板单孔面积≤0.3m^2的孔洞不予扣除，洞侧壁模板亦不增加；单孔面积>0.3m^2时应予扣除，洞侧壁模板面积并入墙、板工程量内计算。 2. 现浇框架分别按梁、板、柱有关规定计算；附墙柱、暗梁、暗柱并入墙内工程量内计算。 3. 柱、梁、墙、板相互连接的重叠部分，均不计算模板面积。 4. 构造柱按图示外露部分计算模板面积	1. 模板制作； 2. 模板安装、拆除、整理堆放及场内外运输； 3. 清理模板黏结物及模内杂物、刷隔离剂等
011702012	弧形墙				
011702013	短肢剪力墙、电梯井壁				
011702014	有梁板	支撑高度			
011702015	无梁板				
011702016	平板				
011702017	拱板				
011702018	薄壳板				
011702019	空心板				
011702020	其他板				
011702021	栏板				
011702022	天沟、檐沟	构件类型		按模板与现浇混凝土构件的接触面积计算	
011702023	雨篷、悬挑板、阳台板	1. 构件类型； 2. 板厚度		按图示外挑部分尺寸的水平投影面积计算，挑出墙外的悬臂梁及板边不另计算	
011702024	楼梯	类型		按楼梯（包括休息平台、平台梁、斜梁和楼层板的连接梁）的水平投影面积计算，不扣除宽度≤500mm的楼梯井所占面积，楼梯踏步、踏步板、平台梁等侧面模板不另计算，伸入墙内部分亦不增加	
011702025	其他现浇构件	构件类型		按模板与现浇混凝土构件的接触面积计算	

续表

项目编码	项目名称	项目特征	计量单位	工程量计算规则	工作内容
011702026	电缆沟、地沟	1. 沟类型； 2. 沟截面	m^2	按模板与电缆沟、地沟接触的面积计算	1. 模板制作； 2. 模板安装、拆除、整理堆放及场内外运输； 3. 清理模板黏结物及模内杂物、刷隔离剂等
011702027	台阶	台阶踏步宽		按图示台阶水平投影面积计算，台阶端头两侧不另计算模板面积。架空式混凝土台阶，按现浇楼梯计算	
011702028	扶手	扶手断面尺寸		按模板与扶手的接触面积计算	
011702029	散水			按模板与散水的接触面积计算	1. 模板制作； 2. 模板安装、拆除、整理堆放及场内外运输； 3. 清理模板黏结物及模内杂物、刷隔离剂等
011702030	后浇带	后浇带部位		按模板与后浇带的接触面积计算	
011702031	化粪池	1. 化粪池部位； 2. 化粪池规格		按模板与混凝土接触面积计算	
011702032	检查井	1. 检查井部位； 2. 检查井规格			

原槽浇灌的混凝土基础，不计算模板。采用清水模板时，应在“项目特征”中注明。若现浇混凝土梁、板支撑高度超过 3.6m 时，“项目特征”应描述支撑高度。

3.18.3 垂直运输

垂直运输指施工工程在合理工期内所需垂直运输机械。具体内容见表 3.18.3。

表 3.18.3 垂直运输（011703）

项目编码	项目名称	项目特征	计量单位	工程量计算规则	工作内容
011703001	垂直运输	1. 建筑物建筑类型及结构形式； 2. 地下室建筑面积； 3. 建筑物檐口高度、层数	1. m^2； 2. 天	1. 按建筑面积计算； 2. 按施工工期日历天数计算	1. 垂直运输机械的固定装置、基础制作、安装； 2. 行走式垂直运输机械轨道的铺设、拆除、摊销

同一建筑物有不同檐高时，按建筑物的不同檐高做纵向分割，分别计算建筑面积，以不同檐高分别编码列项。

3.18.4 超高施工增加

单层建筑物檐口高度超过 20m，多层建筑物超过 6 层时，可按超高部分的建筑面积计算超高施工增加。具体内容见表 3.18.4。

表 3.18.4 超高施工增加（011704）

项目编码	项目名称	项目特征	计量单位	工程量计算规则	工作内容
011704001	超高施工增加	1. 建筑物建筑类型及结构形式； 2. 建筑物檐口高度、层数； 3. 单层建筑物檐口高度超过 20m，多层建筑物超过 6 层部分的建筑面积	m^2	按建筑物超高部分的建筑面积计算	1. 建筑物超高引起的人工工效降低以及由于人工工效降低引起的机械降效。 2. 高层施工用水加压水泵的安装、拆除及工作台班。 3. 通信联络设备的使用及摊销

计算层数时，地下室不计入层数。同一建筑物有不同檐高时，可按不同高度的建筑面积分别计算建筑面积，以不同檐高分别编码列项。

3.18.5 大型机械设备进出场及安拆

大型机械设备进出场及安拆的具体内容见表3.18.5。

表3.18.5 大型机械设备进出场及安拆（编码：011705）

项目编码	项目名称	项目特征	计量单位	工程量计算规则	工作内容
011705001	大型机械设备进出场及安拆	1. 机械设备名称； 2. 机械设备规格型号	台次	按使用机械设备的数量计算	1. 安拆费包括施工机械、设备在现场进行安装拆卸所需人工、材料、机械和试运转费用以及机械辅助设施的折旧、搭设、拆除等费用。 2. 进出场费包括施工机械、设备整体或分体自停放地点运至施工现场或由一施工地点运至另一施工地点所发生的运输、装卸、辅助材料等费用

3.18.6 施工排水、降水

施工排水降水包括成井、排水及降水。具体内容见表3.18.6。

表3.18.6 大型机械设备进出场及安拆（编码：011705）

项目编码	项目名称	项目特征	计量单位	工程量计算规则	工作内容
011706001	成井	1. 成井方式； 2. 地层情况； 3. 成井直径； 4. 井（滤）管类型、直径	m	按设计图示尺寸以钻孔深度计算	1. 准备钻孔机械、埋设护筒、钻机就位；泥浆制作、固壁；成孔、出渣、清孔等。 2. 对接上、下井管（滤管），焊接，安放，下滤料，洗井，连接试抽等
011706002	排水、降水	1. 机械规格型号； 2. 降排水管规格	昼夜	按排、降水日历天数计算	1. 管道安装、拆除，场内搬运等； 2. 抽水、值班、降水设备维修等

对于排水、降水项目，相应专项设计不具备时，可按暂估量计算。临时排水沟、排水设施安砌、维修、拆除，已包含在安全文明施工中，不包括在施工排水、降水措施项目中。

3.18.7 安全文明施工及其他措施项目

安全文明施工及其他措施项目包括安全文明施工，夜间施工，非夜间施工照明，二次搬运，冬雨季施工，地上、地下设施、建筑物的临时保护设施，已完工程及设备保护等。这些措施项目为总价措施项目，不能计算工程量，计量规范仅列出项目编码、项目名称和包含的范围，未列出项目特征、计量单位和工程量计算规则，具体内容见表3.18.7。

表3.18.7 安全文明施工及其他措施项目（011707）

项目编码	项目名称	工作内容及包含范围
011707001	安全文明施工	1. 环境保护：现场施工机械设备降低噪声、防扰民措施；水泥和其他易飞扬细颗粒建筑材料密闭存放或采取覆盖措施等；工程防扬尘洒水；土石方、建渣外运车辆防护措施等；现场污染源的控制、生活垃圾清理外运、场地排水排污措施；其他环境保护措施。 2. 文明施工："五牌一图"；现场围挡的墙面美化（包括内外粉刷、刷白、标语等）、压顶装饰；现场厕所便槽刷白、贴面砖，水泥砂浆地面或地砖，建筑物内临时便溺设施；其他施工现场临时设施的装饰装修、美化措施；现场生活卫生设施；符合卫生要求的饮水设备、淋浴、消

续表

项目编码	项目名称	工作内容及包含范围
011707001	安全文明施工	毒等设施;生活用洁净燃料;防煤气中毒、防蚊虫叮咬等措施;施工现场操作场地的硬化;现场绿化、治安综合治理;现场配备医药保健器材、物品和急救人员培训;现场工人的防暑降温、电风扇、空调等设备及用电;其他文明施工措施。 3. 安全施工:安全资料、特殊作业专项方案的编制,安全施工标志的购置及安全宣传;"三宝"(安全帽、安全带、安全网)、"四口"(楼梯口、电梯井口、通道口、预留洞口)、"五临边"(阳台围边、楼板围边、屋面围边、槽坑围边、卸料平台两侧),水平防护架、垂直防护架、外架封闭等防护;施工安全用电,包括配电箱三级配电、两级保护装置要求、外电防护措施;起重机、塔吊等起重设备(含井架、门架)及外用电梯的安全防护措施(含警示标志)及卸料平台的临边防护、层间安全门、防护棚等设施;建筑工地起重机械的检验检测;施工机具防护棚及其围栏的安全保护设施;施工安全防护通道;工人的安全防护用品、用具购置;消防设施与消防器材的配置;电气保护、安全照明设施;其他安全防护措施。 4. 临时设施:施工现场采用彩色、定型钢板,砖、混凝土砌块等围挡的安砌、维修、拆除;施工现场临时建筑物、构筑物的搭设、维修、拆除,如临时宿舍、办公室,食堂、厨房、厕所、诊疗所、临时文化福利用房、临时仓库、加工场、搅拌台、临时简易水塔、水池等;施工现场临时设施的搭设、维修、拆除,如临时供水管道、临时供电管线、小型临时设施等;施工现场规定范围内临时简易道路铺设,临时排水沟、排水设施安砌、维修、拆除;其他临时设施搭设、维修、拆除
011707002	夜间施工	1. 夜间固定照明灯具和临时可移动照明灯具的设置、拆除; 2. 夜间施工时,施工现场交通标志、安全标牌、警示灯等的设置、移动、拆除; 3. 包括夜间照明设备及照明用电、施工人员夜班补助、夜间施工劳动效率降低等
011707003	非夜间施工照明	为保证工程施工正常进行,在地下室等特殊施工部位施工时所采用的照明设备的安拆、维护及照明用电等
011707004	二次搬运	由于施工场地条件限制而发生的材料、成品、半成品等一次运输不能到达堆放地点,必须进行的二次或多次搬运
011707005	冬雨季施工	1. 冬雨(风)季施工时增加的临时设施(防寒保温、防雨、防风设施)的搭设、拆除; 2. 冬雨(风)季施工时,对砌体、混凝土等采用的特殊加温、保温和养护措施; 3. 冬雨(风)季施工时,施工现场的防滑处理、对影响施工的雨雪的清除; 4. 包括冬雨(风)季施工时增加的临时设施、施工人员的劳动保护用品、冬雨(风)季施工劳动效率降低等
011707006	地上、地下设施、建筑物的临时保护设施	在工程施工过程中,对已建成的地上、地下设施和建筑物进行的遮盖,封闭、隔离等必要保护措施
011707007	已完工程及设备保护	对已完工程及设备采取的覆盖、包裹、封闭、隔离等必要保护措施

注:本表所列项目应根据工程实际情况计算措施项目费用,需分摊的应合理计算摊销费用。

表 3.18.7 中在编制工程量清单时,必须按规范规定的项目编码、项目名称确定项目,不必描述项目特征和确定计量单位,详见表 3.1.2。

3.18.8 工程案例

【例 3.18.1】 某框架结构办公楼,是由 A、B 两个单元组成的一幢整体建筑,如图 3.18.1 所示。其中,A 座共 10 层,檐口标高 50.70m,净高在 3.6～5.0m 之间,每层建筑面积均为

500m²，天棚净空投影面积为 450m²；B 座为 10 层，檐口标高 34.50m，净高在 3.6m 之内，每层建筑面积均为 300m²，天棚净空投影面积为 270m²。试计算该工程脚手架的清单工程量。

解：综合脚手架按建筑面积计算，区分不同檐高。

A 座，檐高 50.7＋0.45＝51.15(m)，建筑面积＝500×10＝5000(m²)，

B 座，檐高 34.5＋0.45＝34.95(m)，建筑面积＝300×10＝3000(m²)。

A 座净高在 3.6～5.0m 之间，故应计算满堂脚手架，按天棚水平投影面积计算。

满堂脚手架工程量＝450×10＝4500(m²)。

工程量清单见表 3.18.8。

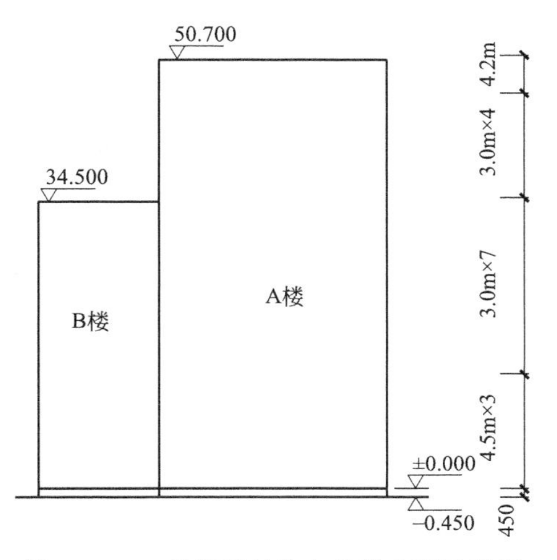

图 3.18.1　某框架结构办公楼立面示意图

表 3.18.8　综合脚手架工程量清单

序号	项目编码	项目名称	项目特征	计量单位	工程数量
1	011701001001	综合脚手架	框架结构，檐高 51.15m	m²	5000
2	011701001002	综合脚手架	框架结构，檐高 34.95m	m²	3000
3	011701006001	满堂脚手架	满堂脚手架，支撑高度为 3.6～5.0m	m²	4500

【例 3.18.2】 图 3.18.2 为某框架结构建筑物某层现浇混凝土柱梁板结构图，层高 3.0m，其中板厚为 120mm，梁、顶标高为＋6.00m，柱的区域部分为（＋3.00m～＋ 6.00m）。模板单列，不计入混凝土实体项目综合单价，不采用清水模板。根据工程量计算规范，计算该层现浇混凝土模板工程的工程量。

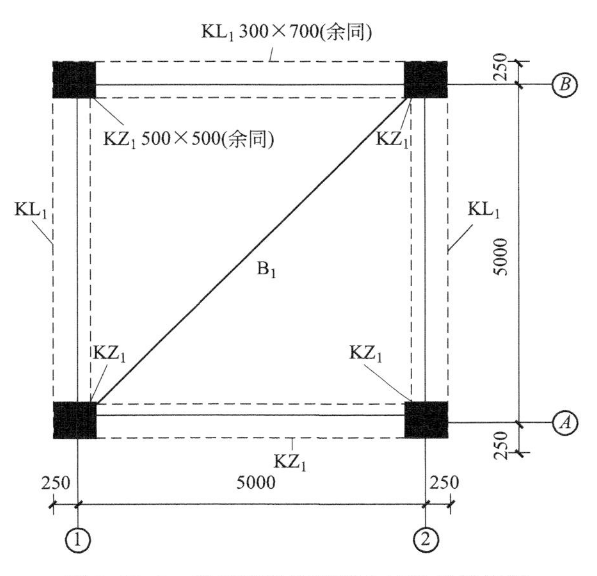

图 3.18.2　某工程现浇混凝土柱梁板结构图

解：矩形柱：(0.5×4×3－0.3×0.7×2－0.2×0.12×2)×4＝22.13(m²)

矩形梁：4.5×(0.7×2+0.3−0.12)×4=28.44(m^2)

板：(5−0.05×2)×(5−0.05×2)=24.01(m^2)

工程量清单见表3.18.9。

表3.18.9 矩形柱模板工程量清单

序号	项目编码	项目名称	项目特征	计量单位	工程数量
1	011702002001	矩形柱	钢筋混凝土矩形柱，截面500mm×500mm	m^2	22.13
2	011702006001	矩形梁	钢筋混凝土矩形梁，截面300mm×700mm	m^2	28.44
3	011702014001	有梁板	钢筋混凝土有梁板，板厚120mm	m^2	24.01

【例3.18.3】 某宾馆由主楼和裙房组成，主楼为框架剪力墙结构，共21层，檐口标高为+66.20，每层建筑面积为720m^2；裙楼为框架结构，共3层，檐口标高为+15.60，每层建筑面积为960m^2。室外设计地坪标高为−0.45。采用商品混凝土泵送施工。试计算该工程的垂直运输及超高施工增加清单工程量。

解： 主楼部分垂直运输：720×21=15120(m^2)，檐高=66.20+0.45=66.65(m)

裙房部分垂直运输：960×3=2880(m^2)，檐高=15.60+0.45=16.05(m)

主楼部分超过6层，需计算超高施工增加，工程量=720×(21−6)=10800(m^2)

工程量清单见表3.18.10。

表3.18.10 垂直运输工程量清单

序号	项目编码	项目名称	项目特征	计量单位	工程数量
1	011703001001	垂直运输	框架剪力墙结构，21层，檐高66.65m，商品混凝土泵送施工	m^2	15120
2	011703001002	垂直运输	框架结构，3层，檐高16.05m，商品混凝土泵送施工	m^2	2880
3	011704001001	超高施工增加	框架剪力墙结构，21层，檐高66.65m	m^2	10800

第4章 建筑工程定额

教学目标：

通过本章学习，能够了解定额概念和分类，阐释施工定额和预算定额的构成和各消耗量指标的测定方法，在此基础上，能够理解企业定额的编制方法，并能够区别施工定额、预算定额、企业定额的作用及适用范围。

教学要求：

能力目标	知识要点	相关知识
了解定额的概念与分类	定额的概念和分类	定额的概念、定额的不同分类方法、定额水平的概念
了解施工定额的概念，能够阐释施工定额的构成和各消耗量指标的测定方法	人工、材料、施工机械台班消耗量测定方法	施工定额的概念、劳动定额的概念和组成、劳动量指标的测定方法、材料消耗定额的概念、材料消耗量指标的测定方法、施工机械台班定额的概念、施工机械台班消耗量指标测定方法
阐释预算定额中消耗量及定额计价的构成方法，并能运用定额计算消耗量及费用	人工、材料、施工机械台班消耗量及定额基价的计算方法，预算定额的应用	预算定额的概念、人工消耗量、材料消耗量和施工机械台班消耗量指标的确定方法；定额基价的确定方法；预算定额直接套用和换算
了解企业定额的编制方法	企业定额编制方法	企业定额的概念、构成及编制方法

4.1 建筑工程定额概述

4.1.1 建筑工程定额概念

建筑工程定额是指工程建设中，在正常的施工条件和合理劳动组织、合理使用材料及机械的条件下，完成单位合格建筑产品所必须消耗的人工、材料、机械、资金等资源的数量标准。建筑工程定额中规定各种资源消耗的数量标准，是在规定了应完成的产品规格、工作内容，以及应达到的质量标准和安全要求的前提下的。

4.1.2 建筑工程定额的分类

建筑工程定额是工程建设中各类定额的总称，它包括许多种类的定额。为了对建筑工程定额能有一个全面的了解，可以按照不同的原则和方法对它进行科学的分类。

(1) 按定额反映的物质消耗内容分类

按定额反映的物质消耗内容分类，可分为劳动定额、材料消耗定额和机械台班消耗定额。

① 劳动定额。是指在正常的生产条件下，完成单位合格工程建设产品所需消耗的人工数量标准。

② 材料消耗定额。是指在正常的生产条件下，完成单位合格产品所需消耗的材料的数量标准。其包括工程建设中使用的各类原材料、成品、半成品、配件、燃料，以及水、电等动力资源等。材料作为劳动对象构成工程的实体，需用数量大、种类多，所以材料消耗量多少，消耗是否合理，不仅关系到资源的有效利用，影响市场供求状况，而且直接关系到建设工程的项目投资、建筑产品的成本控制。

③ 机械台班消耗定额。是指在正常的生产条件下，完成单位合格产品所需消耗的机械的数量标准。

任何工程建设都要消耗大量人工、材料和机械，所以劳动定额、材料消耗定额、机械台班消耗定额称为三大基本定额。

(2) 按定额编制的程序和用途分类

按照定额编制的程序和用途，可以把工程定额分为施工定额、预算定额、概算定额、概算指标、投资估算指标等。

① 施工定额。是施工企业内部用来进行组织生产和加强管理的一种定额，它是以同一性质的施工过程为标定对象编制的计量性定额。施工定额反映了企业的施工与管理水平，是编制预算定额的重要依据。施工定额由劳动定额、材料消耗定额、机械台班消耗定额构成。

② 预算定额。是以各分部分项工程为标定对象编制的计价性定额，它是由政府工程造价主管部门根据社会平均的生产力发展水平，综合考虑施工企业的整体情况，以施工定额为基础组织编制的一种社会平均资源消耗标准。

③ 概算定额。是在预算定额基础上的综合和扩大，是以扩大结构构件、分部工程或扩大分项工程为标定对象编制的计价性定额，其定额水平一般为社会平均水平，主要用于在初步设计阶段进行设计方案技术经济比较、编制设计概算，是投资主体控制建设项目投资的主要依据。

④ 概算指标。主要用于编制投资估算或设计概算，是以每个建筑物或构筑物为对象规定人工、材料或机械台班耗用量及其资金消耗的数量标准。概算指标是初步设计阶段编制概算、确定工程造价的依据，是进行技术经济分析、衡量设计水平、考核建设成本的标准。

⑤ 投资估算指标。以独立的单项工程或完整的工程项目为计算对象，只在项目建议书和可行性研究阶段编制投资估算，计算投资需要时使用的一种定额，投资估算指标往往根据历史的预、决算资料和价格变动资料编制。

工程定额按照编制的程序和用途分类见表 4.1.1。

表 4.1.1 工程定额按照编制的程序和用途分类

定额性质	生产性定额	计价性定额			
定额分类	施工定额	预算定额	概算定额	概算指标	投资估算指标
对象	施工过程或基本工序	分项工程和结构构件	扩大的分项工程或扩大的结构构件	单位工程	建设项目、单项工程、单位工程
用途	编制施工预算	编制施工图预算	编制扩大初步设计概算	编制初步设计概算	编制投资估算
项目划分	最细	细	较粗	粗	很粗
定额水平	平均先进	平均			

(3) 按投资的费用性质分类

按照投资的费用性质，工程定额可分为建筑工程定额、安装工程定额、工器具定额、建筑安装工程费用定额和工程建设其他费用定额等。

① 建筑工程定额。是建筑工程施工定额（企业定额）、预算定额（消耗量定额）、概算定额、

概算指标的统称。

② 安装工程定额。是安装工程施工定额（企业定额）、预算定额（消耗量定额）、概算定额和概算指标的统称。在工业生产性项目中，机械设备安装工程、电气设备安装工程和热力设备安装工程占有重要地位；在非工业生产性项目中，随着社会生活和城市设施的日益现代化，设备安装工程量也在不断增加。所以安装工程定额也是工程定额的重要组成部分。

③ 工器具定额。是为新建或扩建项目投产运转首次配置的工器具数量标准。工器具是指按照有关规定不够固定资产标准但起着劳动手段作用的工具、器具和生产用家具，如工具箱、容器、仪器等。

④ 建筑安装工程费用定额。建筑安装工程费用定额主要包括措施费、管理费、利润等费用计算规定。

⑤ 工程建设其他费用定额。是独立于建筑安装工程、设备和工器具购置费之外的其他费用开支的标准。工程建设其他费用的发生和整个项目的建设密切相关，一般占项目总投资的10%左右。其他费用定额是按各项独立费用分别制订的，以便合理控制这些费用的开支。

(4) 按照定额管理权限和适用范围分类

按照定额管理权限和适用范围，工程定额可以分为全国统一定额、行业统一定额、地区统一定额、企业定额和补充定额五种。

① 全国统一定额。是由国家建设行政主管部门综合全国工程建设的技术和施工组织管理水平编制，并在全国范围内执行的定额，如全国统一建筑工程基础定额、全国统一安装工程预算定额等。

② 行业统一定额。是由国务院行业行政主管部门制定发布的，一般只在本行业和相同专业性质的范围内使用，如冶金工程定额、水利工程定额等。

③ 地区统一定额。是由省、自治区、直辖市建设行政主管部门制定发布的，在规定的地区范围内使用。它一般考虑各地区不同的气候条件、资源条件、建设技术与施工管理水平等编制。

④ 企业定额。是由施工企业根据自身的管理水平、技术水平、机械装备能力等情况制定的，只在企业内部范围内使用。企业定额水平一般应高于国家和地区的现行定额。

⑤ 补充定额。是指随着设计、施工技术的发展，现行定额不能满足实际需要的情况下，有关部门为了补充现行定额中变化和缺项部分而进行修改、调整和补充制定的。

(5) 按照专业分类

按照专业分类，工程定额可分为全国通用定额、行业通用定额、专业专用定额三种。全国通用定额是指在部门间和地区间都可以使用的定额；行业通用定额是指具有专业特点并在行业部门内可以通用的定额；专业专用定额是指特殊专业的定额，只能在指定专业范围内使用。

4.1.3 定额水平

定额水平就是为完成单位合格产品由定额规定的各种资源消耗应达到的数量标准，它是衡量定额消耗量高低的指标。

建筑工程定额反映的是当时生产力发展水平，是动态的。它与一定时期生产的机械化程度，操作人员的技术水平，生产管理水平，新材料、新工艺和新技术的应用程度以及全体人员的劳动积极性有关，是随着社会生产力水平的变化而变化的。

随着科学技术和管理水平的进步，生产过程中的资源消耗减少，相应地，定额所规定的资源消耗量降低，称之为定额水平提高。定额水平不同，定额所规定的资源消耗量也就不同。在确定定额水平时，应综合考虑定额的用途、生产力发展水平、技术经济合理性等因素。需要注意的是，不同的定额编制主体，定额水平是不一样的。政府或行业编制的定额水平，采用的是社会平均水平；而企业编制的定额水平反映的是自身的技术和管理水平，一般为平均先进水平。

4.2 施工定额

4.2.1 施工定额概述

(1) 施工定额的概念

施工定额是以同一性质的施工过程或工序为对象，确定完成一定计量单位的某一施工过程或工序所需人工、材料和机械台班消耗的数量标准。包括劳动定额、材料消耗定额和机械台班消耗定额。

施工定额的标准，一方面反映国家对建筑安装企业在增收节约和提高劳动生产率的要求下，为完成一定的合格产品必须遵守和达到的最高限额；另一方面也是衡量建筑安装企业工人或班组完成施工任务多少和取得个人劳动报酬多少的重要尺度。因此，施工定额是建筑行业和基本建设管理中最重要的定额之一。

(2) 施工定额的作用

① 是企业编制施工组织设计和施工作业计划的依据。

② 是项目经理部向施工班组签发施工任务单和限额领料单的基本依据。

③ 是计算工人劳动报酬的依据。

④ 是提高生产率的手段。

⑤ 有利于推广先进技术。

⑥ 是编制施工预算，加强企业成本管理和经济核算的基础。

⑦ 是编制预算定额的基础。

4.2.2 施工定额的编制

4.2.2.1 施工定额编制依据

施工定额的编制原则确定后，确定施工定额的编制依据是关系到定额编制质量和贯彻定额编制原则的重要问题。其主要编制依据有以下几点。

(1) 经济政策和劳动制度方面的依据

① 建筑安装工人技术等级标准。

② 建筑安装工人及管理人员的工资标准。

③ 工资奖励制度。

④ 用工制度及劳动保护制度等。

(2) 技术依据

主要是指各类技术规范、规程、标准和技术测定数据、统计资料等。

(3) 经济依据

主要是指各类定额，特别是现行的施工定额及各省、市、自治区乃至企业的有关现行和历史的定额资料、数据。其次是日常积累的有关材料、机械台班、能源消耗等资料、数据。

4.2.2.2 施工定额的编制程序

由于编制施工定额是一项政策性强、专业技术要求高、内容繁杂的细致工作，为了保证编制质量和计算的方便，必须采取各种有效的措施、方法，拟定合理的编制程序。

(1) 拟定编制方案

① 明确编制原则、方法和依据。

② 确定定额项目。

③ 选择定额计量单位。定额计量单位包括定额产品的计量单位和定额消耗量中的人工、材料、机械台班的计量单位。定额产品的计量单位和人工、材料、机械消耗的计量单位，都可能使用几种不同的单位。

(2) 拟定定额的适用范围

首先，应明确定额适用于何种施工企业，应给予明确的划定和说明，使编制定额有所依据；其次，应结合施工定额的作用和一般工业、民用建筑安装施工的技术经济特点，在定额项目划分的基础上，对各类施工过程或工序定额，拟定出适用范围。

(3) 拟定定额的结构形式

定额结构是指施工定额中各个组成部分的组织方式和内容。定额结构形式必须贯彻简明适用性原则，适合计划、施工和定额管理的需要，并应便于施工班组的执行。定额内容主要包括定额表格式样，定额中的册、章、节的安排，项目划分，文字说明，计算单位的选定和附录等内容。

(4) 定额水平的测算

在新编定额或修订单项定额工作完成之后，均需进行定额水平的测算对比，便于了解新编定额的编制过程，对新编定额水平变化的幅度等情况作出分析和说明，只有经过新编定额与现行定额可比项目的水平测算对比，才能对新编定额的质量和可行性作出评价，决定可否颁布执行。

4.2.3 劳动定额

4.2.3.1 劳动定额的概念

劳动定额也称人工定额，它是建筑安装工人在正常的施工技术组织条件下，在平均先进水平上制订的、完成单位合格产品所必须消耗的活劳动的数量标准。劳动定额按其表现形式和用途不同，可分为时间定额和产量定额。

(1) 时间定额

时间定额是指某种专业、某种技术等级的工人班组或个人，在合理的劳动组织、合理地使用材料和合理的施工机械配合条件下，完成某单位合格产品所必需的工作时间，包括准备与结束时间、基本生产时间、辅助生产时间、不可避免的中断时间，以及工人必要的休息时间。

时间定额的计量单位以完成单位产品（如 m^3、m^2、m、t、个等）所消耗的工日来表示，每工日按 8h 计算。单位产品的时间定额由式(4.2.1) 计算。

$$\text{单位产品时间定额(工日)}=\frac{\text{需要消耗的工日数}}{\text{生产的产品数量}} \tag{4.2.1}$$

(2) 产量定额

产量定额是指在合理的使用材料和合理的施工机械配合条件下，某一工种、某一等级的工人在单位工日内完成的合格产品的数量。产量定额的单位以 m^3、m^2、m、台、套、块、根等自然单位或物理单位来表示。单位产品的产量定额由式(4.2.2) 计算。

$$\text{单位产品的产量定额}=\frac{\text{生产的产品数量}}{\text{消耗的工日数}} \tag{4.2.2}$$

(3) 时间定额与产量定额的关系

时间定额与产量定额互为倒数，即如式(4.2.3) 或式(4.2.4) 所示。

$$\text{产量定额}=\frac{1}{\text{时间定额}} \tag{4.2.3}$$

$$\text{时间定额}\times\text{产量定额}=1 \tag{4.2.4}$$

砌体的劳动定额示例如表 4.2.1。

表 4.2.1 砌体的劳动定额示例 单位：10m³

序号	项目		混水内墙				
			1/4 砖	1/2 砖	3/4 砖	1 砖	1.5 砖及以外
一	综合	塔吊	2.054/0.487	0.319/0.758	1.271/0.787	0.972/1.029	0.945/1.058
二	综合	机吊	2.262/0.442	1.510/0.662	1.47/0.68	1.818/0.847	1.150/0.870
三	砌砖		1.54/0.649	0.822/1.217	0.774/1.292	0.458/2.183	0.426/2.347
四	运输	塔吊	0.433/2.309	0.412/2.427	0.415/2.410	0.418/2.392	0.418/2.392
五	运输	机吊	0.641/1.560	0.610/1.639	0.613/1.631	0.621/1.610	0.621/1.610
六	调制砂浆		0.081/12.346	0.081/12.346	0.085/11.765	0.096/10.417	0.101/9.901

表 4.2.1 中，横线上的数字表示时间定额，横线下的数字表示产量定额。如砌混水内墙 1 砖墙，0.458 表示砌筑 10m³ 需要 0.458 工日，2.183 表示每工日可以砌筑 2.183×10＝21.83(m³) 墙体。时间定额与产量定额互为倒数关系，如 0.458＝1/2.183。

4.2.3.2 劳动定额的编制过程

(1) 划分施工过程

施工过程就是在建设工地范围内所进行的生产过程，其最终目的是要建造、恢复、改建、移动或拆除工业、民用建筑物和构筑物的全部或一部分。根据施工过程组织上的复杂程度，可以分解为工序、工作过程和综合工作过程。

工序是在组织上不可分割的，在操作过程中技术上属于同类的施工过程。工序的特征是工作者不变，劳动对象、劳动工具和工作地点也不变。在工作中如有一项改变，那就说明已经由一项工序转入另一项工序了。如钢筋的制作，它由平直钢筋、钢筋除锈、切断钢筋、弯曲钢筋等工序组成。

工作过程是由同一工人或同一小组所完成的在技术操作上相互有机联系的工序的总和。工作过程的特点是人员编制不变，工作地点不变，而材料和工具则可以变换，如砌墙和勾缝，抹灰和粉刷等。

综合工作过程是同时进行的，在组织上有机地联系在一起的，并且最终能获得一种产品的施工过程的总和。例如，浇筑混凝土结构的施工过程，是由调制、运送、浇筑和捣实等工作过程组成。

(2) 劳动定额时间分析

劳动定额中将工人的工作时间分为定额时间和非定额时间。

① 定额时间，即必需消耗时间，是作业者在正常施工条件下，为完成一定产品（或工作任务）所必须消耗的时间。这部分时间属于定额时间，它包括有效工作时间、休息时间和不可避免的中断时间，是制定定额的主要根据。

a. 有效工作时间是与产品生产直接有关的工作时间，包括基本工作时间、辅助工作时间、准备与结束时间。

基本工作时间是指在施工过程中，工人完成基本工作所消耗的时间，也就是完成能生产一定产品的施工工艺过程所消耗的时间，是直接与施工过程的技术作业发生关系的时间消耗。基本工作时间的消耗与生产工艺、操作方法、工人的技术熟练程度有关，并与工程量的大小成正比。

辅助工作时间是指与施工过程的技术作业没有直接关系，而是为保证基本工作的顺利进行而做的辅助性工作所需消耗的时间。辅助工作不能使产品的形状、性质、结构位置等发生变化，如工作过程中工具的校正和小修，搭设小型的脚手架等所消耗的时间等。

准备与结束时间是指基本工作开始前或完成后进行准备与整理等所需消耗的时间。它通常与工程量大小无关，而与工作性质有关，一般分为班内准备与结束时间、任务内准备与结束时间。班内准备与结束时间具有经常性消耗的特点，如领取材料和工具、工作地点布置、检查安全技术措施、工地交接班等；任务内的准备与结束时间，与每个工作日交替无关，仅与具体任务有关，多由工人接受任务的内容决定。

b. 休息时间是工人在工作过程中，为了恢复体力所必需的短暂休息，以及由于自身生理需要（如喝水、上厕所等）所消耗的时间。这种时间是为了保证工人精力充沛地进行工作，所以应作为定额时间。休息时间的长短与劳动条件、劳动强度、工作性质等有关。

c. 不可避免的中断时间是由于施工过程中技术、组织或施工工艺特点原因，以及独有的特性而引起的不可避免的或难以避免的工作中断所必须消耗的时间，如汽车司机在汽车装卸货时消耗的时间、起重机吊预制构件时安装工人等待的时间等。

② 非定额时间，即损失时间，是指与产品生产无关，而和施工组织、技术上的缺陷有关，与工人在施工过程中的个人过失或某些偶然因素有关的时间消耗，包括多余或偶然工作时间、停工时间、违反劳动纪律而造成的工时损失。

a. 多余或偶然工作时间，是指在正常施工条件下，作业者进行了多余的工作，或由于偶然情况，作业者进行任务以外的作业（不一定是多余的）所消耗的时间。所谓多余工作，就是工人进行任务以外的不能增加产品数量的工作，如质量不合格而返工造成的多余时间消耗。

b. 停工时间，是指由于工作班内停止工作而造成的工时损失。停工时间按其性质可分为施工本身造成的停工时间和非施工本身造成的停工时间两种。施工本身造成的停工时间是指由于施工组织不善，材料供应不及时，准备工作不善，工作地点组织不良等情况引起的停工时间；非施工本身造成的停工时间是指由于气候条件和水源、电源中断等情况引起的停工时间。

c. 违反劳动纪律而造成的工时损失，是指工人不遵守劳动纪律而造成的时间损失，如上班迟到、下班早退、擅自离开工作岗位、工作时间内聊天或办私事，以及由于个别人违章操作而引起别的工人无法正常工作等的时间损失。违反劳动纪律的工时损失是不应存在的，所以也是在定额中不予考虑的。

(3) 时间测定

确定劳动定额的工作时间通常采用技术测定法、经验估计法、统计分析法和类推比较法。

① 技术测定法，是指根据先进合理的生产技术、操作工艺、合理的劳动组织和正常的施工条件，对施工过程中的具体活动进行实地观察，详细记录工人和机械的工作时间消耗，完成产品的数量，以及有关影响因素，将记录结果加以整理，客观地分析各种因素对产品的工作时间消耗的影响，获得各个项目的时间消耗资料，通过分析计算来确定劳动定额的方法。这种方法准确性和科学性较高，是制订新定额和典型定额的主要方法。技术测定通常采用的方法有测时法、写实记录法、工作日写实法、简易测定法。

② 经验估计法，是指根据有经验的工人、技术人员和定额专业人员的实践经验，参照有关资料，通过座谈讨论，反复平衡来制订定额的一种方法。

③ 统计分析法，是指根据过去一定时间内，实际生产中的工时消耗量和产品数量的统计资料或原始记录，经过整理，并结合当前的技术、组织条件，进行分析研究来制订定额的方法。

④ 类推比较法，也称典型定额法，是以同类型工序、同类型产品的典型定额项目水平为标准，经过分析比较，类推出同一组定额中相邻项目定额水平的一种方法。

(4) 计算时间定额

采用技术测定法计算时间定额时，可由式(4.2.5) 计算。

$$时间定额=\frac{J}{1-(ZJ+X+B+F)} \tag{4.2.5}$$

式中 J——基本工作时间；

ZJ——准备与结束时间占定额时间百分比；

X——休息时间占定额时间百分比；

B——不可避免时间占定额时间百分比；

F——辅助工作时间占定额时间百分比。

【例 4.2.1】假定人工连续作业挖 $1m^3$ 土方需要基本工作时间 90min，辅助工作时间、准备与结束工作时间、不可避免的中断时间、休息时间分别占工作延续时间的 2%、2%、1.5%、20.5%，试计算人工挖土的时间定额。

解：

时间定额的单位为“工日”，所以计算时要将题目中给定的时间计量单位“min”换算为“工日”，我国现行工作制为 8h 工作制，即一个工日为 8h。则

$$时间定额=\frac{90}{1-(2\%+2\%+1.5\%+20.5\%)}\times\frac{1}{60\times8}=0.253(工日/m^3)$$

【例 4.2.2】某工程砖基础工程量为 $120m^3$，每天有 25 名工人投入施工，时间定额为 0.89 工日/m^3，试计算完成该项砖基础工程的定额施工天数。

解：

完成该砖基础工程需要的总工日数=0.89×120=106.80(工日)

完成该砖基础工程需要的定额施工天数=106.8÷25≈4.27(天)

【例 4.2.3】某抹灰班组由 13 名工人组成，抹某住宅楼的白灰砂浆墙面，施工 25 天完成任务。产量定额为 10.20m^2/工日，试计算抹灰班应完成的抹灰面积。

解：

抹灰班应完成的抹灰面积=10.20×(13×25) =3315(m^2)

4.2.4 材料消耗定额

(1) 材料消耗定额的概念

材料消耗定额是指在合理使用材料的条件下，生产单位合格产品所必须消耗的一定品种、规格的原材料、燃料、半成品、配件和水、动力等资源的数量标准。

必须消耗的材料是指在合理用料的条件下，完成单位合格工程建设产品所必须消耗的材料，包括直接用于工程的材料（即直接构成工程实体或有助于工程形成的材料）、不可避免的施工废料、不可避免的材料损耗。其中，直接用于工程的材料称为材料净耗量，不可避免的施工废料及材料损耗称为材料合理损耗量。

材料消耗定额包括材料的净用量和必要的材料损耗量两部分。材料净用量是指直接用于产品上的，构成产品实体的材料消耗量；必要的材料损耗量是指材料从工地仓库、现场加工堆放地点至操作或安放地点的运输损耗、施工操作损耗和临时堆放损耗等。

材料的损耗量一般以损耗率来表示。材料损耗率可以通过观察法和统计法计算确定，如式(4.2.6) 所示。

$$材料损耗率=\frac{材料损耗量}{材料净用量} \tag{4.2.6}$$

由此，材料的消耗量可由式(4.2.7) 计算。

$$材料消耗量=材料净用量+材料损耗量 \\ =材料净用量\times(1+材料损耗率) \tag{4.2.7}$$

(2) 非周转性材料净用量的确定

材料净用量的确定，一般有以下几种方法。

① 理论计算法。根据设计、施工验收规范和材料规格等，从理论上计算材料的净用量。1m³砖墙的用砖数和砌筑砂浆的用量可由式(4.2.8)、式(4.2.9) 计算：

$$用砖数量=\frac{1}{墙厚\times(砖长+灰缝)\times(砖厚+灰缝)}\times K \tag{4.2.8}$$

式中 K——墙厚的砖数×2 (墙厚的砖数是0.5砖墙、1砖墙、1.5砖墙、……)。

$$砂浆用量=1-砖净用量\times(砖长\times砖宽\times砖厚) \tag{4.2.9}$$

如：1m³ 的1.5砖墙用砖数量 $=\frac{1}{0.365\times(0.24+0.01)\times(0.053+0.01)}\times1.5\times2=529$(块)

砂浆净用量=1−529×(0.24×0.115×0.053)=0.226(m³)

1m³ 的1.5砖墙中砖和砂浆的损耗率均为1%，则

1m³ 的1.5砖墙中砖的消耗量=529×(1+1%) ≈534(块)

1m³ 的1.5砖墙中砂浆的消耗量=0.226×(1+1%)≈0.228(m³)

② 测定法。根据实验情况和现场测定的资料数据确定材料用量。

③ 图纸计算法。根据选定的图纸，计算各种材料的体积、面积、延长米或重量。

④ 经验法。根据历史上同类的经验进行估算。

(3) 周转性材料摊销量的确定

周转性材料是指在施工过程中不是一次消耗完，而是多次使用、逐渐消耗、不断补充的周转工具性材料。对逐渐消耗的那部分应采用分次摊销的办法计入材料消耗量，进行回收。周转性材料消耗量，以摊销量表示，应当按照多次使用、分期摊销的方式进行计算。现以钢筋混凝土模板为例，介绍周转性材料摊销量的计算。

① 现浇钢筋混凝土模板摊销量。

a. 材料一次使用量。材料一次使用量是指为完成定额单位合格产品，周转性材料在不重复使用条件下的周转性材料一次性用量，通常根据选定的结构设计图纸进行计算，如式(4.2.10)所示。

$$一次使用量=\frac{每10m^3混凝土模板接触面积\times每平方米接触面积模板用量}{1-模板制作、安装损耗率} \tag{4.2.10}$$

b. 材料周转次数。材料周转次数是指周转性材料从第一次使用起，可以重复使用的次数。一般采用现场观测法或统计分析法来测定材料周转次数，或查相关手册。

c. 材料补损量。材料补损量是指周转使用一次后由于损坏需补充的数量，也就是在第二次和以后各次周转中为了修补难以避免的损耗所需要的材料消耗，通常用补损率来表示。补损率的大小主要取决于材料的拆除、运输和堆放的方法以及施工现场的条件。一般情况下，补损率要随周转次数增多而加大，所以一般采用平均补损率来计算，如式(4.2.11) 所示。

$$补损率=\frac{平均损耗率}{一次使用量}\times100\% \tag{4.2.11}$$

d. 材料周转使用量。材料周转使用量是指周转性材料在周转使用和补损条件下，每周转使用一次平均所需材料数量。一般应按材料周转次数和每次周转发生的补损量等因素，计算生产一定计量单位结构构件的材料周转使用量，如式(4.2.12) 所示。

$$周转使用量=\frac{一次使用量+一次使用量\times(周转次数-1)\times补损率}{周转次数} \\ =一次使用量\times\frac{1+(周转次数-1)\times补损率}{周转次数} \tag{4.2.12}$$

e. 材料回收量。材料回收量是指在一定周转次数下，每周转使用一次平均可以回收材料的数量，如式(4.2.13) 所示。

$$回收量=\frac{一次使用量-一次使用量\times 补损率}{周转次数}=一次使用量\times\frac{1-补损率}{周转次数} \quad (4.2.13)$$

f. 材料摊销量。材料摊销量是指周转性材料在重复使用条件下，应分摊到每一计量单位结构构件的材料消耗量。这是应纳入定额的实际周转性材料消耗数量，如式(4.2.14) 所示。

$$摊销量=周转使用量-回收量 \quad (4.2.14)$$

【例 4.2.4】 钢筋混凝土构造柱按选定的模板设计图纸，每 $10m^3$ 混凝土模板接触面 $66.7m^2$，每 $10m^2$ 接触面积需木板材 $0.375m^3$，模板的损耗率为 5%，周转次数 8 次，每次周转补损率是 15%，试计算模板周转使用量、回收量及模板摊销量。

解：

计算过程如下：

$$一次使用量=\frac{每10m^3混凝土模板接触面积\times 每平方米接触面积使用量}{1-损耗率}$$

$$=\frac{66.7\times 0.375/10}{1-5\%}=2.633(m^3)$$

$$周转使用量=一次使用量\times\frac{1+(周转次数-1)\times 补损率}{周转次数}$$

$$=2.633\times\frac{1+(8-1)\times 15\%}{8}=0.675(m^3)$$

$$回收量=一次使用量\times\frac{1-补损率}{周转次数}$$

$$=2.633\times\frac{1-15\%}{8}=0.28(m^3)$$

摊销量＝周转使用量－回收量＝0.675－0.28＝0.395(m^3)

② 预制构件模板摊销量。预制构件模板，由于损耗很少，可以不考虑每次周转的补损率，按多次使用平均分摊的办法进行计算，如式(4.2.15) 所示。

$$摊销量=\frac{一次使用量}{周转次数} \quad (4.2.15)$$

4.2.5 施工机械台班定额

4.2.5.1 施工机械台班定额的概念

施工机械台班定额是指在合理使用和合理的施工组织条件下，完成单位合格产品所需机械消耗的数量标准。其计量单位以“台班”表示，每台班按 8h 计算。

按反映机械台班消耗方式的不同，机械消耗定额同样有时间定额和产量定额两种形式，时间定额表现为完成单位合格产品所需消耗机械的工作时间标准；产量定额表现为机械在单位时间里所必须完成的合格产品的数量标准。从数量上看，时间定额与产量定额互为倒数关系。

机械时间定额以“台班”为计量单位，由式(4.2.16)、式(4.2.17) 计算。

$$机械时间定额=\frac{1}{机械台班产量定额} \quad (4.2.16)$$

$$配合机械的工人小组的人工时间定额=\frac{台班内小组成员工日数}{机械台班产量定额} \quad (4.2.17)$$

4.2.5.2 施工机械台班定额的编制

(1) 拟定机械工作的正常条件

机械操作和人工操作相比，劳动生产率受施工条件的影响更大，因此编制机械消耗定额时更应重视拟定机械工作的正常条件。拟定机械工作正常条件，主要是工作地点的合理组织和拟定合理的工人编制。

① 工作地点的合理组织，就是对施工地点机械和材料的放置位置、工人从事操作的场所作出科学合理的平面布置和空间安排。

② 拟定合理的工人编制，就是根据施工机械的性能和设计能力、工人的专业分工和劳动工效，合理确定操纵机械的工人和直接参加机械化施工过程的工人人数，确定维护机械的工人人数及配合机械施工的工人人数等。

(2) 确定机械纯工作1h正常生产率

机械纯工作时间，就是指机械的必需消耗时间，包括在满负荷和有根据地降低负荷下的工作时间、不可避免的无负荷工作时间和必要的中断时间。机械1h纯工作正常生产率，就是在正常施工组织条件下，具有必需的知识和技能的技术工人操纵机械1h的生产率。

根据机械工作特点的不同，机械1h纯工作正常生产率的确定方法也有所不同。

①循环动作机械纯工作1h正常生产率，由式(4.2.18)～式(4.2.20)计算。

$$机械一次循环的正常延续时间=\sum(循环各组成部分正常延续时间)-交叠时间 \quad (4.2.18)$$

$$机械纯工作1h的循环次数=\frac{60\times 60}{机械一次循环的正常延续时间} \quad (4.2.19)$$

$$机械纯工作1h正常生产率=机械纯工作1h的循环次数\times一次循环生产的产品数量 \quad (4.2.20)$$

② 连续动作机械纯工作1h正常生产率，由式(4.2.21)计算。

$$机械纯工作1h正常生产率=\frac{工作时间内生产的产品数量}{工作时间(h)} \quad (4.2.21)$$

(3) 确定施工机械的正常利用系数

施工机械的正常利用系数是指机械在工作班内对工作时间的利用率，由式(4.2.22)计算。机械的利用系数和机械在工作班内的工作状况有着密切关系。所以，要确定施工机械的正常利用系数，必须拟定机械工作班的正常状况，关键是保证合理利用工时。

$$机械正常利用系数=\frac{机械在一个工作班内纯工作时间}{一个工作班延续时间(8h)} \quad (4.2.22)$$

(4) 确定施工机械的产量定额

由式(4.2.23)计算。

$$台班的产量定额=机械纯工作1h正常生产率\times工作班延续时间\times正常利用系数 \quad (4.2.23)$$

【例4.2.5】工程现场采用出料容量为400L的混凝土搅拌机，每循环一次，装料、搅拌、卸料、中断需要的时间分别为50s、180s、40s、30s，机械正常利用系数为0.9，计算该机械的台班产量定额。

解：

依据式(4.2.19)、式(4.2.20)、式(4.2.23)，则机械的台班产量定额为

$$\frac{60\times 60}{50+180+40+30}\times 0.4\times 8\times 0.9=34.56(m^3/台班)$$

4.3 预算定额

4.3.1 预算定额概述

(1) 预算定额的概念

预算定额是指在正常的施工条件下，完成一定计量单位合格分项工程和结构构件所需消耗的人工材料和施工机械台班数量及其费用标准。预算定额是工程建设中重要的技术经济文件，是编制施工图预算的主要依据，是确定和控制工程造价的基础。

(2) 预算定额的编制依据

① 现行施工定额。预算定额是在现行施工定额的基础上编制的。预算定额中人工、材料、机械台班消耗水平，需要根据施工定额取定；预算定额的计量单位选择，也要以施工定额为参考，从而保证两者的协调和可比性，减轻预算定额的编制工作量，缩短编制时间。

② 现行设计规范、施工及验收规范、质量评定标准和安全操作规程。预算定额在确定人工、材料、机械台班消耗数量时，必须考虑上述各项规范的要求和规定。

③ 具有代表性的典型工程施工图及有关标准图。对这些图纸进行仔细分析研究，并计算出工程数量，作为编制定额时选择施工方法、确定定额含量的依据。

④ 新技术、新结构、新材料和先进的施工方法等。这类资料是调整定额水平和增加新的定额项目所必需的依据。

⑤ 有关科学实验、技术测定的统计、经验资料。这类工作是确定定额水平的重要依据。

⑥ 现行的预算定额、材料预算价格及有关文件规定等，包括过去定额编制过程中积累的基础资料，也是编制预算定额的依据和参考。

(3) 预算定额示例

表 4.3.1 所示为住房和城乡建设部《房屋建筑与装饰工程消耗量定额》(TY 01-31-2015) 混凝土基础部分定额示例。

表 4.3.1 现浇混凝土基础

工作内容：浇筑、振捣、养护等　　　　计量单位：$10m^3$

<table>
<tr><td colspan="4">定额编号</td><td>5-7</td><td>5-8</td><td>5-9</td><td>5-10</td></tr>
<tr><td colspan="4" rowspan="2">项目</td><td colspan="2">满堂基础</td><td rowspan="2">设备基础</td><td rowspan="2">二次灌浆</td></tr>
<tr><td>有梁式</td><td>无梁式</td></tr>
<tr><td colspan="3">名称</td><td>单位</td><td colspan="4">消耗量</td></tr>
<tr><td rowspan="4">人工</td><td colspan="2">合计工日</td><td>工日</td><td>3.107</td><td>2.537</td><td>2.611</td><td>19.352</td></tr>
<tr><td rowspan="3">其中</td><td>普工</td><td>工日</td><td>0.932</td><td>0.761</td><td>0.783</td><td>5.806</td></tr>
<tr><td>一般技工</td><td>工日</td><td>1.864</td><td>1.522</td><td>1.567</td><td>11.611</td></tr>
<tr><td>高级技工</td><td>工日</td><td>0.311</td><td>0.254</td><td>0.261</td><td>1.935</td></tr>
<tr><td rowspan="5">材料</td><td colspan="2">预拌细石混凝土 C20</td><td>m^3</td><td>—</td><td>—</td><td>—</td><td>10.100</td></tr>
<tr><td colspan="2">预拌混凝土 C20</td><td>m^3</td><td>10.100</td><td>10.100</td><td>10.100</td><td>—</td></tr>
<tr><td colspan="2">塑料薄膜</td><td>m^2</td><td>25.295</td><td>25.095</td><td>14.761</td><td>—</td></tr>
<tr><td colspan="2">水</td><td>m^3</td><td>1.339</td><td>1.520</td><td>0.900</td><td>5.930</td></tr>
<tr><td colspan="2">电</td><td>kW·h</td><td>2.310</td><td>2.310</td><td>2.310</td><td>—</td></tr>
<tr><td>机械</td><td colspan="2">混凝土抹平机</td><td>台班</td><td>0.035</td><td>0.030</td><td>—</td><td>—</td></tr>
</table>

4.3.2 预算定额中各消耗量指标的确定

(1) 人工消耗量指标的确定

预算定额中人工消耗量指标包括完成该分项工程必需的各种用工量，如图4.3.1所示。

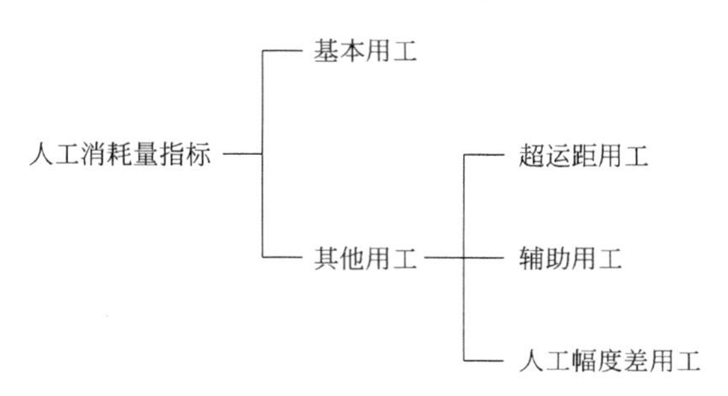

图4.3.1 人工消耗量指标的组成

基本用工指完成分项工程内容的主要用工量。例如，砌筑各种墙体工程的砌砖、调制砂浆及运输砖和砂浆的用工量。预算定额是一项综合性定额，要按组成分项工程内容的各工序综合而成。

其他用工是辅助基本用工消耗的工日，包括超运距用工、辅助用工和人工幅度差用工。超运距用工指超过劳动定额规定的材料、半成品运距的用工。辅助用工指材料须在现场加工的用工，如筛砂子、淋石灰膏等增加的用工量。人工幅度差用工指劳动定额中未包括的，而在一般正常施工情况下又不可避免的一些零星用工，其内容包括：各种专业工种之间的工序搭接、土建工程与安装工程的交叉、配合中不可避免的停歇时间；施工机械在场内单位工程之间变换位置、在施工过程中移动临时水电线路引起的临时停水、停电所发生的不可避免的间歇时间；施工过程中水电维修用工；隐蔽工程验收等工程质量检查影响的操作时间；施工过程中工种之间交叉作业造成的不可避免的剔凿、修复和清理等用工；施工过程中不可避免的直接少量零星用工。

预算定额的各种用工量，应根据测算后综合取定的工程数量和劳动定额进行计算。以劳动定额为基础，预算定额的人工工日消耗量为：

$$\text{人工工日消耗量}=\text{基本用工}+\text{超运距用工}+\text{辅助用工}+\text{人工幅度差用工} \quad (4.3.1)$$

式中：

$$\text{基本用工}=\sum(\text{综合取定的工程量}\times\text{劳动定额}) \quad (4.3.2)$$

$$\text{超运距用工}=\sum(\text{超运距材料数量}\times\text{劳动定额}) \quad (4.3.3)$$

$$\text{辅助用工}=\sum(\text{加工材料数量}\times\text{劳动定额}) \quad (4.3.4)$$

$$\text{人工幅度差用工}=(\text{基本用工}+\text{超运距用工}+\text{辅助用工})\times\text{人工幅度差系数} \quad (4.3.5)$$

超运距用工指的是预算定额的取定运距超过了劳动定额规定的运距而发生的人工用量。遇到劳动定额缺项时，采用现场工作日写实等测时方法确定和计算定额的人工耗用量。

(2) 材料消耗量指标的确定

材料消耗量指标以施工定额的材料消耗定额为基础，按预算定额的项目，综合施工定额中材料消耗定额的有关内容，汇总确定。

(3) 机械台班消耗量指标的确定

预算定额中机械台班消耗量是指在正常施工条件下，生产单位合格产品必须消耗的施工机械的台班数量。机械台班消耗量指标以施工定额的机械台班消耗定额加机械幅度差计算。

机械幅度差是指机械台班消耗定额中未包括但机械在合理的施工组织条件下不可避免的机械的损失时间。机械幅度差一般包括：施工中技术原因的中断及合理停歇时间；施工机械转移及配套机械相互影响损失的时间；因供水电故障及水电线路移动检修而发生的运转中断时间；因检查工程质量造成的机械停歇时间；工程收尾和工作量不饱满造成的机械停歇时间等。

机械台班消耗量指标由式(4.3.6) 确定。

机械台班消耗量指标＝施工定额机械台班消耗量×(1＋机械幅度差系数)　(4.3.6)

4.3.3 预算定额基价

预算定额基价就是预算定额分项工程或结构构件的单价，包括人工费、材料费和机械台班使用费，是单位建筑安装产品的不完全价格。

预算定额基价的编制方法，简单说就是工、料、机的消耗量和工、料、机单价的结合过程。分项工程预算定额基价的计算公式如式(4.3.7)～式(4.3.10) 所示。

分项工程预算定额基价＝人工费＋材料费＋机械使用费　(4.3.7)

人工费＝Σ(现行预算定额中人工工日用量×人工日工资单价)　(4.3.8)

材料费＝Σ(现行预算定额中各种材料耗用量×相应材料单价)　(4.3.9)

机械使用费＝Σ(现行预算定额中各种机械台班用量×相应机械台班单价)　(4.3.10)

预算定额基价是根据现行定额和当地的价格水平编制的，具有相对的稳定性。但是为适应市场价格的变动，在进行工程计价时 必须根据市场价格对固定的工程预算单价进行修正。修正后的工程单价乘以根据工程量，就可以获得符合实际市场情况的人工费、材料费和机械使用费。

根据表 4.3.1 中定额项目 5-7，已知编制定额时所采用的人工工日单价、各种材料单价及机械台班单价如表 4.3.2 所示，则可以计算出该定额项目的人工费、材料费和机械费。

表 4.3.2 定额项目 5-7 的人工费、材料费及机械费

名称	定额单价	消耗量	费用/元	定额基价＝人工费＋材料费＋机械费＝402.4＋3550.81＋27.39＝3980.6(元)
普工	85 元/工日	0.932 工日	79.22	人工费＝79.22＋242.32＋80.86＝402.4(元)
技工	130 元/工日	1.864 工日	242.32	
高级技工	260 元/工日	0.311 工日	80.86	
预拌混凝土 C20	350 元/m^3	10.100m^3	3535	材料费＝3535＋8.6＋5.155＋2.056＝3550.81(元)
塑料薄膜	0.34 元/m^2	25.295m^2	8.60	
水	3.85 元/m^3	1.339m^3	5.155	
电	0.89 元/(kW·h)	2.310kW·h	2.056	
混凝土抹平机	782.57 元/台班	0.035 台班	27.39	机械费＝27.39 元

4.3.4 预算定额的构成

预算定额一般以单位工程为对象编制，按分部工程分章，章以下为节，节以下为定额子目，每一个定额子目代表一个与之相对应的分项工程，所以，分项工程是构成消耗量定额的最小单元。消耗量定额为方便使用，一般表现为“量”“价”合一，再加上必要的说明与附录，就组成了一套预算定额手册。

完整的预算定额手册一般由以下内容构成。

(1) 建设主管部门发布的文件

该文件是消耗量定额具有法令性（或指导性）的必要依据。文件中明确规定消耗量定额的执行时间、适用范围，并说明预算定额的解释权和管理权。

(2) 消耗量定额总说明

其内容包括：

① 预算定额的指导思想、目的、作用以及适用范围。

② 预算定额编制的原则、主要依据。

③ 预算定额的一些共性问题。如人工、材料、机械台班消耗量如何确定；人工、材料、机械台班消耗量允许换算的原则；消耗量定额考虑的因素、未考虑的因素及未包括的内容；其他的一些共性问题等。

(3) 建筑面积计算规则

内容包括建筑面积计算的具体规定，不计算建筑面积的范围等。

(4) 分部工程说明及计算规则

其内容包括：

① 各分部工程定额的内容、换算及调整系数的规定。

② 各分部工程工程量计算规则。

(5) 分项工程定额项目表

其内容包括：

① 分部分项工程的工作内容及施工工艺标准。

② 分部分项工程的定额编号、项目名称。

③ 各定额子项目的“基价”，包括人工费、材料费、机械费单价。

④ 各定额子项目的人工、材料、机械的名称和单位、单价、消耗数量。

(6) 附录及附表

一般情况下，编排混凝土及砂浆的配合比表，用于组价和二次材料分析。

4.3.5 预算定额的应用

要正确使用预算定额，首先应熟悉定额的总说明，册、章、节说明，以及附注等有关文字说明的部分，以便了解定额有关规定及说明、工程量计算规则、施工操作方法、项目的工作内容及调整的规定要求等。定额子目有的可以直接套用，但有的需要调整换算后才能套用。

(1) 预算定额的直接套用

当施工图纸的设计要求与预算定额的项目内容完全一致时，可以直接套用预算定额。

① 套用定额用量，汇总人工、材料和机械台班的需用量。根据单位工程各分部分项工程的定额工程量，运用预算定额，可以详细计算出一个单位工程的人工、材料、机械台班的总用量。它是工程消耗的最高限额；是编制单位工程劳动计划、材料供应计划的基础；是经济核算的基础；是向生产班组下达施工任务和考核人工、材料节约或超标情况的依据，还可以为分析技术经济指标提供依据，为编制施工组织设计和施工方案提供依据。

【例 4.3.1】若已知某工程有梁式满堂基础工程量为 $50m^3$，利用表 4.3.1 中定额项目 5-7，计算人工、材料及机械消耗量。

解：表 4.3.1 中定额项目 5-7 的计量单位为 $10m^3$，则 $50m^3$ 的有梁式满堂基础所需人工、材料及机械的消耗量计算如下：

人工消耗量：

普工＝0.932×50/10＝4.66(工日)，一般技工＝1.864×50/10＝9.32(工日)，

高级技工＝0.311×50/10＝1.555(工日)。

材料消耗量：

预拌混凝土 C20＝10.1×50/10＝50.5(m^3)，塑料薄膜＝25.295×50/10＝126.475(m^2)，水＝1.339×50/10＝6.695(m^3)，电＝2.31×50/10＝11.55(kW·h)。

机械消耗量：混凝土抹平机＝0.035×50/10＝0.175(台班)。

② 套用定额价格，计算分项工程的各项费用。

【例 4.3.2】 若已知某工程有梁式满堂基础工程量为 50m^3，利用表 4.3.2 中定额项目 5-7，计算人工费、材料费、机械费及总费用。

解： 表 4.3.2 中定额项目 5-7 的计量单位为 10m^3，可以直接套用定额的人工费、材料费、机械费及定额基价。

人工费＝402.4×50/10＝2012(元)

材料费＝3550.81×50/10＝17754.05(元)

机械费＝27.39×50/10＝136.95(元)

满堂基础定额价＝3980.6×50/10＝19903(元)

但需注意的是，定额中的人工费、材料费、机械费及定额基价是基于编制定额时所采用的人工工日单价、各种材料单价及机械台班单价计算得到的，不能反映当前市场价格。因此，在套用定额价格时，为了反映当前市场价格，往往需要进行调价，常见的是对材料差价的调整。

即：满堂基础的当前价格（10m^3）＝满堂基础的定额价＋价差（市场价与定额价之间的差额）

价差＝Σ(人工消耗量)×(市场单价－定额单价)＋Σ(材料消耗量)×(市场单价－定额单价)
＋Σ(机械台班消耗量)×(市场单价－定额单价)

价差的计算示例如表 4.3.3 所示。

表 4.3.3　定额项目 5-7 的人工费、材料费及机械费

名称	消耗量	定额单价	市场单价	价差
普工	0.932 工日	85 元/工日	85 元/工日	0
技工	1.864 工日	130 元/工日	130 元/工日	
高级技工	0.311 工日	260 元/工日	260 元/工日	
预拌混凝土 C20	10.100m^3	350 元/m^3	390 元/m^3	价差＝10.1×(390－350)＋25.295×(4－0.34)＋1.339×(10－3.85)＋2.31×(2.6－0.89)＝508.76
塑料薄膜	25.295m^2	0.34 元/m^2	4 元/m^2	
水	1.339m^3	3.85 元/m^3	10 元/m^3	
电	2.310kW·h	0.89 元/kW·h	2.6 元/(kW·h)	
混凝土抹平机	0.035 台班	782.57 元/台班	782.57 元/台班	0

(2) 预算定额的换算

① 预算定额乘以换算系数。这类换算是根据预算定额说明或附注的规定对定额子目的某消耗量乘以规定的换算系数，从而确定新的定额消耗量。如《辽宁省房屋建筑与装饰工程定额》第五章混凝土、钢筋工程定额说明中规定："斜梁坡度在 30°以上、45°以内时，人工乘以系数 1.05。"

② 定额基价的换算。预算定额如果含有预算定额基价时，常常因为图纸中的材料与定额不一致，而施工技术和工艺没有变化而发生换算，如砂浆等级与定额不符、混凝土等级与定额不符等这类换算均属于定额基价的换算。这种换算只是对价格的调整，消耗量不发生变化。

换算后的基价＝换算前的定额基价±（混凝土或砂浆的定额用量×两种强度等级的混凝土或砂浆的单价差）

【例 4.3.3】 某工程构造柱设计为 C25 钢筋混凝土现浇，试确定其定额基价。

解： 查询某省现行预算定额项目表中"C20 现浇钢筋混凝土构造柱"项目的定额基价为 952.28 元/m^3，混凝土的定额用量为 1.015m^3；

C20混凝土的预算单价为204.05元/m^3，C25混凝土预算单价为226.17元/m^3。

换算后的C25现浇钢筋混凝土构造柱定额基价＝952.28＋1.015×(226.17－204.05)＝974.73(元/m^3)。

③ 材料断面换算。当木门窗的设计尺寸与定额规定的截面尺寸不同时，可根据设计的门窗框、扇的断面，以及定额断面和定额材积进行定额换算。其换算公式为

$$换算后的木材体积=\frac{设计断面}{定额断面}\times定额材积$$

式中，定额断面大小可参见预算定额说明。

④ 其他换算。定额允许换算的项目是多种多样的，除了上面介绍的几种以外，还有由于材料的品种、规格发生变化而引起的定额换算，由于砌筑、浇筑或抹灰等厚度发生变化而引起的定额换算等，这些换算可参照以上介绍的换算方法灵活进行。

(3) 预算定额的补充

当工程项目在预算定额中没有对应子目可以套用，也无法通过对某一子目进行换算得到时，就只有按照定额编制的方法编制补充项目，经建设单位或监管单位审查认可后，可用于本项目预算的编制，补充定额项目应在定额编号的部位注明“补”字，以示区别。

4.4 企业定额

4.4.1 企业定额的概述

(1) 企业定额的概念

企业定额是建筑安装工人在正常施工条件下，为完成单位合格产品所需人工、机械、材料消耗的数量及费用标准。企业定额反映企业的施工水平、装备水平和管理水平，作为考核建筑安装企业劳动生产率水平、管理水平的标尺和确定工程成本、投标报价的依据。

(2) 企业定额的性质

企业定额是建筑安装企业内部管理的定额，其影响范围涉及企业内部管理的方方面面，包括企业生产经营活动的计划、组织、协调、控制和指挥等各个环节。企业应根据国家有关政策、法律和规范、制度，结合本企业的具体条件和可挖掘的潜力、市场的需求和竞争环境，编制企业定额，自行决定定额的水平。

(3) 企业定额的构成及表现形式

企业定额的构成及表现形式应视编制的目的而定，可参照中华人民共和国建设部颁发的《全国统一建筑工程基础定额》，也可采用灵活多变的形式，以满足需要和便于使用为准。

企业定额的构成及表现形式主要有以下几种。

① 企业劳动定额。

② 企业材料消耗定额。

③ 企业机械台班使用定额。

④ 企业机械台班租赁价格。

⑤ 企业周转材料租赁价格。

4.4.2 企业定额的编制

(1) 制订编制计划

① 企业定额编制的目的。编制目的决定了企业定额的适用范围，同时也决定了企业定额的

表现形式，因此，企业定额编制的目的一定要明确。

② 定额水平的确定。企业定额应能真实地反映本企业的消耗量水平，企业定额水平确定的准确与否，是企业定额能否实现编制目的的关键。定额水平过高或过低，背离现有水平，对项目成本核算和企业参与投标竞争都不利。

③ 确定编制方法和定额形式。定额的编制方法很多，对不同形式的定额，其编制方法也不相同。例如，劳动定额的编制方法有技术测定法、统计分析法、类比推算法及经验估算法等；材料消耗定额的编制方法有观察法、试验法、统计法等。因此，定额编制究竟采取哪种方法应根据具体情况而定，可综合应用多种方法进行编制。企业定额应形式灵活、简明适用，并具有较强的可操作性，以满足投标报价与企业内部管理的要求。

④ 成立专门机构，由专人负责。企业定额的编制工作是一个系统性的工作，企业应设置一个专门的机构（中小企业也可由相关部门代管），由专人负责，定额的编制应该由定额管理人员、现场管理人员和技术工人共同完成。

⑤ 明确应收集的数据和资料。要尽量多地收集与定额编制有关的各种数据。

⑥ 确定编制进度目标。定额的编制工作量大，应确定一个合理的工期和进度计划表，可根据定额项目使用的概率有重点的编制，采用循序渐进、逐步完善的方式完成。

(2) 资料收集

收集的资料包括以下几个方面。

① 有关建筑安装工程的设计规范、施工及验收规范、工程质量检验评定标准和安全操作规程。

② 现行定额，包括基础定额、预算定额、消耗量定额和工程量清单计价规范。

③ 本企业近几年各工程项目的财务报表、公司财务总报表，以及历年收集的各类项目经验数据。

④ 本企业近几年所完成工程项目的施工组织设计、施工方案，以及工程成本资料与结算资料。

⑤ 企业现有机械设备状况、机械效率、寿命周期和价格，机械台班租赁。

⑥ 本企业近几年主要承建的工程类型及所采用的主要施工方法。

⑦ 本企业目前工人技术素质、构成比例。

⑧ 有关的技术测定和经济分析数据。

⑨ 企业现有的组织机构、管理跨度、管理人员的数量及管理水平。

(3) 拟定企业定额的编制方案

① 确定企业定额的内容及专业划分。

② 确定企业定额的章、节的划分和内容的框架。

③ 确定合理的劳动组织、明确劳动手段和劳动对象。

④ 确定企业定额的结构形式及步距划分原则。

(4) 企业定额消耗量的确定及定额水平的测算

企业定额消耗量的确定及定额水平的测算与施工定额类似。

第5章

定额工程量计算

教学目标：

通过本章的学习，能够理解定额各分部分项工程量计算规则，能够根据图纸识别和列出定额项目，正确提取图纸信息，并应用工程量计算规则计算工程量。

教学要求：

能力目标	知识要点	相关知识
能够理解定额各分部分项工程量计算规则，能够根据图纸识别和列出定额项目，正确提取图纸信息，并应用工程量计算规则计算工程量	各分部分项工程量计算规则、工程量计算方法	土石方工程量计算，地基处理及边坡工程量计算，桩基础工程量计算，砌筑工程量计算，混凝土和模板工程量计算，金属结构工程量计算，门窗及木结构工程量计算，防水保温工程量计算，楼地面工程量计算，墙、柱、天棚抹灰工程量计算，油漆、涂料工程量计算，拆除工程量计算，脚手架、垂直运输等措施项目工程量计算

5.1 土石方工程量计算

土石方工程包括人工土方工程、人工石方工程、回填及其他工程、机械土方工程、机械石方工程等。

人工、机械土石方工程包括平整场地、挖一般土石方、挖沟槽土石方、挖基坑土石方、冻土开挖、挖淤泥及流沙、挖管沟、场内运输等项目。回填及其他工程包括回填土、打夯、机械碾压等项目。在计算工程量前，应先根据土壤及岩石类别、工程规模、工期要求、气候条件、土方机械设备条件、地下水位影响等情况，确定挖填方的平衡调配、挖填运土的施工方法。

5.1.1 土石方工程量计算的相关说明

(1) 土和岩石的分类

根据开挖难易程度，土壤按一、二类土，三类土，四类土分类，其具体分类见表5.1.1。

表5.1.1 土壤分类表

土壤分类	土壤名称	开挖方法
一、二类土	粉土、砂土(粉砂、细砂、中砂、粗砂、砾砂)、粉质黏土、弱中盐渍土、软土(淤泥质土、泥炭、泥炭质土)、软塑红黏土、冲填土	用锹，少许用镐、条锄开挖。机械能全部直接铲挖满载者
三类土	黏土、碎石土(圆砾、角砾)混合土、硬塑红黏土、强盐渍土、素填土、压实填土	主要用镐、条锄，少许用锹开挖。机械需部分刨松方能铲挖满载者，或可直接铲挖但不能满载者

续表

土壤分类	土壤名称	开挖方法
四类土	碎石土(卵石、碎石、漂石、块石)、坚硬红黏土、超盐渍土、杂填土	全部用镐、条锄挖掘,少许用撬棍挖掘。机械须普遍刨松方能铲挖满载者

岩石按极软岩、软岩、较软岩、较硬岩、坚硬岩分类，其具体分类见表 5.1.2。

表 5.1.2　岩石分类表

岩石分类	代表性岩石	开挖方法
极软岩	1. 全风化的各种岩石 2. 各种半成岩	部分用手凿工具、部分用爆破法开挖
软岩	1. 强风化的坚硬岩或较硬岩 2. 中等风化—强风化的较软岩 3. 未风化—微风化的页岩、泥岩、泥质砂岩等	用风镐和爆破法开挖
较软岩	1. 中等风化—强风化的坚硬岩或较硬岩 2. 未风化、微风化的凝灰岩、千枚岩、泥灰岩、砂质泥岩等	用爆破法开挖
较硬岩	1. 微风化的坚硬岩 2. 未风化—微风化的大理岩、板岩、石灰岩、白云岩、钙质砂岩等	用爆破法开挖
坚硬岩	未风化—微风化的花岗岩、闪长岩、辉绿岩、玄武岩、安山岩、片麻岩、石英岩、石英砂岩、硅质砾岩、硅质石灰岩等	用爆破法开挖

(2) 干土、湿土、淤泥的划分

干土、湿土的划分，以地质勘测资料的地下常水位为准。地下常水位以上为干土，以下为湿土。

地表水排出后，土壤含水率≥25%、不超过液限的为湿土。含水率超过液限，土和水的混合物呈现流动状态时为淤泥。

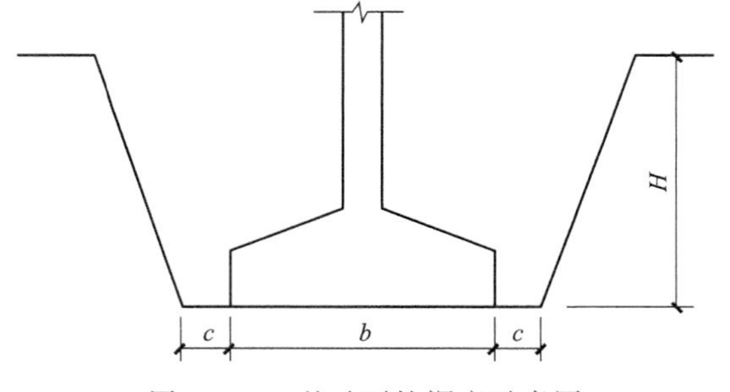

图 5.1.1　基础开挖深度示意图

(3) 基础土石方开挖深度

基础土石方的开挖深度，应按基础（含垫层）底标高至设计室外地坪标高（含石方允许超挖量）确定。进场交付施工场地标高与设计室外地坪标高不同时，应按进场交付施工场地标高确定。如图 5.1.1 所示，H 为土方开挖深度。

(4) 基础施工的工作面

基础施工的工作面宽度，指根据基础施工的需要，挖土时按基础垫层的双向尺寸向周边放出一定范围的操作面积，作为工人施工时的操作空间，这个单边放出的宽度，就称为工作面宽度。如图 5.1.1 中的 c 值。工作面宽度按施工组织设计计算，施工组织设计无规定时，按下列规定计算：

① 当组成基础的材料不同或施工方式不同时，基础施工的工作面宽度按表 5.1.3 计算。

表 5.1.3 基础施工单面工作面宽度

基础材料	每面增加工作面宽度/mm
砖基础	200
毛石、方整石基础	250
混凝土基础、垫层(支模板)	400
基础垂直面做砂浆防潮层	800(自防潮层面)
基础垂直面做防水层或防腐层	1000(自防水层或防腐层面)
支挡土板	150(另加)

② 基础施工需要搭设脚手架时，基础施工的工作面宽度，条形基础按 1.50m 计算（只计算一面）；独立基础按 0.45m 计算（四面均计算）。

③ 基坑土方大开挖需做边坡支护时，基础施工的工作面宽度按 2.00m 计算。

④ 基坑内施工各种桩时，基础施工的工作面宽度按 2.00m 计算。

⑤ 管道施工的工作面宽度，按表 5.1.4 计算。

表 5.1.4 管道施工单面工作面宽度

管道材质	管道基础外沿宽度(无基础时管道外径)/mm			
	≤500	≤1000	≤2500	>2500
混凝土管、水泥管	400	500	600	700
其他管道	300	400	500	600

(5) 放坡系数

不管是用人工或是机械开挖土方，在施工时为了防止土壁坍塌都要采取一定的施工措施，如放坡、支挡板或打护坡桩。放坡是施工中较常用的一种措施。

当土方开挖深度超过一定限度时，将上口开挖宽度增大，将土壁做成具有一定坡度的边坡，防止土壁坍塌，在土方工程中称为放坡。

① 放坡起点，就是指某类别土壤边壁直立不加支撑开挖的最大深度。放坡起点应根据土质情况确定。

② 放坡系数，将土壁做成一定坡度的边坡时，土方边坡的坡度，以其高度 H 与边坡宽度 B 之比来表示。如图 5.1.2 所示。

土方的坡度$=\dfrac{H}{B}=\dfrac{1}{B/H}=\dfrac{1}{k}$，其中 k 为坡度系数，$k=\dfrac{B}{H}$。

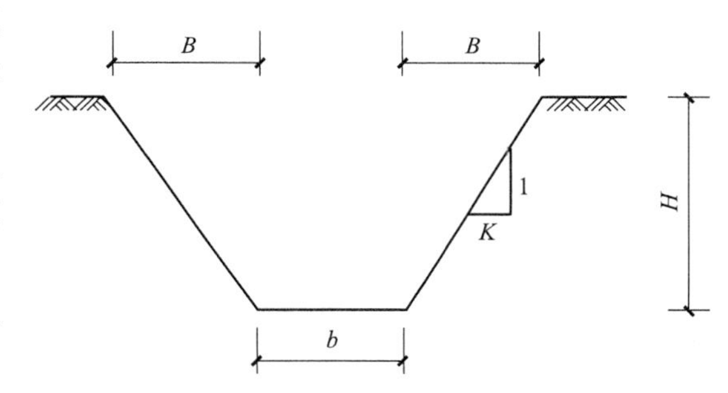

图 5.1.2 放坡系数示意图

土方放坡的起点深度和放坡坡度，按施工组织设计计算；施工组织设计无规定时，按表 5.1.5 计算。

表 5.1.5 土方放坡起点深度和放坡坡度表

土壤类别	起点深度/m >	放坡坡度			
		人工挖土	机械挖土		
			沟槽、坑内作业	基坑上作业	沟槽上作业
一、二类土	1.20	1∶0.50	1∶0.33	1∶0.75	1∶0.50

续表

土壤类别	起点深度/m >	放坡坡度			
		人工挖土	机械挖土		
			沟槽、坑内作业	基坑上作业	沟槽上作业
三类土	1.50	1∶0.33	1∶0.25	1∶0.67	1∶0.33
四类土	2.00	1∶0.25	1∶0.10	1∶0.33	1∶0.25

a. 机械挖土从交付施工场地标高起至基础底，机械一直在坑内作业，并设有机械上坡道(或采用其他措施运送机械)，称坑内作业；相反机械一直在交付施工场地标高上作业（不下坑）称坑上作业。

b. 开挖时没有形成坑，虽然是在交付施工场地标高上（坑上）挖土，继续挖土时机械随坑深在坑内作业，亦称为坑内作业。

c. 沟槽上作业定义与坑上作业相同。

③ 基础土方放坡，自基础（含垫层）底标高算起。

④ 混合土质的基础土方，其放坡的起点深度和放坡坡度，按不同土类厚度加权平均计算。计算公式为：

$$k=\frac{k_1H_1+k_2H_2+\cdots+k_nH_n}{H_1+H_2+\cdots H_n} \tag{5.1.1}$$

式中 k——加权的坡度系数；

k_n——不同类别土壤的坡度系数；

H_n——不同类别土壤的深度。

【例 5.1.1】 一基槽深 2.8m，采用人工挖土方式，地基土分为两层，分别为二类土厚 1.0m，三类土厚 1.8m，则该基槽加权放坡系数是多少?

解： 由表 5.1.5 可知，二类土放坡系数 $k=0.5$；三类土放坡系数 $k=0.33$。则该基槽加权放坡系数为

$$k=\frac{0.5\times1+0.33\times1.8}{1+1.8}=0.39$$

⑤ 计算基础土方放坡时，不扣除放坡交叉处的重复工程量。

⑥ 基础土方支挡土板时，土方放坡不另计算。

⑦ 挖冻土及岩石不计算放坡。

⑧ 如设计规定挖管沟放坡尺寸，按照设计图示尺寸计算土方工程量；如无规定，则按定额规定的放坡系数计算管沟土方工程量。

(6) 沟槽、基坑、一般土石方的划分

底宽（设计图示垫层或基础的底宽，下同）≤7m 且底长>3 倍底宽为沟槽；底长≤3 倍底宽且底面积≤150m² 为基坑；超出上述范围，又非平整场地的，为一般土石方。

5.1.2 土石方工程量计算

(1) 土方体积的换算

土石方的挖、推、铲、装、运等体积均以天然密实体积计算，填方按设计的回填体积计算。不同状态的土方体积，按表 5.1.6 换算。

表 5.1.6 土石方体积换算系数表

名称	虚方	松填	天然密实	夯填
土方	1.00	0.83	0.77	0.67
	1.20	1.00	0.92	0.80
	1.30	1.08	1.00	0.87
	1.50	1.25	1.15	1.00
石方	1.00	0.85	0.65	—
	1.18	1.00	0.76	—
	1.54	1.31	1.00	—
砂夹石	1.07	0.94	1.00	—

虚方指未经碾压自然形成的土；天然密实土是指未经松动的自然土；夯实土是指按规范要求经过分层碾压、夯实的土；松填土是指挖出的自然土，自然堆放未经夯实填在槽、坑的土。

如松填土为 150m^3，则换算成天然密实土＝150×0.92＝138(m^3)。

(2) 平整场地工程量计算

平整场地，系指建筑物所在现场厚度≤±30cm 的就地挖、填及平整。挖填土方厚度大于±30cm 时，全部厚度按一般土方相应规定另行计算，但仍应计算平整场地。

平整场地工程量，按设计图示尺寸，以建筑物首层建筑面积计算。建筑物地下室结构外边线突出首层结构外边线时，其突出部分的建筑面积合并计算。

(3) 挖沟槽土方工程量

挖沟槽土方的工程量应根据沟槽是否放坡、工作面留设的宽度以及是否支挡土板等因素确定沟槽的尺寸，以体积为单位计算。

① 沟槽土方开挖断面形式。沟槽土方开挖工程量计算，首先应根据施工组织设计（施工方案）确定其断面形式，一般来说，沟槽土方开挖断面有以下三种基本形式，如图 5.1.3 所示。

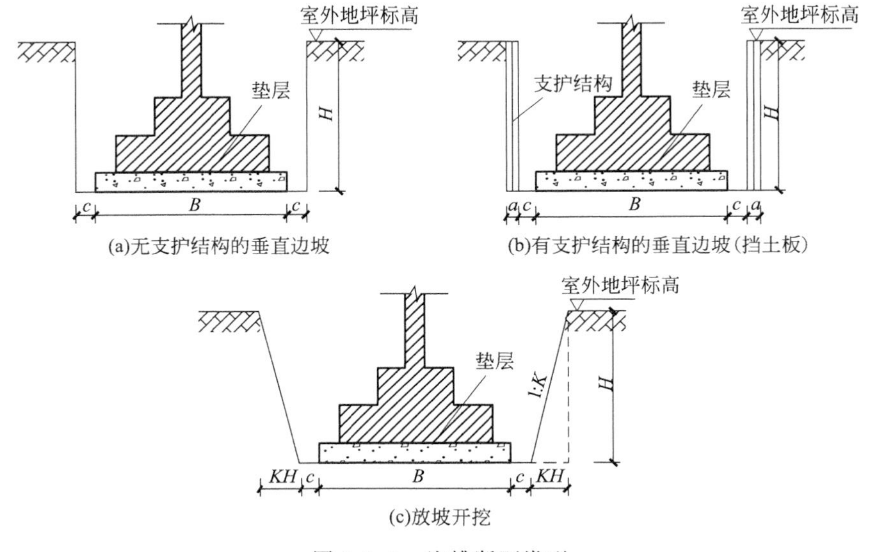

图 5.1.3 沟槽断面类型

② 沟槽工程量计算。

a. 无支护结构的垂直边坡，见图 5.1.3(a) 所示；

$$V=(B+2c)\times H\times L \qquad (5.1.2)$$

b. 有支护结构的垂直边坡，见图 5.1.3(b) 所示；

$$V=(B+2c+2a)\times H\times L \tag{5.1.3}$$

c. 放坡开挖，见图 5.1.3(c) 所示。

$$V=(B+2c+kH)\times H\times L \tag{5.1.4}$$

式中 V——挖沟槽土方工程量；

B——垫层宽度（无垫层时按基础宽度）；

c——工作面宽度；

H——设计室外地坪以下基础开挖深度；

a——支护结构宽度，若采用挡土板支护，取 0.1m；

k——放坡系数；

L——沟槽的计算长度。外墙按设计图示中心线长度计算；内墙按基础（含垫层）之间的净长度计算，如图 5.1.4 所示。

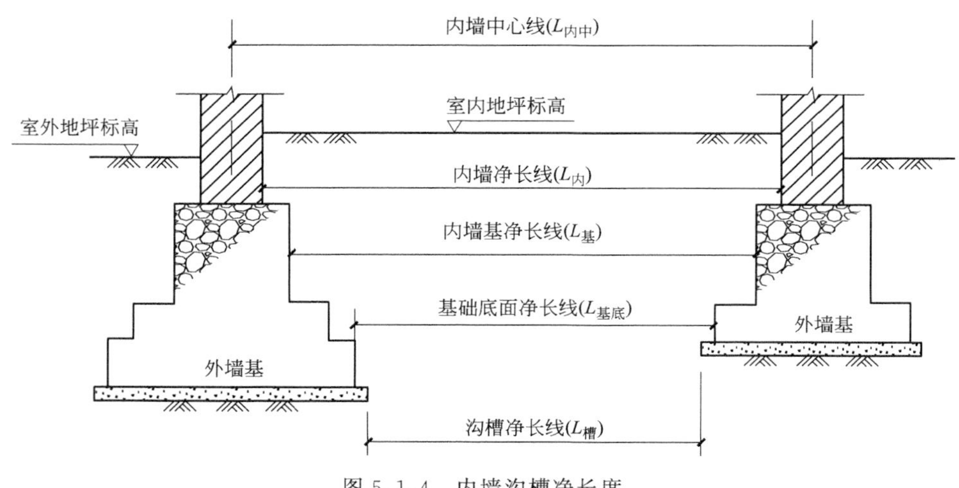

图 5.1.4 内墙沟槽净长度

内外凸出部分（垛、附墙烟囱、垃圾道等）的体积并入沟槽土方工程量内。挖沟槽需要放坡时，交接处重复工程量不扣除。沟槽相交重复计算部分如图 5.1.5 所示。

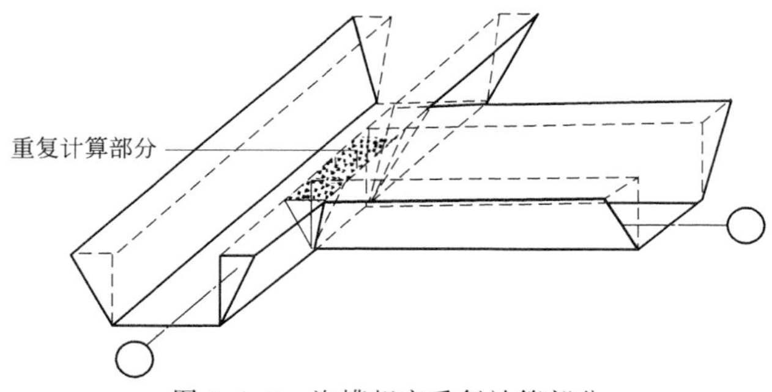

图 5.1.5 沟槽相交重复计算部分

(4) 挖基坑土方工程量

挖基坑的工程量按设计图示尺寸以体积计算。挖基坑的放坡和工作面的规定与挖沟槽相同。

① 方形基坑不需要放坡时，开挖成的形状为长方体；需要放坡时，基坑四面放坡，其形状如图 5.1.6 所示。挖基坑土方工程量由式(5.1.5) 计算。

$$V=(a+2c+kH)\times(b+2c+kH)\times H+\frac{1}{3}k^2H^3 \tag{5.1.5}$$

式中 V——挖基坑土方工程量；
　　a——基础或垫层底宽度；
　　b——基础或垫层底长度；
　　c——工作面宽度；
　　H——设计室外地坪以下基础开挖深度；
　　k——放坡系数，不放坡时为0。

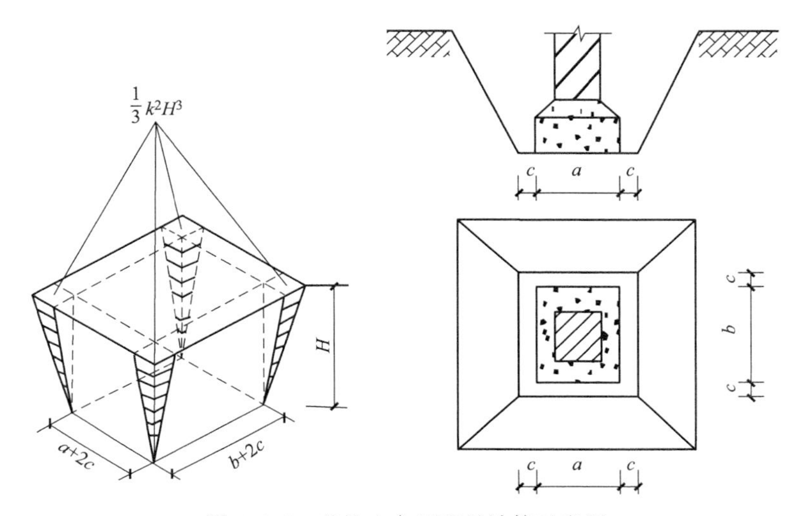

图 5.1.6　基坑土方工程量计算示意图

② 圆形坑的计算。放坡圆形坑如图 5.1.7 所示，其挖方工程量如式(5.1.6) 计算。

$$V=\frac{1}{3}\pi H(R_1^2+R_2^2+R_1R_2) \tag{5.1.6}$$

式中 V——挖基坑土方工程量；
　　R_1——坑底半径；
　　R_2——坑口半径；
　　H——基础开挖深度。

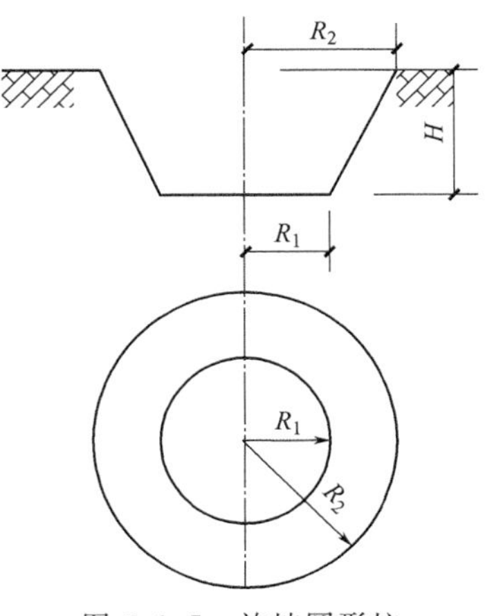

图 5.1.7　放坡圆形坑土方量计算示意图

(5) 挖一般土石方工程量

挖一般土石方工程量，按设计图示基础（含垫层）尺寸，另加工作面宽度、土方放坡宽度或石方允许超挖量乘以开挖深度，以体积计算。机械施工坡道的土石方工程量，并入相应工程量内计算。

(6) 回填土工程量

回填土是指在垫层、基础等隐蔽工程完成后，将土方回填的施工过程。回填分为夯填、松填，其工程量按设计图示回填体积并依下列规定，以体积计算。

① 沟槽、基坑回填，按挖方体积减去设计室外地坪以下建筑物、基础（含垫层）体积计算。

沟槽、基坑的回填土体积=挖土体积－室外设计地坪以下埋入物体积（包括建筑物的垫层体积、室外地坪以下基础的体积等）

② 房心（含地下室内）回填，按主墙间净面积（扣除单个面积 $2m^2$ 以上的设备基础等面积）乘以回填厚度以体积计算。

房心回填土体积＝室内主墙间净面积×回填土厚度

回填土厚度＝室内外设计标高差－垫层与面层厚度之和

(7) 余土运输工程量

土方运输，以天然密实体积计算。挖土总体积减去回填土（折合天然密实体积），总体积为正，则为余土外运；总体积为负，则为取土内运。

余土运输工程量＝挖土工程量－回填工程量

5.1.3 工程案例

【例 5.1.2】 如第三章【例 3.2.1】，土壤类别为二类土，施工采用人工挖地槽。经计算，设计室外地坪以下埋设的砌筑物的总量为 $90.87m^3$，室内地面垫层底标高为－0.15m。求该项目挖沟槽、回填土及外运土方的工程量。

解：

(1) 人工挖基槽的工程量

根据题意及信息，可知 $k=0.5$、工作面宽度 $c=0.25m$、挖土深度 $H=2.4m-0.3m=2.1m$，则

外墙中心线长度 $L_{中}=[(13.8+0.13)+(6+0.13)]\times 2=40.12(m)$

内墙沟槽净长线 $L_{沟槽净}=(4.2-0.535\times 2)\times 3=9.39(m)$

外墙挖沟槽土方工程量 $V_{外}=(B_{外}+2c+kH)\times H\times L_{中}=(1.2+2\times 0.25+0.5\times 2.1)\times 2.1\times 40.12=231.69(m^3)$

内墙挖沟槽工程量 $V_{内}=(B_{内}+2c+kH)\times H\times L_{净}=(1.0+2\times 0.25+0.5\times 2.1)\times 2.1\times 9.39=50.28(m^3)$

挖沟槽的工程量＝$231.69+50.28=281.97(m^3)$

(2) 回填土工程量

基础回填土工程量＝挖土体积－室外设计地坪以下埋入物体积＝$281.97-90.87=191.1$ (m^3)

房心回填土工程量

＝室内主墙间净面积×回填土厚度

$=[(4.2-0.12\times 2)\times(3.6-0.12\times 2)+1.8\times(2.7-0.12\times 2)+(4.2-0.12\times 2)\times(3.3-0.12\times 2)\times 2+(4.2-0.12\times 2)\times(3.6-0.12\times 2)]\times(0.3-0.15)=8.29(m^3)$

回填土工程量＝$191.1+8.29=199.39(m^3)$

(3) 外运土方的工程量

余土外运＝挖土工程量－回填工程量＝$281.97-199.39=82.58(m^3)$

【例 5.1.3】 求图 5.1.8 基础挖土方工程量。三类土，反铲挖土机挖土坑上作业，自卸汽车运土。

【解】

根据题意及图 5.1.8 信息，可知 $k=0.67$、工作面宽度 $c=0.4m$、挖土深度 $H=2.2m-0.6m=1.6m$，则 J-1 基础挖土方工程量为

$$V=(a+2c+kH)\times(b+2c+kH)\times H+\frac{1}{3}K^2H^3$$

$$=(1.8+0.1\times 2+2\times 0.4+0.67\times 1.6)\times(1.8+0.1\times 2+2\times 0.4+0.67\times 1.6)\times 1.6+1/3\times 0.67^2\times 1.6^3=24.6(m^3)$$

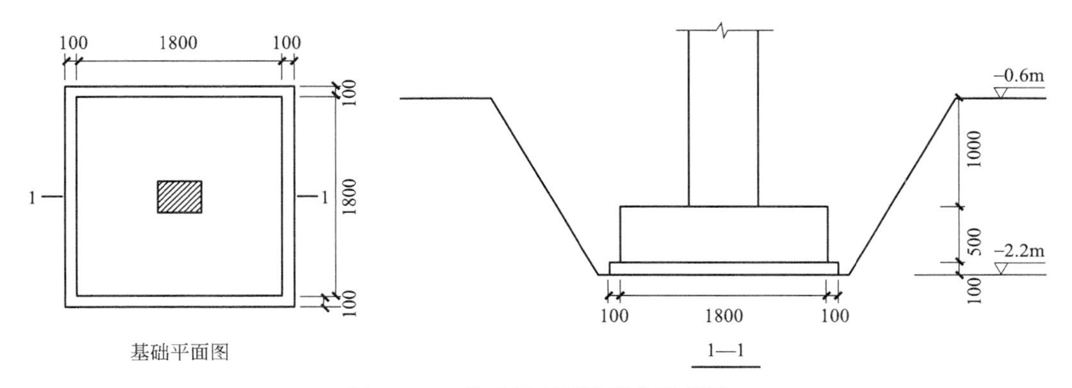

图5.1.8 基础平面图及开挖示意图

5.2 地基处理与边坡支护工程量计算

地基处理与基坑支护工程包括地基处理和基坑支护两部分。

5.2.1 地基处理

地基处理包括换填垫层、铺设土工合成材料、预压地基、强夯地基、振冲桩、碎（砂）石桩、水泥粉煤灰桩、搅拌桩、旋喷桩、石灰桩、灰土挤密桩、注浆地基等项目。

(1) 换填垫层

换填垫层项目适用于软弱地基挖土后的换填材料加固工程。其中，山皮石摊铺以面积计算，其余按设计图示尺寸以体积计算。换填垫层夯填灰土就地取土时，应扣除灰土配比中的黏土。

(2) 铺设土工合成材料

土工合成材料包括土工布和土工格栅，工程量按设计图示尺寸以面积计算。

(3) 预压地基

堆载预压、真空预压按设计图示尺寸以加固面积计算。

(4) 强夯地基

按设计图示强夯处理范围以面积计算。设计无规定时，按建筑物外围轴线每边各加4m计算。

(5) 填料桩

碎石桩、砂石桩，水泥粉煤灰碎石桩、灰土挤密桩均按设计桩长（包括桩尖）乘以设计桩外径截面积，以体积计算。

(6) 搅拌桩、旋喷桩

① 深层水泥搅拌桩、三轴水泥搅拌桩，高压旋喷水泥桩按设计桩长加0.5m乘以设计桩外径截面积，以体积计算。

② 三轴水泥搅拌桩中的插、拔型钢工程量按设计图示型钢以质量计算。

③ 高压旋喷水泥桩成孔按设计图示尺寸以桩长计算。

(7) 石灰桩

石灰桩按设计桩长（包括桩尖）以长度计算。

(8) 注浆地基

① 分层注浆钻孔数量按设计图示以钻孔深度计算。注浆数量按设计图纸注明加固土体的体积计算。

② 压密注浆钻孔数量按设计图示以钻孔深度计算。注浆数量按下列规定计算：

a. 设计图纸明确加固土体体积的，按设计图纸注明的体积计算。

b. 设计图纸以布点形式图示土体加固范围的，则按两孔间距的一半作为扩散半径，以布点边线各加扩散半径，形成计算平面，计算注浆体积。

c. 如果设计图纸注浆点在钻孔灌注桩之间，按两注浆孔的一半作为每孔的扩散半径，依此圆柱体积计算注浆体积。

(9) 凿桩头

按凿桩长度乘以断面以体积计算。凿桩长度设计有规定时，按设计要求计算，设计无规定时，按 0.5m 计算。

5.2.2 基坑支护

基坑支护包括地下连续墙、预制钢筋混凝土板桩、钢板桩、锚杆锚索、土钉、喷射混凝土、钢支撑、挡土板等项目。

(1) 地下连续墙

① 现浇导墙混凝土按设计图示，以体积计算。

② 成槽工程量按设计长度乘以墙厚及成槽深度（设计室外地坪至连续墙底），以体积计算。

③ 锁口管以“段”为单位（段，指槽壁单元槽段），锁口管吊拔按连续墙段数计算。

④ 清底置换以“段”为单位（段，指槽壁单元槽段）。

⑤ 浇注连续墙混凝土工程量按设计长度乘以墙厚及墙深加 0.5m，以体积计算。

⑥ 凿地下连续墙超灌混凝土，设计无规定时，其工程量按墙体断面面积乘以 0.5m 以体积计算。

(2) 预制钢筋混凝土板桩和钢板桩

① 预制钢筋混凝土板桩按设计图示尺寸，以体积计算。

② 打拔钢板桩按设计桩体以质量计算。

③ 钢板桩按实际使用天数计算。钢板桩使用天数费＝钢板桩定额使用量×使用天数×钢板桩使用费标准 [元/(t·d)]。钢板桩使用天数按实际算，使用费标准为 9 元/(t·d)。

④ 安、拆导向夹具按设计图示尺寸以长度计算。

(3) 锚杆锚索、土钉

砂浆土钉、砂浆锚杆的钻孔、灌浆，按设计文件或施工组织设计规定（设计图示尺寸）的钻孔深度，以长度计算。喷射混凝土护坡区分土层与岩层，按设计文件（或施工组织设计）规定尺寸，以面积计算。钢筋、钢绞线、钢管锚杆按设计图示以质量计算。锚头制作、安装、张拉、锁定按设计图示以套计算。泄水孔以个计算。打入式土钉，按入土深度以长度计算。

(4) 钢支撑

按设计图示尺寸以质量计算，不扣除孔眼质量，焊条、铆钉、螺栓等也不另增加质量。

(5) 挡土板

按设计文件（或施工组织设计）规定的支挡范围，以面积计算。

5.2.3 工程案例

【例 5.2.1】 某拟建工程黏土的地基承载力未达到要求，采用强夯法对地基进行加固。拟建建筑物外围轴线长 54.8m，宽度 16m。试计算强夯工程量。

解：

设计无规定时，强夯处理范围按建筑物外围轴线每边各加 4m 以面积计算。

$S=(54.8+4\times2)\times(16+4\times2)=1507.2(m^2)$

【例 5.2.2】 某边坡工程采用支护，根据岩土工程勘察报告，地层为带块石的碎石土，土钉成孔沿坡面从上至下设置 4 排，间距 1500mm，每排沿纵向槽长设置 18 个孔，成孔间距为 1600mm，成孔直径为 130mm。采用 1 根 HRB335 直径 20 的钢筋作为杆体，成孔深度及入射角度如图 5.2.1 所示，杆筋送入钻孔后，灌注 M3.0 水泥砂浆。钢筋挂网采用 HPB300 的直径为 6.5mm 的钢筋@200mm×200mm，不考虑搭接；预拌 C25 喷射混凝土罩面，厚度为 80mm，试计算边坡支护的工程量。

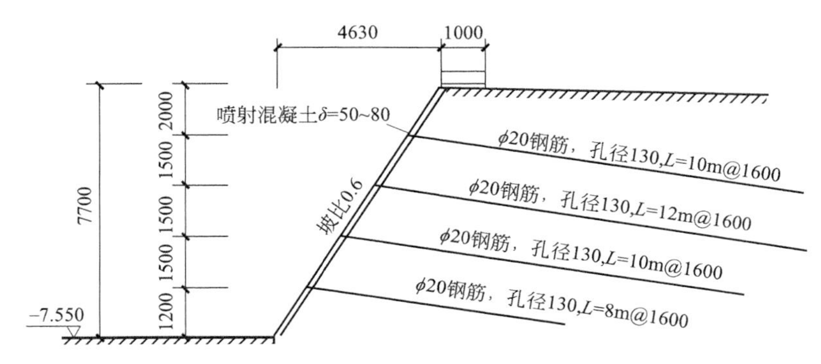

图 5.2.1　边坡支护示意图

解：

(1) 土钉钻孔灌浆工程量，按设计文件或施工组织设计规定（设计图示尺寸）的钻孔深度，以长度计算。

$L=10\times18\times2+12\times18+8\times18=720(m)$

(2) 钢筋土钉工程量按设计图示以质量计算。

$G=720m\times0.00617\times20^2kg/m=1776.96kg=1.777t$

(3) 钢筋网片工程量

坡面斜长 $L_1=\sqrt{4.63^2+7.7^2}=8.98(m)$

坡面纵向长度 $L_2=(18+1)\times1.6=30.4(m)$

钢筋网片重量 $G=\{(8.98+1)\times(30.4/0.2+1)+30.4\times[(8.98+1)/0.2+1)]\}\times0.00617\times6.5^2=801.42(kg)$

(4) 喷射混凝土工程量，区分土层与岩层，按设计文件（或施工组织设计）规定尺寸，以面积计算。

$S=\sqrt{4.63^2+7.7^2}\times(18+1)\times1.6=272.99(m^2)$

5.3 桩基础工程量计算

桩基工程定额包括打桩、灌注桩两部分。适用于陆地上桩基工程。

5.3.1 打桩

打桩包括预制钢筋混凝土方桩、预制钢筋混凝土管桩、钢管桩、截（凿）桩头、送桩等项目。打桩项目包括成品桩购置费，如果用现场预制桩，应包括现场预制的所有费用。

(1) 预制钢筋混凝土方桩

打、压预制钢筋混凝土方桩按设计桩长（包括桩尖）乘以桩截面面积，以体积计算。

(2) 预应力钢筋混凝土管桩

① 打、压预应力钢筋混凝土管桩按设计桩长（不包括桩尖)，以长度计算。

② 预应力钢筋混凝土管桩钢桩尖按设计图示尺寸，以质量计算。

③ 预应力钢筋混凝土管桩，如设计要求桩孔内加注填充材料时，按设计尺寸以灌注体积计算。

④ 桩头灌芯按设计尺寸以灌注体积计算。

(3) 钢管桩

① 钢管桩按设计要求的桩体质量计算。

② 钢管桩内切割、精割盖帽按设计要求的数量计算。

③ 钢管桩管内钻孔取土、填芯，按设计桩长（包括桩尖）乘以填芯截面积，以体积计算。

(4) 送桩

打桩工程的送桩均按设计桩顶标高至打桩前的自然地坪标高另加 0.5m，计算相应的送桩工程量。

(5) 接桩

预制混凝土桩、钢管桩电焊接桩，按设计要求接桩头的数量计算。

(6) 凿桩头

预制混凝土桩凿桩头（除预制管桩外）按设计图示桩截面积乘以凿桩头长度，以体积计算。凿桩头的长度设计无规定时，桩头长度按桩体主筋直径的 40 倍计算，主筋直径不同时取大者；灌注混凝土桩凿桩头按设计加灌高度（设计有规定时按设计要求，设计无规定时按 0.5m）乘以桩身设计截面积以体积计算。

5.3.2 灌注桩

灌注桩包括回旋钻机成孔、旋挖钻机成孔、冲击钻机成孔、扩孔成孔、泥浆制作、埋设钢护筒、沉管成孔、螺旋钻机成孔、机械成孔灌注混凝土、人工挖孔桩土（石）方、人工挖孔灌注桩、钻孔压浆桩、灌注桩埋管、后压浆等项目。

(1) 机械成孔灌注桩

回旋钻机成孔、冲击钻机成孔工程量按打桩前自然地坪标高至设计桩底标高的成孔长度计算。其余机械成孔工程量按打桩前自然地坪标高至设计桩底标高的成孔长度乘以设计桩径截面积，以体积计算。

机械成孔灌注桩灌注混凝土工程量按设计桩径截面积乘以设计桩长（包括桩尖）另加加灌长度，以体积计算。加灌长度设计有规定时，按设计要求计算，无规定时，按 0.5m 计算。

(2) 沉管桩

沉管成孔工程量按打桩前自然地坪标高至设计桩底标高（不包括预制桩尖）的成孔长度乘以钢管外径截面积，以体积计算。

沉管桩灌注混凝土工程量按钢管外径截面积乘以设计桩长（不包括预制桩尖）另加加灌长度，以体积计算。加灌长度设计有规定时，按设计要求计算，无规定时，按 0.5m 计算。

(3) 人工挖孔桩

人工挖孔桩挖孔工程量分土、石类别按成孔长度乘以设计护壁外围截面积，以体积计算。人工挖孔桩灌注混凝土桩芯工程量分别按设计图示截面积乘以设计桩长另加加灌长度，以体积计算。加灌长度设计有规定时，按设计要求计算，无规定时，按 0.25m 计算。人工挖孔扩底灌注桩按图示护壁内径圆台体积及扩大桩头实体积以体积计算。护壁混凝土按设计图示尺寸以体积计算。设计要求扩底时，其扩底工程量按设计尺寸，以体积计算，并入相应的工程量内。人工挖孔桩工程量计算详见3.4.2节。

(4) 钻孔灌注桩

① 泥浆制作、运输按实际成孔工程量，以体积计算。

② 埋设钢护筒分不同桩径按长度计算。

(5) 桩孔回填工程量

按打桩前自然地坪标高至桩加灌长度的顶面乘以桩孔截面积以体积计算。

(6) 钻孔压浆桩

工程量按设计桩长，以长度计算。

(7) 注浆管、声测管

埋设工程量按打桩前的自然地坪标高至设计桩底标高另加0.5m，以长度计算。

(8) 桩底（侧）后压浆工程量

按设计注入水泥用量，以质量计算。

5.3.3 工程案例

【例5.3.1】 某建筑物基础采用预制钢筋混凝土土桩，设计混凝土桩170根，将桩送至地面以下0.6m，桩尺寸如图5.3.1所示。计算打桩工程量，送桩工程量。

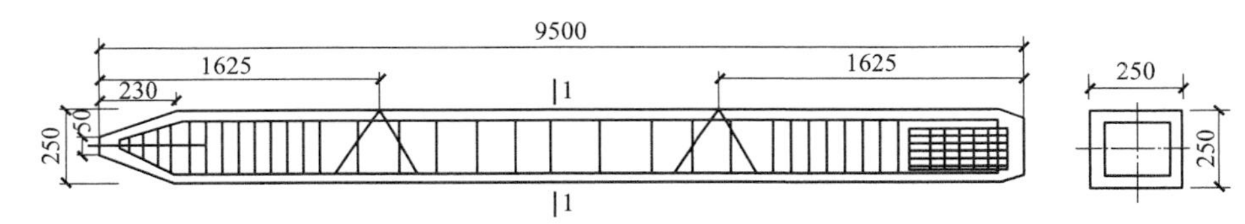

图5.3.1 预制钢筋混凝土桩

解：

(1) 打桩工程量

$V=0.25\times0.25\times9.5\times170=100.94(m^3)$

(2) 送桩工程量

送桩深度＝0.6＋0.5＝1.1(m)

送桩工程量$=0.25\times0.25\times1.1\times170=11.69(m^3)$

【例5.3.2】 如图5.3.2所示，自然地面标高－0.300m，设计桩顶标高－2.800m，设计桩长（包括桩尖）17.6m。设计C30预制钢筋混凝土桩共79根，采用环氧树脂接桩。计算打桩、送桩及接桩工程量。

解：

(1) 打桩工程量

$V=0.6\times0.6\times17.6\times79=500.54(m^3)$

(2) 送桩工程量

送桩深度＝2.8－0.3＋0.5＝3(m)

送桩工程量$=0.6\times0.6\times3\times79=85.32(m^3)$

(3) 接桩工程量

按个数来计算，共79个。

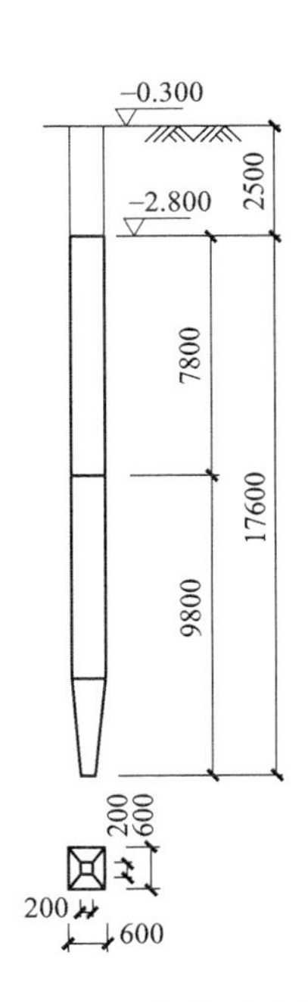

图5.3.2 打桩示意图

【例5.3.3】 计算【例3.4.1】中预制钢筋混凝土方桩打桩、送桩及接桩工程量。

解：

打桩工程量$=0.4\times0.4\times19\times50=152(m^3)$

接桩工程量=50个接头

送桩工程量$=0.4\times0.4\times(2+0.5)\times50=20(m^3)$

【例5.3.4】某工程设计室外地坪−0.6m，回旋钻机钻孔灌注混凝土桩，混凝土强度等级为C20，共238根，桩基截面直径为0.4m，设计桩长（包含桩尖）为4m，计算回旋钻机成孔工程量及灌注混凝土工程量。

解：

(1) 回旋钻孔成孔工程量

回旋钻机成孔工程量按打桩前自然地坪标高至设计桩底标高的成孔长度计算。

$L=4\times238=952$ (m)

(2) 灌注混凝土工程量

机械成孔灌注桩灌注混凝土工程量按设计桩径截面积乘以设计桩长（包括桩类）另加加灌长度，以体积计算。加灌长度设计有规定时，按设计要求计算，无规定时，按0.5m计算。

$V=\frac{1}{4}\pi\times0.4^2\times(4+0.5)\times238=134.52(m^3)$

5.4 砌筑工程量计算

砌筑工程包括砖砌体、砌块砌体、石砌体、垫层、轻质隔墙、构筑物砌体工程和现场拌制砂浆增加费等内容。

5.4.1 砖砌体、砌块砌体

砖砌体包括砖基础、实心砖墙、多孔砖墙、空心砖墙、空斗墙、空花墙、填充墙、贴砌砖、实心砖柱、多孔砖柱、砖砌检查井、零星砌砖、砖散水、地坪、砖地沟等项目；砌块砌体包括砌块墙、砌块柱、保温砌块等项目。

(1) 基础与墙（柱）身的划分

① 基础与墙（柱）身使用同一种材料时，以设计室内地面为界（有地下室者，以地下室室内设计地面为界），以下为基础，以上为墙（柱）身，见图5.4.1(a)。

② 基础与墙（柱）身使用不同材料时，位于设计室内地面高度≤±300mm时，以不同材料

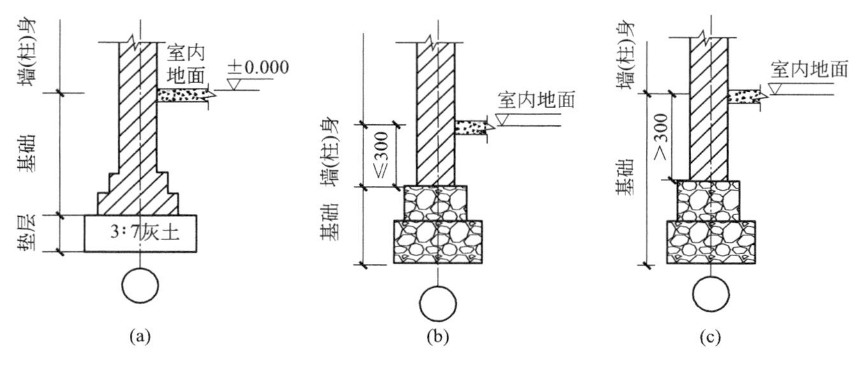

图5.4.1 基础和墙身的划分

为分界线，见图5.4.1(b)；高度＞±300mm时，以设计室内地面为分界线，见图5.4.1(c)。

③ 砖砌地沟不分墙基和墙身，按不同材质分别合并工程量套用相应项目。

④ 围墙以设计室外地坪为界，以下为基础，以上为墙身。

(2) 砖基础

砖基础按图示尺寸以体积计算，如式（5.4.1）所示。

$$\text{砖基础体积}=\text{外墙基础断面面积}\times L_{\text{中}}+\text{内墙基础断面面积}\times L_{\text{内墙基}}-\text{应扣除的体积}+\text{应增加的体积} \quad (5.4.1)$$

式中 $L_{\text{中}}$——外墙中心线长度；

$L_{\text{内墙基}}$——内墙基净长线长度。

① 附墙垛基础宽出部分体积按折加长度合并计算，扣除地梁（圈梁）、构造柱所占体积，不扣除基础大放脚T形接头处的重叠部分（图5.4.2），嵌入基础内的钢筋、铁件、管道、基础砂浆防潮层和单个面积0.3m²以内的孔洞所占体积，靠墙暖气沟的挑檐（图5.4.3）不增加。

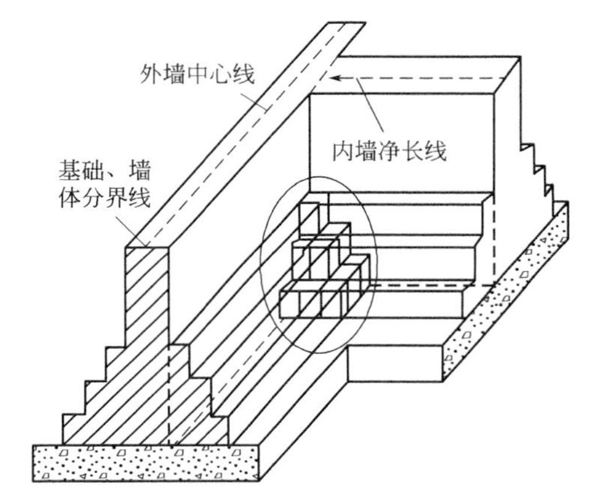

图5.4.2 基础大放脚T形接头处重叠部分

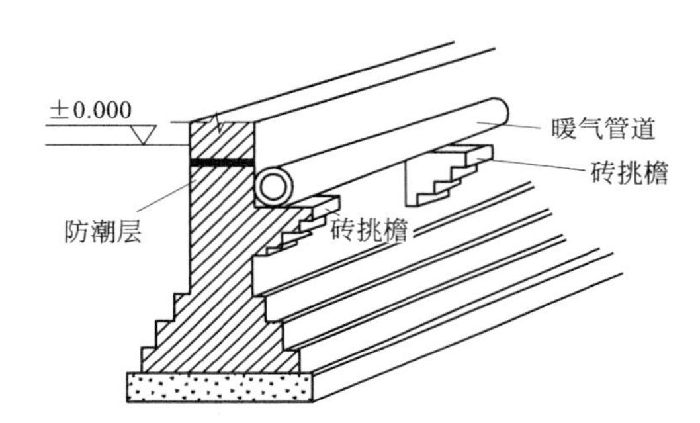

图5.4.3 靠墙暖气沟挑檐

② 单个面积超过0.3m²的孔洞所占体积应予扣除，其洞口上混凝土过梁应另行计算。

(3) 砖墙、砌块墙

砖墙、砌块墙按设计图示尺寸以体积计算，按式（5.4.2）计算。

$$\text{砖墙(砌块墙)体积}=(\text{墙长}\times\text{墙高}-\text{门窗洞口面积})\times\text{墙厚}+\text{应增加体积}-\text{应扣除体积} \quad (5.4.2)$$

① 扣除门窗、洞口、嵌入墙内的钢筋混凝土柱、梁、圈梁、挑梁、过梁及凹进墙内的壁龛、管槽、暖气槽、消火栓箱、门窗侧面预埋的混凝土块所占体积，不扣除梁头、板头、檩头、垫木、木楞头、沿椽木、木砖、门窗走头、砖墙内加固钢筋、木筋、铁件、钢管及单个面积0.3m²以内的孔洞所占的体积。凸出墙面的腰线、挑檐、压顶、窗台线、虎头砖、门窗套的体积亦不增加。凸出墙面的砖垛并入墙体体积内计算。

② 墙长度。外墙按中心线、内墙按内墙净长线计算。

③ 墙高度。

a. 外墙。斜（坡）屋面无檐口、天棚者算至屋面板底；有屋架且室内外均有天棚者算至屋架下弦底另加200mm；无天棚者算至屋架下弦底另加300mm；出檐宽度超过600mm时按实砌高度计算；有钢筋混凝土楼板隔层者算至板顶；平屋顶算至钢筋混凝土板底。如图3.5.3所示。

b. 内墙。位于屋架下弦者，算至屋架下弦底；无屋架者算至天棚底另加100mm；有钢筋混凝土楼板隔层者算至楼板底；有框架梁时算至梁底。如图3.5.4所示。

c. 女儿墙。从屋面板上表面算至女儿墙顶面（如有混凝土压顶时，算至压顶下表面）。

d. 内、外山墙。按其平均高度计算。

④ 墙厚度。按设计图示尺寸计算。

⑤ 框架间墙。不区分内外墙按墙体净尺寸以体积计算。

⑥ 围墙。高度算至压顶上表面（如有混凝土压顶时，算至压顶下表面），围墙柱并入围墙体积内。

⑦ 空心砖、多孔砖墙。不扣除其孔、空心部分体积，其中实心砖砌体部分已包括在项目内，不另计算。

(4) 空斗墙

按设计图示尺寸以空斗墙外形体积计算。墙角、内外墙交接处、门窗洞口立边、窗台砖、屋檐处的实砌部分体积已包括在空斗墙体积内。空斗墙的窗间墙、窗台下、楼板下、梁头下等的实砌部分，应另行计算，套用零星砌体项目，如图 5.4.4 所示。

(5) 空花墙

按设计图示尺寸以空花部分外形体积计算，不扣除空花部分体积。其中实心砖砌体部分按相应墙体项目另行计算，如图 5.4.5 所示。

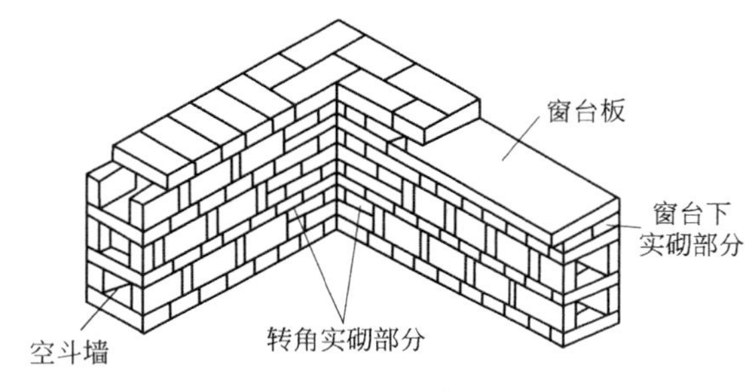

图 5.4.4 空斗墙示意图

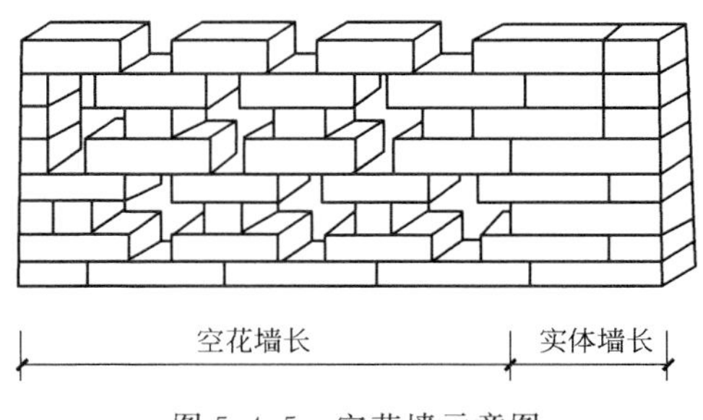

图 5.4.5 空花墙示意图

(6) 填充墙

按设计图示尺寸以填充墙外形体积计算。其中实心砖砌体部分已包括在项目内，不另行计算。

(7) 砖柱、石柱

按设计图示尺寸以体积计算，扣除混凝土及钢筋混凝土梁垫、梁头、板头所占体积。

(8) 零星砌体

零星砌体指台阶、台阶挡墙、梯带、锅台、炉灶、蹲台、池槽、池槽腿、花台、花池、楼梯、栏板、阳台栏板、地垄墙、0.3m^2 以内的孔洞填塞、突出屋面的烟囱、屋面伸缩缝砌体、隔热板砖墩等。零星砌体、地沟、砖碹按设计图示尺寸以体积计算，扣除混凝土及钢筋混凝土梁垫、梁头、板头所占体积。

(9) 砖砌台阶

包括梯带，按体积以 m^3 计算；砖散水、地坪按设计图示尺寸以面积计算。

(10) 附墙烟囱、通风道、垃圾道

应按设计图示尺寸以体积（扣除孔洞所占体积）计算，并入所依附的墙体体积内。不扣除每一个孔洞横截面在 0.1m^2 以下的体积。

(11) 砖平碹和钢筋砖过梁

基础、墙体洞口上的砖平碹，钢筋砖过梁若另行计算时，应扣除相应砖砌体的体积。砖平碹、钢筋砖过梁、砖拱碹，均按图示尺寸以 m^3 计算。如设计无规定时，砖平碹按门窗洞口宽度两端共加100mm，乘以高度（门窗洞口宽小于1500mm时，高度为240mm，大于1500mm时，高度为365mm）计算；钢筋砖过梁按门窗洞口宽度两端共加500mm，高度按440mm计算。

5.4.2 石砌体、垫层、轻质隔墙

（1）石挡土墙、石护坡、石台阶

按设计图示尺寸以体积计算，石坡道按设计图示尺寸以水平投影面积计算，墙面勾缝按设计图示尺寸以面积计算。

（2）石基础、石勒脚、石墙

① 石基础、石勒脚、石墙的划分。基础与勒脚应以设计室外地坪为界，勒脚与墙身应以设计室内地面为界。石围墙内外地坪标高不同时，应以较低地坪标高为界，以下为基础；内外标高之差为挡土墙时，挡土墙以上为墙身。

② 石勒脚按设计图示尺寸以体积计算，扣除单个0.3m^2以外的孔洞所占体积。

（3）其他砌体工程量

① 石砌地沟按实砌体积以体积计算。

② 垫层工程量按设计图示尺寸以体积计算。

$$垫层体积=地面面积\times垫层厚度$$

③ 轻质隔墙按设计图示尺寸以面积计算。

5.4.3 构筑物砌体工程

构筑物砌体工程，包括烟囱、烟道、烟囱和烟道内涂刷隔绝层及砖加工、砖水塔、贮水池、化粪池等项目。

（1）砖烟囱、水塔

均按设计图示筒壁平均中心线周长乘以厚度乘以高度以体积计算。扣除各种孔洞、钢筋混凝土圈梁、过梁等体积。

① 砖烟囱应按设计室外地坪为界，以下为基础，以上为筒身。

② 砖烟道与炉体的划分应按第一道闸门为界。

③ 水塔基础与塔身划分应以砖砌体的扩大部分顶面为界，以上为塔身，以下为基础。

④ 烟道砌砖按图示尺寸以体积计算。炉体内的烟道部分列入炉体工程量计算。

（2）其他

① 贮水池及化粪池不分壁厚均以体积计算，洞口上的砖平拱碹等并入砌体体积内计算。

② 窨井及水池均按实砌体积以体积计算。

5.4.4 工程案例

【例5.4.1】某工程基础平面图和断面图如图5.4.6所示，M5.0砂浆砌筑，试计算基础工程量。

解：

基础长度 $L_{中}=(3.3\times3+5.4)\times2=30.60\ (m)$

$L_{内砖基}=(5.4-0.24)\times2=10.32m$，$L_{内石基}=(5.4-0.24-0.15\times2)\times2=9.72\ (m)$

砖基础工程量 $V_{砖基}=(0.8+0.3)\times0.24\times(30.6+10.32)=10.8\ (m^3)$

毛石基础工程量 $V_{石基}=[(1.24-0.2\times2)\times0.35+(0.84-0.15\times2)\times0.35]\times(30.6+9.72)$

$=19.47(m^3)$

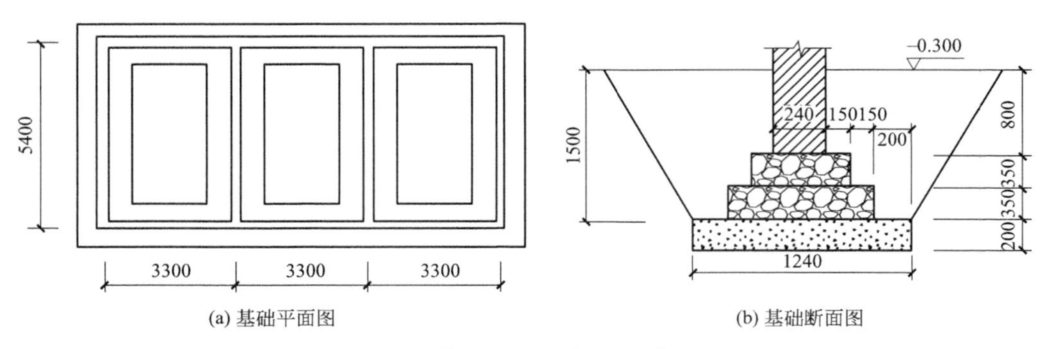

图 5.4.6 某工程基础平面图和断面图

【例 5.4.2】 办公室平面图如图 5.4.7 所示。层高 3.3m，板厚 0.1m，M1＝1800mm×2400mm，M2＝1000mm×2400mm，C1＝1800mm×1800mm，C2＝2100mm×1800mm。外墙中圈梁体积为 1.61m^3，过梁体积为 0.61m^3，构造柱体积为 0.88m^3。内墙中圈梁体积为 0.6m^3，过梁体积为 0.48m^3。计算墙体工程量。

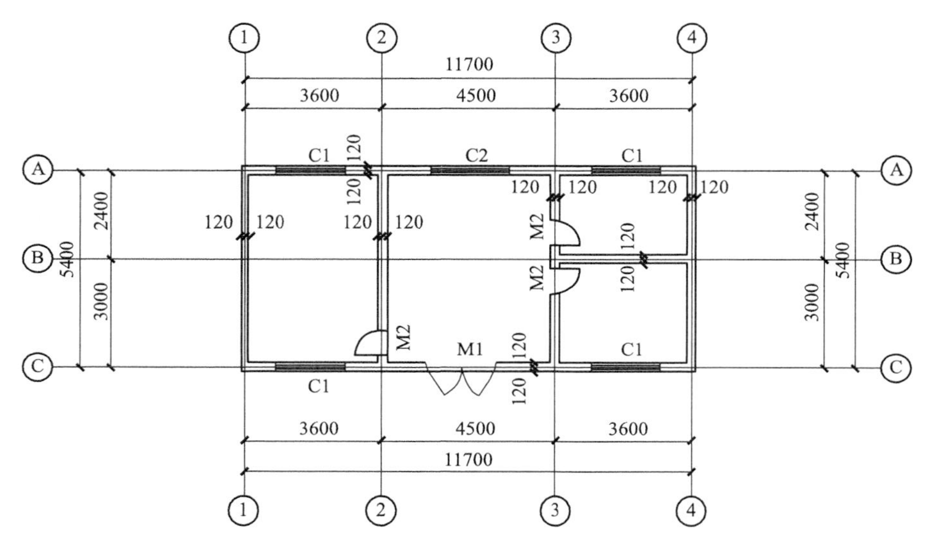

图 5.4.7 办公室平面图

解：

外墙中心线长度 $L_中$＝(11.7＋5.4)×2＝34.2 (m)

内墙净长线 $L_内$＝(5.4－0.24)×2＋(3.6－0.24)＝13.68 (m)

外墙高 $H_外$＝3.3m，内墙高 $H_内$＝3.3－0.1＝3.2 (m)

外墙门窗 $S_{外门窗}$＝4C1＋C2＋M1＝4×(1.8×1.8)＋(2.1×1.8)＋(1.8×2.4)＝21.06(m^2)

内墙门窗 $S_{内门窗}$＝3M2＝3×(1×2.4)＝7.2(m^2)

外墙工程量 $V_外$＝($L_中$×$H_外$－$S_{外门窗}$)×墙厚－外墙混凝土体积

＝(34.2×3.3－21.06)×0.24－(1.61＋0.61＋0.88)＝18.93(m^3)

内墙工程量 $V_内$＝($L_内$×$H_内$－$S_{内门窗}$)×墙厚－内墙混凝土体积

＝(13.68×3.2－7.2)×0.24－(0.6＋0.48)＝7.70 (m^3)

【例 5.4.3】 如图 5.4.8 所示，已知柱截面 500mm×500mm，内外墙上均有圈梁 L_1，梁 L_1 截面 400mm×600mm，板厚 100mm，轴线距外墙 250mm，计算框架间墙体工程量。

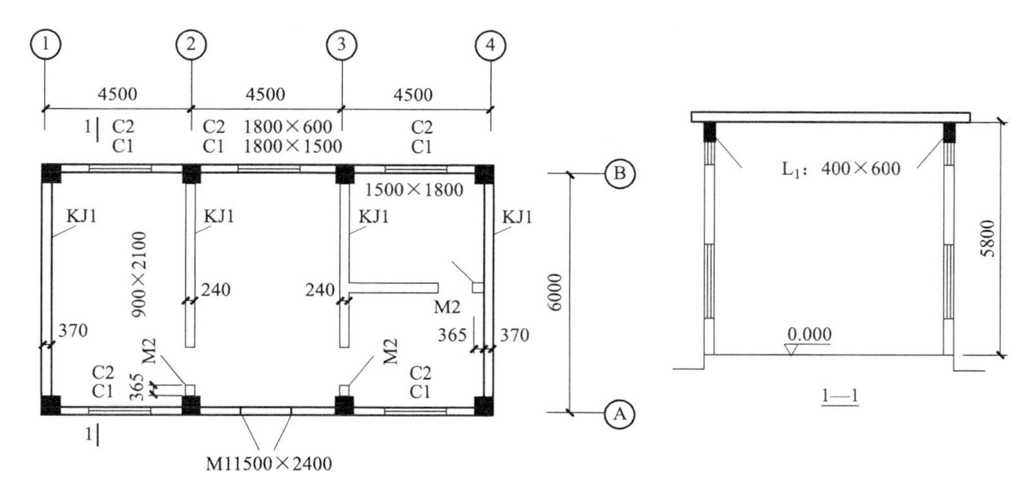

图 5.4.8 某工程平面图及剖面图

解：

外墙净长 $L_{外}=[(4.5\times3-3\times0.5)+(6-0.5)]\times2=35$ (m)

内墙净长 $L_{内}=(6-0.5)\times2+4.5-(0.12+0.37/2)=15.2$ (m)

墙高 $H_{外}=H_{内}=5.8-(0.6-0.1)=5.3$ (m)

门窗面积：$S_{外门窗}=5(C1+C2)+M1=5\times[(1.8\times1.5)+(1.8\times0.6)]+(1.5\times2.4)$

$=22.5$ (m^2)

$S_{内门窗}=3M2=3\times(0.9\times2.1)=5.67$ (m^2)

外墙工程量 $V_{外}=(35\times5.3-22.5)\times0.37=60.31$ (m^3)

内墙工程量 $V_{内}=(15.2\times5.3-5.67)\times0.24=17.97$($m^3$)

5.5 混凝土及模板工程量计算

5.5.1 混凝土工程量计算

混凝土工程包括现浇混凝土基础、柱、梁、墙、板、楼梯、其他构件及后浇带；预制混凝土柱、梁、板制作安装；混凝土拌制与输送等项目。

混凝土工程量除另有规定者外，均按设计图示尺寸以体积计算。不扣除构件内钢筋、预埋铁件及墙、板中 $0.3m^2$ 以内的孔洞所占体积。

(1) 混凝土基础

按设计图示尺寸以体积计算，不扣除伸入承台基础的桩头所占体积。现浇混凝土墙（柱）与基础的划分，以基础扩大面的顶面为分界线，以下为基础，以上为墙（柱）身。

① 带形基础。带形基础又称条形基础（图 5.5.1），其断面形式有许多种，如阶梯形、梯形（图 5.5.2）等。

带形基础有肋时，在肋高（梁高，指基础扩大顶面至梁顶面的高）≤1.2m 时，将肋与基础的工程量合并计算，按带型基础定额项目计算；在肋高>1.2m 时，将扩大顶面以下的基础部分，按带型基础项目计算，扩大顶面以上部分，按混凝土墙子目计算。

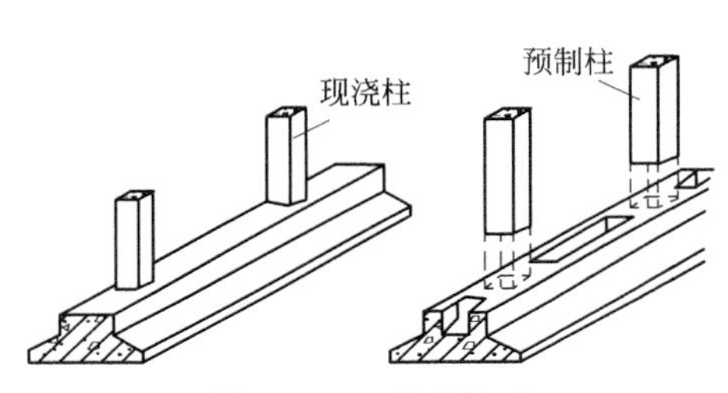

图 5.5.1　带形基础

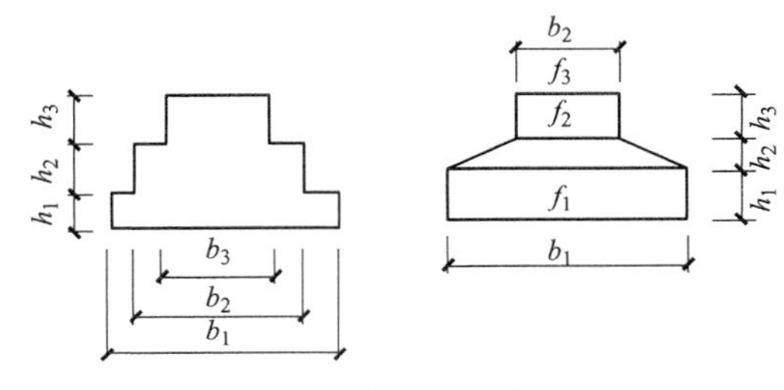

图 5.5.2　带形基础断面形式

② 独立基础。独立基础如图 5.5.3 所示，其基础体积如式（5.5.1）所示。

$$V=ABh_2+\frac{1}{6}h_1[AB+ab+(A+a)(B+b)] \tag{5.5.1}$$

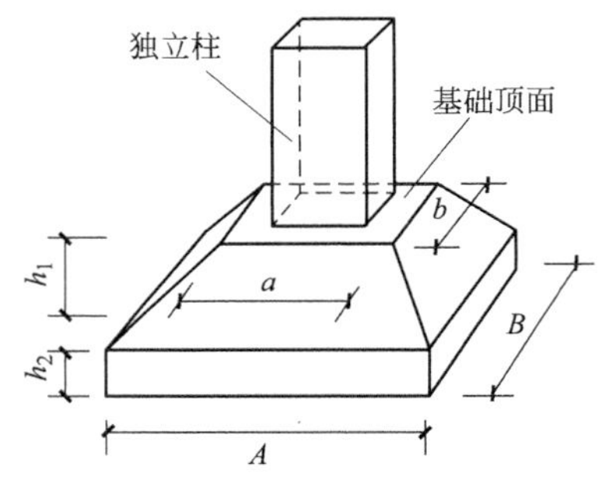

图 5.5.3　独立基础

式中　A，B——独立基础底面的长度和宽度；

a，b——独立基础顶面的长度和宽度；

h_1，h_2——独立基础每一阶高度。

③ 杯形基础。杯形基础如图 5.5.4 所示，工程量按图示几何体的体积计算，扣除杯口部分所占体积。计算公式如式(5.5.2)～式(5.5.6)。

四棱柱体积（底部）：
$$V_1=a_1b_1h_1 \tag{5.5.2}$$

四棱台体积：
$$V_2=\frac{h_2}{6}[a_1b_1+(a_1+a_2)(b_1+b_2)+a_2b_2] \tag{5.5.3}$$

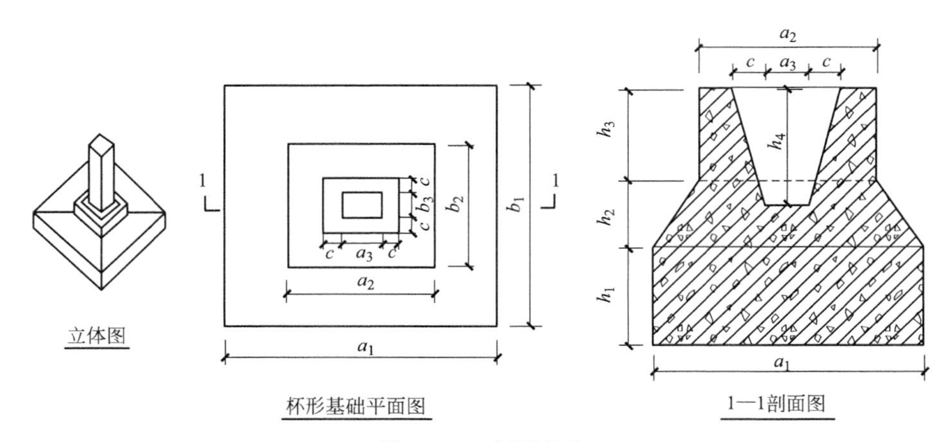

图 5.5.4　杯形基础

四棱柱体积（顶部）：
$$V_3=a_2b_2h_3 \tag{5.5.4}$$

倒四棱台：

$$V_4=\frac{h_4}{6}[(a_3+2c)(b_3+2c)+(a_3+2c+a_3)(b_3+2c+b_3)+a_3b_3] \tag{5.5.5}$$

杯形基础的体积：
$$V_{杯基}=V_1+V_2+V_3-V_4 \tag{5.5.6}$$

④ 满堂基础。

a. 无梁式满堂基础，如图 5.5.5 所示，其工程量计算如式（5.5.7）。

无梁式满堂基础工程量＝底板面积×板厚＋柱墩体积 (5.5.7)

b. 有梁式满堂基础，如图 5.5.6 所示，其工程量计算如式（5.5.8）。

有梁式满堂基础工程量＝基础底板面积×板厚＋梁截面面积×梁长 (5.5.8)

基础上部柱子应从梁的上表面算起，不能从底板的上表面算起。

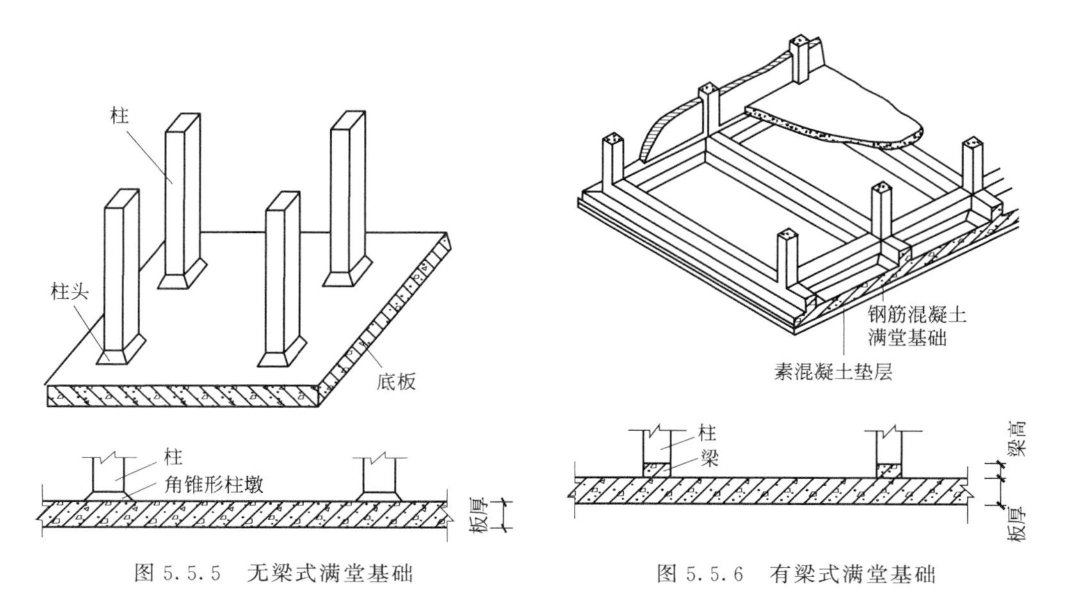

图 5.5.5 无梁式满堂基础　　图 5.5.6 有梁式满堂基础

c. 箱式满堂基础，如图 5.5.7 所示，分别按基础、柱、墙、梁、板等有关规定计算。底板按满堂基础计算，顶板、墙、柱分别按板、墙、柱计算。

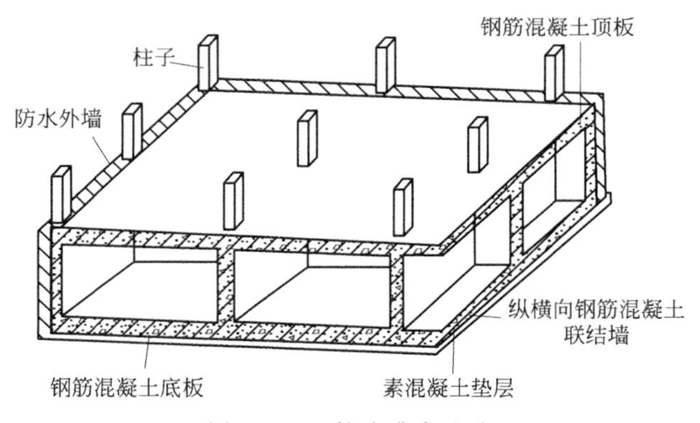

图 5.5.7 箱式满堂基础

⑤ 设备基础。除块体设备基础（块体设备基础是指没有空间的实心混凝土形状）以外，其他类型设备基础分别按基础、柱、墙、梁、板等有关规定计算。

(2) 混凝土柱

混凝土柱，按设计图示尺寸以体积计算。其计算公式如式(5.5.9)。

柱工程量＝柱截面面积×柱高＋应增加的体积 (5.5.9)

柱高的确定：

① 柱与板相连接的柱高，应自柱基上表面（或楼板上表面）至上一层楼板上表面之间的高度计算，见图 5.5.8。

② 带柱帽的柱，柱与板相连的柱高，应自柱基上表面（或楼板上表面）至柱帽下表面之间

的高度计算。柱帽工程量合并到柱子工程量内计算，见图 5.5.9。

③ 框架柱的柱高应自柱基上表面至柱顶高度计算，见图 5.5.10。

④ 依附柱上的牛腿，并入柱身体积内计算。

⑤ 钢管混凝土柱以钢管高度按照钢管内径计算混凝土体积。

⑥ 构造柱的柱高按全高计算，如图 5.5.11，嵌接墙体部分（马牙槎）并入柱身体积。计算公式如式(5.9.10)。

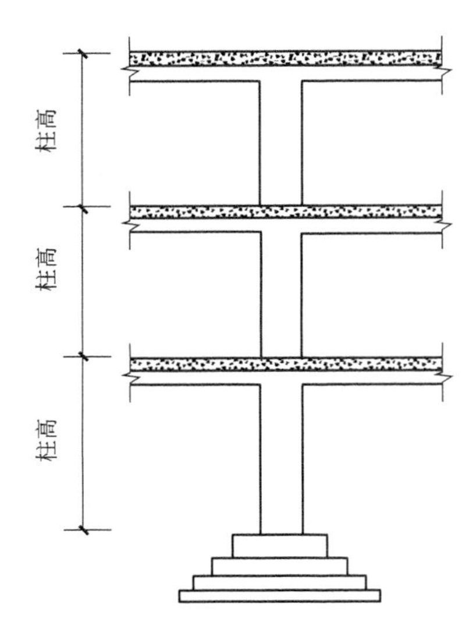

图 5.5.8 柱与板连接的柱高示意图

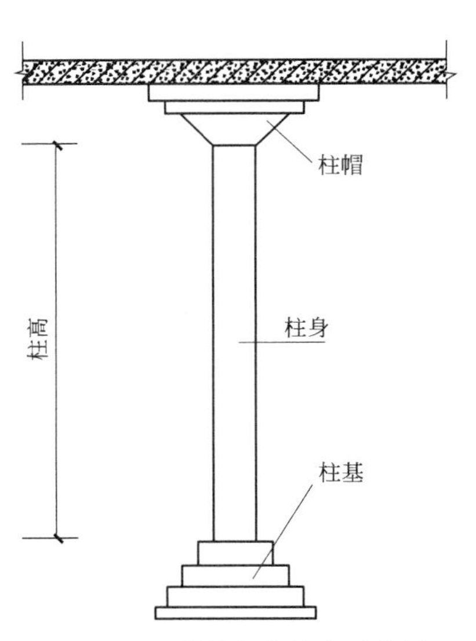

图 5.5.9 带柱帽的柱高示意图

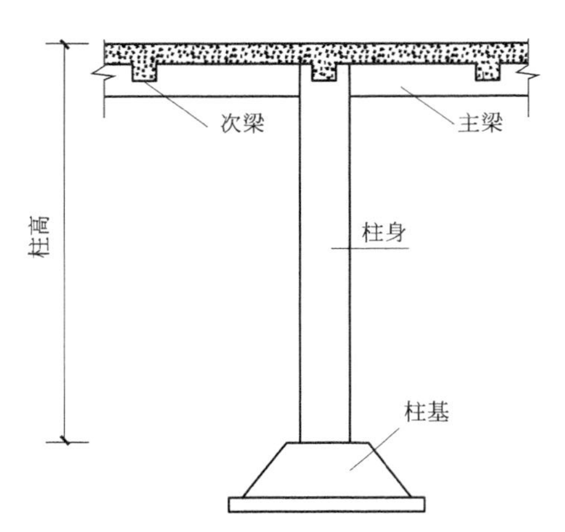

图 5.5.10 框架柱柱高示意图

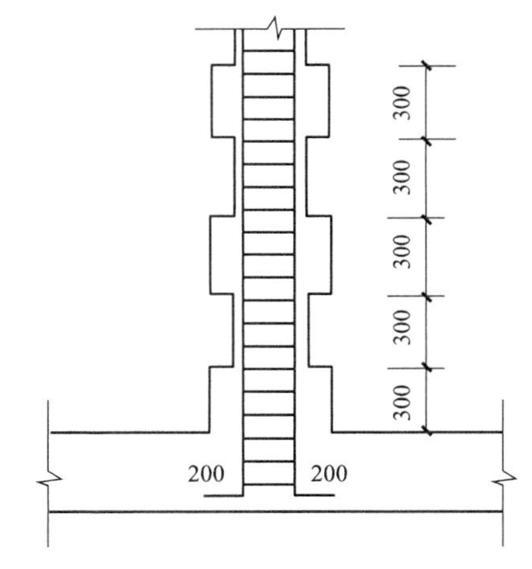

图 5.5.11 带马牙槎构造柱

$$构造柱工程量=柱身体积+马牙槎体积=构造柱计算断面面积 S\times 柱高 \quad (5.5.10)$$

根据构造柱在墙体内的位置，假设马牙槎宽度为 60mm，则构造柱计算断面面积 S 分别计算如式(5.5.11)～式(5.5.15)。

如图 5.5.12(a)：$$S=d_1d_2+0.03d_2 \quad (5.5.11)$$

如图 5.5.12(b)：$$S=d_1d_2+0.03d_1+0.06d_2 \quad (5.5.12)$$

如图 5.5.12(c)：$$S=d_1d_2+0.06d_2 \quad (5.5.13)$$

如图 5.5.12(d)：$$S=d_1d_2+0.03d_1+0.03d_2 \quad (5.5.14)$$

如图 5.5.12(e)：

$$S=d_1d_2+0.06d_1+0.06d_2 \tag{5.5.15}$$

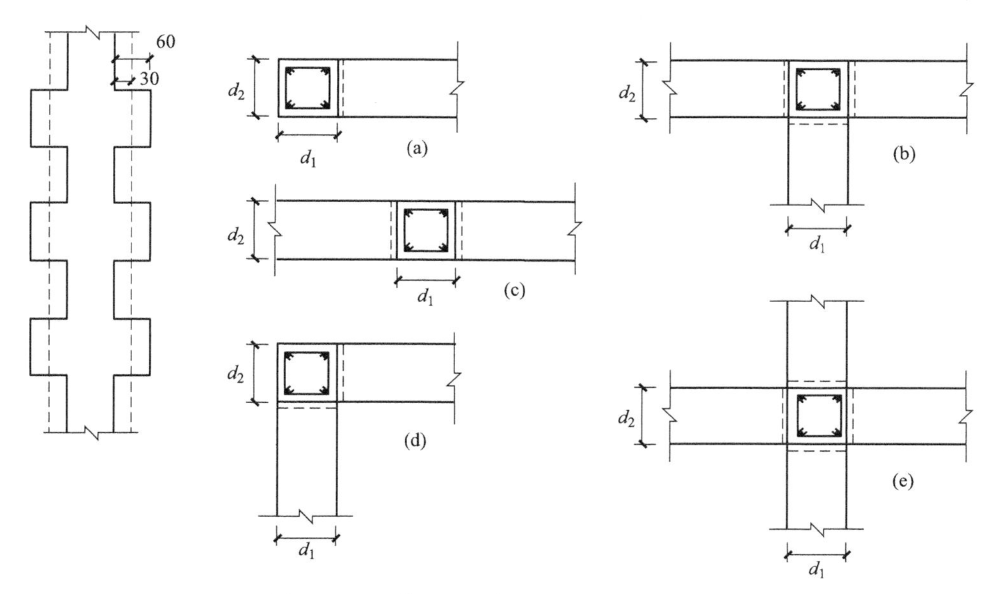

图 5.5.12 带马牙槎构造柱计算断面示意图

(3) 混凝土墙

按设计图示尺寸以体积计算，扣除门窗洞口及 0.3m² 以外孔洞所占体积，墙垛及凸出部分并入墙体积内计算。直形墙中门窗洞口上的梁并入墙体积；短肢剪力墙结构砌体内门窗洞口上的梁并入梁体积。墙工程量计算如式 (5.5.16)。

$$墙工程量=墙长\times墙高\times墙厚+应增加体积-应扣除体积 \tag{5.5.16}$$

墙与柱相连接时，墙算至柱边；墙与梁相连接时，墙算至梁底面；墙与板相连接时板算至墙侧面；未凸出墙面的暗梁、暗柱合并到墙体积计算。

(4) 混凝土梁

按设计图示尺寸以体积计算，伸入砖墙内的梁头、梁垫并入梁体积内。梁工程量计算如式 (5.5.17)。

$$梁工程量=梁截面面积\times梁长+应增加体积-应扣除体积 \tag{5.5.17}$$

梁长的确定：

① 梁与柱连接时，梁长算至柱侧面。

② 主梁与次梁连接时，次梁长算至主梁侧面。

③ 圈梁、压顶按设计图示尺寸以体积计算。

④ 圈梁与过梁连接者，分别套用圈梁、过梁定额，其过梁长度按门、窗口外围宽度两端共加 500mm 计算。

(5) 混凝土板

按设计图示尺寸以体积计算，不扣除单个（截面）面积 0.3m² 以内的柱、墙垛及孔洞所占体积。板工程量计算如式 (5.5.18)。

$$板工程量=板长\times板宽\times板厚+应增加体积-应扣除体积 \tag{5.5.18}$$

① 板与梁连接时板宽（长）算至梁侧面。

② 各类现浇板伸入砖墙内的板头并入板体积内计算；薄壳板的肋、基梁并入薄壳体积内计算。

③ 空心板按设计图示尺寸以体积（扣除空心部分）计算。

④ 叠合梁、叠合板按二次浇筑部分体积计算。

(6) 其他混凝土项目

① 栏板、扶手。按设计图示尺寸以体积计算，伸入砖墙内的部分并入栏板、扶手体积计算。

栏板与墙的界限划分：栏板高度1.2m以下（含压顶扶手及翻沿）为栏板，1.2m以上为墙；屋面混凝土女儿墙高度>1.2m时执行相应墙项目，≤1.2m时执行相应栏板项目。

② 挑檐、天沟。按设计图示尺寸以墙外部分体积计算。挑檐、天沟板与板（包括屋面板）连接时，以外墙外边线为分界线；与梁（包括圈梁等）连接时，以梁的外边线为分界线；外墙外边线以外的板为挑檐、天沟，如图3.6.13所示。

③ 阳台。凸阳台（包括凸出外墙外侧用悬挑梁悬挑的阳台）按阳台板项目计算；凹进墙内的阳台，按梁、板分别计算，阳台栏板、压顶及扶手分别按栏板、压顶及扶手项目计算。阳台板与栏板的分界线以阳台板顶面为界（见图5.5.13）。阳台板与现浇板的分界线以墙外皮为界。

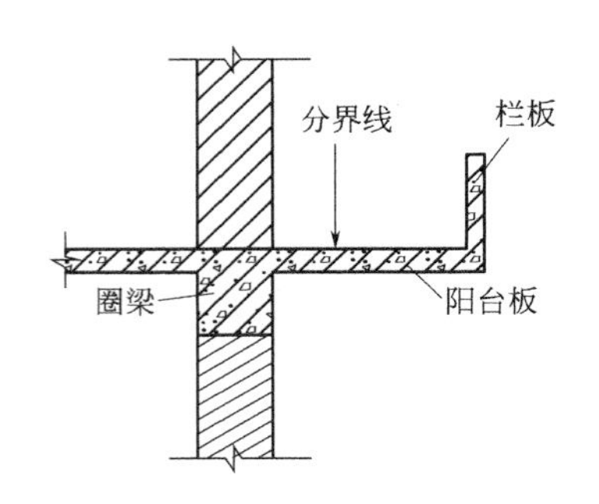

图5.5.13 阳台板与栏板分界线示意图

④ 雨篷梁、板。雨篷梁、板工程量合并，按雨篷以体积计算，高度≤400mm的栏板并入雨篷体积内计算，栏板高度>400mm时，其全高按栏板计算。

⑤ 楼梯。混凝土整体楼梯包括休息平台，平台梁、斜梁及楼梯的连接梁，按设计图示尺寸以水平投影面积计算，若两跑以上楼梯水平投影有重叠部分，重叠部分单独计算水平投影面积，不扣除宽度小于500mm的楼梯井，伸入墙内部分不计算。当整体楼梯与现浇楼板无楼梯的连接梁连接时，以楼梯的最后一个踏步边缘加300mm为界。楼梯计算范围如图5.5.14所示。

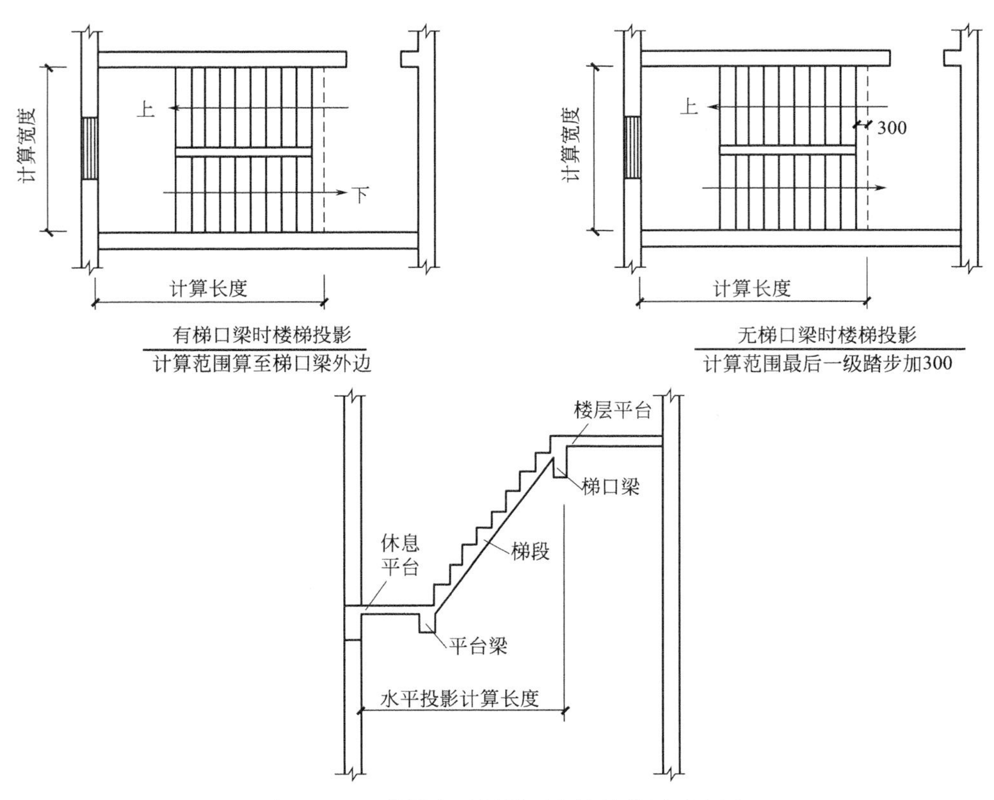

图5.5.14 楼梯水平投影面积计算范围示意图

⑥ 散水、坡道与台阶，按设计图示尺寸，以水平投影面积计算，不扣除单个 0.3m² 以内的孔洞所占面积。3 步以内的整体台阶的平台面积并入台阶投影面积内计算。3 步以上的台阶，与平台连接时其投影面积应以最上层踏步外沿加 300mm 计算。

散水面积计算按式（5.5.19）计算。

$$S=(L_{外}+4\times散水宽-台阶长)\times散水宽 \tag{5.5.19}$$

式中　$L_{外}$——外墙外边线总长度。

⑦ 小型构件、现浇混凝土栏杆按设计图示尺寸以体积计算。

⑧ 预制混凝土均按图示尺寸以体积计算，不扣除构件内钢筋、铁件及小于 0.3m² 以内孔洞所占体积。

⑨ 预制混凝土构件接头灌缝均按预制混凝土构件体积计算。

⑩ 混凝土构筑物，包括贮水（油）池、贮仓（库）类、水塔、烟囱、倒锥壳水塔、筒仓等项目。构筑物混凝土除另有规定者外，均按设计图示尺寸以体积计算。不扣除构件内钢筋、预埋铁件及单个面积 0.3m² 以内的孔洞所占体积。

5.5.2　模板工程量计算

模板工程属于措施项目，包括现浇混凝土模板、预制混凝土模板、构筑物混凝土模板三部分。

（1）现浇混凝土构件模板

现浇混凝土构件模板，除另有规定者外，均按模板与混凝土的接触面积（不扣除后浇带所占面积）计算。

① 现浇钢筋混凝土柱、梁、板、墙的支模高度是指设计室内地坪至板底、梁底或板面至板底、梁底之间的高度，以 3.6m 以内为准。超过 3.6m 部分计算模板超高支撑费用。支模高度超过 8m 时，按施工方案另行计算。

② 基础模板，一般只支设立面侧模，顶面和底面均不支设模板。如遇到斜面混凝土时，斜面是否需要支设模板，影响因素很多，其中包括混凝土斜面的角度、混凝土的坍落度、施工的方法等，所以在判断斜面混凝土是否需要支设模板时，需要参照施工方案来确定。

a. 有肋式带形基础模板，一般支上下侧模，如图 5.5.15 所示。肋高（指基础扩大顶面至梁顶面的高）≤1.2m 时，合并计算；肋高＞1.2m 时，基础底板模板按无肋带形基础项目计算，扩大顶面以上部分模板按混凝土墙项目计算。

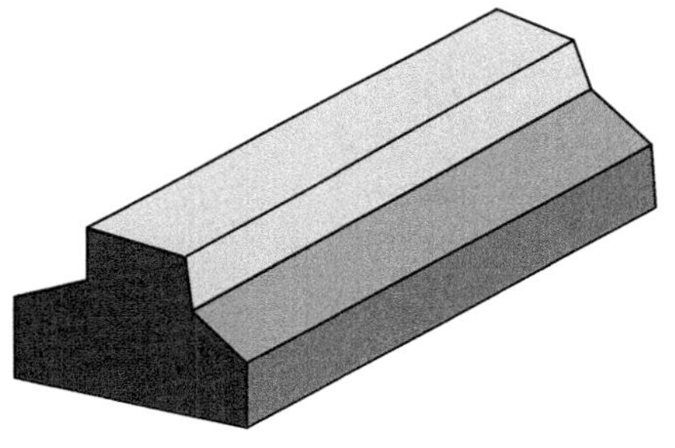

图 5.5.15　带形基础

带形基础模板＝各层基础长×各层基础模板高

b. 独立基础模板，一般只支侧模，如图 5.5.16 所示。

独立基础模板＝各层模板周长×各层模板高

c. 杯形基础模板，一般支上下侧模和杯芯模，如图 5.5.17 所示。

杯形基础模板＝各层周长×各层模板高＋杯芯模侧面积

d. 满堂基础：无梁式满堂基础有扩大或角锥形柱墩时，并入无梁式满堂基础内计算。有梁式满堂基础梁高（从板面或板底计算，梁高不含板厚）≤1.2m 时，基础和梁合并计算；＞1.2m 时，底板按无梁式满堂基础模板项目计算，梁按混凝土墙模板项目计算。箱式满堂基础应分别按无梁式满堂基础、柱、墙、梁、板的有关规定计算。地下室底板按无梁式满堂基础模板项目计算。

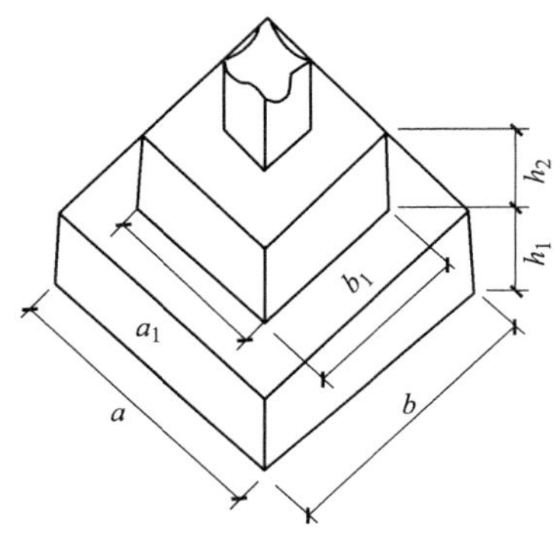

图 5.5.16 独立基础

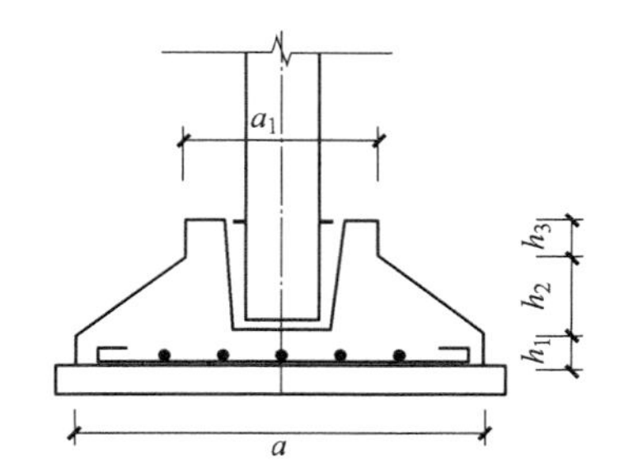

图 5.5.17 杯形基础

e. 设备基础：块体设备基础按不同体积，分别计算模板工程量。框架设备基础应分别按基础、柱以及墙的相应项目计算；楼层面上的设备基础并入梁、板项目计算，如在同一设备基础中部分为块体，部分为框架时，应分别计算。框架设备基础的柱模板高度应由底板或柱基的上表面算至板的下表面；梁的长度按净长计算，梁的悬臂部分应并入梁内计算。

f. 设备基础地脚螺栓套孔以不同深度以数量计算。

③ 构造柱均应按图示外露部分计算模板面积。带马牙槎构造柱的宽度按马牙槎最宽处计算，构造柱与墙接触面不计算模板面积。

④ 现浇混凝土墙支设两个侧模，板支设底模，墙、板上单孔面积在 0.3m² 以内的孔洞，不予扣除，洞侧壁模板亦不增加；单孔面积在 0.3m² 以外时，应予扣除，洞侧壁模板面积并入墙、板模板工程量以内计算。对拉螺栓堵眼增加费按实际发生部位的墙面、柱面、梁面模板接触面计算工程量。

⑤ 现浇混凝土框架分别按柱、梁、板有关规定计算；附墙柱突出墙面部分按柱工程量计算；暗梁、暗柱并入墙内工程量计算。

a. 柱模板在四个侧面支设，其工程量为侧模面积，需要扣除柱与梁、柱与板交接处的面积。

b. 梁在侧面和底面支设模板，其工程量为两个侧模面积与底模面积之和，需扣除梁和板交接处面积。

⑥ 挑檐、天沟与板（包括屋面板、楼板）连接时，以外墙外边线为分界线；与梁（包括圈梁等）连接时，以梁外边线为分界线；外墙外边线以外或梁外边线以外为挑檐、天沟。

⑦ 现浇混凝土悬挑板、雨篷、阳台按图示外挑部分尺寸的水平投影面积计算。挑出墙外的悬臂梁及板边不另计算。

⑧ 现浇混凝土楼梯（包括休息平台、平台梁、斜梁和楼层板的连接的梁），按设计图示尺寸以水平投影面积计算，若两跑以上楼梯水平投影有重叠部分，重叠部分单独计算水平投影面积。不扣除宽度≤500mm 楼梯井所占面积，楼梯的踏步、踏步板、平台梁等侧面模板不另行计算，伸入墙内部分亦不增加。当整体楼梯与现浇楼板无梯梁连接时，以楼梯的最后一个踏步边缘加 300mm 为界。

⑨ 混凝土台阶不包括梯带，按图示台阶尺寸的水平投影面积计算，台阶与平台连接时其投影面积应以最上层踏步外沿加 300mm 计算。台阶端头两侧不另计算模板面积；架空式混凝土台阶按现浇楼梯计算；场馆看台按设计图示尺寸，以水平投影面积计算。

⑩ 凸出的线条模板增加费，以凸出棱线的道数分别按长度计算。

⑪ 后浇带模板按与混凝土的接触面积计算。

(2) 现场预制混凝土构件模板

① 预制构件地膜的摊销，已包括在预制构件的模板中。

② 预制混凝土模板按模板与混凝土的接触面积计算，地膜不计算接触面积。

(3) 构筑物混凝土模板

① 贮水（油）池、贮仓、水塔按模板与混凝土构件的接触面积计算。

② 大型池槽等分别按基础、柱、墙、梁等有关规定计算。

③ 液压滑升钢模板施工的烟筒、水塔塔身、筒仓等，均按混凝土体积计算。

5.5.3 工程案例

【例5.5.1】 某满堂基础如图5.5.18、图5.5.19所示，试计算满堂基础混凝土和模板工程量。

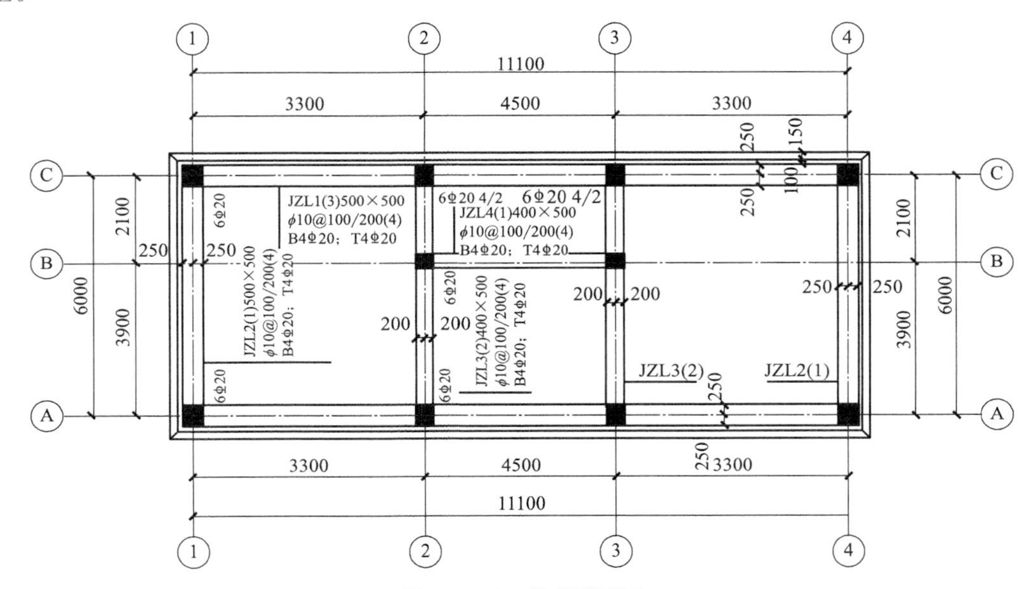

图5.5.18 基础平面图

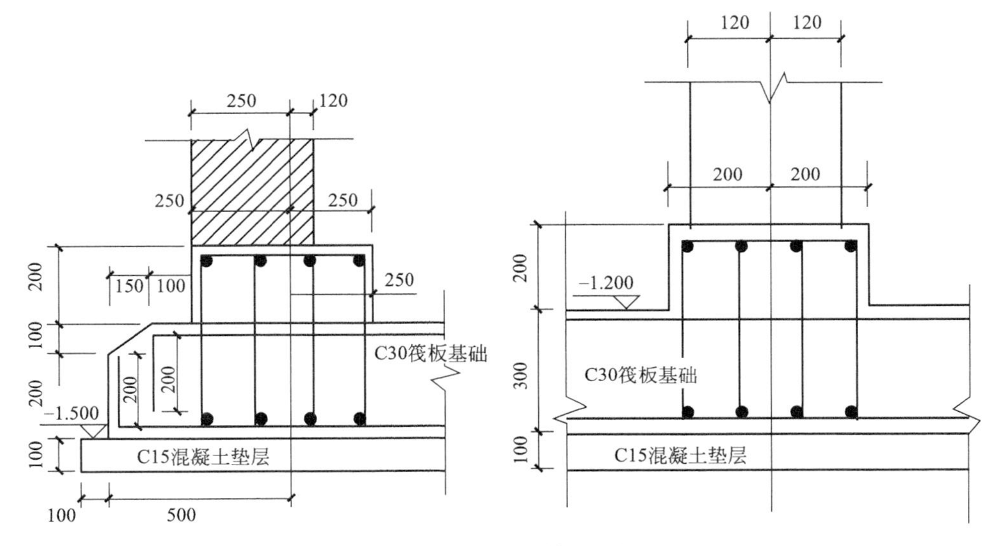

图5.5.19 基础剖面图

解：

(1) 混凝土工程量

有梁式筏板基础体积包括底板体积和凸出基础表面的基础梁体积。

$V_{底板}=V_{四棱柱}+V_{四棱台}$

$=[(11.1+0.5\times2)\times(6+0.5\times2)]\times0.2+0.1/6\times\{(11.1+0.5\times2)\times(6+0.5\times2)+(11.1+0.35\times2)\times(6+0.35\times2)+[(11.1+0.5\times2)+(11.1+0.35\times2)]\times[(6+0.5\times2)+(6+0.35\times2)]\}$

$=16.94+8.187=25.127(m^3)$

$V_{基础梁}=0.2\times0.5\times[(11.1+6)\times2]+0.2\times0.4\times[(6-0.5)\times2+(4.5-0.4)]$

$=4.628(m^3)$

$V=V_{底板}+V_{基础梁}=25.127+4.628=29.76(m^3)$

(2) 模板工程量

模板与混凝土接触面的面积包括筏板基础侧面和斜面，还包括基础梁侧面。

$S_1=[(11.1+0.5\times2)+(6+0.5\times2)]\times2\times0.2=7.64(m^2)$

$S_2=\sqrt{0.15^2+0.1^2}\times[11.1+(0.25+0.1+0.075)\times2+6+(0.25+0.1+0.075)\times2]\times2$

$=6.778(m^2)$

$S_3=[(11.1+0.25\times2)+(6+0.25\times2)]\times2\times0.2=7.24(m^2)$

模板总面积$=S_1+S_2+S_3=7.64+6.678+7.24=21.56(m^2)$

【例 5.5.2】 某框架结构如图 5.5.20 所示，层高 3.6m。KZ 400mm×400mm，KL1 300mm×700mm，次梁 L1 200mm×400mm，板厚 100mm。求各构件的混凝土和模板工程量。

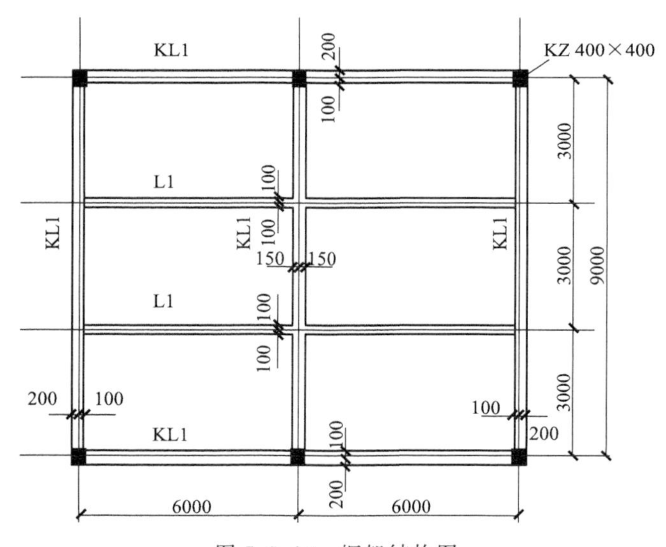

图 5.5.20 框架结构图

解：

(1) 混凝土工程量

KZ: $V_{KZ}=0.4\times0.4\times3.6\times6=3.456\ (m^3)$

KL1: $V_{KL}=0.3\times0.7\times(12-0.4-0.4)\times2+0.3\times0.7\times(9-0.4)\times3=10.12(m^3)$

L1: $V_{L}=0.2\times0.4\times(12-0.1-0.3-0.1)\times2=1.84(m^3)$

板: $V_{板}=(3-0.1-0.1)\times(6-0.1-0.15)\times0.1\times6=9.66\ (m^3)$

(2) 模板工程量

KZ：角柱 $S_{角柱}=[(0.4+0.4)\times2\times3.6-0.4\times0.1\times2-(0.7-0.1)\times0.3\times2]\times4=21.28(m^2)$

边柱 $S_{边柱}=[(0.4+0.4)\times2\times3.6-0.4\times0.1\times3-(0.7-0.1)\times0.3\times3]\times2=10.2(m^2)$

$S_{柱模板}=S_{角柱}+S_{边柱}=21.28+10.2=31.48(m^2)$

KL1：边梁 $S_{边梁}=(0.7+0.7-0.1+0.3)\times(12-0.4-0.4)\times2+(0.7+0.7-0.1+0.3)\times(9-0.4)\times2-(0.4-0.1)\times0.2\times4=63.12(m^2)$

中间梁 $S_{中梁}=(0.7-0.1+0.7-0.1+0.3)\times(9-0.4)-(0.4-0.1)\times0.2\times4=12.66(m^2)$

$S_{KL模板}=S_{边梁}+S_{中梁}=63.12+12.66=75.78(m^2)$

L1：$S_{L模板}=(0.4-0.1+0.4-0.1+0.2)\times(12-0.1-0.1-0.3)\times2=18.4(m^2)$

板：$S_{板模板}=(3-0.1-0.1)\times(6-0.1-0.15)\times6=96.6(m^2)$

【例 5.5.3】 如图 5.5.21 所示为某房屋二层结构平面图。已知一层板顶标高为 3.0m，二层板顶标高为 6.0m，现浇板厚 100mm，各构件混凝土强度等级为 C25。各构件尺寸如表 5.5.1 所示。计算各钢筋混凝土构件的工程量。

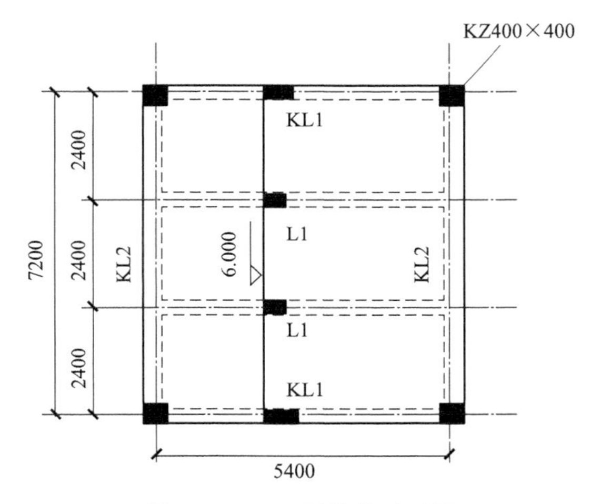

图 5.5.21 二层结构平面图

表 5.5.1 各部分构件尺寸表

构件名称	构件尺寸
KZ	400mm×400mm
KL1	250mm×500mm
KL2	300mm×650mm
L1	250mm×400mm

解：

矩形柱 KZ 的工程量：

$V_{KZ}=0.4\times0.4\times(6-3)\times4=1.92(m^3)$

矩形梁 KL1 的工程量：

$V_{KL1}=0.25\times0.5\times(5.4-0.2\times2)\times2=1.25(m^3)$

矩形梁 KL2 的工程量：

$V_{KL2}=0.3\times0.65\times(7.2-0.2\times2)\times2=2.65(m^3)$

矩形梁 L1 的工程量：

$V_{L1}=0.25\times0.4\times(5.4+0.2\times2-0.3\times2)\times2=1.04(m^3)$

板工程量：

$V_{板}=(5.4-0.2)\times(2.4-0.2)\times3=34.32(m^3)$

【例 5.5.4】 某5层教学楼混凝土楼梯如图5.5.22所示，求楼梯混凝土和模板工程量。

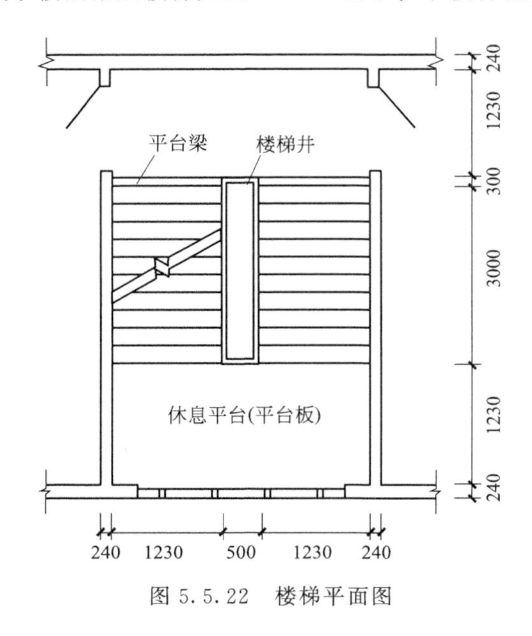

图 5.5.22 楼梯平面图

解：

楼梯井宽度500mm，需要扣除。楼梯混凝土工程量为：

$S_{楼梯混凝土}=[(1.23+1.23+0.5)\times(1.23+3+0.3)-(3+0.3)\times0.5]\times4=47.04(m^2)$

楼梯模板工程量与混凝土工程量计算方法基本相同，但楼梯井宽度500mm不扣除。

楼梯模板的工程量为：

$S_{楼梯模板}=(1.23+1.23+0.5)\times(1.23+3+0.3)\times4=53.64(m^2)$

【例 5.5.5】 某工程如图5.5.23所示，构造柱与砖墙咬口宽度60mm，计算构造柱混凝土和模板工程量。

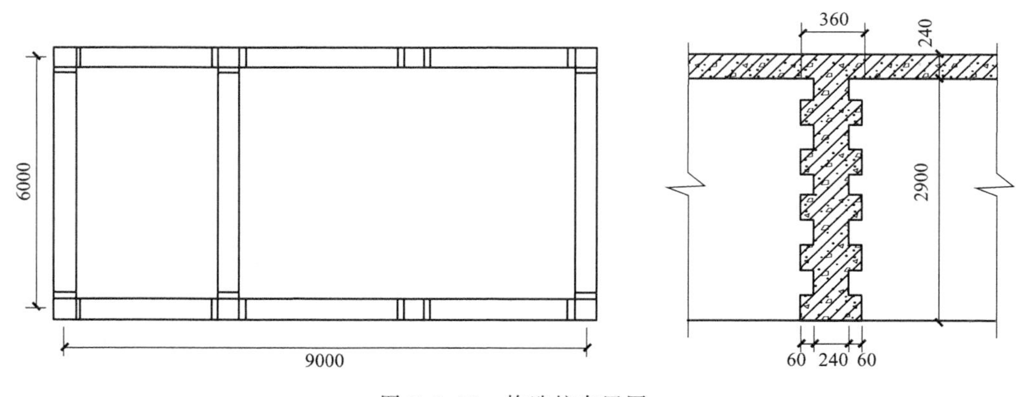

图 5.5.23 构造柱布置图

解：

(1) 混凝土工程量

拐角处构造柱有 4 个，其计算断面面积为

$S_1=(0.24\times0.24+0.24\times0.03\times2)\times4=0.288(m^2)$

纵横墙相交处构造柱有 2 个，其计算断面面积为

$S_2=(0.24\times0.24+0.24\times0.03\times2+0.24\times0.03)\times2=0.158(m^2)$

墙中构造柱有 2 个，其计算断面面积为

$S_3=(0.24\times0.24+0.24\times0.03\times2)\times2=0.144(m^2)$

构造柱体积：

$V=(S_1+S_2+S_3)\times$构造柱高度$=(0.288+0.158+0.144)\times(2.9+0.24)$

$=1.85(m^3)$

(2) 模板工程量

拐角处构造柱模板工程量 $S_{1模板}=[(0.24+0.06)\times2+0.06\times2]\times(2.9+0.24)\times4$

$=9.04(m^2)$

纵横墙相交处构造柱模板工程量 $S_{2模板}$

$=(0.24+0.06\times2+0.06\times4)\times(2.9+0.24)\times2$

$=3.77(m^2)$

墙中构造柱模板工程量 $S_{3模板}=(0.24+0.06\times2)$

$\times(2.9+0.24)\times2\times2$

$=4.52(m^2)$

【例 5.5.6】 某房屋雨篷如图 5.5.24 所示，求图示雨篷混凝土和模板工程量。

解：

(1) 雨篷混凝土工程量

$V=1.2\times(1.64+0.08\times2)\times0.1+[(1.12+0.04)\times2+(1.64+0.08)]\times0.08\times0.3$

$=0.31(m^3)$

(2) 雨篷模板工程量

$S=1.2\times(1.64+0.08\times2)=2.16(m^2)$

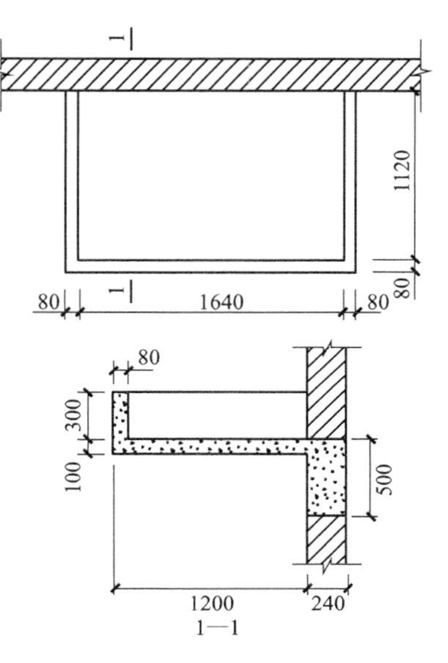

图 5.5.24　雨篷平面及剖面图

5.6　金属结构工程量计算

金属结构工程包括金属结构制作、金属结构运输、金属结构安装和金属结构楼（墙）面板及其他等部分。

5.6.1　工程量计算规则

(1) 金属构件制作工程量

① 金属构件工程量，按设计图示尺寸乘以理论质量计算。金属构件计算工程量时不扣除单个面积$\leqslant0.3m^2$ 的孔洞质量，焊缝、铆钉、螺栓等不另增加质量。

在计算不规则或多边形钢板质量时，均按其几何图形的外接矩形面积计算，如图 5.6.1 所示。

不规则多边形钢板的面积 S 由式 (5.6.1) 计算。

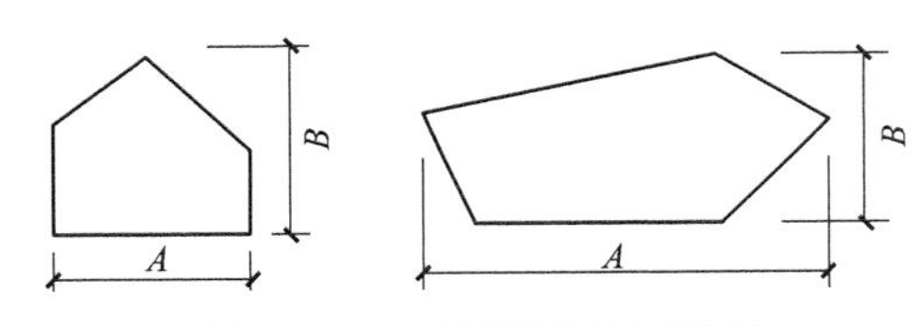

图 5.6.1 不规则多边形钢板

$$S=A\times B \tag{5.6.1}$$

式中 A，B——钢板外接矩形的长度和宽度。

钢板重量$=S\times$面密度（kg/m²），S 为钢板的面积。

型钢重量$=L\times$线密度（kg/m），L 为型钢的长度。

其中，每平方米钢板的理论重量$=7.85t$（kg/m²），t 为钢板厚度（mm）；每米圆钢理论重量$=0.00617d^2$（kg/m），d 为圆钢直径（mm）；每米方钢理论重量$=7.85b^2$（kg/m），b 为方钢截面宽度（mm）；每米扁钢理论重量$=7.85bt$（kg/m），b 为扁钢截面宽度（mm），t 为扁钢截面厚度（mm）；工字钢、槽钢、角钢的每米重量可查阅五金手册。

② 钢网架，计算工程量时，不扣除孔眼的质量，焊缝、铆钉等不另增加质量。焊接空心球网架质量包括连接钢管杆件、连接球、支托和网架支座等零件的质量，螺栓球节点网架质量包括连接钢管杆件（含高强螺栓、销子、套筒、锥头或封板）、螺栓球、支托和网架支座等零件的质量。

③ 依附在钢柱上的牛腿及悬臂梁的质量并入钢柱的质量内，钢柱上的柱脚板、加劲板、柱顶板、隔板和肋板并入钢柱工程量内。

④ 钢管柱上的节点板、加强环、内衬板（管）、牛腿等并入钢管柱的质量内。

⑤ 钢平台的工程量包括钢平台的柱、梁、板、斜撑等的质量，依附于钢平台上的钢扶梯及平台栏杆，应按相应构件另行列项计算。

⑥ 钢楼梯的工程量包括楼梯平台、楼梯梁、楼梯踏步等的质量，钢楼梯上的扶手、栏杆另行列项计算。

⑦ 钢栏杆包括扶手的质量，合并套用钢栏杆项目。

⑧ 机械或手工及动力工具除锈按设计要求以构件质量或表面积计算。

(2) 金属结构运输、安装

① 金属结构构件运输、安装工程量同制作工程量。

② 钢构件现场拼装平台摊销工程量按实施拼装构件的工程量计算。

(3) 楼层板、围护体系及其他安装

① 楼面板按设计图示尺寸以铺设面积计算，不扣除单个面积≤0.3m² 的柱、垛及孔洞所占面积。

② 墙面板按设计图示尺寸以铺挂面积计算，不扣除单个面积≤0.3m² 的梁、孔洞所占面积。

③ 硅酸钙板墙面板按设计图示尺寸的墙体面积以 m² 计算，不扣除单个面积≤0.3m² 孔洞所占面积。

④ 保温岩棉铺设、EPS 混凝土浇灌按设计图示尺寸的铺设或浇灌体积以 m³ 计算，不扣除单个面积≤0.3m² 孔洞所占体积。

⑤ 硅酸钙板包柱、包梁及蒸压砂加气保温块贴面工程量按钢构件设计断面尺寸以 m² 计算。

⑥ 钢板天沟按设计图示尺寸以质量计算，依附天沟的型钢并入天沟的质量内计算；不锈钢天沟、彩钢板天沟按设计图示尺寸以长度计算。

⑦ 金属构件安装使用的高强螺栓、花篮螺栓和剪力栓钉按设计图纸数量以“套”为单位计算。

⑧ 槽铝檐口端面封边包角、混凝土浇捣收边板高度按150mm考虑，工程量按设计图示尺寸以延长米计算；其他材料的封边包角、混凝土浇捣收边板按设计图示尺寸以展开面积计算。

5.6.2 工程案例

【例5.6.1】某钢柱如图5.6.2所示，上下方形钢板的厚度为8mm，固定钢管的不规则钢板厚度为6mm，计算钢柱制作工程量。

解：

钢柱由上下两块方形钢板，一根钢管和上下各四块固定钢管用不规则钢板组成。

(1) 方形钢板的质量（钢板厚度为8mm）

钢板面积＝0.3×0.3＝0.09(m^2)

方形钢板的质量＝0.09×7.85×8×2

＝11.304(kg)

(2) 不规则钢板的质量（钢板厚度为6mm）

钢板的面积＝0.08×0.18＝0.014(m^2)

不规则钢板的质量＝0.014×7.85×6×4×2

＝5.28(kg)

(3) 钢管的质量

钢管的长度＝3.2－0.008×2＝3.184m

查表得钢管每米长度质量＝10.26kg/m

钢管质量＝3.184×10.26＝32.67(kg)

钢柱制作工程量＝11.304＋5.28＋32.67

＝49.254(kg)

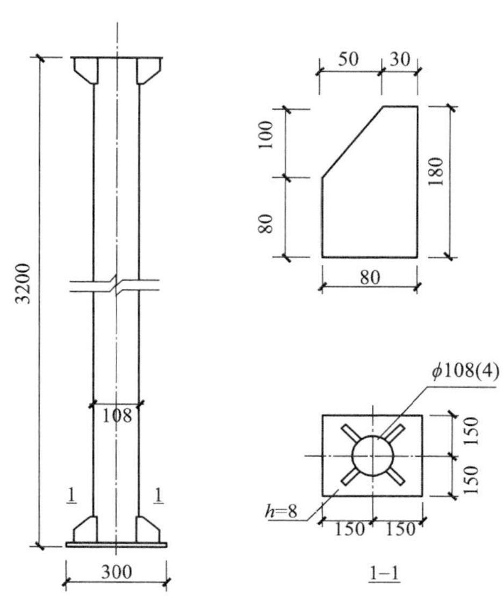

图5.6.2 钢柱

【例5.6.2】某钢结构柱间支撑如图5.6.3所示，计算该支撑的制作工程量。

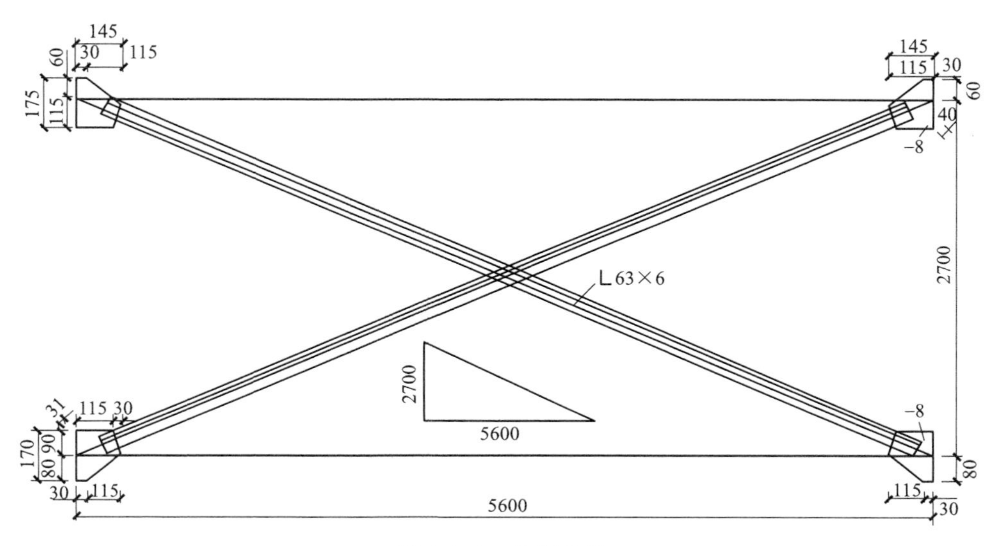

图5.6.3 柱间支撑

解：

该柱间支撑包括两根角钢和四个不规则钢板。

(1) 角钢的质量

角钢的长度＝$\sqrt{2.7^2+5.6^2}$ －0.031－0.04＝6.15(m)

查表得角钢的单位长度质量为5.72kg/m，

角钢质量＝6.15×5.72×2＝70.36(kg)

(2) 不规则钢板质量

不规则钢板的面积＝0.145×0.175×2＋0.17×0.145×2＝0.1(m)

8mm钢板的质量为62.8kg/m^2，

钢板的质量＝0.1×62.8＝6.28(kg)

柱间支撑的制作工程量＝70.36＋6.28＝76.64(kg)

【例5.6.3】某工程钢屋架如图5.6.4所示，计算钢屋架制作工程量。

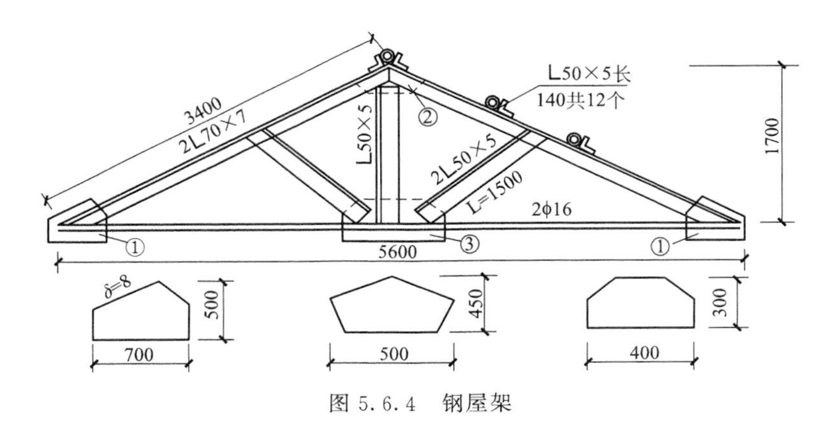

图5.6.4 钢屋架

解：

上弦质量＝3.4×2×2×7.398＝100.61(kg)

下弦质量＝5.6×2×1.58＝17.70(kg)

立杆质量＝1.7×3.77＝6.41(kg)

斜撑质量＝1.5×2×2×3.77＝22.62(kg)

① 号连接板质量＝0.7×0.5×2×62.8＝43.96(kg)

② 号连接板质量＝0.5×0.45×62.8＝14.13(kg)

③ 号连接板质量＝0.4×0.3×62.8＝7.54(kg)

檩托质量＝0.14×12×3.77＝6.33(kg)

屋架制作工程量＝100.61＋17.7＋6.41＋22.62＋43.96＋14.13＋7.54＋6.33＝219.30(kg)

5.7 木结构工程量计算

木结构工程包括木屋架、木构件、屋面木基层三部分。

(1) 木屋架

① 木屋架、檩条工程量按设计图示的规格尺寸以体积计算。附属其上的木夹板、垫木、风撑、挑檐木、檩条三角条均按木料体积并入屋架、檩条工程量内。单独挑檐木并入檩条工程量内。檩托木、檩垫木已包括在定额项目内，不另计算。

② 圆木屋架上的挑檐木、风撑等设计规定为方木时，应将方木木料体积乘以系数1.7折合成圆木并入木屋架工程量内。

③ 钢木屋架工程量按设计图示的规格尺寸以体积计算。定额内已包括钢构件的用量，不再另外计算。

④ 带气楼的屋架，其气楼屋架并入所依附屋架工程量内计算。

⑤ 屋架的马尾、折角和正交部分半屋架，并入相连屋架工程量内计算。

⑥ 简支檩木长度按设计计算，设计无规定时，按相邻屋架或山墙中距增加0.20m接头计算，两端出山檩条至博风板内侧；连续檩条的长度按设计长度增加5%的接头长度计算。

(2) 木结构

① 木柱、木梁按设计图示尺寸以体积计算。

② 木楼梯按设计图示尺寸以水平投影面积计算。不扣除宽度≤300mm的楼梯井，伸入墙内部分不计算。

③ 木地楞按设计图示尺寸以体积计算。定额内已包括平撑、剪刀撑、沿油木的用量，不再另外计算。

(3) 屋面木基层

① 屋面椽子、屋面板、挂瓦条、竹帘子工程量按设计图示尺寸以屋面斜面积计算，不扣除屋面烟囱、风帽底座、风道、小气窗及斜沟等所占面积、小气窗的出檐部分亦不增加面积。

② 封檐板工程量按设计图示檐口外围长度计算。博风板按斜长度计算，每个大刀头增加长度0.50m。

5.8 门窗工程量计算

门窗工程包括木门、金属门、金属卷帘（闸）、厂库房大门特种门、其他门、金属窗、门窗套、窗台板、窗帘盒（轨）、门五金等。

(1) 木门及门框

① 成品木门框安装按设计图示框外围尺寸长度计算。

② 成品木门扇安装按设计图示面积计算。

③ 成品套装木门安装按设计图示数量计算。

④ 木质防火门安装按设计图示洞口面积计算。

(2) 金属门、窗

① 铝合金门窗（飘窗、阳台封闭除外）、塑钢门窗均按设计图示门、窗洞口面积计算。

② 门连窗按设计图示洞口面积分别计算门、窗面积，其中窗的宽度算至门框的外边线。

③ 纱门扇、窗扇按设计图示扇外围面积计算。

④ 飘窗、阳台封闭按设计图框型材外边线尺寸以展开面积计算。

⑤ 钢质防火门、防盗门按设计图示门洞口面积计算。

⑥ 防盗窗按设计图示窗框外围面积计算。

⑦ 彩板钢门窗按设计图示门、窗洞口面积计算。彩板钢门窗附框按框中心线长度计算。

(3) 金属卷帘（闸）

金属卷帘（闸）按设计图示卷帘门宽度乘以卷帘门高度（包括卷帘箱高度）以面积计算。电动装置安装按设计图示套数计算。

(4) 厂库房大门、特种门

厂库房大门、特种门按设计图示门洞口面积计算。

(5) 其他门

① 全玻有框门扇按设计图示扇边框外边线尺寸以扇面积计算。

② 全玻无框（条夹）门扇按设计图示扇面积计算，高度算至条夹外边线、宽度算至玻璃外边线。

③ 全玻无框（点夹）门扇按设计图示玻璃外边线尺寸以扇面积计算。

④ 无框亮子按设计图示门框与横梁或立柱内边缘尺寸玻璃面积计算。

⑤ 全玻转门按设计图示数量计算。

⑥ 不锈钢伸缩门按设计图示延长米计算。

⑦ 传感和电动装置按设计图示套数计算。

(6) 门钢架、门窗套

① 门钢架按设计图示尺寸以质量计算。

② 门钢架基层、面层按设计图示饰面外围尺寸展开面积计算。

③ 门窗套（筒子板）龙骨、面层、基层均按设计图示饰面外围尺寸展开面积计算。

④ 成品门窗套按设计图示饰面外围尺寸展开面积计算。

(7) 窗台板、窗帘盒、轨

① 窗台板按设计图示长度乘以宽度以面积计算。图纸未注明尺寸的，窗台板长度可按窗框的外围宽度两边共加 100mm 计算。窗台板凸出墙面的宽度按墙面外加 50mm 计算。

② 窗帘盒、窗帘轨按设计图示长度计算。

③ 窗帘按设计图示尺寸以平方米计算。

5.9 屋面及防水工程量计算

5.9.1 工程量计算规则

屋面及防水工程包括瓦、型材屋面，屋面防水，墙、地面防水、防潮工程三部分。

(1) 屋面形式及屋面坡度

① 屋面形式。屋面分平屋面和坡屋面，当排水坡度≤15%时为平屋面，一般来说，平屋面的排水坡度为 1%～3%。当排水坡度大于 15%时为坡屋面，坡屋面的形式常见有两坡屋面、四坡屋面、L 形坡屋面等，如图 5.9.1 所示。

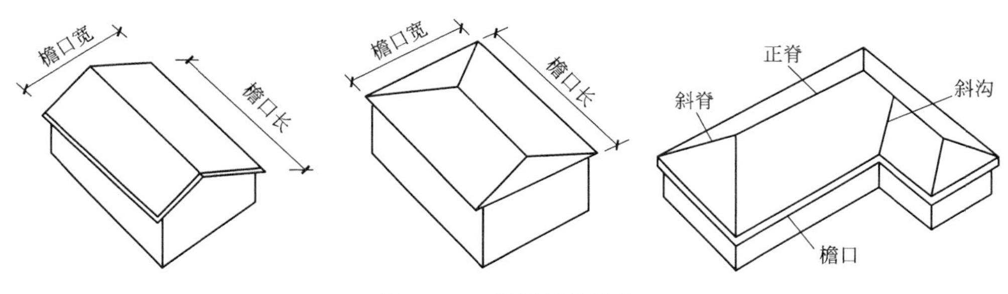

图 5.9.1 坡屋面的形式

② 屋面坡度。屋面坡度的表示方法有三种：

a. 用屋顶的高度（H）与屋顶的跨度（$2L$）之比（简称高跨比）表示，如图 5.9.2 所示，即 $H/2L$。

b. 用屋顶的高度（H）与屋顶的半跨（L）之比（简称坡度）表示，如图 5.9.2 所示，屋面坡度 $i=H/L$。

c. 用屋面的斜面与水平面的夹角 α 表示。

③ 屋面坡度延尺系数与隅延尺系数。如图 5.9.2 所示，如果 $KE=L$，则为等四坡屋面。下面就等四坡屋面的延尺系数和隅延尺系数计算加以说明。

a. 延尺系数 C。延尺系数可由式（5.9.1）计算。延尺系数与屋面坡度之间的关系如式（5.9.2）。

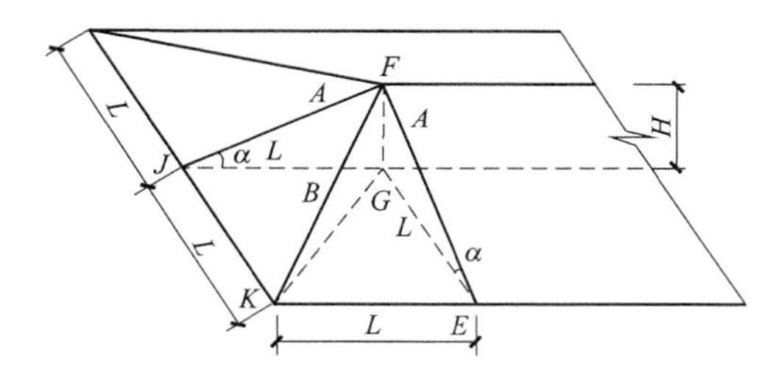

图 5.9.2 屋面坡度及坡度系数计算示意图

$$延尺系数C=屋面坡面长度A/坡面长度水平投影L \quad (5.9.1)$$

由图 5.9.2 可知，

$$C=\frac{A}{L}=\frac{\sqrt{H^2+L^2}}{L}=\sqrt{\left(\frac{H}{L}\right)^2+1}=\sqrt{1+i^2} \quad (5.9.2)$$

b. 隅延尺系数 D。隅延尺系数可由式（5.9.3）计算。隅延尺系数与屋面坡度之间的关系如式（5.9.4）。

$$隅延尺系数D=四坡屋面斜脊长度B/坡面长度水平投影L \quad (5.9.3)$$

$$D=\frac{B}{L}=\frac{\sqrt{H^2+KG^2}}{L}=\frac{\sqrt{H^2+(2L)^2}}{L}=\sqrt{\left(\frac{H}{L}\right)^2+2}=\sqrt{2+i^2} \quad (5.9.4)$$

根据 i 的不同，可计算延尺系数 C 和隅延尺系数 D。

利用延尺系数和隅延尺系数可计算屋面的斜面积及屋面斜脊长度，如式(5.9.5)、式(5.9.6)。

$$屋面的斜面积=屋面水平投影面积\times C \quad (5.9.5)$$

$$等四坡屋面斜脊长度=L\times D \quad (5.9.6)$$

(2) 瓦、型材及其他屋面

① 各种屋面和型材屋面（包括挑檐部分），均按设计图示尺寸以面积计算（平屋顶按水平面积投影面积计算，斜屋面按斜面面积计算），不扣除房上烟囱、风帽底座、风道、小气窗、斜沟和脊瓦等所占面积，小气窗的出檐部分也不增加。

② 西班牙瓦、瓷质波形瓦、英红瓦等屋面的正斜瓦脊、檐口线，按设计图示尺寸以长度计算。

③ 采光板屋面和玻璃采光顶屋面按设计图示尺寸以面积计算，不扣除面积≤0.3m² 孔洞所占面积。

④ 膜结构屋面按设计图示尺寸以需要覆盖的水平投影面积计算，膜材料可以调整含量。

(3) 屋面、楼（地）面防水及墙面防水、防潮

① 屋面防水，按设计图示尺寸以面积计算（平屋顶按水平投影面积计算，斜屋面按斜面面积计算），扣除 0.3m² 以上房上烟囱、风帽底座、风道、屋面小气窗、排气孔洞等所占面积；屋面的女儿墙、伸缩缝和天窗、烟囱、风帽底座、风道、屋面小气窗、排气孔洞等弯起部分，按设计图示尺寸计算；设计无规定时，伸缩缝、女儿墙、天窗、烟囱、风帽底座、风道、屋面小气窗、排气孔洞等处的弯起部分按 500mm 计算，计入屋面工程量内。

② 楼地面防水、防潮层，按设计图示尺寸以主墙间净面积计算，扣除凸出地面的构筑物、设备基础等所占面积，不扣除间壁墙及单个面积≤0.3m² 柱、垛、烟囱和孔洞所占面积，平面与立面交界处，上翻高度≤300mm 时，按展开面积并入楼地面工程量内计算，高度＞300mm 时，所有上翻工程量均按墙面防水项目计算。

③ 墙基防水、防潮层，外墙按外墙中心线长度、内墙按墙体净长度乘以宽度，以面积计算。

④ 墙的立面防水、防潮层按设计图示尺寸以面积计算；墙身水平防潮层执行墙身防水相应项目。

⑤ 基础底板的防水、防潮层按设计图示尺寸以面积计算，不扣除桩头所占面积。桩头处外包防水按桩头投影外扩 300mm 以面积计算，地沟处防水按展开面积计算，均计入平面工程量，执行相应规定。

⑥ 屋面、楼地面及墙面、基础底板等，其防水搭接、拼缝、压边、留槎用量已综合考虑，不另行计算。卷材防水附加层按设计铺贴尺寸以面积计算。

⑦ 屋面分格缝，按设计图示尺寸，以长度计算。

⑧ 屋面排水

a. 水落管、镀锌铁皮天沟、檐沟，按设计图示尺寸以长度计算。如设计未标注水落管尺寸，以檐口至设计室外散水上表面垂直距离计算。

b. 水斗、下水口、雨水口、弯头、短管等，均以设计数量计算。

⑨ 变形缝与止水带按设计图示尺寸，以长度计算。

5.9.2 工程案例

【例 5.9.1】 某别墅等四坡屋面平面如图 5.9.3 所示，屋面坡度 $i=0.5$，计算斜面积、斜脊长。

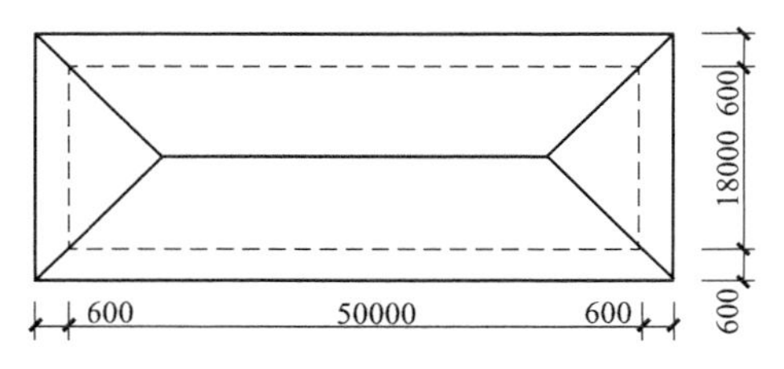

图 5.9.3 等四坡屋面图

解：

屋面坡度 $i=0.5$，则利用式(5.9.2)、式(5.9.4) 求得 $C=1.118$，$D=1.5$。

屋面斜面积$=(50+0.6\times2)\times(18+0.6\times2)\times1.118=1099.04(m^2)$

斜脊总长$=9.6\times1.5\times4=57.6(m)$

【例 5.9.2】 某幼儿园卷材防水屋面如图 5.9.4 所示，屋面防水层为高强 APP 改性沥青卷材 2 层，女儿墙与楼梯间出屋面交接处卷材弯起高度为 250mm，计算防水层工程量。

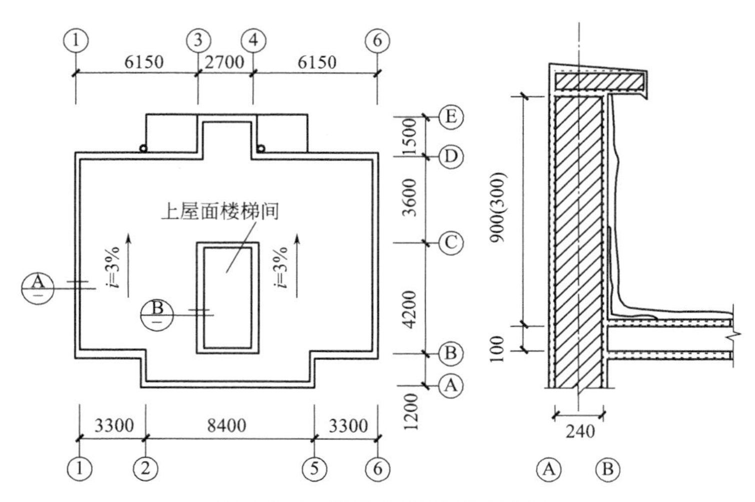

图 5.9.4 某幼儿园屋面示意图

解：

屋面防水工程量为水平投影面积与弯起面积之和。

屋面水平投影面积 $S_1=(3.3\times2+8.4-0.24)\times(4.2+3.6-0.24)+(8.4-0.24)\times1.2+(2.7-0.24)\times1.5-(4.2+0.24)\times(2.7+0.24)=112.01(m^2)$

屋面的弯起面积 $S_2=[(3.3\times2+8.4-0.24+1.2+4.2+3.6+1.5-0.24)]\times2\times0.25+(4.2+0.24+2.7+0.24)\times2\times0.25=16.2(m^2)$

楼梯间屋面水平及弯起部分的面积 $S_3=(4.2-0.24)\times(2.7-0.24)+(4.2-0.24+2.7-0.24)\times2\times0.25=12.95(m^2)$

屋面卷材工程量为：$S=S_1+S_2+S_3=112.01+16.2+12.95=141.16(m^2)$

5.10 保温、隔热、防腐工程量计算

5.10.1 工程量计算规则

保温、隔热、防腐工程包括保温隔热、防腐面层、其他防腐三部分。

(1) 保温、隔热

① 屋面保温隔热层工程量按设计图示尺寸以面积计算。扣除＞0.3m² 柱、垛、孔洞所占面积，其他项目按设计图示尺寸以定额项目规定的计量单位计算。

② 天棚保温隔热层工程量按设计图示尺寸以面积计算。扣除＞0.3m² 柱、垛、孔洞所占面积，与天棚相连的梁按展开面积计算，其工程量并入天棚内。

③ 墙面保温隔热层工程量按设计图示尺寸以面积计算。扣除门窗洞口及面积＞0.3m² 梁、孔洞所占面积；门窗洞口侧壁（含顶面）以及与墙相连的柱，并入保温墙体工程量内。墙体及混凝土板下铺贴隔热层不扣除木框架及木龙骨的体积。其中外墙按隔热层中心线长度计算，内墙按隔热层净长度计算。

④ 柱、梁保温隔热层工程量按设计图示尺寸以面积计算。柱按设计图示柱断面保温层中心线展开长度乘以高度以面积计算，扣除面积＞0.3m² 梁所占面积。梁按设计图示梁断面保温层中心线展开长度乘以保温层长度以面积计算。

⑤ 楼地面保温隔热层工程量按设计图示尺寸以面积计算。扣除柱、垛及单个面积＞0.3m² 的孔洞所占的面积。

⑥ 其他保温隔热层工程量按设计图示尺寸以展开面积计算，扣除＞0.3m² 孔洞及占位面积。

⑦ 大于 0.3m² 孔洞侧壁周围（含顶面）及梁头、连系梁等其他零星工程保温隔热工程量，并入墙面的保温隔热工程量内。

⑧ 柱帽保温隔热层，并入天棚保温隔热层工程量内。

⑨ 保温层排气管按设计图示尺寸以长度计算，不扣除管件所占长度，保温层排气孔以数量计算。

⑩ 防火隔离带工程量按设计图示尺寸以面积计算。

(2) 防腐工程

① 防腐工程面层、隔离层及防腐油漆工程量均按设计图示尺寸以面积计算。

② 平面防腐工程量应扣除凸出地面的构筑物、设备基础等以及面积＞0.3m² 孔洞、柱、垛等所占面积，门洞、空圈、暖气包槽、壁龛的开口部分不增加面积。

③ 立面防腐工程量应扣除门、窗、洞口以及面积＞0.3m² 孔洞、梁所占面积，门、窗、洞口侧壁（含顶面）、垛突出部分按展开面积并入墙面内。

④ 池、槽块料防腐面层工程量按设计图示尺寸以展开面积计算。

⑤ 砌筑沥青浸渍砖工程量按设计图示尺寸以面积计算。

⑥ 踢脚板防腐工程量按设计图示长度乘以高度以面积计算，扣除门洞所占面积，并相应增加侧壁展开面积。

⑦ 混凝土面及抹灰面防腐按设计图示尺寸以面积计算。

5.10.2 工程案例

【例 5.10.1】 某房屋建筑屋面如图 5.10.1 所示，女儿墙详图如图 5.10.2 所示，雨水管详图如图 5.10.3 所示，屋面做法如下：SBS 改性沥青卷材一层；20mm 厚水泥砂浆找平层；1∶8 现浇水泥珍珠岩找坡，最薄处 40 厚；60mm 厚聚苯乙烯板保温层；现浇钢筋混凝土屋面板。

计算屋面防水层、保温层及雨水管工程量。

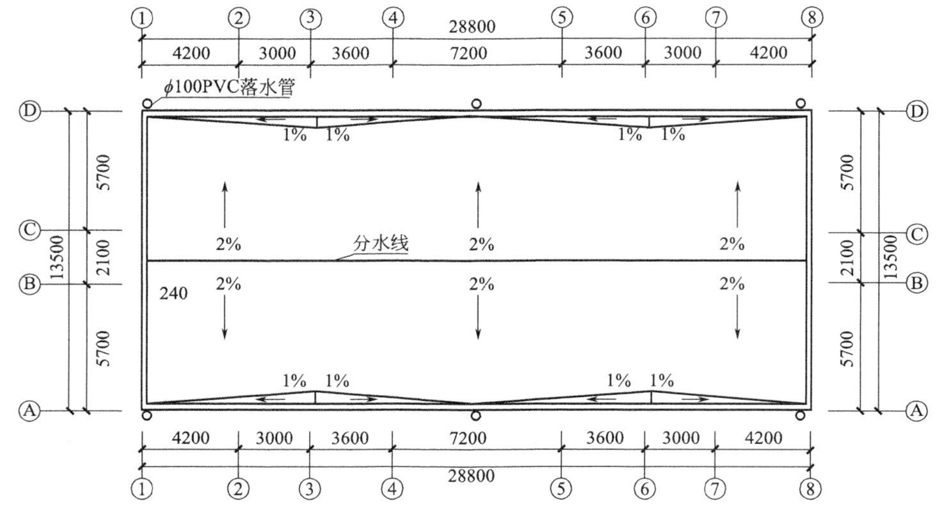

图 5.10.1 屋面平面图

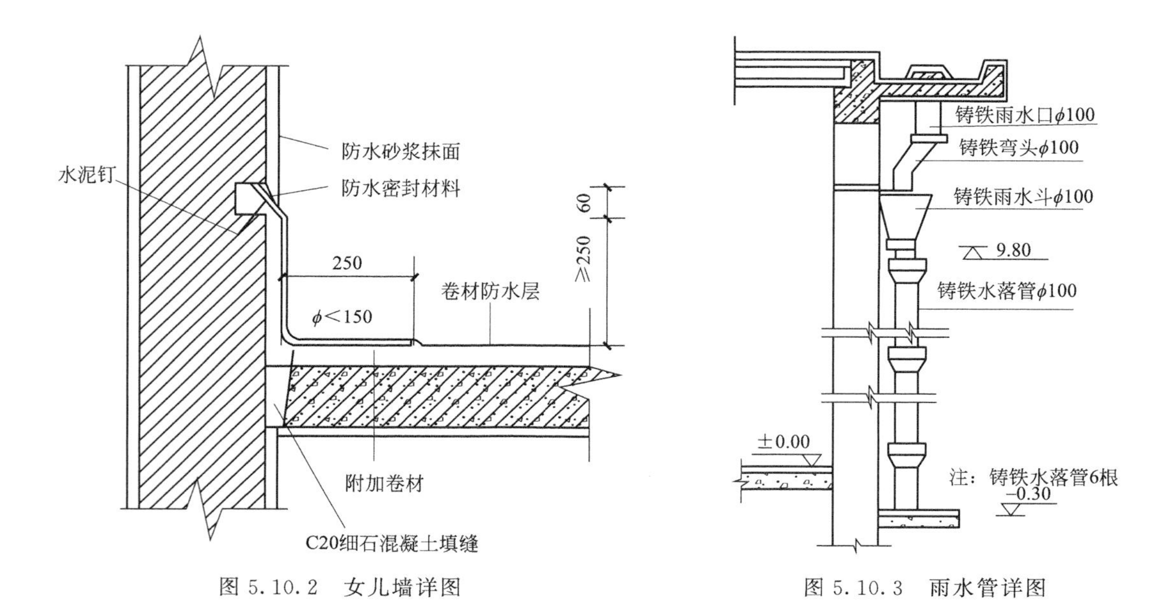

图 5.10.2 女儿墙详图

图 5.10.3 雨水管详图

解：

屋面防水工程量＝平屋面面积＋女儿墙弯起部分面积

$=(28.8-0.24)\times(13.5-0.24)+(28.8-0.24+13.5-0.24)\times2\times0.25$

$=378.81+20.91=399.62(m^2)$

屋面保温层工程量＝平屋面面积$=(28.8-0.24)\times(13.5-0.24)=378.71(m^2)$

雨水管工程量$=[9.8-(-0.3)]\times6=10.1m\times6=60.6(m)$

雨水口 6 个，雨水斗 6 个，弯头 6 个。

【例 5.10.2】某实验室平面图如图 5.10.4 所示，天棚、地面、柱面及内墙面设聚苯乙烯板保温层，保温层厚度为 150mm，建筑物层高 3.5m，板厚 150mm，计算该工程保温工程量。

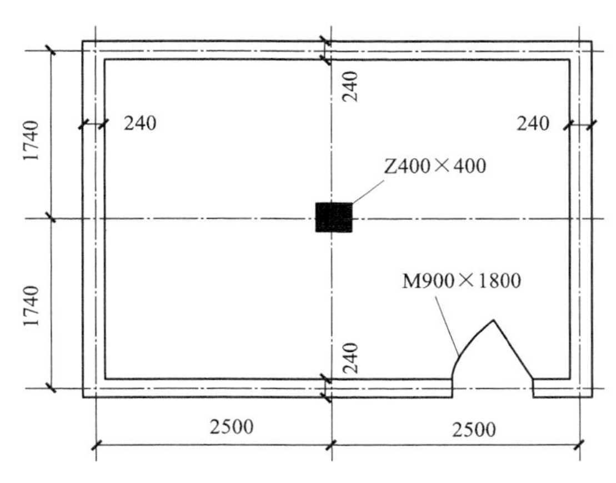

图 5.10.4　某实验室平面图

解：

天棚保温工程量＝天棚面积$=(5-0.24)\times(3.48-0.24)=15.42(m^2)$

地面保温工程量＝地面面积$=(5-0.24)\times(3.48-0.24)=15.42(m^2)$

柱面保温工程量＝柱面保温层中心线长度×柱高度

$=(0.4+0.15/2\times2)\times4\times(3.5-0.15\times2)=7.04(m^2)$

内墙面保温层工程量：

内墙面保温层中心线长度$=(5-0.24-0.15/2\times2+3.48-0.24-0.15/2\times2)\times2=15.4(m)$

墙面保温层工程量＝保温层长度×高度－门窗洞口所占面积＋门窗洞口侧壁增加面积

$=15.4\times(3.5-0.15\times3)-0.9\times(1.8-0.15)+[(1.8-0.15-0.15/2)\times2+0.9-0.15]\times0.12=45.95(m^2)$

5.11　楼地面工程量计算

5.11.1　工程量计算规则

楼地面装饰工程包括整体面层及找平层、块料面层、橡塑面层、其他材料面层、踢脚线、楼梯面层、台阶装饰、零星装饰项目、分格嵌条、防滑条、酸洗打蜡等。

(1) 楼地面整体面层及找平层

楼地面整体面层及找平层按设计图示尺寸以面积计算。扣除凸出地面构筑物、设备基础、室内铁道、地沟等所占面积，不扣除间壁墙及单个面积≤$0.3m^2$ 的柱、垛、附墙烟囱及孔洞所占面积。门洞、空圈、暖气包槽壁龛的开口部分不增加面积。

整体面层及找平层工程量＝主墙间净长度×主墙间净宽度±增减面积

(2) 块料面层、橡塑面层

① 块料面层、橡塑面层及其他材料面层按设计图示尺寸以面积计算。门洞空圈、暖气包槽、壁龛的开口部分并入相应的工程量内。

块料面积＝实铺面积

② 石材拼花按最大外围尺寸以矩形面积计算。有拼花的石材地面，按设计图示尺寸扣除拼花的最大外围矩形面积计算面积。

③ 点缀按个计算，计算主体铺贴地面面积时，不扣除点缀所占面积。

④ 石材底面刷养护液，包括侧面涂刷，工程量按设计图示尺寸以底面积计算。

⑤ 石材表面刷保护液，工程量按设计图示尺寸以表面积计算。

⑥ 石材勾缝按石材设计图示尺寸以面积计算。

(3) 踢脚线

踢脚线按设计图示长度乘以高度以面积计算。楼梯靠墙踢脚线（含锯齿形部分）贴块料按设计图示面积计算。石材成品踢脚线按图示尺寸长度计算。

(4) 楼梯面层

楼梯面层按设计图示尺寸以楼梯（包括踏步、休息平台及≤500mm 的楼梯井）水平投影面积计算。楼梯与楼地面相连时，算至梯口梁内侧边沿；无梯口梁者，算至最上一层踏步边沿加 300mm。

(5) 台阶面层

台阶面层按设计图示尺寸以台阶（包括最上层踏步边沿加 300mm）水平投影面积计算，如图 5.11.1 所示，300mm 以外部分面积套用相应面层材料的楼地面工程定额子目。

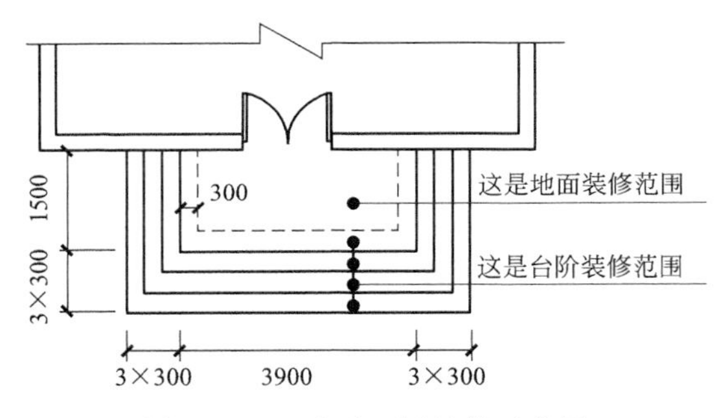

图 5.11.1 台阶面层计算示意图

(6) 零星项目

零星项目面层适用于楼梯侧面、台阶的牵边、小便池、蹲台、池槽，以及面积在 0.5m^2 以内且未列项目的工程，零星项目按设计图示尺寸以面积计算。

(7) 其他项目

圆弧形等不规则地面镶贴面层（不包括柱角），饰面宽度按 1m 计算工程量。分格嵌条按设计图示尺寸以延长米计算。块料楼地面做酸洗打蜡者，按设计图示尺寸以表面积计算。楼梯、台阶做酸洗打蜡者，按水平投影面积计算。

5.11.2 工程案例

【例 5.11.1】 某建筑如图 5.11.2 所示，地面做法如图，墙厚 240mm，计算楼地面面层及垫层工程量。

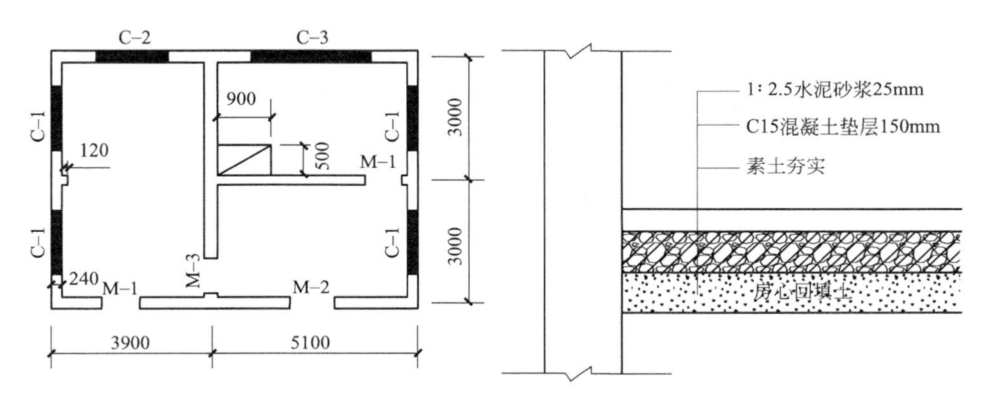

图 5.11.2 某建筑平面图及地面构造详图

解：

1∶2.5 水泥砂浆地面

=(3.9−0.24)×(3+3−0.24)+(5.1−0.24)×(3−0.24)×2−0.5×0.9=47.46(m^2)

垫层按照体积计算。

C15 混凝土垫层=47.46×0.15=7.119(m^3)

【例 5.11.2】某建筑平面如图 5.11.2 所示，墙厚 240mm，室内铺设 500mm×500mm 中国红大理石，贴相同材质踢脚线，踢脚线高 150mm，门窗尺寸如表 5.11.1 所示。计算大理石地面和踢脚线的工程量。

表 5.11.1 门窗表

M1	1000mm×2000mm
M2	1200mm×2000mm
M3	900mm×2400mm
C1	1500mm×1500mm
C2	1800mm×1500mm
C3	3000mm×1500mm

解：

(1) 块料地面工程量=室内净面积−洞口面积+门开口处面积−垛面积

室内净面积=(3.9−0.24)×(3+3−0.24)+(5.1−0.24)×(3−0.24)×2=47.91(m^2)

洞口面积=0.5×0.9=0.45(m^2)

门开口处面积=(1+0.9)×0.24+(1+1.2)×0.12=0.72(m^2)

垛面积=0.12×0.24=0.03(m^2)

块料地面工程量=47.91−0.45+0.72−0.03=48.15(m^2)

(2) 踢脚线工程量，考虑门洞两侧的部分，但不考虑门框的厚度。

踢脚线工程量=[(3+3−0.24)×4+0.12×2−0.9×2−0.5+(3.9+5.1−0.24)×2−1−1.2+(5.1−1−0.24)×2−0.9]×0.15=43.12×0.15=6.468(m^2)

【例 5.11.3】计算图 5.11.1 中台阶面层工程量。

解：

台阶面层工程量=(3.9+0.3×3×2)×(0.3×4)+(0.3×4)×(1.5−0.3)×2=9.72(m^2)

5.12 墙、柱面抹灰、装饰与隔断、幕墙工程

墙、柱面抹灰、装饰与隔断、幕墙工程包括墙面抹灰、柱（梁）面抹灰、零星抹灰、墙面块料面层、柱（梁）面镶贴块料、镶贴零星块料、墙饰面、柱（梁）饰面、幕墙工程及隔断等。

5.12.1 工程量计算规则

(1) 抹灰

① 内墙面、墙裙抹灰面积应扣除门窗洞口和单个面积＞0.3m² 以上的空圈所占的面积，不扣除踢脚线、挂镜线及单个面积≤0.3m² 的孔洞和墙与构件交接处的面积，且门窗洞口、空圈、孔洞的侧壁及顶面面积亦不增加，附墙柱、梁、垛、附墙烟囱的侧面抹灰应并入墙面、墙裙抹灰工程量内计算。

挂镜线：又称“画镜线”，钉在居室四周墙壁上部的水平木条，用来悬挂镜框或画幅等。

② 内墙面以主墙间的设计图示净长计算，其高度确定如下：

a. 无墙裙的，高度按室内楼地面至顶棚底面计算；

b. 有墙裙的，高度按墙裙顶至顶棚底面计算；

c. 吊顶天棚的内墙面一般抹灰，其高度按室内地面或者楼面至吊顶底面另加 100mm 计算。

内墙裙抹灰工程量，按内墙裙净长乘以内墙裙高度以面积计算。如墙面和墙裙抹灰种类相同者，工程量合并计算。

③ 外墙面抹灰面积按垂直投影面积计算，应扣除门窗洞口、外墙裙（墙面和墙裙抹灰种类相同者应合并计算）和单个面积＞0.3m² 的孔洞所占面积，不扣除单个面积≤0.3m² 的孔洞所占面积，门窗洞口及洞侧壁及顶面面积亦不增加。附墙柱、梁、垛、附墙烟囱侧面抹灰面积应并入外墙面抹灰工程量内。

④ 外墙裙抹灰面积按墙裙长度乘以高度计算，扣除门窗洞口和大于 0.3m² 孔洞所占的面积，门窗洞口及孔洞的侧壁及顶面不增加。

⑤ 墙面勾缝按垂直投影面积计算，应扣除墙裙和墙面抹灰的面积，不扣除门窗洞口、门窗套、腰线等零星抹灰所占的面积，附墙柱和门窗洞口侧面及顶面的勾缝处面积亦不增加。独立柱、房上烟囱勾缝，按图示尺寸以面积计算。

⑥ 柱面抹灰按设计图示柱结构断面周长乘以高度以面积计算。

⑦ 女儿墙（包括泛水、挑砖）内侧、阳台栏板（不扣除花格所占孔洞面积）内侧与阳台栏板外侧抹灰工程量按其投影面积分别计算，块料按展开面积计算；女儿墙无泛水挑砖者，人工及机械乘以系数 1.10，女儿墙带泛水挑砖者，人工及机械乘以系数 1.30，按墙面相应项目执行；女儿墙内侧、阳台栏板内侧并入内墙计算，女儿墙外侧、阳台栏板外侧并入外墙计算。

⑧ 装饰线条抹灰按设计图示尺寸以长度计算。

⑨ 装饰抹灰分格嵌缝按抹灰面积计算。

⑩“零星抹灰”按设计图示尺寸以展开面积计算。

(2) 块料面层

① 挂贴石材零星项目中柱墩、柱帽是按圆弧形成品考虑的，按其圆的最大外径以周长计算；其他类型的柱帽、柱墩工程量按设计图示尺寸以展开面积计算。

② 墙面块料面层，按镶贴表面积计算。

③ 柱镶贴块料面层按设计图示饰面外围尺寸乘以高度以面积计算。

④ 干挂石材钢骨架按设计图示以质量计算。

(3) 墙、柱(梁)饰面

① 龙骨、基层、面层墙饰面项目按设计图示饰面尺寸以面积计算，扣除门窗洞口及单个面积＞0.3m^2 以上的空圈所占的面积，门窗洞口及空圈侧壁按展开面积计算；不扣除单个面积≤0.3m^2 的孔洞所占面积，门窗洞口及孔洞侧壁面积亦不增加。

② 柱(梁)饰面的龙骨、基层、面层按设计图示饰面尺寸以面积计算，柱帽、柱墩并入相应柱面积计算。

(4) 幕墙、隔断

① 带骨架幕墙，按设计图示外框尺寸以面积计算，不扣除与幕墙同种材质的窗所占面积；全玻璃幕墙按设计图示尺寸以面积计算；带肋全玻璃幕墙是指玻璃墙带玻璃肋，其工程量按展开面积计算，即玻璃肋的工程量合并在玻璃幕墙工程量内。

② 隔断按设计图示外围尺寸以面积计算，扣除门窗洞口及单个面积＞0.3m^2 的孔洞所占面积；浴厕门的材质与隔断相同时，门的面积并入隔断面积内。

5.12.2 工程案例

【例 5.12.1】 某建筑平面图和剖面图如图 5.12.1 所示，内墙面石灰砂浆抹灰，内墙裙水泥砂浆抹灰，C1：1.5m×1.8m，M1：1.5m×2.4m，M2：0.9m×2.1m，窗距室内地面高度为 0.9m。外墙面水泥砂浆粘贴深咖色外墙瓷砖，板厚 100mm。计算内墙抹灰、外墙瓷砖工程量。

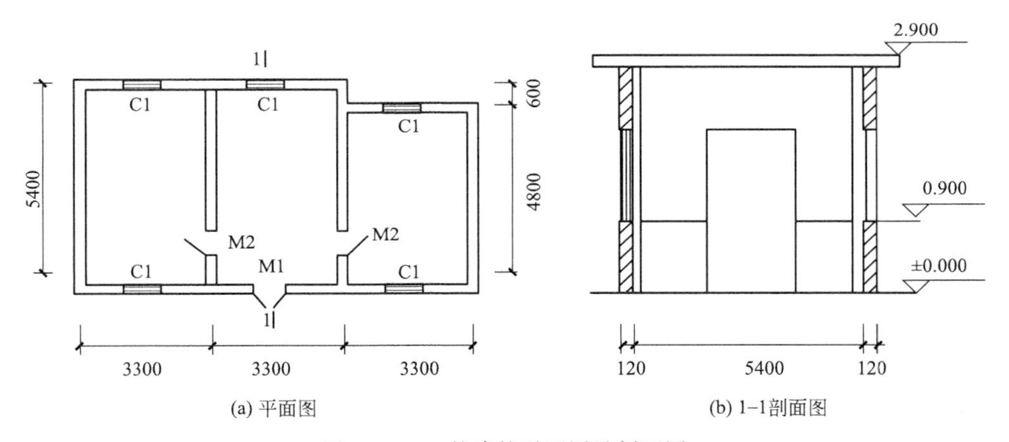

(a) 平面图　(b) 1-1剖面图

图 5.12.1　某建筑平面图及剖面图

解：

(1) 内墙抹灰＝主墙间净长×净高－门窗面积

净长＝[(3.3－0.24)＋(5.4－0.24)]×2×2＋[(3.3－0.24)＋(4.8－0.24)]×2＝48.12(m)

净高＝2.9－0.1＝2.8(m)

墙裙高 0.9m，墙面抹灰高度＝2.9－0.1－0.9＝1.9(m)

内墙裙抹灰＝(48.12－0.9×4－1.5)×0.9＝38.72(m^2)

内墙面抹灰工程量＝48.12×1.9－5×1.5×1.8－1.5×(2.4－0.9)－2×0.9×(2.1－0.9)×2＝71.36(m^2)

(2) 外墙瓷砖按实铺面积计算

外墙瓷砖＝$L_外$×外墙高－门窗面积＋门窗侧壁面积

$L_外$＝[(9.9＋0.24)＋(5.4＋0.24)]×2＝31.56(m)

外墙高＝2.9－0.1＝2.8(m)

门窗面积＝5×(1.5×1.8)＋1.5×2.4＝17.1(m^2)

门窗侧壁面积＝(1.5＋1.8)×2×0.12×5＋(1.5＋2.4×2)×0.12＝4.716(m^2)

外墙瓷砖工程量＝31.56×2.8－17.1＋1.548＝72.82(m^2)

5.13 天棚工程

天棚工程包含天棚抹灰、天棚吊顶、吸声天棚、天棚其他装饰四部分。

5.13.1 工程量计算规则

(1) 天棚抹灰

按设计结构尺寸以展开面积计算，不扣除间壁墙、垛、柱、附墙烟囱、检查口和管道所占的面积，带梁天棚的梁两侧抹灰面积并入天棚面积中，板式楼梯底面抹灰面积（包括踏步、休息平台以及≤500mm 宽的楼梯井）按水平投影面积乘以系数 1.15 计算，锯齿形楼梯底面抹灰面积（包括踏步、休息平台以及≤500mm 宽的楼梯井）按水平投影面积乘以系数 1.37 计算。

(2) 天棚吊顶、吸声天棚

① 天棚龙骨按主墙间水平投影面积计算，不扣除间壁墙、检查口、附墙烟囱、柱、垛和管道所占面积，扣除单个＞0.3m^2 的孔洞、独立柱及与天棚相连的窗帘盒所占的面积。斜面龙骨按斜面计算。

② 吊顶天棚的基层和面层均按设计图示尺寸以展开面积计算。天棚面中的灯槽及跌级、阶梯式、锯齿式、吊挂式、藻井式天棚面积按展开计算，不扣除间壁墙、检查口、附墙烟囱、柱、垛和管道所占面积，扣除＞0.3m^2 的孔洞、独立柱及与天棚相连的窗帘盒所占的面积。

③ 格栅吊顶、藤条造型悬挂吊顶、织物软雕吊顶和装饰网架吊顶，按设计图示尺寸以水平投影面积计算。吊筒吊顶以最大外围水平投影尺寸，以外接矩形面积计算。

④ 保温吸声层按实铺面积计算。

(3) 天棚其他装饰

① 灯带（槽）按设计图示尺寸以框外围面积计算。

② 灯光孔、风口按设计图示数量以个计算。

5.13.2 工程案例

【例 5.13.1】 某建筑物楼梯如图 5.5.22 所示，楼梯面层及底面为 1∶2 水泥砂浆抹灰，计算楼梯面层及板底抹灰工程量。

解：

楼梯面层抹灰工程量＝(1.23＋1.23＋0.5)×(1.23＋3＋0.3)＝13.41(m^2)

板底楼梯抹灰工程量＝(1.23＋1.23＋0.5)×(1.23＋3＋0.3)×1.15(系数)＝13.41×1.15＝15.42(m^2)

5.14 油漆、涂料、裱糊工程

油漆、涂料、裱糊工程包括木门油漆、木扶手及其他板条、线条油漆、其他木材面油漆、金属面油漆、抹灰面油漆、裱糊等部分。

(1) 木门油漆工程

① 单层木门、单层半玻门、单层全玻门、半截百叶门、全百叶门、厂库房大门、纱门扇、特种门（包括冷藏门）油漆，按设计图示门洞口尺寸以面积计算。

② 装饰门扇油漆按设计图示尺寸扇外围面积计算。

③ 间壁、隔断、玻璃间壁露明墙筋、木栅栏、木栏杆（带扶手）油漆按设计图示长乘以宽（满外量、不展开）以面积计算。

(2) 木扶手及其他板条、线条油漆工程

木扶手、封檐板、博风板、黑板框、生活园地框、木线条油漆按设计图示尺寸以长度计算。

(3) 其他木材面油漆工程

① 木板及胶合板天棚、屋面板带檩条、清水板条檐口天棚、吸声板（墙面或天棚）、鱼鳞板墙、木护墙、木墙裙、木踢脚、窗台板、窗帘盒、出入口盖板、检查口按设计图示尺寸以面积计算。

② 壁橱油漆按设计图示尺寸以油漆部分展开面积计算。

③ 木屋架按设计图示尺寸按跨度（长）乘以中间高度的1/2面积计算。

④ 木地板油漆按设计图示尺寸以面积计算，孔洞、空圈、暖气包槽、壁龛的开口部分并入相应的工程量内。

⑤ 木龙骨刷防火、防腐涂料按设计图示尺寸以投影面积计算。

⑥ 基层板刷防火、防腐涂料按实际涂刷面积计算。

⑦ 油漆面抛光打蜡按相应刷油部位油漆工程量计算规则计算。

(4) 金属面油漆工程

① 金属面油漆、涂料，工程量按重量或设计图示尺寸以展开面积计算。质量在500kg以内的单个金属构件，按定额附表相应的系数，将质量（t）折算为面积。

② 金属平板屋面、镀锌铁皮面（涂刷磷化、锌黄底漆）油漆的按设计图示尺寸以面积计算。

(5) 抹灰面油漆、涂料工程

① 抹灰面油漆、涂料（另做说明的除外），按设计图示尺寸以面积计算。

② 踢脚线刷耐磨漆，按设计图示尺寸长度计算。

③ 槽型底板、混凝土折瓦板、有梁板底、密肋梁板底、井字梁板底刷油漆、涂料，按设计图示尺寸展开面积计算。

④ 墙面及天棚面刷石灰油浆、白水泥、石灰浆、石灰大白浆、普通水泥浆、可赛银浆、大白浆等涂料工程量按实际展开面积计算。

⑤ 混凝土花格窗、栏杆花饰刷（喷）油漆、涂料以设计以单面外围面积计算。

⑥ 天棚、墙、柱面基层板缝粘贴胶带纸按相应天棚、墙、柱面基层板面积计算。

(6) 裱糊工程

墙面、天棚面裱糊按设计图示尺寸以面积计算。

5.15 其他装饰工程

其他装饰工程包括柜类、货架，压条、装饰线，扶手、栏杆、栏板装饰，暖气罩，浴厕配件，雨篷、旗杆，招牌、灯箱，美术字，石材、瓷砖加工等九部分。

(1) 柜类、货架

柜类货架工程量按各项目计量单位计算。其中以“m^2”为计量单位的项目，其工程量均按正立面的高度（包括脚的高度在内）乘以宽度计算。

(2) 压条、装饰线

① 压条、装饰线条按线条中心线长度计算。

② 石膏角花、灯盘按设计图示数量计算。

(3) 扶手、栏杆、栏板装饰

① 扶手、栏杆、栏板、成品栏杆（带扶手）均按其中心线长度计算，不扣除弯头长度。如遇木扶手、大理石扶手为整体弯头时，扶手消耗量需扣除整体弯头的长度，设计不明确者，每只整体弯头按400mm扣除。

② 硬木弯头、大理石弯头按设计图示数量计算。

(4) 暖气罩

暖气罩（包括脚的高度在内）按边框外围尺寸垂直投影面积计算，成品暖气罩安装按设计图示数量计算。

(5) 浴厕配件

① 大理石洗漱台按设计图示尺寸以展开面积计算，挡板、吊沿板面积并入其中，不扣除孔洞、挖弯、削角所占面积。

② 大理石台面面盆开孔按设计图示数量计算。

③ 盥洗室台镜（带框）、盥洗室木镜箱按边框外围面积计算。

④ 盥洗室塑料镜箱、毛巾杆、毛巾环、浴帘杆、浴缸拉手、肥皂盒、卫生纸盒、晒衣架、晾衣绳等按设计图示数量计算。

(6) 雨篷、旗杆

① 雨篷按设计图示尺寸以水平投影面积计算。

② 不锈钢旗杆按设计图示数量计算。旗杆高度，按旗杆台座上表面至杆顶的高度（包括球珠）计算。

③ 电动升降系统和风动系统按套数计算。

(7) 招牌、灯箱

① 柱面、墙面灯箱基层，按设计图示尺寸以展开面积计算。

② 一般平面广告牌基层，按设计图示尺寸以正立面边框外围面积计算。复杂平面广告牌基层，按设计图示尺寸以展开面积计算。

③ 箱（竖）式广告牌基层，按设计图示尺寸以基层外围体积计算。

④ 广告牌面层、灯箱面层，按设计图示尺寸以展开面积计算。

⑤ 广告牌钢骨架以吨计算。

(8) 美术字

美术字按设计图示数量计算。

(9) 石材、瓷砖加工

① 石材、瓷砖倒角按块料设计倒角长度计算。

② 石材磨边按成型圆边长度计算。

③ 石材开槽按块料成型开槽长度计算。

④ 石材、瓷砖开孔按成型孔洞数量计算。

5.16 拆除工程

拆除工程适用于房屋工程的改扩建或二次装修之前的拆除工程，包括砌体拆除，混凝土及钢筋混凝土构件拆除，木构件拆除，抹灰层铲除，块料面层铲除，龙骨及饰面拆除，屋面拆除，铲除油漆涂料裱糊面，栏杆栏板、轻质隔断隔墙拆除，门窗拆除，金属构件拆除，管道及卫生洁具拆除，灯具拆除，其他构件拆除，开孔（打洞），建筑垃圾外运等。

(1) 墙体拆除

各种墙体拆除按实拆墙体体积以 m^3 计算，不扣除 $0.3m^2$ 以内孔洞和构件所占的体积。

(2) 混凝土及钢筋混凝土构件拆除

混凝土及钢筋混凝土的拆除按实拆体积以 m^3 计算，楼梯拆除按水平投影面积以 m^2 计算。

(3) 木构件拆除

各种屋架、半屋架拆除按跨度分类以榀计算，檩、椽拆除不分长短按实拆根数计算，望板、油毡、瓦条拆除按实拆屋面面积以 m^2 计算。

(4) 抹灰层铲除

楼地面面层按水平投影面积以 m^2 计算，踢脚线按实际铲除长度以 m 计算，各种墙、柱面面层的拆除或铲除均按实拆面积以 m^2 计算，天棚面层拆除按水平投影面积以 m^2 计算。

(5) 块料面层铲除

各种块料面层铲除均按实际铲除面积以 m^2 计算。

(6) 龙骨及饰面拆除

各种龙骨及饰面拆除均按实拆面积以 m^2 计算。

(7) 屋面拆除

屋面拆除按屋面的实拆面积以 m^2 计算。

(8) 铲除油漆涂料裱糊面

油漆涂料裱糊面层铲除均按实际铲除面积以 m^2 计算。

(9) 栏杆栏板、轻质隔断隔墙拆除

栏杆扶手拆除均按实拆长度以 m 计算。隔墙及隔断的拆除按实拆面积以 m^2 计算。

(10) 门窗拆除

拆整樘门、窗、门窗套，均按樘计算；拆门、窗扇，以扇计算。

(11) 金属构件拆除

各种金属构件拆除均按实拆构件质量以 t 计算。

(12) 管道及卫生洁具拆除

管道拆除按实拆长度以 m 计算。卫生洁具拆除按实拆数量以套计算。

(13) 灯具拆除

各种灯具、插座拆除均按实拆数量以套、只计算。

(14) 其他构件拆除

暖气罩、嵌入式柜体拆除按正立面边框外围尺寸垂直投影面积计算，窗台板拆除按实拆长度计算，筒子板拆除按洞口内侧长度计算，窗帘盒、窗帘轨拆除按实拆长度计算，干挂石材骨架拆除按拆除构件的质量以 t 计算，干挂预埋件拆除以块计算，防火隔离带按实拆长度计算。

(15) 开孔（打洞）

开孔（打洞）无损切割按切割构件断面以 m^2 计算，钻芯按实钻孔数以孔计算。

(16) 建筑垃圾外运

建筑垃圾外运按实方体积计算。

(17) 墙面处理

打磨（凿毛）项目不分局部打磨（凿毛）或星点打磨（凿毛），打磨（凿毛），面积均按全部打磨（凿毛）考虑，工程量按墙或天棚的净面积计算，扣除门窗洞口和大于 $0.3m^2$ 孔洞所占的面积。凿槽长度按实凿槽长度以 m 计算。

(18) 无损切割、绳锯切割

无损切割、绳锯切割工程量按截断面积以 m^2 计算。

5.17 措施项目工程量计算

措施项目包括脚手架工程，模板工程，垂直运输，建筑物超高增加费，大型机械设备进出场及安拆，施工排水、降水，临时设施费，冬季施工措施费等。其中模板工程在5.5.2节介绍，不再赘述。

综合脚手架、垂直运输、超高增加费按建筑面积计算工程量的项目，定额子目是按不同结构和檐高设置的。

建筑物檐高，是指从设计室外地坪至檐口滴水的高度，斜（坡）屋面的檐高是按设计室外地坪至斜（坡）屋面的平均高度计算的；设计室外地坪与进场交付地坪不一致时，以进场交付地坪为准。突出屋顶的电梯间、水箱间、女儿墙等均不计入檐高。

同一建筑物有不同檐高时，按建筑物的不同檐高纵向分割，分别计算建筑面积，并按各自的檐高执行相应项目。建筑物多种结构，按不同结构分别计算。

5.17.1 脚手架工程

脚手架工程包括综合脚手架、单项脚手架、其他脚手架、构筑物脚手架等项目。

(1) 综合脚手架

综合脚手架按设计图示尺寸以建筑面积计算。地下室的建筑面积单独计算。

综合脚手架内容包括：综合脚手架中包括外墙砌筑及外墙装饰、混凝土浇捣用脚手架、3.6m以内的内墙砌筑以及内墙面和天棚装饰脚手架；综合脚手架综合了依附斜道、上料平台、护卫栏杆、卷扬机架、电梯井架、悬空脚手架、基础脚手架、高层脚手架的卸载等各项内容。

① 单层建筑综合脚手架适用于檐高20m以内的单层建筑工程。

② 二层及二层以上的建筑工程执行多层建筑综合脚手架项目，地下室部分执行地下室综合脚手架项目。

(2) 单项脚手架

① 执行综合脚手架，有下列情况者，可另执行单项脚手架项目。

a. 满堂基础、条形基础底宽超过3m或独立基础高度（垫层上皮至基础顶面）超过1.2m时，按满堂脚手架基本层定额乘以系数0.3计算；高度超过3.6m时，每增加1m按满堂脚手架增加层定额乘以系数0.3计算。

b. 砌筑高度在3.6m以外的砖内墙，按超过部分投影面积执行单排脚手架项目；砌筑高度在3.6m以外砌块内墙，按超过部分投影面积执行双排脚手架项目。

c. 砌筑高度在1.2m以外的屋顶烟囱的脚手架，按设计图示烟囱外围周长另加3.6m乘以烟囱出屋顶高度以面积计算，执行里脚手架项目。

d. 砌筑高度在1.2m以外的管沟墙及砖基础，按设计图示砌筑长度乘以高度以面积计算，执行里脚手架项目。

e. 内墙墙面装饰高度在3.6m以外的，超过部分执行内墙面装饰脚手架项目。

f. 天棚装饰高度在3.6m以外的，执行满堂脚手架项目，如实际施工中未采用满堂脚手架，应按满堂脚架项目基价的30%计算脚手架费用。

g. 外墙高度在3.6m以上墙面装饰不能利用原砌筑脚手架时，可按实际发生计算脚手架。

h. 凡室内计算了满堂脚手架，不再计算墙面装饰脚手架，只按每 $100m^2$ 墙面垂直投影面积增加改架一般技工工日1.28个。

i. 按照建筑面积计算规范的有关规定未计入建筑面积，但施工过程中需搭设脚手架的施工部位。

② 凡不适宜使用综合脚手架的工程，执行相应的单项脚手架项目。

③ 由业主另行发包的专业分包工程，不能利用原总承包单位搭设脚手架，可执行相应的单项脚手架项目。

(3) 单项脚手架计算规则

① 外脚手架、整体提升架按外墙外边线长度（含墙垛及附墙井道）乘以外墙高度以面积计算。

② 里脚手架按墙面垂直投影面积计算。

③ 计算内、外墙脚手架时，均不扣除门、窗、洞口、空圈等所占面积。同一建筑物高度不同时，应按不同高度分别计算。

④ 独立柱按设计图示尺寸，以结构外围周长另加3.6m乘以高度以面积计算。

⑤ 现浇钢筋混凝土梁按梁顶面至地面（或楼面）间的高度乘以梁净长以面积计算。

⑥ 满堂脚手架按室内净面积计算，其高度在3.6～5.2m时计算基本层，5.2m以外，每增加1.2m计算一个增加层，不足0.6m按一个增加层乘以系数0.5计算。计算公式如式(5.17.1)。

$$满堂脚手架增加层=(室内净高-5.2)/1.2m \tag{5.17.1}$$

⑦ 挑脚手架按搭设长度乘以层数以长度计算。

⑧ 悬空脚手架按搭设水平投影面积计算。

⑨ 吊篮脚手架按外墙垂直投影面积计算，不扣除门窗洞口所占面积。

⑩ 内墙面装饰脚手架按内墙面垂直投影面积计算，不扣除门窗洞口所占面积。

⑪ 立挂式安全网按架网部分的实挂长度乘以实挂高度以面积计算。

⑫ 挑出式安全网按挑出的水平投影面积计算。

⑬ 大型设备基础脚手架，按其外形周长乘以垫层底面至外形顶面之间高度，以面积计算。

⑭ 围墙脚手架，按其高度乘以围墙中心线，以面积计算，高度指室外设计地坪至围墙顶。不扣除围墙门所占的面积，但独立门柱砌筑用的脚手架也不增加。

(4) 其他脚手架

① 电梯井架按单孔以座计算。

② 水平防护架，按实际铺板的水平投影面积计算。

③ 垂直防护架，按设计室外地坪至最上一层横杆之间的搭设高度，乘以实际搭设长度，以面积计算。

④ 卷扬机架，按其高度以座计算，定额是按高度在10m以内为准，超过10m时，按增高项目计算。

⑤ 架空运输脚手架，按搭设长度以延长米计算。

⑥ 斜道，按不同高度以座计算。

⑦ 建筑物垂直封闭工程量按封闭面的垂直投影面积计算。

⑧ 烟囱脚手架按不同高度以座计算，其高度以设计室外地坪至烟囱顶部的高度为准。

⑨ 水塔脚手架按相应烟囱脚手架以座计算。

5.17.2 其他措施项目

(1) 垂直运输工程

垂直运输工程包括20m（6层）以内卷扬机施工、20m（6层）以内塔式起重机施工、20m

(6层)以上塔式起重机施工、构筑物垂直运输等四个部分。

建筑物垂直运输机械费，区分不同建筑物结构及檐高按建筑面积计算。地下室建筑面积与地上建筑面积分别计算。

(2) 建筑物超高增加费

建筑物超高增加费适用于建筑物檐口高度超过20m的工程项目。单层建筑按相应项目乘以系数0.6。建筑物超高增加费按建筑物的建筑面积计算，均不包括地下室部分。

(3) 大型机械设备进出场及安拆费

大型机械设备进出场及安拆费是指机械整体或分体停放场地往返施工现场所发生的机械进出场运输和转移费用，以及机械在施工现场进行安装、拆卸所需的人工费、材料费、机械费、试运转费和安装所需的辅助设施的费用。

大型机械设备安拆费、大型机械设备进出场费均按台次计算。

(4) 施工排水、降水

施工排水、降水包括成井、排水、降水等项目。

① 轻型井点、喷射井点排水的井管安装、拆除以根为单位计算，使用以套/天计算。轻型井点以50根为一套，喷射井点以30根为一套；真空深井、直流深井排水的安装拆除以每口井计算，使用以每口井/天计算。

② 使用天数以每昼夜(24h)为一天，并按确定的施工组织设计要求的使用天数计算。

③ 集水井按设计图示数量以座计算，大口井按累计井深以长度计算。

(5) 临时设施项目

临时设施项目包括措施项目中的地面硬覆盖，现场临时围挡、大门、临时建筑、临时管线4个部分。

① 地面硬覆盖，按覆盖面积乘以覆盖厚度以体积计算。

② 现场整体临时围挡，按安装垂直投影以面积计算。

③ 分解计算的临时围挡及临时大门，钢结构柱、支撑部分按整体用钢量以重量计算；砖柱部分按砌筑量以体积计算；围挡面板、门扇按垂直投影以面积计算。

④ 临时建筑按安装尺寸以建筑面积计算。

⑤ 临时管线，按敷设长度以延长米计算；临时配电箱以台计算。

(6) 冬期施工措施费

① 暖棚搭设：分暖棚墙体搭设与棚顶搭设，按实际搭设暖棚墙与棚顶的外表面积以$100m^2$为计量单位计算。

② 混凝土外加剂：根据确定的施工方案，混凝土需要加入的外加剂种类、实际温度，执行相应定额项目，按每立方米混凝土为计量单位计算。

③ 供热系统安装与拆除：临时锅炉、暖风机安装与拆除费用按套为计量单位，其设备价值分5次摊销另计；供热管道、光排管散热器以10m为计量单位。

④ 供热设施费：按暖棚搭设的底面积，以100天为计量单位计算。

⑤ 照明设施安装与拆除：按暖棚搭设的底面积，以$100m^2$为计量单位计算。

⑥ 人工、机械降效：按冬期施工实际完成工程量的人工和机械费分别乘以相应的降效系数计算。

5.17.3 工程案例

【例5.17.1】请计算【例2.4.2】中的综合脚手架工程量。

解：

综合脚手架工程量按建筑面积计算，不同檐口高度应分别计算工程量。

Ⓐ Ⓑ轴建筑面积为：(8.2+0.2)×30.2×2+(8.2+0.2)×30.2×1/2=634.2(m^2)（包含变形缝）

Ⓒ Ⓓ轴建筑面积为：12.2×60.2×4+(3.65−2.1)×2×2×60.2+(2.1−1.2)×2×2×60.2×1/2+3.6×1.8×1/2×18+2.6×4×1/2=3482.88(m^2)

【例 5.17.2】某工程钢筋混凝土独立基础如图 5.17.1 所示，计算独立基础脚手架工程量。

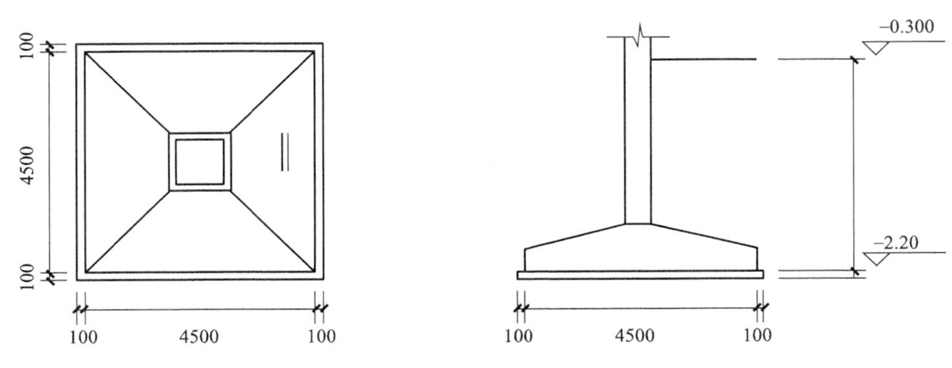

图 5.17.1　某独立基础示意图

解：

独立基础高度=2.2m−0.3m=1.9m>1.2m，需要按照满堂脚手架基本层定额乘以系数 0.3 计算。

则满堂脚手架工程量=(4.5+0.45)×(4.5+0.45)×0.3=24.50×0.3=7.35(m^2)（0.45m 为独立基础搭脚手架时的工作面增加尺寸，可查看 5.1 节。）

【例 5.17.3】某工程天棚抹灰需要搭设满堂脚手架，室内净面积为 500m^2，室内净高为 11m，计算该项满堂脚手架工程量。

解：

满堂脚手架基本层工程量=500m^2

增加层数=(11−5.2)/1.2=4.83，按照 5 个增加层来计算。

增加层工程量=500×5=2500(m^2)

【例 5.17.4】某宾馆由主楼和裙房组成，主楼为框架剪力墙结构，共 21 层，檐口标高为 +66.20，每层建筑面积为 720m^2；裙楼为框架结构，共 3 层，檐口标高为 +15.60，每层建筑面积为 960m^2。室外设计地坪标高为 −0.45m。采用商品混凝土泵送施工。试计算该工程的垂直运输及超高增加工程量。

解：

主楼部分垂直运输工程量：720×21=15120(m^2)，檐高=66.20+0.45=66.65(m)

裙房部分垂直运输工程量：960×3=2880(m^2)，檐高=15.60+0.45=16.05(m)

主楼檐高超过 20m 需计算超高施工增加费，工程量=720×21=15120(m^2)

第6章 钢筋工程计量

教学目标：

通过本章学习，能够根据《混凝土结构施工图平面整体表示方法制图规则和构造详图》图集系列识读建筑结构施工图，能够正确提取图纸信息，并根据图纸信息和构造要求，运用不同类型钢筋长度计算方法，正确计算钢筋工程量。

教学要求：

能力目标	知识要点	相关知识
能够阐释与钢筋工程量计算相关的基本概念	与钢筋工程量计算相关的基本概念	钢筋分类、钢筋保护层厚度、钢筋的弯勾和弯起、钢筋的连接、钢筋的锚固、钢筋的单位理论质量
能够根据图集表达不同构件钢筋构造要求	图集中不同构件钢筋的表示方法和构造要求	框架柱、框架梁、板、独立基础等构件钢筋的平面整体表示方法制图规则和构造要求
能够识别和提取图纸信息，运用不同类型钢筋长度计算方法，正确计算钢筋工程量	不同构件中钢筋的类型以及不同类型钢筋长度计算方法	框架柱纵筋和箍筋长度的计算方法；框架梁中上部钢筋、下部钢筋、支座钢筋、侧面钢筋及箍筋长度计算方法；板中受力钢筋、支座负筋、分布钢筋长度计算方法；独立基础板底钢筋长度计算方法

6.1 钢筋工程概述

钢筋工程是钢筋混凝土工程中的一道关键工序，是钢筋混凝土构件（如基础、梁、板、柱、剪力墙和楼梯）中的重要组成材料，是建筑工程中用量大、单价高的一种必不可少的材料，对它的准确计量与计价，对合理、有效控制工程造价意义重大。

构件设计所需的钢筋规格、品种、数量很多，因此需根据不同的设计图计算实际使用钢筋的数量，并按不同品种、规格分类统计。

(1) 钢筋的品种

① 钢筋按生产工艺可分为热轧钢筋、冷轧钢筋、冷拉钢筋、冷拔钢丝、热处理钢筋、碳素钢丝、刻痕钢丝和钢绞线。

② 钢筋按化学成分可分为碳素钢钢筋和普通低合金钢钢筋。碳素钢钢筋按含碳量多少又可分为低碳钢钢筋（含碳量低于0.25%）、中碳钢钢筋（含碳量0.25%～0.7%）和高碳钢钢筋（含碳量大于0.7%）；普通低合金钢钢筋是在低碳钢和中碳钢的成分中加入少量合金元素，获得强度高和综合性能好的钢种，如20MnSi、20MnTi、45SiMnV等。

③ 钢筋按强度等级分为HPB300、HRB335、HRB400、HRBF400、RRB400、HRB500、HRBF500等。

④ 钢筋按轧制外形可分为光圆钢筋和带肋钢筋。带肋钢筋按肋的形状可分为月牙肋钢筋和等高肋钢筋。

⑤ 钢筋按供货方式可分为盘圆钢筋和直条钢筋（长度6～12m）。

(2) 常用混凝土构件中的钢筋种类

① 受力钢筋：又称主筋，配置在受弯、受拉、偏心受压构件的受拉区以承受拉力。

② 架立钢筋：用来固定箍筋以形成钢筋骨架，一般配置在梁上部。

③ 箍筋：一方面起架立作用，另一方面还起着抵抗剪力的作用。它应垂直于主筋设置。一般的梁应由受力筋、架立筋和箍筋组成钢筋骨架。

④ 分布筋：在板中垂直于受力钢筋，以保证受力钢筋位置并传递内力。它能将构件所受的外力分布于较广的范围，以改善受力情况。

⑤ 附加钢筋：因构件几何形状或受力情况变化而增加的附加筋。

(3) 钢筋的混凝土保护层

混凝土保护层指混凝土构件中，起到保护钢筋、避免钢筋直接裸露的那一部分混凝土。从混凝土表面到最外层钢筋（受力钢筋）公称直径外边缘之间的最小距离，对后张法预应力筋，为套管或孔道外边缘到混凝土表面的距离。保护层最小厚度的规定是为了使混凝土结构构件满足耐久性要求和对受力钢筋有效锚固的要求。

根据《混凝土结构设计规范（2015年版）》(GB 50010—2010) 中的规定，混凝土保护层的最小厚度符合表6.1.1的规定。

表6.1.1 混凝土保护层最小厚度

环境类别	板、墙/mm	梁、柱/mm
一	15	20
二a	20	25
二b	25	35
三a	30	40
三b	40	50

① 表中混凝土保护层厚度指最外层钢筋外边缘至混凝土表面的距离，适用于设计使用年限为50年的混凝土结构。

② 构件中受力钢筋的保护层厚度不应小于钢筋的公称直径。

③ 一类环境中，设计使用年限为100年的结构最外层钢筋的保护层厚度不应小于表中数值的1.4倍；二、三类环境中，设计使用年限为100年的结构应采取专门的有效措施。

④ 混凝土强度等级不大于C25时，表中保护层厚度数值应增加5mm。

⑤ 基础底面钢筋的保护层厚度，有混凝土垫层时应从垫层顶面算起，且不应小于40mm。

其中，混凝土结构的环境类别划分见表6.1.2。

表6.1.2 混凝土结构的环境类别划分

环境类别	条件
一	室内干燥环境； 无侵蚀性静水浸没环境

续表

环境类别	条件
二 a	室内潮湿环境； 非严寒和非寒冷地区的露天环境； 非严寒和非寒冷地区与无侵蚀性的水或土壤直接接触的环境； 严寒和寒冷地区的冰冻线以下与无侵蚀性的水或土壤直接接触的环境
二 b	干湿交替环境； 水位频繁变动环境； 严寒和寒冷地区的露天环境； 严寒和寒冷地区冰冻线以上与无侵蚀性的水或土壤直接接触的环境
三 a	严寒和寒冷地区冬季水位变动区环境； 海风环境、盐渍土环境； 受除冰盐作用环境
三 b	盐渍土环境； 受除冰盐作用环境； 海岸环境
四	海水环境
五	受人为或自然的侵蚀性物质影响的环境

注：1. 室内潮湿环境是指构件表面经常处于结露或湿润状态的环境。

2. 严寒和寒冷地区的划分应符合现行国家标准《民用建筑热工设计规范（含光盘）》(GB 50176—2016) 的有关规定。

3. 海岸环境和海风环境宜根据当地情况，考虑主导风向及结构所处迎风、背风部位等因素的影响，由调查研究和工程经验确定。

4. 受除冰盐影响环境是指受到除冰盐雾影响的环境；受除冰盐作用环境是指被除冰盐溶液溅射的环境以及使用除冰盐地区的洗车房、停车楼等建筑。

5. 暴露的环境是指混凝土结构表面所处的环境。

(4) 钢筋的弯钩与弯起

① 绑扎钢筋骨架的受力钢筋应在末端做弯钩，但下列钢筋可以不做弯钩：

a. 螺纹、人字纹等变形钢筋；

b. 焊接骨架和焊接网中的光面钢筋；

c. 绑扎骨架中受压的光面钢筋；

d. 梁、柱中的附加钢筋及梁的架立钢筋；

e. 板的分布钢筋。

② 钢筋弯钩形式及增加长度。钢筋弯钩的形式有斜弯钩、带有平直部分的半圆弯钩和直弯钩三种。常用的钢筋弯钩增加长度见表 6.1.3（表中 d 为钢筋直径，单位为 mm）。

表 6.1.3 常用弯钩增加长度

弯钩类型	图示	增加长度计算值
半圆弯钩(180°)	$3d$ $2.5d$ $6.25d$ d	$6.25d$

续表

弯钩类型	图示	增加长度计算值
直弯钩(90°)		3.5d
斜弯钩(135°)		11.9d

③ 弯起钢筋的斜长增加值。弯起钢筋的弯起角度有 30°、45°、60°三种，其弯起增加值是指斜长与水平投影长度之间的差值 ΔL，如图 6.1.1 所示，由式（6.1.1）计算。

$$\Delta L = h/\sin\alpha - h/\tan\alpha \tag{6.1.1}$$

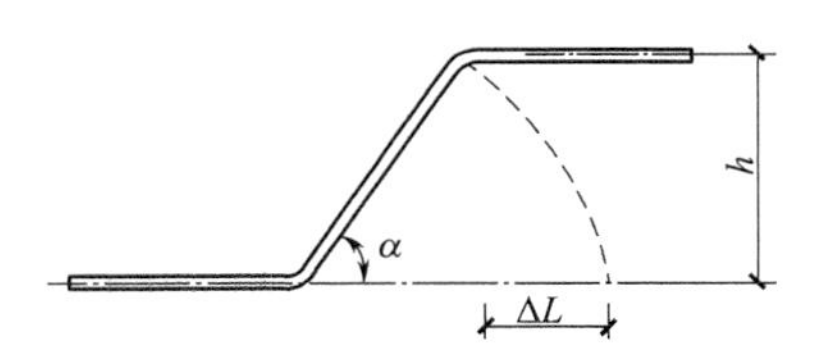

图 6.1.1　弯起钢筋斜长增加值

式中　h——弯起钢筋的高度，等于构件断面高度减去两端保护层厚度；

α——钢筋弯起角度。

根据不同的弯起角度，弯起钢筋斜长增加值见表 6.1.4。

表 6.1.4　弯起钢筋斜长增加值

α	30°	45°	60°
ΔL	0.27h	0.41h	0.57h

(5) 钢筋的连接

一般钢筋出厂时，为了便于运输，除小直径的盘圆钢筋外，直条钢筋每根长度多为 6～12m 定尺长度。在实际使用中，有时要求成型钢筋总长超过原材料长度，有时为了节约材料，需利用被剪断的剩余短料接长使用，这样就有了钢筋的连接接头。钢筋的连接有如下方法：

① 焊接连接。钢筋的连接最好采用焊接，因为采用焊接受力可靠，便于布置钢筋，并且可以减少钢筋加工量和节约钢筋。

② 机械连接。有锥螺纹连接、直螺纹连接、冷挤压连接等。

③ 绑扎连接。绑扎连接虽然操作方便，但接头可靠性差，所以除非没有焊接设备或操作条件不允许，一般不采用绑扎连接。如采用绑扎连接时，要求必须有足够的搭接长度，纵向受拉钢筋抗震搭接长度 l_{lE} 见表 6.1.5。

表 6.1.5 纵向受拉钢筋抗震搭接长度 l_{lE}

钢筋种类及同一区段内搭接钢筋面积百分率			混凝土强度等级															
			C25		C30		C35		C40		C45		C50		C55		C60	
			$d<25$	$d>25$	$d<25$	$d>25$	$d<25$	$d>25$	$d<25$	$d>25$	$d<25$	$d>25$	$d<25$	$d>25$	$d<25$	$d>25$	$d<25$	$d>25$
一、二级抗震等级	HPB300	<25%	47d	—	42d	—	38d	—	35d	—	34d	—	31d	—	30d	—	29d	—
		50%	55d	—	49d	—	45d	—	41d	—	39d	—	36d	—	35d	—	34d	—
	HRB400 HRBF400	<25%	55d	61d	48d	54d	44d	48d	40d	44d	38d	43d	37d	42d	36d	40d	35d	38d
		50%	64d	71d	56d	63d	52d	56d	46d	52d	45d	50d	43d	49d	42d	46d	41d	45d
	HRB500 HRBF500	<25%	66d	73d	59d	65d	54d	59d	49d	55d	47d	52d	44d	48d	43d	47d	42d	46d
		50%	77d	85d	69d	76d	63d	69d	57d	64d	55d	60d	52d	56d	50d	55d	49d	53d
三级抗震等级	HPB300	<25%	43d	—	38d	—	35d	—	31d	—	30d	—	29d	—	28d	—	26d	—
		50%	50d	—	45d	—	41d	—	36d	—	35d	—	34d	—	32d	—	31d	—
	HRB400 HRBF400	<25%	50d	55d	44d	—	41d	44d	36d	41d	35d	40d	34d	38d	32d	36d	31d	35d
		50%	59d	64d	52d	57d	48d	52d	42d	48d	41d	46d	39d	45d	38d	42d	36d	41d
	HRB500 BRBF500	<25%	60d	67d	54d	59d	49d	54d	46d	50d	43d	47d	41d	44d	40d	43d	38d	42d
		50%	70d	78d	63d	69d	57d	63d	53d	59d	50d	55d	48d	52d	46d	50d	45d	49d

注：1. 表中数值为纵向受拉钢筋绑扎搭接接头的搭接长度。

2. 两根不同直径钢筋搭接时，表中 d 取较细钢筋直径。

3. 当为环氧树脂涂层带肋钢筋时，表中数据尚应乘以 1.25。

4. 当纵向受拉钢筋在施工过程中易受扰动时，表中数据尚应乘以 1.1。

5. 当搭接长度范围内纵向受力钢筋周边保护层厚度为 $3d$、$5d$（d 为搭接钢筋的直径）时，表中数据尚可分别乘以 0.8，0.7；中间时按内插值。

6. 当上述修正系数（注 3～注 5）多于一项时，可按连乘计算。

7. 任何情况下，搭接长度不应小于 300mm。

8. 四级抗震等级时，$l_{lE}=l_l$。

（6）钢筋的锚固

钢筋与混凝土共同受力是靠它们之间的黏结力实现的，因此受力筋均应采取必要的锚固措施。受拉钢筋基本锚固长度见表 6.1.6，抗震设计时受拉钢筋基本锚固长度见表 6.1.7，受拉钢筋锚固长度见表 6.1.8，受拉钢筋抗震锚固长度见表 6.1.9。

表 6.1.6 受拉钢筋基本锚固长度 l_{ab}

钢筋种类	混凝土强度等级							
	C25	C30	C35	C40	C45	C50	C55	≥C60
HPB300	34d	30d	28d	25d	24d	23d	22d	21d
HRB400、HRBF400、RRB400	40d	35d	32d	29d	28d	27d	26d	25d
HRB500、HRBF500	48d	43d	39d	36d	34d	32d	31d	30d

表 6.1.7 抗震设计时受拉钢筋基本锚固长度 l_{abE}

钢筋种类		混凝土强度等级							
		C25	C30	C35	C40	C45	C50	C55	≥C60
HPB300	一、二级	39*d*	35*d*	32*d*	29*d*	28*d*	26*d*	25*d*	24*d*
	三级	36*d*	32*d*	29*d*	26*d*	25*d*	24*d*	23*d*	22*d*
HRB400 HRBF400	一、二级	46*d*	40*d*	37*d*	33*d*	32*d*	31*d*	30*d*	29*d*
	三级	42*d*	37*d*	34*d*	30*d*	29*d*	28*d*	27*d*	26*d*
HRB500 HRBF500	一、二级	55*d*	49*d*	45*d*	41*d*	39*d*	37*d*	36*d*	35*d*
	三级	50*d*	45*d*	41*d*	38*d*	36*d*	34*d*	33*d*	32*d*

注：1. 四级抗震时，$l_{abE}=l_{ab}$。

2. 当锚固钢筋的保护层厚度不大于 5*d* 时，锚固钢筋长度范围内应设置横向构造钢筋，其直径不应小于 *d*/4（*d* 为锚固钢筋的最大直径）；对梁、柱等构件间距不应大于 5*d*，对板、墙等构件间距不应大于 10*d*，且均不应大于 100mm（*d* 为锚固钢筋的最小直径）。

表 6.1.8 受拉钢筋锚固长度 l_a

钢筋种类	混凝土强度等级															
	C25		C30		C35		C40		C45		C50		C55		≥C60	
	d≤25	*d*>25	*d*≤25	*d*>25	*d*≤25	*d*>25	*d*≤25	*d*>25	*d*≤25	*d*>25	*d*>25	*d*>25	*d*≤25	*d*>25	*d*≤25	*d*>25
HPB300	34*d*	—	30*d*	—	28*d*	—	25*d*	—	24*d*	—	23*d*	—	22*d*	—	21*d*	—
HRB400 HRBF400 RRB400	40*d*	44*d*	35*d*	39*d*	32*d*	35*d*	29*d*	32*d*	28*d*	31*d*	27*d*	30*d*	26*d*	29*d*	25*d*	28*d*
HRB500 HRBF500	48*d*	53*d*	43*d*	47*d*	39*d*	43*d*	36*d*	40*d*	34*d*	37*d*	32*d*	35*d*	31*d*	34*d*	30*d*	33*d*

表 6.1.9 受拉钢筋抗震锚固长度 l_{aE}

钢筋种类及抗震等级		混凝土强度等级															
		C25		C30		C35		C40		C45		C50		C55		>C60	
		d≤25	*d*>25	*d*≤25	*d*>25	*d*≤25	*d*>25	*d*≤25	*d*>25	*d*≤25	*d*>25	*d*≤25	*d*>25	*d*≤25	*d*>25	*d*≤25	*d*>25
HPB300	一、二级	39*d*	—	35*d*	—	32*d*	—	29*d*	—	28*d*	—	26*d*	—	25*d*	—	24*d*	—
	三级	36*d*	—	32*d*	—	29*d*	—	26*d*	—	25*d*	—	24*d*	—	23*d*	—	22*d*	—
HRB400 HRBF400	一、二级	46*d*	51*d*	40*d*	45*d*	37*d*	40*d*	33*d*	37*d*	32*d*	36*d*	31*d*	35*d*	30*d*	33*d*	29*d*	32*d*
	三级	42*d*	46*d*	37*d*	41*d*	34*d*	37*d*	30*d*	34*d*	29*d*	33*d*	28*d*	32*d*	27*d*	30*d*	26*d*	29*d*
HRB500 HRBF500	一、二级	55*d*	61*d*	49*d*	54*d*	45*d*	49*d*	41*d*	46*d*	39*d*	43*d*	37*d*	40*d*	36*d*	39*d*	35*d*	38*d*
	三级	50*d*	56*d*	45*d*	49*d*	41*d*	45*d*	38*d*	42*d*	36*d*	39*d*	34*d*	37*d*	33*d*	36*d*	32*d*	35*d*

注：1. 当为环氧树脂涂层带肋钢筋时，表中数据尚应乘以 1.25。

2. 当纵向受拉钢筋在施工过程中易受扰动时，表中数据尚应乘以 1.1。

3. 当锚固长度范围内纵向受力钢筋周边保护层厚度为 3*d*、5*d*（*d* 为锚固钢筋的直径）时，表中数据可分别乘以 0.8、0.7；中间时按内插值。

4. 当纵向受拉普通钢筋锚固长度修正系数（注 1～注 3）多于一项时，可按连乘计算。

5. 受拉钢筋的锚固长度 l_a、l_{aE} 计算值不应小于 200mm。

6. 四级抗震时，$l_{aE}=l_a$。

7. 当锚固钢筋的保护层厚度不大于 5*d* 时，锚固钢筋长度范围内应设置横向构造钢筋，其直径不应小于 *d*/4（*d* 为锚固钢筋的最大直径）；对梁、柱等构件间距不应大于 5*d*，对板、墙等构件间距不应大于 10*d*，且均不应大于 100mm（*d* 为锚固钢筋的最小直径）。

(7) 钢筋的每米理论重量

钢筋每米理论重量可以在钢筋工程手册中查到，也可采用式 (6.1.2) 计算，

$$钢筋每米理论重量=0.00617D^2(kg/m) \qquad (6.1.2)$$

式中 D——钢筋直径，mm。

6.2 钢筋计量方法

6.2.1 概述

(1) 平法概述

平法是“混凝土结构施工图平面整体表示方法”的简称。平法自 1996 年推出以来，历经十余年的不断创新与改进，现已形成国家建筑标准设计图集 16G101 系列。

平法的表达形式，概括来讲，就是把结构构件的尺寸和配筋等，按照平面整体表示方法制图规则，整体直接地表达在各类构件的结构平面布置图上，再与标准构造图相配合，构成一套新型完整的结构设计图示方法。它改变了传统的将构件从结构平面布置图中索引出来，再逐个绘制配筋详图的烦琐方法。可以这样说，不懂平法，看不懂平法所表达的意思，就无法顺利完成钢筋工程量的计算。

平法系列图集的适用范围：16G101-1 适用于现浇混凝土框架、剪力墙、梁、板；16G101-2 适用于现浇混凝土板式楼梯；16G101-3 适用于独立基础、带形基础、筏形基础和桩基承台。

学习平法及其钢筋工程量计算，关键是掌握平法的整体表示方法与标准构造，根据构造要求灵活计算钢筋长度。

(2) 钢筋工程量计算概述

钢筋工程量按照钢筋总重量来计算。即：

钢筋工程量=钢筋总长度×钢筋的每米理论重量。

由于钢筋的每米理论重量很容易确定，因而计算钢筋总长度就变成了钢筋工程量计算的主要问题，一般来说，钢筋长度应按外包尺寸计算，单根钢筋的长度可采用式 (6.2.1) 来计算。

单根钢筋的长度=净长+节点锚固长度+搭接长度+弯钩长度 (6.2.1)

其中节点锚固长度、搭接长度和弯钩长度随着钢筋类型和构件类型的不同而有所变化，所以单根钢筋长度计算时要根据不同构件选用合适的具体计算方法。

6.2.2 箍筋长度的计算

箍筋一般按照一定间距设置，如表达为 ϕ8@200。箍筋长度计算时应先算出单根箍筋长度，再乘以根数，最后求得箍筋总长度，由式 (6.2.2) 计算，

箍筋长度=单根箍筋长度×根数 (6.2.2)

不同构件箍筋设置的构造要求不同，因此柱箍筋和梁箍筋根数的计算放在 6.2.3 和 6.2.4 节中讲述，本节只讲述单根箍筋长度的计算。

(1) 封闭双肢箍筋长度的计算

封闭双肢箍筋的单根箍筋的长度计算应扣除混凝土保护层的厚度，并增加两个 135°弯钩的长度，如图 6.2.1 所示，

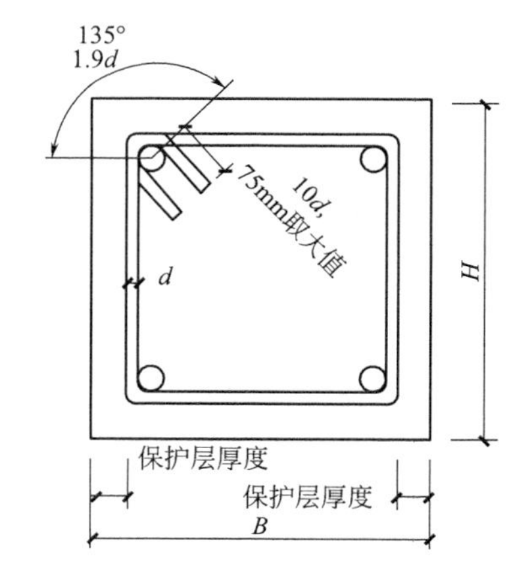

图 6.2.1 封闭双肢箍筋计算示意图

由式（6.2.3）计算，

$$L=2(B+H)-8c+2\times1.9d+2\times\max(10d,\ 75\text{mm}) \quad (6.2.3)$$

式中 L——单根箍筋的长度；

B——构件的宽度；

H——构件的高度；

c——混凝土保护层厚度；

d——箍筋的直径。

（2）封闭四肢箍筋长度的计算

封闭四肢箍筋可以拆分为图6.2.2所示（a）和（b）两种情况。

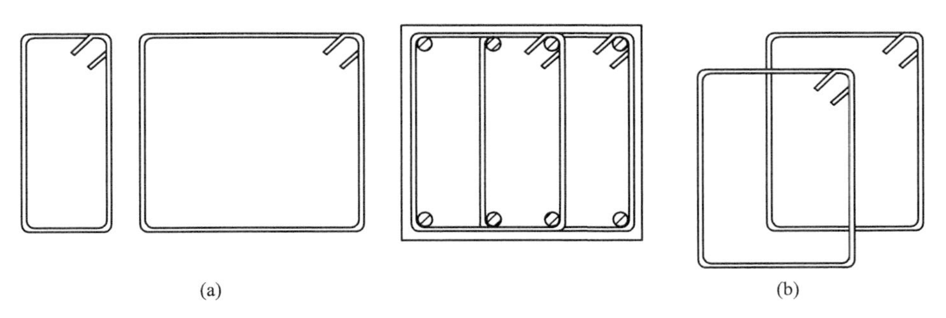

图6.2.2 四肢箍示意图

图6.2.2（a）所示为两个相套的箍筋，一个是环周边的封闭双肢箍，按式（6.2.3）计算。另一个套箍可以如图6.2.3所示，由式（6.2.4）计算。

$$L=\{[(B-2c-2d-D)/(B\text{向第一排纵筋根数}-1)]+D+2d\}\times2+(H-2c)\times2+2\times1.9d+2\times\max(10d,\ 75\text{mm}) \quad (6.2.4)$$

式中 D——主筋直径，mm。

其他各字母含义与式（6.2.3）相同。

图6.2.2（b）所示为两个相同的箍筋，其计算方法与式（6.2.4）类似，在此不再赘述。

（3）拉筋长度的计算

同时钩住纵筋和箍筋或拉筋紧靠纵筋并钩住箍筋时，如图6.2.4所示，由式（6.2.5）计算。

$$\text{拉筋长度}=B-2c+2\times1.9d+2\times\max(10d,\ 75\text{mm}) \quad (6.2.5)$$

式中各字母含义与式（6.2.3）相同。

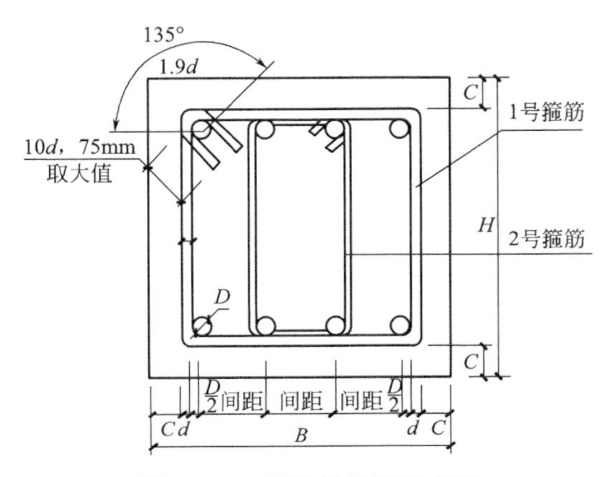

图6.2.3 四肢箍计算示意图

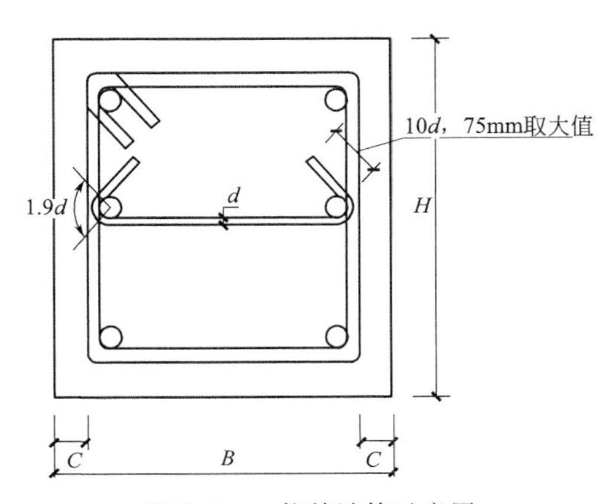

图6.2.4 拉筋计算示意图

(4) 螺旋箍筋长度的计算

螺旋箍是连续不断的，如图 6.2.5 所示，由式 (6.2.6) 计算。

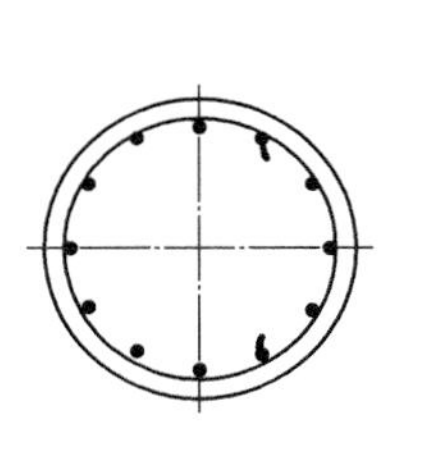
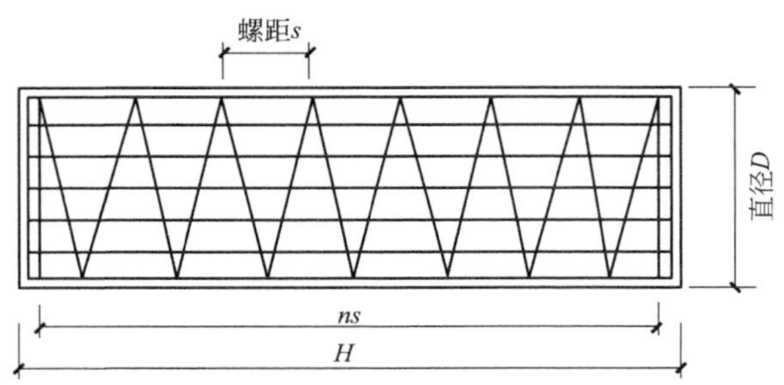

图 6.2.5 螺旋箍筋示意图

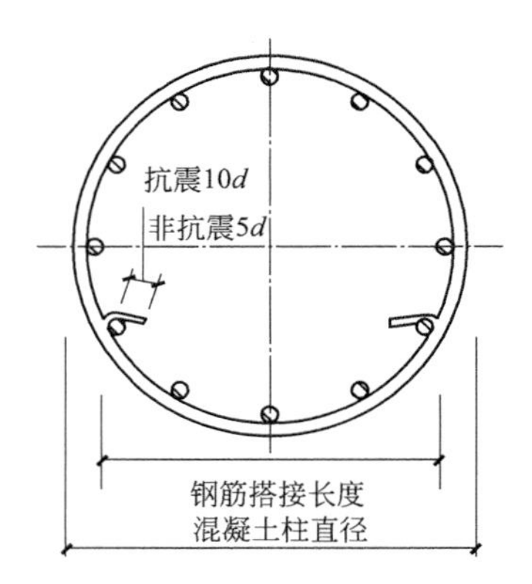

图 6.2.6 圆形箍筋示意图

$$L=\frac{H}{3}\sqrt{s^2+(D-2c)^2\pi^2} \tag{6.2.6}$$

式中 L ——螺旋箍单根长度；

H ——需配置螺旋箍的构件高度或长度；

s ——螺旋箍螺距；

D ——需配置螺旋箍的构件断面直径；

c ——混凝土保护层厚度。

(5) 圆形箍筋

圆形箍筋长度应按箍筋外皮圆周长，加钢筋搭接长度，再加两个 135°弯勾长度计算，如图 6.2.6 所示，由式 (6.2.7) 计算。

$$L=(D-2c)\pi+L_d+2\times1.9d+2\times\max(10d,\ 75\text{mm}) \tag{6.2.7}$$

式中 L ——圆形箍单根长度；

D ——构件断面直径；

c ——混凝土保护层厚度；

L_d——钢筋搭接长度；

d ——圆形箍筋直径。

6.2.3 柱钢筋长度的计算

6.2.3.1 概述

(1) 柱平法施工图

柱平法整体配筋图在柱平面布置图上采用列表注写方式或截面注写方式表达。具体可参考图集 16G101 系列。

列表注写方式适用于各种柱结构类型。在柱平面布置图上增设柱表，在柱表中注写柱的几何元素与配筋元素。

截面注写方式是采用在相同编号的柱中选择一根柱，将其在原位放大绘制“截面配筋图”，并在其上直接引注几何尺寸和配筋，对于其他相同编号的柱仅需标注标号和偏心尺寸。

平法柱钢筋主要有纵筋和箍筋两种，所处部位不同，构造要求也不同。

(2) 柱钢筋长度计算涉及的基本概念

柱净高 H_n：指楼层柱根部到框架梁底的高度。

嵌固部位：结构力学上的含义，就是对于上部建筑来说，结构嵌固部位标高以下可以视作基础，结构是嵌固在这个标高上的。具体工程上，通常结构嵌固部位以下是地下室，由于受到周围土的约束嵌固作用所以位移远小于上部结构。因此，基础顶面可以是柱子的嵌固部位；地下室作为房屋的嵌固端时，地下室顶板可以是柱子的嵌固部位；基础较深，底层有刚性地面时也可作为柱子的嵌固部位。

非连接区：不允许钢筋进行连接的区域。一般来说，非连接区在柱根部和顶部，以及梁高范围内。嵌固部位处，非连接区高度为 $H_n/3$，非嵌固部位处，柱根部和顶部非连接区的高度为 max（柱长边尺寸 h_c，$H_n/6$，500）。如图 6.2.7 所示。

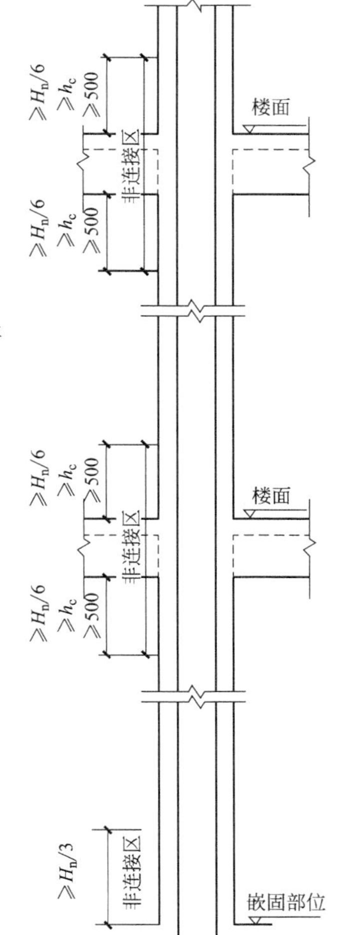

图 6.2.7 柱非连接区高度

6.2.3.2 柱纵筋

（1）基础部位柱插筋长度的计算

柱插入到基础中的预留接头的钢筋称为插筋。在浇筑基础混凝土前，将插筋留好，等浇筑基础混凝土后，柱纵筋从插筋往上进行连接，依此类推，逐层连接向上，如图 6.2.8 所示。插筋长度由式（6.2.8）、式（6.2.9）计算。

基础插筋＝柱基础锚固长度＋基础钢筋外露长度
＋搭接长度(如采用焊接或机械连接时，搭接长度为 0)　　(6.2.8)

式中：柱基础锚固长度＝基础高度－保护层＋基础弯折 a　　(6.2.9)

弯折长度 a 根据平法图集 16G101-3，有如下的规定，

① 当基础高度 $h>l_{aE}$，则基础弯折 $a=\max(6d, 150)$；

② 当基础高度 $h\leqslant l_{aE}$，则基础弯折 $a=15d$。

基础钢筋外露长度为基础顶部的非连接区高度，如果基础顶部为嵌固部位，则非连接区的高度为 $H_n/3$，其中 H_n 为楼层的净高。

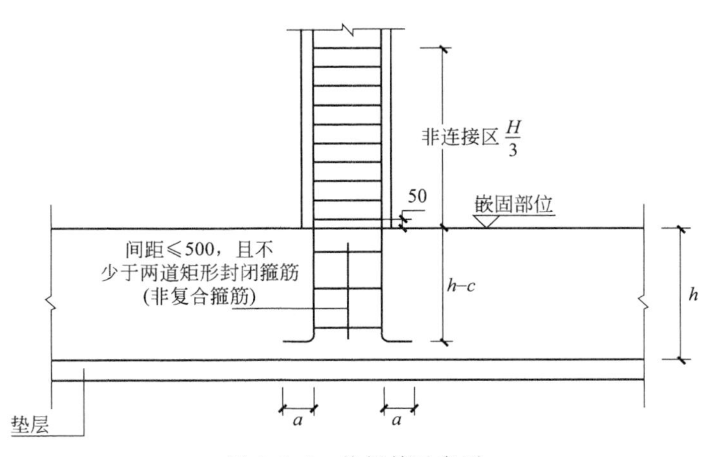

图 6.2.8 柱插筋示意图

(2) 首层柱纵筋长度的计算

无地下室时，首层柱纵筋下端与柱插筋连接，上端露出上一层楼面的长度至少为非连接区高度，如图 6.2.9 所示，由式 (6.2.10) 计算。

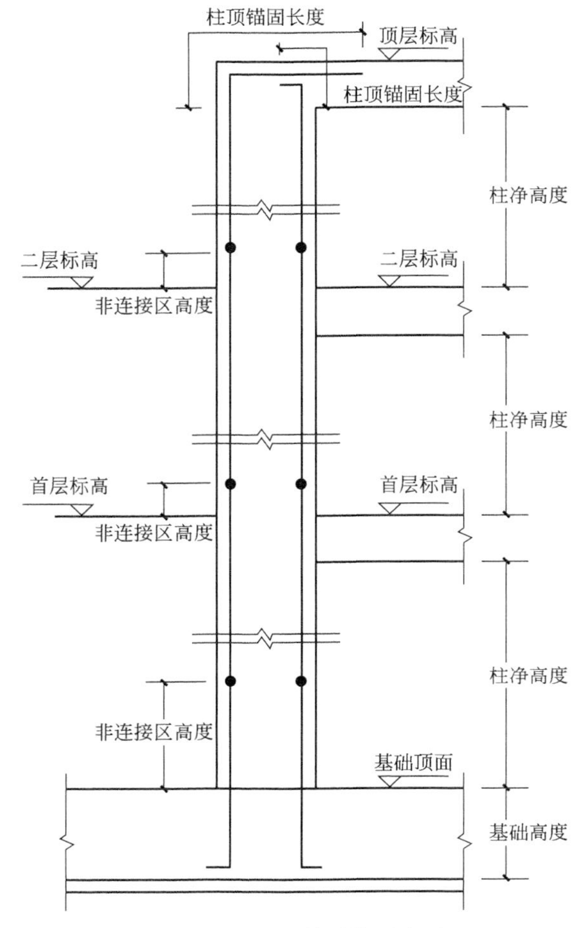

图 6.2.9 柱纵筋计算示意图

$$\begin{aligned}\text{首层柱纵筋} = & \text{首层柱净高(基础顶面到首层框架梁底高度)} + \text{首层梁高} \\ & - \text{本层非连接区高度} + \text{深入上层非连接区高度} \\ & + \text{搭接长度(如采用焊接或机械连接时，搭接长度为0)}\end{aligned} \tag{6.2.10}$$

(3) 中间层柱纵筋长度的计算

中间层柱纵筋如图 6.2.9 所示，由式 (6.2.11) 计算。

$$\begin{aligned}\text{中间层柱纵筋长度} = & \text{中间层柱净高} + \text{中间层梁高} - \text{本层非连接区高度} \\ & + \text{深入上层非连接区高度} + \text{搭接长度} \\ & \text{(如采用焊接或机械连接时，搭接长度为0)}\end{aligned} \tag{6.2.11}$$

一般情况下，中间层柱净高与梁高之和为楼层层高。

(4) 顶层柱纵筋长度的计算

顶层柱纵筋如图 6.2.9 所示，由式 (6.2.12) 计算。

$$\begin{aligned}\text{顶层柱纵筋长度} = & \text{顶层柱净高} - \text{本层非连接区高度} + \text{柱顶锚固长度} \\ & + \text{搭接长度(如采用焊接或机械连接时，搭接长度为0)}\end{aligned} \tag{6.2.12}$$

顶层框架柱因其所处位置不同，分为边角柱和中柱，其顶层锚固长度要求不同。

① 中柱柱顶锚固长度。顶层中柱柱顶锚固长度由式（6.2.13）、式（6.2.14）计算，

直锚长度（梁高－保护层）$<l_{aE}$ 时，如图 6.2.10（a）、（b）所示，

$$柱顶锚固长度 = 梁高 - 保护层 + 12d \tag{6.2.13}$$

直锚长度（梁高－保护层）$\geqslant l_{aE}$ 时，如图 6.2.10（c）所示。

$$柱顶锚固长度 = 梁高 - 保护层 \tag{6.2.14}$$

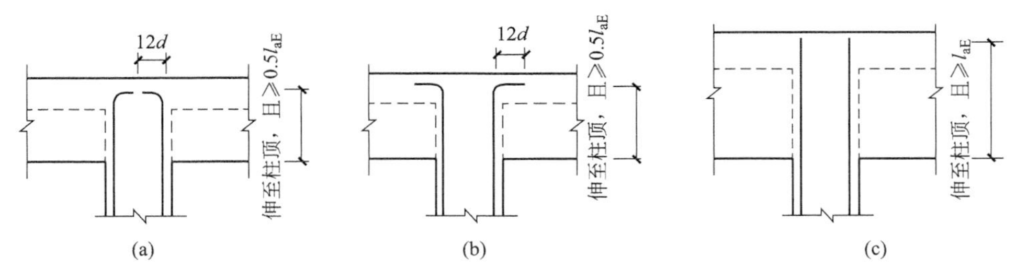

图 6.2.10　顶层中柱柱顶锚固长度

② 边角柱柱顶锚固长度。当柱为边柱或者角柱时，柱纵筋分为内侧钢筋和外侧钢筋，其中内侧钢筋锚固要求与中柱相同，外侧钢筋的锚固要求有多种，图 6.2.11 是其中较常见的一种，由式（6.2.15）计算。

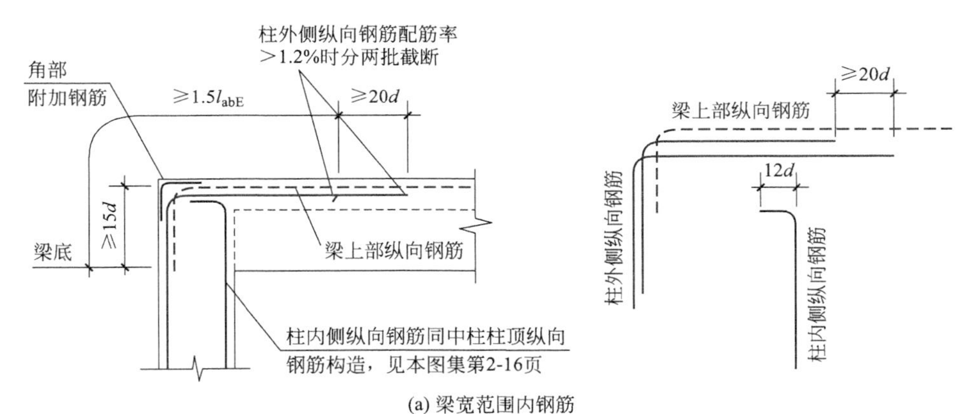

(a) 梁宽范围内钢筋

[伸入梁内柱纵向钢筋做法(从梁底算起1.5l_{abE}超过柱内侧边缘)]

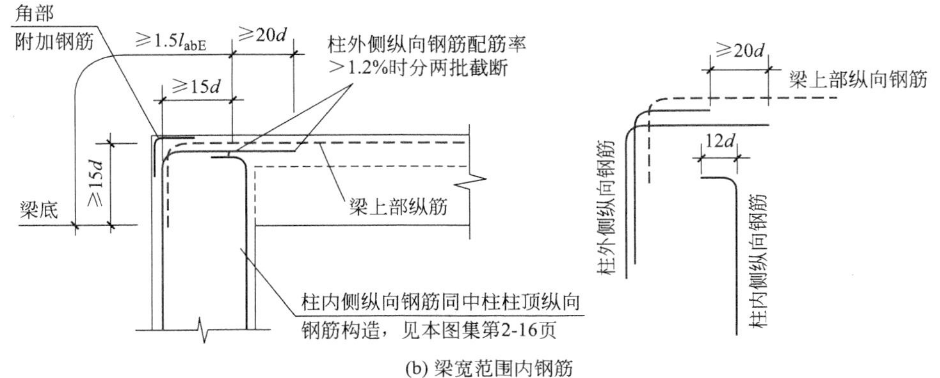

(b) 梁宽范围内钢筋

[伸入梁内柱纵向钢筋做法(从梁底算起1.5l_{abE}未超过柱内侧边缘)]

图 6.2.11　边角柱柱顶锚固构造

$$外侧钢筋的柱顶锚固长度=1.5l_{abE} \tag{6.2.15}$$

若柱外侧纵向钢筋配筋率>1.2%，分两批截断，第二批延长 20d 后截断。

(5) 柱纵筋计算的基本公式

若柱截面和柱纵筋没有变化，如图 6.2.9 所示，纵筋的计算可以用式（6.2.16）来计算。

$$\begin{aligned}柱纵筋长度=&柱总净高+柱基础锚固长度\\&+柱顶锚固长度\end{aligned} \tag{6.2.16}$$

其中，柱总净高指的是从基础顶面到顶层梁底的高度；柱基础锚固长度按式（6.2.9）计算；柱顶锚固长度按照式（6.2.13）～式（6.2.15）计算。

6.2.3.3 柱箍筋

柱箍筋的长度由式（6.2.2）计算，其中单根箍筋长度的计算见 6.2.2，以下主要介绍箍筋根数的计算。

(1) 基础内箍筋根数

基础内箍筋仅起一个稳固作用，主要是防止钢筋在浇筑时受到扰动。规定间距≤500，且不少于两根。

(2) 框架柱箍筋根数

框架柱箍筋分加密区和非加密区分别计算，根数采用向上取整加 1 的方式，由式（6.2.17）计算。

$$\begin{aligned}框架柱中间层箍筋根数=&\sum(加密区/加密区间距+1)\\&+\sum(非加密区/非加密区间距-1)\end{aligned} \tag{6.2.17}$$

对于框架柱来说，箍筋加密区即为非连接区和框架梁高范围内，其他区域为箍筋非加密区。

基础顶面第一根箍筋起步距离为 50mm，因此，基础顶面加密区箍筋根数计算时要减去起步距离。

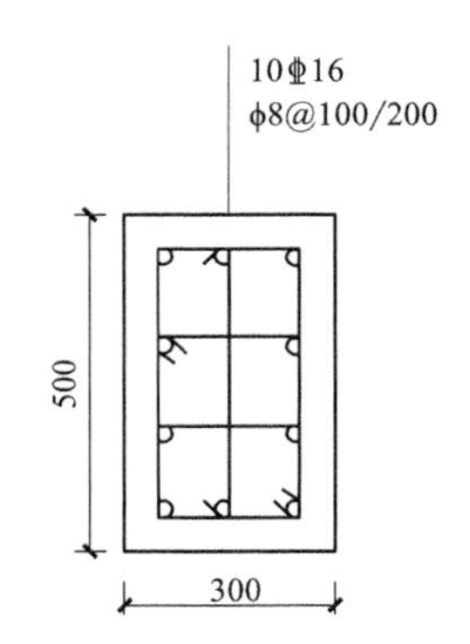

图 6.2.12 KZ1 配筋图

【例 6.2.1】 某项目中 KZ1（角柱）配筋如图 6.2.12 所示，柱子楼层信息如表 6.2.1 所示。C30 混凝土，基础保护层厚度 40mm，柱混凝土保护层厚度 30mm，抗震等级三级。采用机械连接。计算 KZ1 钢筋工程量。

表 6.2.1 KZ1 楼层信息

楼层	顶面标高	梁高
二层	6.3m	0.55m
一层	3.2m	0.5m
基础	−1.7m	基础高 0.5m

解：

(1) 柱纵筋（10ф16）工程量

基础高度 0.5m<$l_{aE}=37d=0.592$m，因此，弯折长度 $a=15d=15\times0.016=0.24$(m)

$H_n=3.2-(-1.7)-0.5=4.4$(m)

单根基础插筋长度=基础高度−保护层+基础弯折 a+基础钢筋外露长度

$=0.5-0.04+0.24+4.4/3=2.167$(m)

一层单根纵筋长度＝首层柱净高(基础顶面到首层框架梁底高度)＋首层梁高－本层非连接区高度＋深入上层非连接区高度
＝4.9－0.5＋0.5－4.4/3＋max[0.5,(6.3－3.2－0.55)/6,0.5]
＝3.933(m)

二层纵筋分为外侧和内侧钢筋，长度分别计算。其中外侧钢筋6根，内侧钢筋4根。

① 内侧钢筋。

梁高－保护层＝0.55－0.03＝0.52＜l_{aE}＝37d＝0.592(m)

则柱顶锚固长度＝0.55－0.03＋12d＝0.712(m)

柱内侧单根钢筋长度＝顶层柱净高－本层非连接区高度＋柱顶锚固长度
＝6.3－3.2－0.55－max[0.5,(6.3－3.2－0.55)/6,0.5]＋0.712
＝2.762(m)

② 外侧钢筋。

$$柱外侧钢筋配筋率=\frac{6\times\frac{\pi}{4}\times0.016^2}{0.3\times0.5}=0.8\%<1.2\%$$

柱外侧单根钢筋长度＝顶层柱净高－本层非连接区高度＋柱顶锚固长度
＝6.3－3.2－0.55－max[0.5,(6.3－3.2－0.55)/6,0.5]＋1.5l_{abE}
＝6.3－3.2－0.55－max[0.5,(6.3－3.2－0.55)/6,0.5]＋1.5×37×0.016
＝2.938(m)

柱内侧钢筋总长度＝(基础插筋长度＋一层柱纵筋长度＋二层柱内侧钢筋长度)×柱内侧钢筋根数＝(2.167＋3.933＋2.762)×4
＝35.448(m)

柱外侧钢筋总长度＝(基础插筋长度＋一层柱纵筋长度＋二层柱外侧钢筋长度)×柱外侧钢筋根数＝(2.167＋3.933＋2.938)×6
＝54.228(m)

柱纵筋总长度＝35.448＋54.228＝89.676(m)

柱纵筋总重量＝89.676×0.00617×16^2＝141.6(kg)

(2) 柱箍筋工程量 (ϕ8@100/200)

① 单根箍筋长度。

单根外箍筋长度＝2×(B＋H)－8c＋2×11.9d
＝2×(0.3＋0.5)－8×0.03＋2×11.9×0.008
＝1.55(m)

单根内箍筋长度＝[(H－2c－2d－D)/3＋D＋2d]×2＋(B－2c)×2＋2×11.9d
＝[(0.5－2×0.03－2×0.008－0.016)/3＋0.016＋2×0.008]×2＋(0.3－2×0.03)×2＋2×11.9×0.008
＝1.006(m)

单根拉筋长度＝H－2c＋2×11.9d＝0.5－2×0.03＋2×11.9×0.008＝0.63(m)

② 箍筋根数。基础内箍筋为2根矩形箍筋。

基础顶面箍筋加密区高度＝4.4/3＝1.467(m)

一层柱上端加密区高度＝max(0.5,4.4/6,0.5)＝0.733(m)

二层柱下端加密区高度＝max[0.5,(6.3－3.2－0.55)/6,0.5]＝0.5(m)

二层柱上端加密区高度＝max[0.5,(6.3－3.2－0.55)/6,0.5]＝0.5(m)

一层柱非加密区高度＝4.4－1.467－0.733＝2.2(m)

二层柱非加密区高度＝6.3－3.2－0.55－0.5－0.5＝1.55(m)

箍筋根数＝Σ(加密区/加密区间距＋1)＋Σ(非加密区/非加密区间距－1)

＝[1.467－0.05(起步距离)]/0.1＋1＋(0.733＋0.5＋0.5)/0.1＋1

＋(0.5＋0.55)/0.1＋1＋2.2/0.2－1＋1.55/0.2－1

＝64(根)

箍筋总长度＝(1.55＋1.006＋0.63)×64＋1.55×2(基础内箍筋)

＝207(m)

箍筋总重量＝207×0.00617×8^2＝80.74(kg)

6.2.4 梁钢筋长度的计算

6.2.4.1 梁平法施工图概述

梁平面整体配筋图是在梁平面布置图上采用平面注写方式或者截面注写方式表达的。其中采用比较广泛的是平面注写方式。

平面注写方式是在梁平面布置图上，分别在不同编号的梁中各选一根梁，在其上直接注写梁几何尺寸和配筋具体数值的方式来表达梁平法施工图。平面注写包括集中标注和原位标注。集中标注表达梁的通用数值，原位标注表达梁的特殊数值。当集中标注中的某项数值不适用于梁的某部位时，则将该数值原位标注。施工时，原位标注取值优先。

以图 6.2.13 中 KL1 为例：引出线注明的是集中标注；KL1 是框架梁 1 的代号，“(2)”表示梁为两跨；300×550 表示梁截面的宽和高；φ10@100/200 (2) 表示箍筋为圆钢，直径为 10mm，加密区间距为 100mm，非加密区间距为 200mm，两肢箍；4φ25 为梁上部贯通筋；7φ25 2/5 为梁下部钢筋，分两排布置，上排 2 根，下排 5 根。原位标注在梁边，注在上面为梁上部配筋，注在下面为梁下部配筋。如图 6.2.13 中支座附近注明的 8φ25 4/4 为梁上配筋，第一排 4 根，含上部贯通筋在内，第二排 4 根。N4φ10 为在梁中部配置的抗扭钢筋，其中开头的字母“N”代表抗扭，若以“G”开头则为构造钢筋。

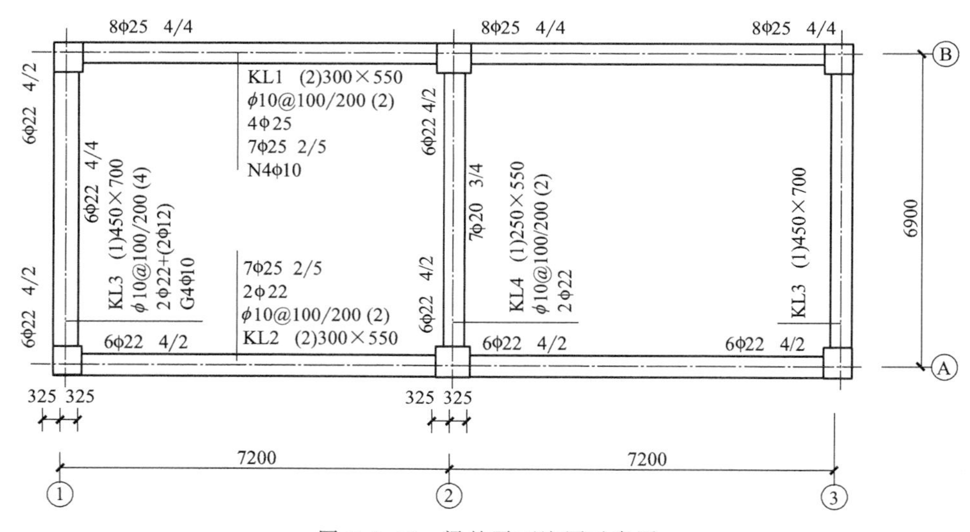

图 6.2.13 梁的平面注写示意图

梁平法的制图规则如表 6.2.2 所示。

表 6.2.2 梁平法的制图规则

数据项及标注方法		注写方式	可能的情况	备注
集中标注	梁编号	类型代号＋序号＋(跨数及是否带悬挑)	KL:楼层框架梁; WKL:屋面框架梁; KZL:框支梁; L:非框架梁; XL:悬挑梁; JZL:井字梁	KL1(3); KL3(4A); KL6(7B); XL2
	梁截面尺寸	$b\times h$	$b\times h$	300×700
	箍筋		ϕ10@100/200(4); ϕ8@100(4)/200(2); 13ϕ10@100/200(4); 18ϕ10@100(4)/200(2)	
	上部通长筋或架立筋		2Φ25; 2Φ25(角部)＋2Φ20; 2Φ22＋(2Φ18)架立筋; 2Φ25; 3Φ22 上通筋、下通筋	抗震 KL:通长筋、通长筋＋架立筋; 其他梁:架立筋
	侧面构造钢筋或受扭钢筋	注写总数,对称配置	G4Φ12 侧面构造钢筋; N6Φ14 侧面受扭钢筋	对称配置
	梁顶面标高高差		(－0.100)相对结构层楼面标高	
原位标注	梁支座上部筋	该部位含通长筋在内的所有钢筋	6Φ25 4/2; 4Φ25/2Φ25; 2Φ25(角部)＋2Φ22/2Φ22	
	梁下部钢筋		6Φ25 2/4; 4Φ25; 2Φ25(角部)＋2Φ20; 2Φ22＋3Φ20(－3)/5Φ25	
	附加箍筋或吊筋	直接引注总配筋数	附加箍筋:8ϕ8(2)	

6.2.4.2 梁钢筋

梁钢筋包括上部贯通筋、下部钢筋、支座负筋、箍筋及吊筋等，具体构造要求可参见图集16G101系列。

(1) 梁上部贯通筋及下部贯通筋长度计算

梁上部贯通筋如图6.2.14所示，由式(6.2.18)计算。

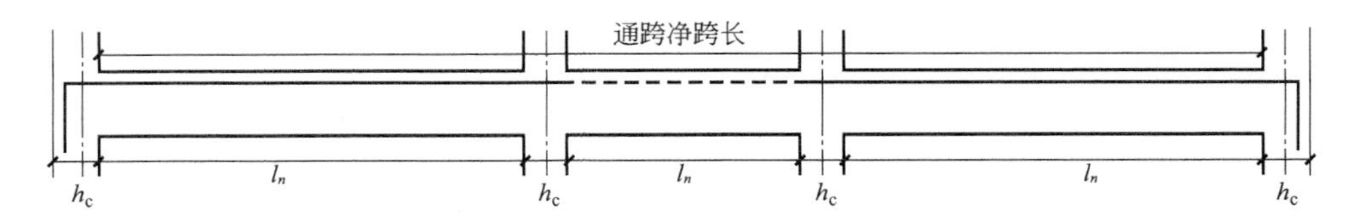

图6.2.14 梁上部贯通筋计算示意图

上部贯通筋长度＝通跨净跨长＋两端支座锚固长度 (6.2.18)

① 当支座处 $h_c-c>l_{aE}$ 时，可直锚，支座锚固长度＝max（l_{aE}，$0.5h_c+5d$）。

② 当 $h_c-c<l_{aE}$ 时，需要弯锚，支座锚固长度＝$h_c-c+15d$。

其中，h_c 为支座宽度；c 为保护层厚度。

梁下部贯通筋计算方法与上部贯通筋相同。

（2）架立筋长度计算

架立筋为梁上部跨中钢筋，如图 6.2.15 所示，架立筋与支座负筋搭接长度为 150mm，由式（6.2.19）计算。

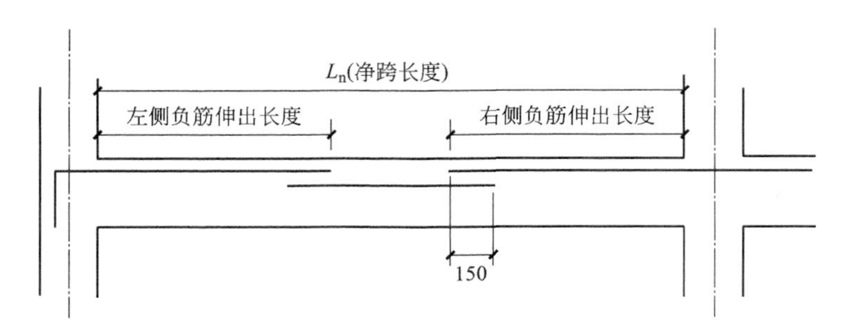

图 6.2.15 架立筋计算示意图

$$架立筋长度＝本跨净跨长－左侧负筋伸出长度－右侧负筋伸出长度＋2×搭接长度(150mm) \quad (6.2.19)$$

（3）下部钢筋长度计算

下部钢筋包括伸入支座的钢筋和不伸入支座的钢筋。

① 伸入支座的下部钢筋，如图 6.2.16 所示，由式（6.2.20）计算。

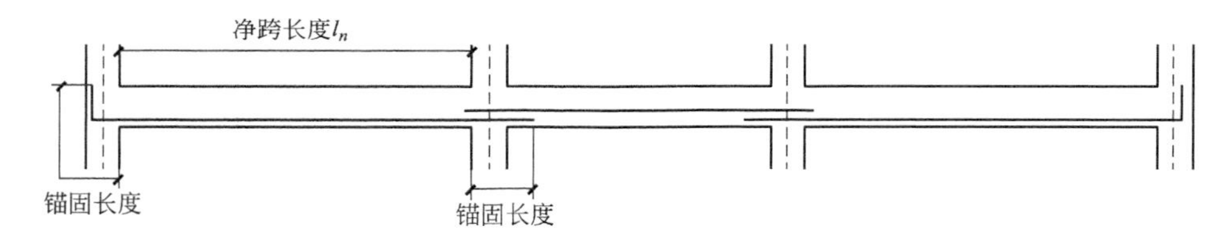

图 6.2.16 伸入支座的下部钢筋计算示意图

伸入支座的下部钢筋长度＝本跨净跨长＋左右支座锚固长度 (6.2.20)

如为端支座，则

a. 当支座处 $h_c-c\geqslant l_{aE}$ 时，可直锚，支座锚固长度＝max（l_{aE}，$0.5h_c+5d$）；

b. 当 $h_c-c<l_{aE}$ 时，需要弯锚，支座锚固长度＝$h_c-c+15d$。

如为中间支座，则支座锚固长度＝max（l_{aE}，$0.5h_c+5d$）

② 不伸入支座的下部钢筋，如图 6.2.17 所示，由式（6.2.21）计算。

不伸入支座的下部钢筋长度＝本跨净跨长－$2×0.1l_n$ (6.2.21)

式中 l_n——净跨长度。

（4）支座负筋长度计算

支座负筋包括端支座负筋和中间支座负筋，两者构造要求不同。

① 端支座负筋长度计算，如图 6.2.18 所示，由式（6.2.22）、式（6.2.23）计算。

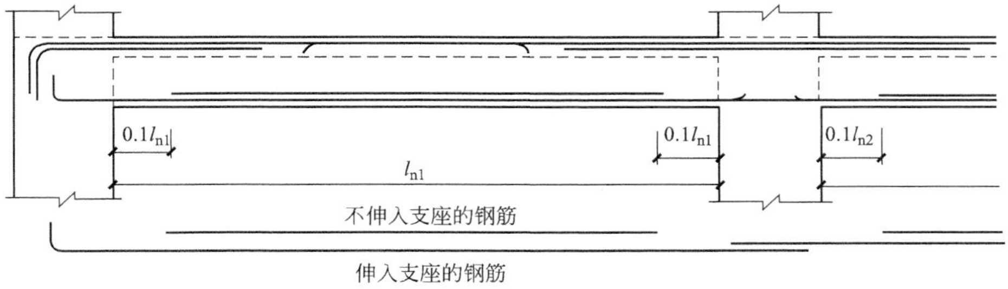

图 6.2.17　下部钢筋示意图

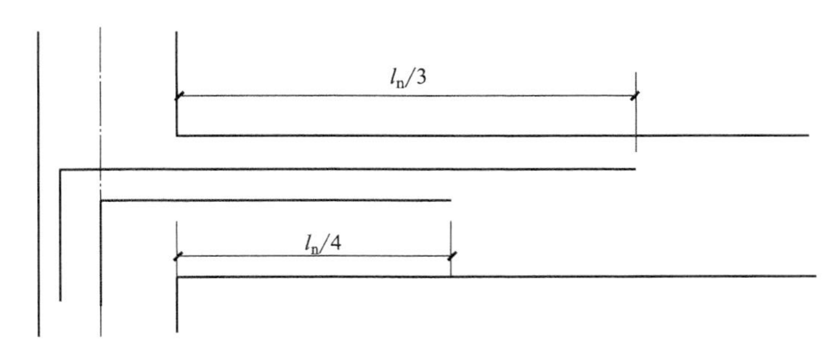

图 6.2.18　支座负筋布置图

$$第一排支座负筋长度=端支座锚固长度+l_n/3 \quad (6.2.22)$$

$$第二排支座负筋长度=端支座锚固长度+l_n/4 \quad (6.2.23)$$

端支座锚固长度计算同梁上部贯通筋。

② 中间支座负筋长度计算，如图 6.2.19 所示，由式（6.2.24）、式（6.2.25）计算。

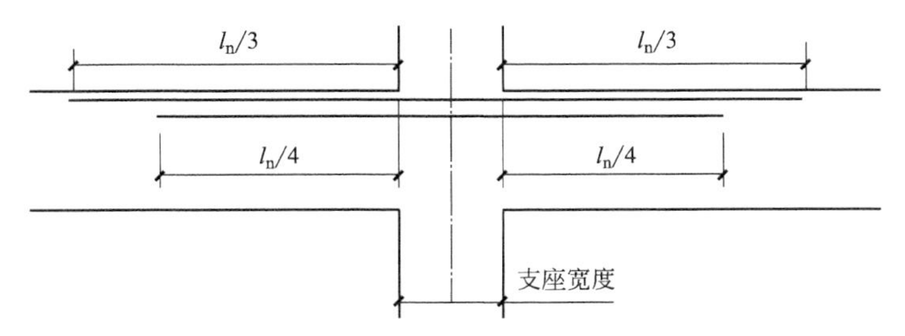

图 6.2.19　梁中间支座负筋布置图

$$第一排中间支座负筋长度=2\times(支座两端较大跨的净跨长度/3)+中间支座宽度 \quad (6.2.24)$$

$$第二排中间支座负筋长度=2\times(支座两端较大跨的净跨长度/4)+中间支座宽度 \quad (6.2.25)$$

（5）梁侧面钢筋长度计算

梁侧面钢筋包括构造钢筋及抗扭钢筋，如图 6.2.20 所示，由式（6.2.26）、式（6.2.27）计算。

$$构造钢筋长度=净跨长+2\times15d \quad (6.2.26)$$

$$抗扭钢筋长度=净跨长+两端支座锚固长度 \quad (6.2.27)$$

其中，支座锚固长度计算同梁下部钢筋。

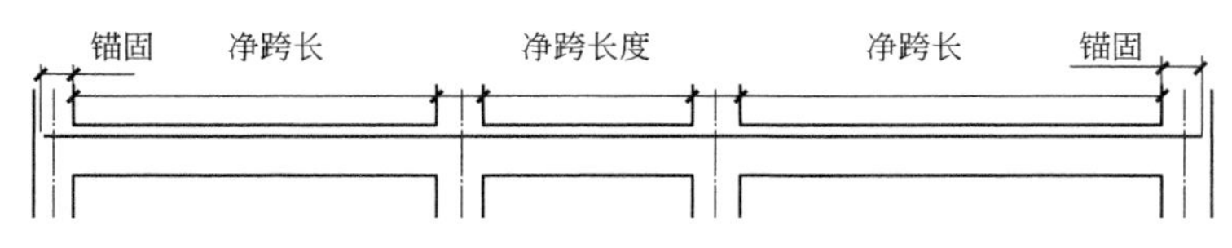

图 6.2.20 梁侧面钢筋布置图

(6) 吊筋长度计算

吊筋长度计算，如图 6.2.21 所示，由式 (6.2.28) 计算。

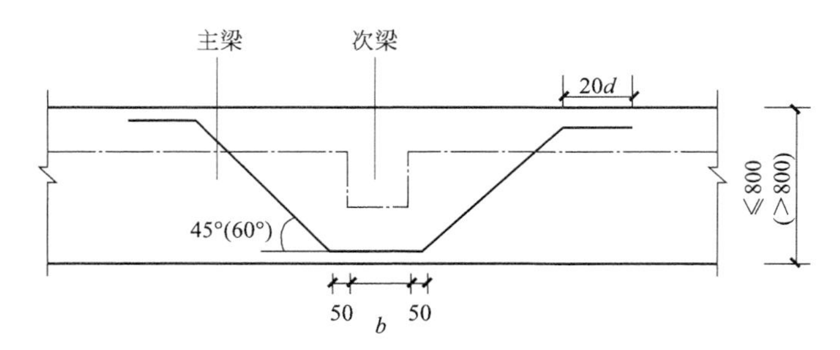

图 6.2.21 吊筋布置图

$$吊筋长度 = 2 \times 锚固长度(20d) + 2 \times 斜段长度 + 次梁宽度 + 2 \times 50\text{mm} \tag{6.2.28}$$

式中，斜段长度＝ (梁高－2×保护层) /sinα。

当框架梁高＞800mm 时，α 为 60°；框架梁高≤800mm 时，α 为 45°。

(7) 拉筋长度计算

当梁侧面配有构造钢筋或者抗扭钢筋时，需要配置拉筋。当梁宽≤350mm 时，拉筋直径为 6mm，当梁宽＞350mm 时，拉筋直径为 8mm。拉筋间距为非加密区箍筋间距的 2 倍，当设有多排拉筋时，上下两排拉筋要竖向错开布置。

拉筋长度的计算见 6.2.2 节，拉筋根数由式 (6.2.29) 计算。

$$拉筋根数 = [(净跨长 - 起步距离 \times 2)/(非加密区间距 \times 2) + 1](向上取整加 1) \times 排数 \tag{6.2.29}$$

式中，起步距离为 50mm。

(8) 箍筋长度计算

梁内单根箍筋长度的计算见 6.2.2 节，梁内箍筋加密区长度与结构抗震等级有关，见图 6.2.22。箍筋根数由式 (6.2.30) 计算。

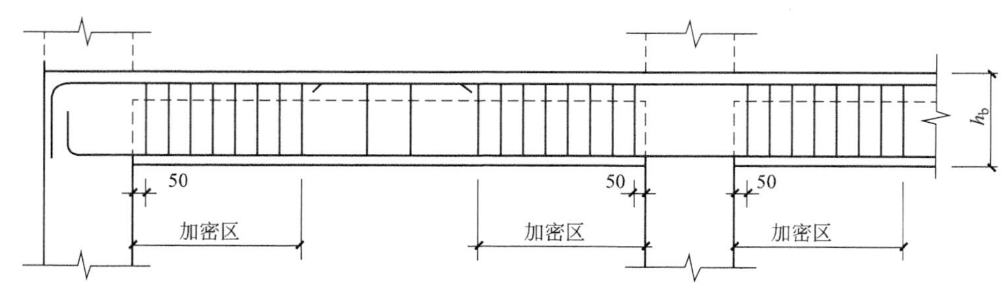

图 6.2.22 梁箍筋布置图

$$箍筋根数=\sum(加密区/加密区间距+1)+\sum(非加密区/非加密区间距-1)(向上取整加1) \quad (6.2.30)$$

【例 6.2.2】 KL1 配筋如图 6.2.23，计算 KL1 中钢筋工程量。梁混凝土保护层厚度 25mm，柱混凝土保护层厚度 30mm，混凝土强度等级 C25，抗震等级三级。

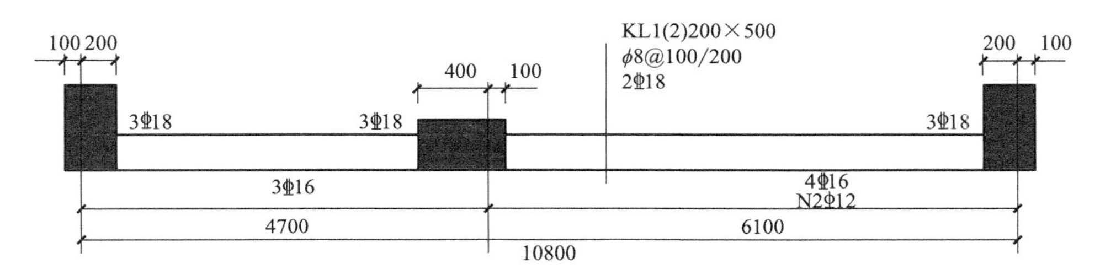

图 6.2.23　梁配筋图

解：

(1) 梁上部贯通筋 (2Φ18) 长度计算

由图纸信息找到梁支座信息。

左右两端支座宽度 300mm，$0.3-0.03<l_{aE}=42d=42\times0.018=0.756(m)$

支座锚固长度$=0.3-0.03+15d=0.3-0.03+15\times0.018=0.54(m)$

梁上部贯通筋长度$=2\times(10.8-0.2-0.2+2\times0.54)=2\times11.48=22.96(m)$

(2) 梁下部钢筋长度计算

第一跨下部钢筋(3Φ16)

$0.3-0.03<l_{aE}=42d=42\times0.016=0.672(m)$

左端支座锚固长度$=0.3-0.03+15d=0.3-0.03+15\times0.016=0.51(m)$

中间支座锚固长度$=\max(l_{aE},0.5h_c+5d)$

$=\max(42\times0.016,0.5\times0.5+5\times0.016)$

$=0.672(m)$

第一跨下部钢筋长度$=3\times[4.7-0.2-0.4+0.51+0.672]=3\times5.282=15.846(m)$

第二跨下部钢筋(4Φ16)

中间支座锚固长度与右端支座的锚固长度与第一跨相同。

第二跨下部钢筋长度$=4\times(6.1-0.1-0.2+0.51+0.672)=4\times6.982=27.928(m)$

下部钢筋总长度$=15.846+27.928=43.774(m)$

(3) 支座钢筋

第一支座钢筋 1Φ18，长度$=0.54+(4.7-0.2-0.4)/3=1.91(m)$

第二支座钢筋 1Φ18，长度$=0.5+(6.1-0.1-0.2)/3\times2=4.37(m)$

第三支座钢筋 1Φ18，长度$=0.54+(6.1-0.1-0.2)/3=2.47(m)$

总长度$=1.91+4.37+2.47=8.75(m)$

(4) 抗扭钢筋 (2Φ12) 长度计算

$0.3-0.03<l_{aE}=35d=35\times0.012=0.42(m)$

端支座锚固长度$=0.3-0.03+15d=0.3-0.03+15\times0.012=0.45(m)$

中间支座锚固长度=中间支座锚固长度$=\max(l_{aE},0.5h_c+5d)$

$=\max(35\times0.012,0.5\times0.5+5\times0.012)$

$=0.42(m)$

抗扭钢筋长度$=2\times(6.1-0.1-0.2+0.45+0.42)=2\times6.67=13.34(m)$

(5) 拉筋长度计算

梁宽 200mm<350mm,拉筋直径为 6mm,在工程实践中直径 6mm 钢筋用直径 6.5mm 替代,因此拉筋为φ6.5@400。

单根拉筋长度=梁宽−2×保护层+2×1.9d+2×max(10d,75mm)

=0.2−2×0.025+2×1.9×0.0065+2×0.075

=0.3247(m)

拉筋根数=[(净跨长−起步距离×2)/(非加密区间距×2)+1]

=(6.1−0.1−0.2−0.05×2)/0.4+1

=16(根)

拉筋总长度=16×0.3247=5.195(m)

(6) 箍筋长度计算 (φ8@100/200)

单根箍筋长度=2×(0.2+0.5)−8×0.025+2×11.9d

=2×(0.2+0.5)−8×0.025+2×11.9×0.008

=1.39(m)

抗震等级三级,每一跨加密区长度=max(1.5×0.5,0.5)=0.75(m)

第一跨非加密区长度=净跨长−两端加密区长度=4.7−0.2−0.4−2×0.75=2.6(m)

第二跨非加密区长度=6.1−0.1−0.2−2×0.75=4.3(m)

箍筋根数=(0.75−0.05)/0.1+1+(0.75−0.05)/0.1+1+2.6/0.2−1

+(0.75−0.05)/0.1+1+(0.75−0.05)/0.1+1+4.3/0.2−1

=65(根)

箍筋总长度=65×1.39=90.35(m)

(7) 钢筋工程量汇总 (如表 6.2.3)。

表 6.2.3 钢筋工程量汇总

钢筋级别直径	总长度/m	总重量/kg
Φ18	22.96+8.75=31.71	63.39
Φ16	43.774	69.14
Φ12	13.34	11.85
φ6.5	5.195	1.35
φ8	90.35	35.68

6.2.5 板钢筋长度的计算

6.2.5.1 板平法施工图概述

(1) 结构平面的坐标方向

① 当两向轴网正交布置时,图面从左至右为 X 向,从下至上为 Y 向。

② 当轴网转折时,局部坐标方向顺轴网转折角度做相应转折。

③ 当轴网向心布置时,切向为 X 向,径向为 Y 向。

(2) 平面注写方式

包括板块集中标注和板支座原位标注。

板块集中标注的内容包括板块编号、板厚、上部贯通纵筋、下部纵筋以及当板面标高不同时的标高高差；板支座原位标注的内容包括板支座上部非贯通纵筋和悬挑板上部受力钢筋。

6.2.5.2 板钢筋

板钢筋中包括受力筋（单向或双向，单层或双层）、支座负筋及分布钢筋等。具体构造要求可参见图集 16G101 系列。

受力筋分为板底受力筋及板面受力筋。受力筋总长度一般采用式（6.2.31）计算。

$$板底(板面)受力筋总长度=单根板底(板面)受力筋\times 板底(板面)受力筋根数 \quad (6.2.31)$$

因此，需要计算单根受力筋长度及受力筋根数。

（1）板底受力筋长度计算

板底受力筋如图 6.2.24 所示，长度由式（6.2.32）计算。

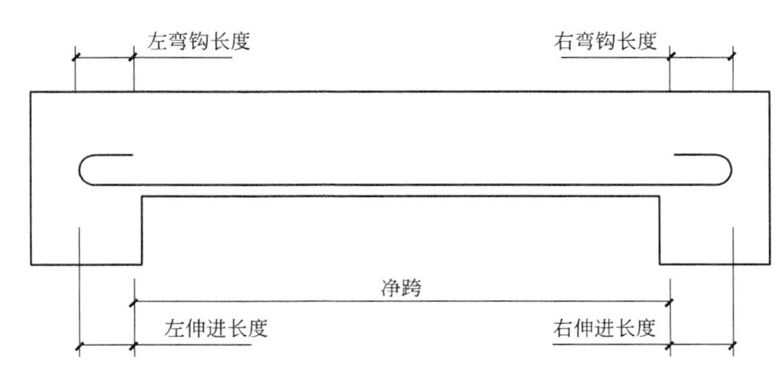

图 6.2.24 板底受力筋计算示意图

$$单根板底受力筋长度=板净跨长+两端伸进长度+两端弯勾长度 \quad (6.2.32)$$

① 伸进长度的取值

a. 端部支座为梁：伸进长度=max（1/2 梁宽，5d）。

b. 端部支座为砌体墙的圈梁：伸进长度=max（1/2 圈梁宽，5d）。

c. 端部支座为砌体墙：伸进长度=max（120mm，板厚，墙厚/2）。

d. 端部支座为剪力墙：伸进长度=max（1/2 墙厚，5d）。

② 弯勾长度，受力筋如果为 HPB300 钢筋，则端部为 180°弯勾，弯勾长度为 6.25d。其他钢筋级别不设弯勾。

第一根板底钢筋距梁边为 1/2 板筋间距，板底受力根数计算如图 6.2.25 所示，由式（6.2.33）计算。

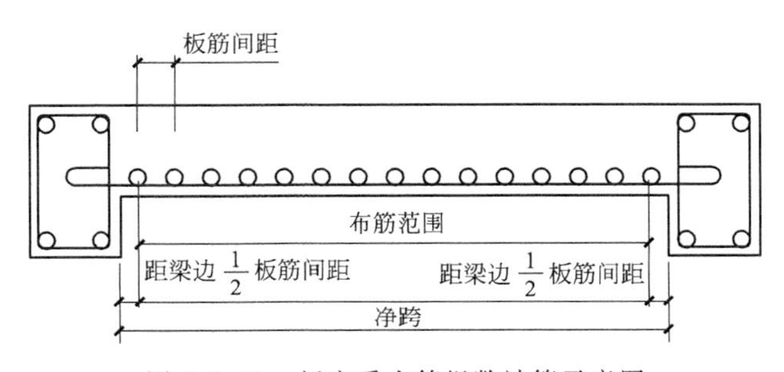

图 6.2.25 板底受力筋根数计算示意图

$$板底受力筋根数=(另一个方向板净跨长-2\times 1/2 板筋间距)/板筋间距+1 \quad (6.2.33)$$

(2) 板面受力筋长度计算

板面受力筋如图 6.2.26 所示，长度由式 (6.2.34) 计算。

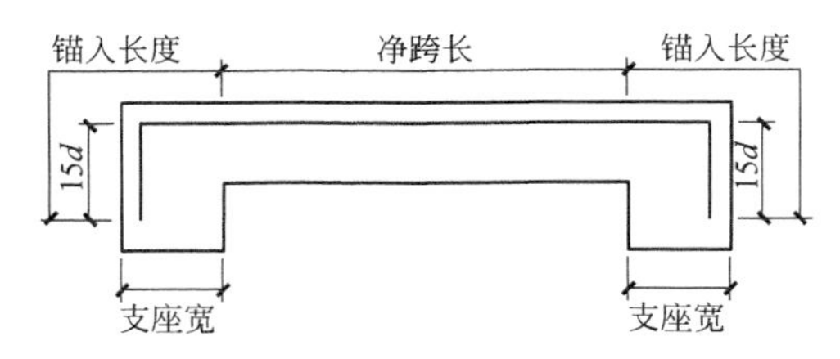

图 6.2.26 板面受力筋计算示意图

单根板面受力钢筋长度＝净跨长＋两端锚入长度＋弯勾长度 (6.2.34)

板面受力钢筋在支座处分直锚和弯锚两种方式：

① 当（支座宽－保护层）$\geq l_a$ 时，锚入长度＝l_a；

② 当（支座宽－保护层）$< l_a$ 时，弯锚 $15d$，锚入长度＝支座宽－保护层＋$15d$。

板面受力钢筋根数由式 (6.2.35) 计算。

板面受力钢筋根数＝(另一个方向板净跨长－2×1/2 板筋间距)/板筋间距＋1 (6.2.35)

(3) 板内支座负筋长度计算

板内端支座负筋如图 6.2.27 所示，长度由式 (6.2.36) 计算。

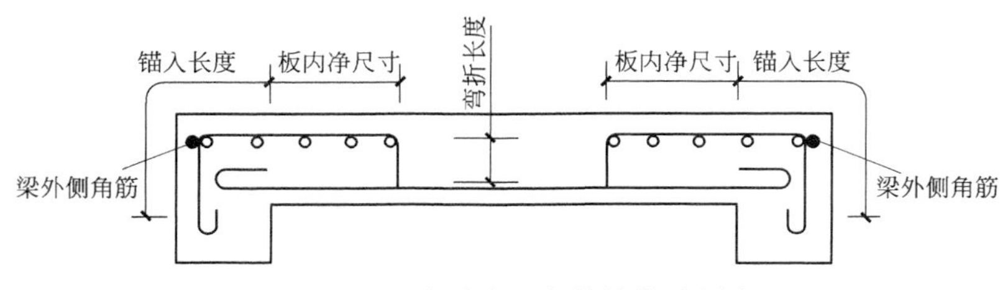

图 6.2.27 板内支座负筋计算示意图

板内单根端支座负筋长度＝伸入跨内的板内净尺寸＋弯折长度＋锚入长度＋弯勾长度 (6.2.36)

伸入跨内的板内净尺寸见图纸信息，弯折长度＝板厚－2×保护层，锚入长度计算同板面受力筋。

板内中间支座负筋如图 6.2.28 所示，长度由式 (6.2.37) 计算。

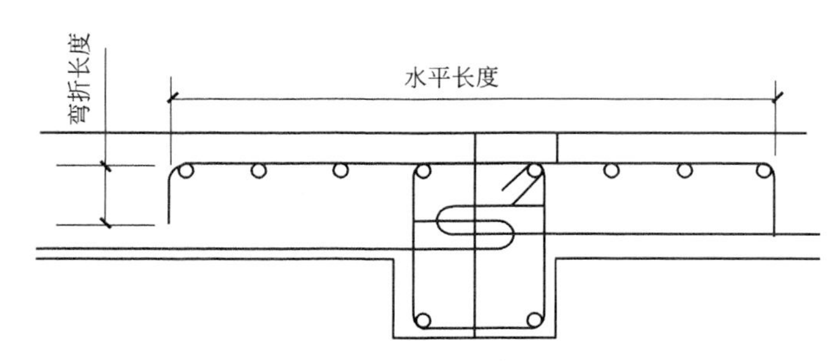

图 6.2.28 板内中间支座负筋计算示意图

板内单根中间支座负筋长度＝水平长度＋2×弯折长度 (6.2.37)

板内支座负筋根数计算同板面受力筋，由式 (6.2.35) 计算。

(4) 负筋分布筋长度计算

负筋分布筋如图 6.2.29 所示，长度由式（6.2.38）计算。

单根分布筋长度＝两端支座负筋净距＋2×搭接长度(150mm)　　(6.2.38)

负筋分布筋根数如图 6.2.30 所示，由式（6.2.39）计算。

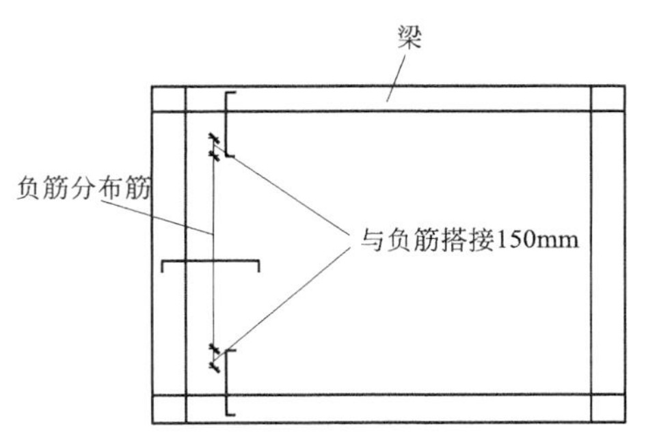

图 6.2.29　负筋分布筋示意图

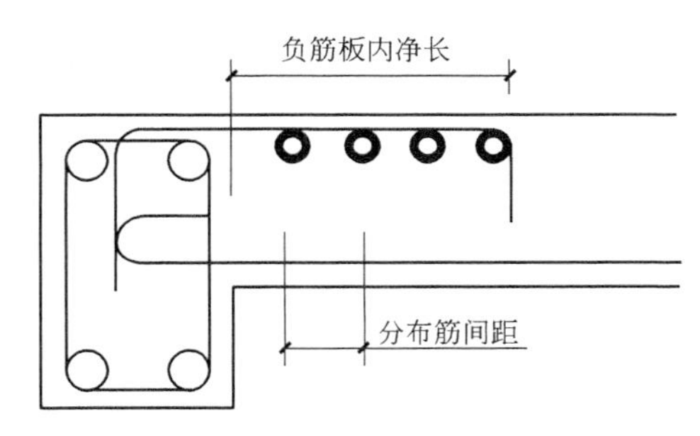

图 6.2.30　负筋分布筋根数计算示意图

负筋分布筋根数＝(负筋板内净长－1/2 分布筋间距)/分布筋间距＋1　　(6.2.39)

【例 6.2.3】 计算如图 6.2.31 所示②轴③轴与Ⓑ轴Ⓒ轴围合板钢筋工程量。板厚 100mm，C25 混凝土，未注明的板钢筋为ф8@200，板分布筋为 ϕ6.5@180。板保护层厚度 15mm，梁保护层厚度 25mm。

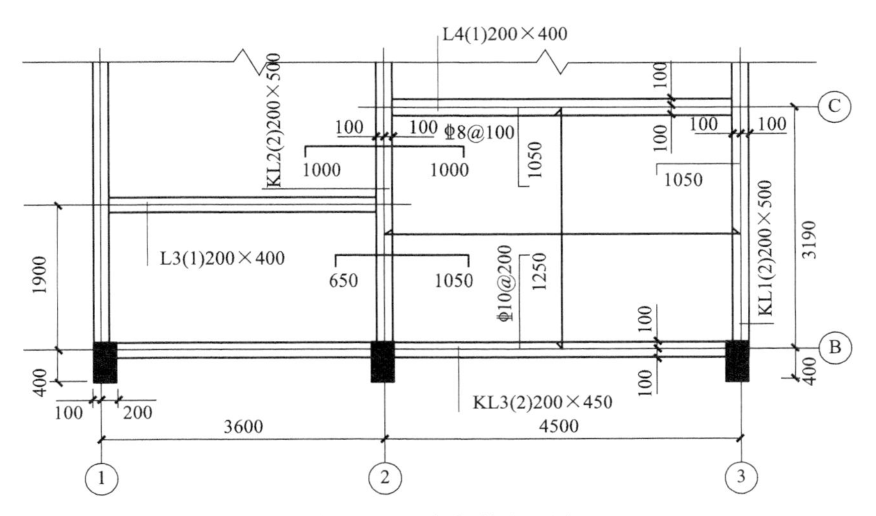

图 6.2.31　板钢筋布置图

解：

(1) 板底钢筋

X 向板底钢筋ф8@200,两端框架梁支座宽均为 200mm。

X 向单根板底钢筋长度＝板净跨长＋两端伸进长度

＝(4.5－0.1－0.1)＋2×max(0.2/2,5d)

＝4.3＋2×0.1＝4.5(m)

X 向板底钢筋根数＝(净跨长－2×1/2 板筋间距)/板筋间距＋1

＝(3.19－0.1－0.1－2×1/2×0.2)/0.2＋1＝15(根)

Y 向板底钢筋ф8@200,两端框架梁支座宽均为 200mm。

Y 向单根板底钢筋长度＝板净跨长＋两端伸进长度

＝(3.19－0.1－0.1)＋2×max(0.2/2,5d)

＝2.99＋2×0.1＝3.19(m)

Y 向板底钢筋根数＝(净跨长－2×1/2 板筋间距)/板筋间距＋1

＝(4.5－0.1－0.1－2×1/2×0.2)/0.2＋1

＝22(根)

Φ8 钢筋总长度＝4.5×15＋3.19×22＝137.68(m)

(2) 板内支座负筋

Ⓑ轴板内支座负筋Φ10@200，梁宽为 200mm，l_a＝40d。

(0.2－0.025)＜l_a＝40d＝0.4m，锚入长度＝0.2－0.025＋15d＝0.325(m)

弯折长度＝板厚－2×保护层＝0.1－2×0.015＝0.07(m)

单根支座负筋长度＝伸入跨内的板内净尺寸＋弯折长度＋锚入长度

＝1.25＋0.07＋0.325＝1.645(m)

支座负筋的根数＝(4.5－0.1－0.1－2×1/2×0.2)/0.2＋1＝22(根)

Φ10 钢筋总长度＝1.645×22＝36.19(m)

②轴板内支座负筋Φ8@100。

单根负筋长度＝1＋1＋0.2＋2×0.07(弯折长度)＝2.34(m)

支座负筋根数＝(3.19－1.9－0.1－0.1－2×1/2×0.1)/0.1＋1＝11(根)

②轴板内支座负筋Φ8@200。

单根负筋长度＝0.65＋1.05＋0.2＋2×0.07(弯折长度)＝2.04(m)

支座负筋根数＝(1.9－0.1－0.1－2×1/2×0.2)/0.2＋1＝9(根)

Φ8 钢筋总长度＝2.34×11＋2.04×9＝44.1(m)

板内其他支座负筋计算方法类似，不再赘述。

(3) 负筋分布筋

Ⓑ轴板内支座负筋分布筋φ6.5@180。

单根分布筋长度＝(4.5－0.1－0.1)－1.05－1.05＋2×0.15＝2.5(m)

分布筋根数＝(1.25－1/2×0.18)/0.18＋1＝8(根)

②轴板内支座负筋分布筋，只求②轴左侧围合板区域内分布筋。

单根分布筋长度＝(3.19－0.1－0.1)－1.25－1.05＋2×0.15＝0.99(m)

分布筋根数＝(1.05－1/2×0.18)/0.18＋1＝7(根)

φ6.5 钢筋总长度＝2.5×8＋0.99×7＝26.93(m)

(4) 钢筋工程量汇总（如表 6.2.4）

表 6.2.4 板钢筋工程量汇总

钢筋级别直径	总长度/m	总重量/kg
Φ8	137.68＋44.1＝181.78	71.78
Φ1	36.19	22.33
φ6.5	26.93	7.02

6.2.6 剪力墙钢筋长度的计算

6.2.6.1 剪力墙平法识图概述

剪力墙可视为由剪力墙柱、剪力墙身和剪力墙梁三类构件构成。

(1) 墙柱、墙身和墙梁编号

① 墙柱编号。墙柱由墙柱类型代号和序号组成，见表6.2.5。

表6.2.5 墙柱编号

墙柱类型	代号
约束边缘暗柱	YAZ
约束边缘端柱	YDZ
约束边缘翼墙(柱)	YYZ
约束边缘转角墙(柱)	YJZ
构造边缘端柱	GDZ
构造边缘暗柱	GAZ
构造边缘翼墙(柱)	GYZ
构造边缘转角墙(柱)	GJZ
非边缘暗柱	AZ
扶壁柱	FBZ

② 墙身编号。由墙身代号、序号及墙身所配置的水平及竖向钢筋的排数组成，其中排数注写在括号内，表达形式为Q××（×排)。

③ 墙梁编号。由墙梁代号和序号组成，见表6.2.6。

表6.2.6 墙梁编号

墙梁类型	代号
连梁(无交叉暗撑及交叉钢筋)	LL
连梁(有交叉暗撑)	LL(JC)
连梁(有交叉钢筋)	LL(JG)
暗梁	AL
边框梁	BKL

(2) 剪力墙平法表达方法

① 列表注写方式。分别在剪力墙柱表、剪力墙身表和剪力墙梁表中，对应于剪力墙平面布置图上的编号，用绘制截面配筋图并注写几何尺寸与配筋具体数值的方式，来表达剪力墙平法施工图。

② 截面注写方式。在分标准层绘制的剪力墙平面布置图上，直接在墙柱、墙身、墙梁上注写截面尺寸和配筋具体数值的方式来表达剪力墙平法施工图。

(3) 剪力墙内钢筋种类

剪力墙钢筋长度的计算主要包括墙身、墙柱、墙梁、洞口四部分钢筋的计算，其中墙身钢筋包括水平筋、竖向筋、拉筋和洞口加强筋；墙柱、墙梁包括纵筋和箍筋。本节主要介绍墙身水平筋、竖向筋和拉筋的计算。计算剪力墙墙身钢筋需要考虑以下几个因素：基础型式、中间层和顶层构造。

6.2.6.2 墙身竖向钢筋

(1) 基础插筋长度

基础插筋构造如图6.2.32所示。

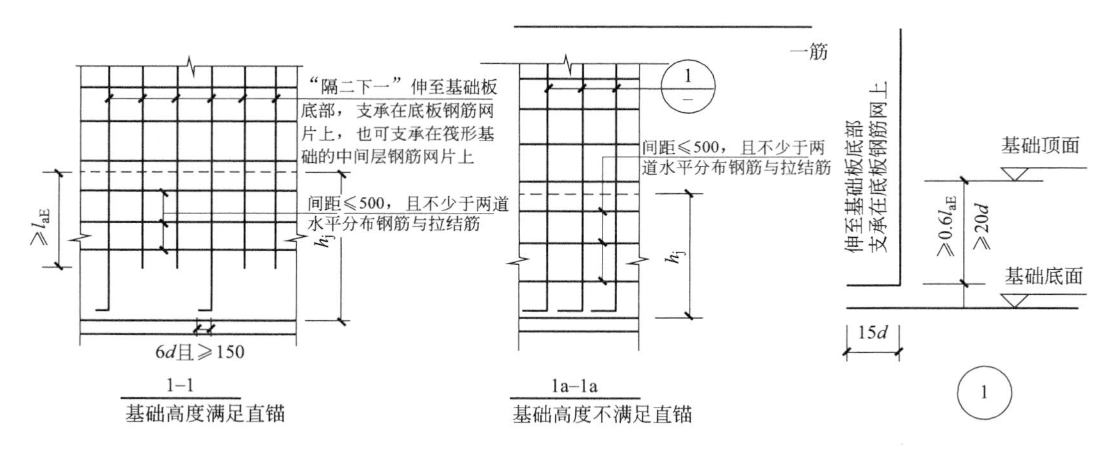

图 6.2.32　剪力墙基础插筋构造（保护层厚度>5d）

① 当基础高度 $h_j \geqslant l_{aE}$ 时，钢筋布置隔二下一，基础插筋有两种：

第一种：基础插筋下到基础底部弯折，长度和根数分别由式（6.2.40）、式（6.2.41）计算，

$$基础插筋长度 = h_j - 基础保护层 + \max(6d,150) + 伸出基础顶面外露长度(500mm) \quad (6.2.40)$$

$$根数 = [(剪力墙净长 - 墙筋间距 \times 2)/墙筋间距 + 1]/3 \times 排数 \quad (6.2.41)$$

第二种：基础插筋插入基础内部 l_{aE}，长度和根数分别由式（6.2.42）、式（6.2.43）计算，

$$基础插筋长度 = l_{aE} + 伸出基础顶面外露长度(500mm) \quad (6.2.42)$$

$$根数 = [(剪力墙净长 - 墙筋间距 \times 2)/墙筋间距 + 1]/3 \times 2 \times 排数 \quad (6.2.43)$$

② 当基础高度 $h_j < l_{aE}$，长度和根数分别由式（6.2.44）、式（6.2.45）计算。

$$基础插筋长度 = h_j - 基础保护层 + 15d + 伸出基础顶面外露长度 \quad (6.2.44)$$

$$根数 = [(剪力墙净长 - 墙筋间距 \times 2)/墙筋间距 + 1] \times 排数 \quad (6.2.45)$$

注：竖向钢筋的起步距离为墙筋间距。

(2) 首层竖向筋长度

剪力墙身竖向钢筋连接位置，如图 6.2.33 所示，长度由式（6.2.46）计算。

$$长度 = 高度(从基础顶面算起到上一层楼板上表面高度) - 露出本层的高度(500mm) + 伸出本层楼面外露长度(500mm) + 与上层钢筋搭接长度(如果采用绑扎连接计算此项) \quad (6.2.46)$$

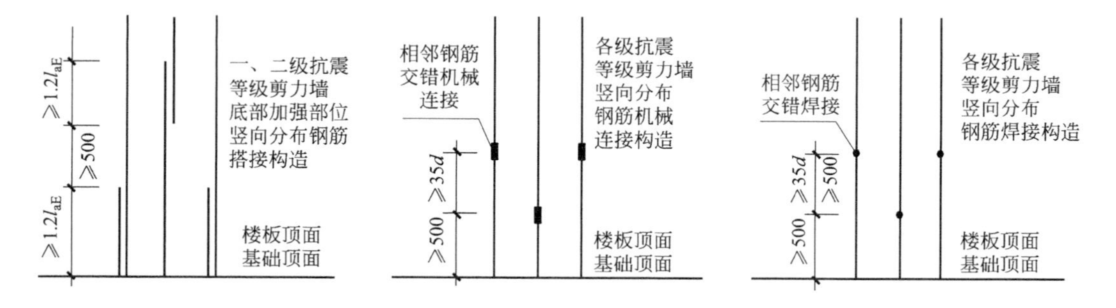

图 6.2.33　剪力墙竖向分布钢筋连接构造

(3) 中间层竖向筋长度

剪力墙中间层竖向筋长度由式 (6.2.47) 计算。

长度=层高－露出本层的高度(500mm)＋伸出本层楼面外露长度(500mm)
＋与上层钢筋搭接长度(如果采用绑扎连接计算此项)　(6.2.47)
＝层高＋与上层钢筋搭接长度

(4) 顶层竖向筋长度

剪力墙屋面板处钢筋排布如图 6.2.34 所示。竖向钢筋在顶层梁内锚固，分直锚和弯锚，长度由式 (6.2.48) 计算。

顶层竖向钢筋长度＝层高－露出本层的高度－梁高＋锚固长度　(6.2.48)

当直锚长度≥l_{aE} 时，则顶层钢筋锚固长度＝梁高－保护层厚度；

当直锚长度<l_{aE} 时，则顶层钢筋锚固长度＝梁高－保护层厚度＋12d。

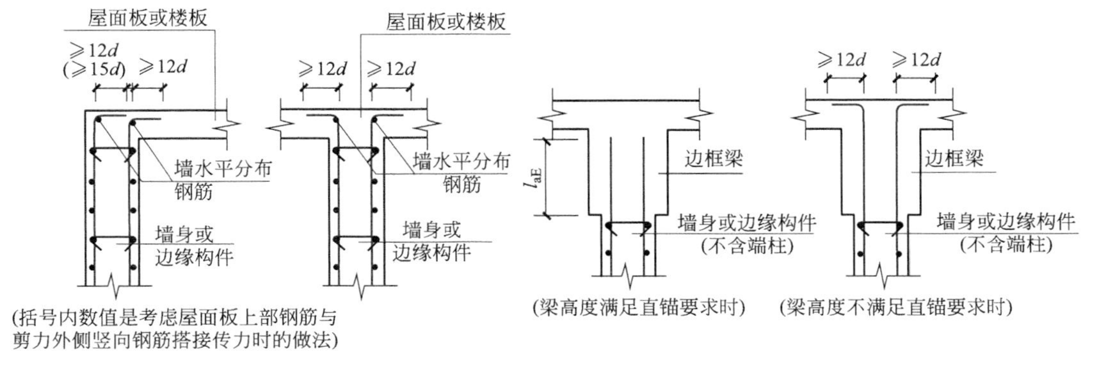

图 6.2.34　剪力墙竖向钢筋顶部构造

(5) 墙身竖向筋根数计算

墙身竖向筋根数由式 (6.2.49) 计算。

根数＝[(墙身净长－竖向筋间距×2)/竖向筋间距＋1]×排数　(6.2.49)

6.2.6.3 墙身水平筋计算

(1) 墙端无暗柱及墙端有一字型暗柱

剪力墙水平分布钢筋锚固构造如图 6.2.35 所示，外侧钢筋长度与内侧钢筋长度相等，由式 (6.2.50) 计算，根数由式 (6.2.51)、式 (6.2.52) 计算。

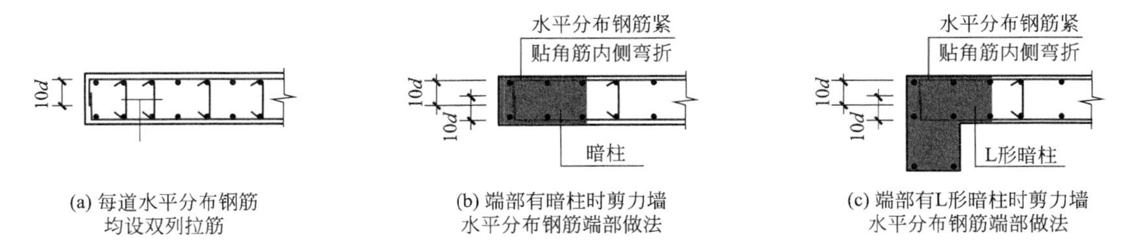

图 6.2.35　剪力墙水平分布钢筋锚固构造

长度＝墙身长－保护层×2＋10d×2　(6.2.50)

首层根数＝[(基础顶面到上一层楼面的距离－50mm)－暗梁高]/间距＋1　(6.2.51)

其他层根数＝(层高－暗梁高)/间距＋1　(6.2.52)

注：水平钢筋起步距离为 50mm。

(2) 墙端为 L 形暗柱

剪力墙水平筋构造如图 6.2.36 所示。

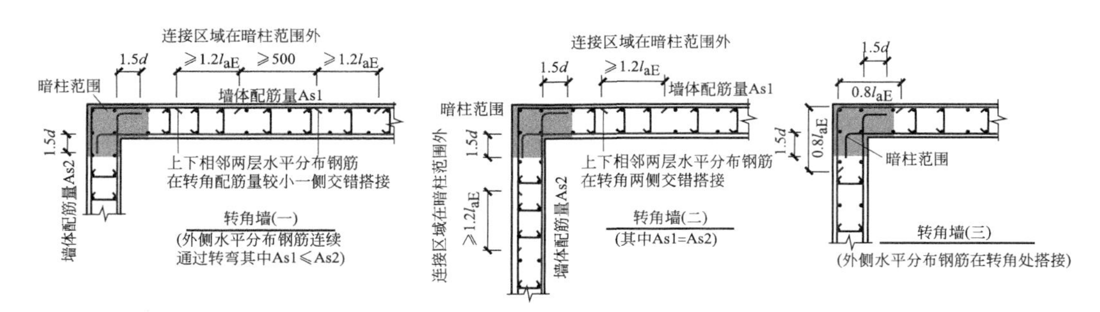

图 6.2.36 剪力墙转角墙处水平筋构造

外侧钢筋连续通过转角墙（一）和转角墙（二）或者在转角处搭接［转角墙（三）］。

转角墙（三）情况下，外侧钢筋和内侧钢筋长度分别由式（6.2.53）、式（6.2.54）计算，根数由式（6.2.55）、式（6.2.56）计算。

$$外侧钢筋长度=墙身长-保护层\times 2+转角处搭接长度(0.8l_{aE})\times 2 \quad (6.2.53)$$

$$内侧钢筋长度=墙身长-保护层\times 2+15d\times 2 \quad (6.2.54)$$

$$首层根数=[(基础顶面到上一层楼面的距离-50mm)-暗梁高]/间距+1 \quad (6.2.55)$$

$$其他层根数=(层高-暗梁高)/间距+1 \quad (6.2.56)$$

6.2.6.4 拉筋计算

拉筋有矩形布置和梅花形布置两种，如图 6.2.37 所示，拉筋长度及根数由式（6.2.57）～式（6.2.59）计算。

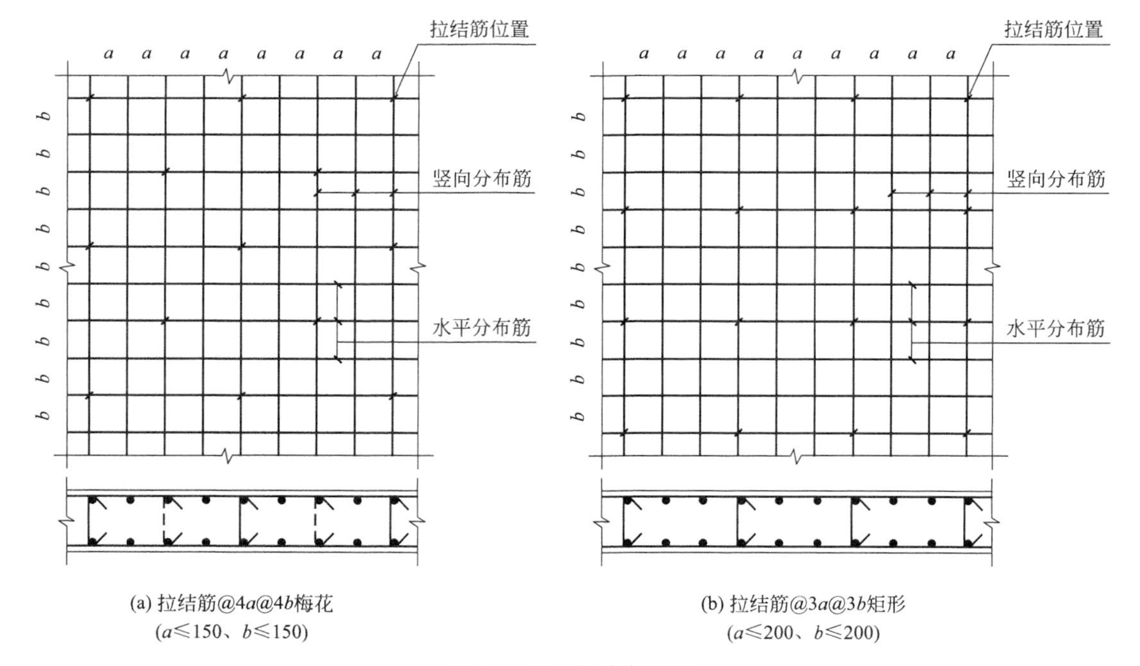

(a) 拉结筋@4a@4b梅花 (a≤150、b≤150)

(b) 拉结筋@3a@3b矩形 (a≤200、b≤200)

图 6.2.37 拉筋布置图

$$拉筋长度=墙厚-2\times保护层+1.9d\times2+\max(75,\ 10d)\times2 \quad (6.2.57)$$

式中 d——拉筋直径。

矩形布置时拉筋根数=净墙面积 /(间距 × 间距)

=(墙面积 − 门窗洞总面积 − 暗柱所占面积 − 暗梁所占面积 − 连梁所占面积)/(横向间距 × 纵向间距) (6.2.58)

梅花形布置时拉筋根数=净墙面积 /(间距 × 间距) × 2

=(墙面积 − 门窗洞总面积 − 暗柱所占面积 − 暗梁所占面积 − 连梁所占面积)/(横向间距 × 纵向间距) × 2 (6.2.59)

【例 6.2.4】 某剪力墙结构部分如图 6.2.38 所示，采用平板式筏板基础形式；工程设防烈度 7 度，抗震等级为三级抗震，混凝土标号 C35，墙保护层 20mm，墙厚 300mm，筏板厚度 1100mm，基础保护层厚 40mm。

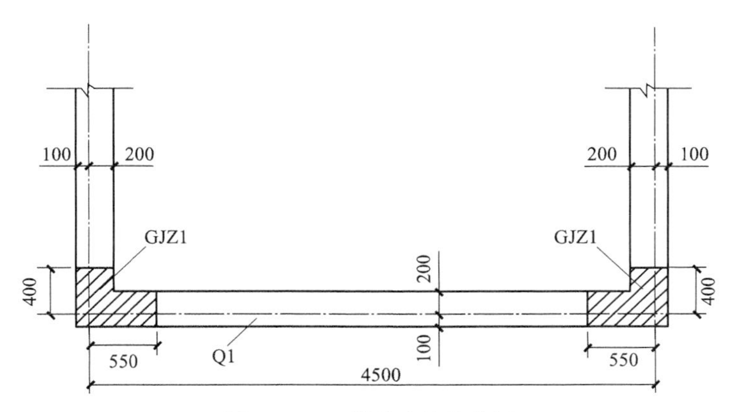

图 6.2.38 某剪力墙结构图

墙外侧筋：水平贯通筋Φ14@200，垂直贯通筋Φ14@200。

墙内侧筋：水平贯通筋Φ14@200，垂直贯通筋Φ14@200。

墙拉结筋：Φ6.5@800×800 梅花。

结构楼层信息如表 6.2.7。

试计算剪力墙内钢筋工程量（拉筋只计算 1 层）。

表 6.2.7 剪力墙结构楼层信息表

楼层	层顶标高/m	层高/m	暗梁高/mm
3 层	11.07	4.2	450
2 层	6.87	3.3	450
1 层	3.57	3.6	450
基础层	−1.03	筏板基础厚 1100mm	

解：

$l_{aE}=34d=34\times0.014=0.476(\mathrm{m})$

(1) 水平钢筋

外侧钢筋 $=4.5+2\times0.1-2\times0.020+2\times0.8l_{aE}=5.42(\mathrm{m})$

内侧钢筋 $=4.5+2\times0.1-2\times0.02+2\times15d=5.08(\mathrm{m})$

根数=(3.57+1.03−0.05−0.45)/0.2+1+(3.3−0.45)/0.2
+1+(4.2−0.45)/0.2+1
=58(根)

水平钢筋总长度=5.42×58+5.08×58=609(m)

(2) 竖向钢筋

h_j=1.1>l_{aE}=0.476m,基础竖向钢筋隔二下一。

顶层梁高 0.45−0.02<l_{aE}=0.476m,弯锚。

竖向钢筋①=11.07−(−1.03)+l_{aE}−0.45+0.45−0.02+12d=12.72(m)

竖向钢筋②=11.07−(−1.03)+1.1−0.04+max(6d,0.15)−0.45+0.45−0.02+12d
=13.46(m)

根数=(4.5−0.55−0.55−2S)/0.2+1=15+1=16(根)(①10 根,②6 根)

竖向钢筋①为 10 根,竖向钢筋②为 6 根。

竖向钢筋总长度=13.46×10×2(排数)+12.72×6×2(排数)=415.92(m)

(3) 拉筋

长度=0.3−2×0.02+2×1.9d+2×max(10d,0.075)=0.66(m)

1 层拉筋根数=(4.5−0.55−0.55)×(3.57+1.03−0.45)/(0.8×0.8)×2(梅花形)=44(根)

拉筋总长度=0.66×44=29.04(m)

(4) 剪力墙钢筋汇总 (如表 6.2.8)

表 6.2.8 剪力墙钢筋汇总表

钢筋级别直径	总长度/m	总重量/kg
⏀14	609+415.92=1024.92	1239.46
ϕ6.5	29.04	7.57

6.2.7 独立基础钢筋长度的计算

(1) 独立基础平法施工图

独立基础的平法施工图有平面注写和截面注写两种方式，其中以平面注写方式较为常见。平面注写方式分集中标注和原位标注两部分内容。集中标注包括基础编号、截面竖向尺寸、配筋等必注内容和基础底面标高等选注内容。原位标注包括独立基础的平面尺寸等内容。可参见图集 16G101 系列。

(2) 独立基础底板钢筋长度计算

① 当独立基础底板长度 x<2500mm 时，独立基础底板钢筋如图 6.2.39 所示。

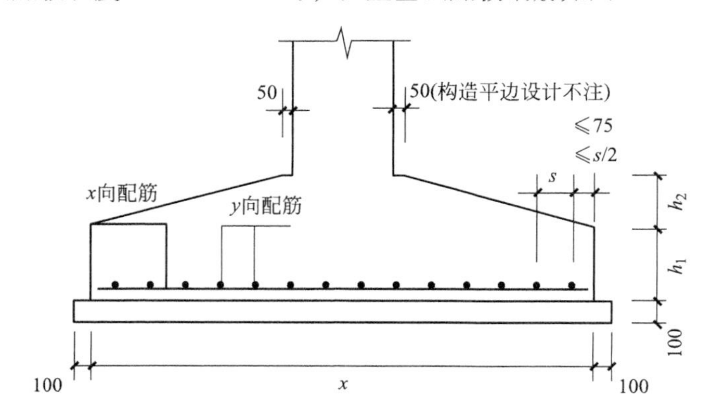

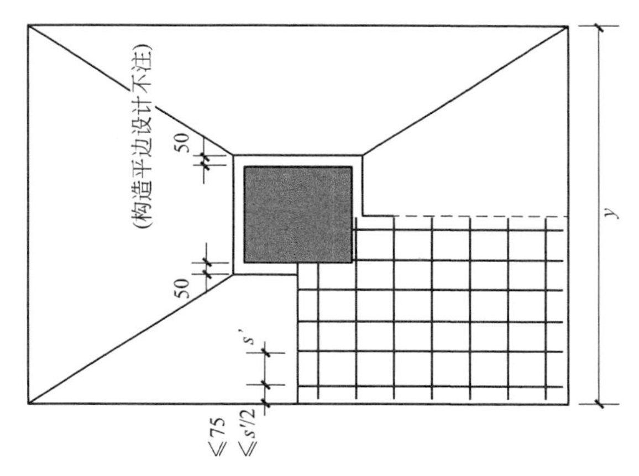

图 6.2.39　独立基础底板配筋图（底板长度 $x<2500$mm）

第一根钢筋布置的位置距构件边缘的距离是 min（75，$s/2$），s 为底板钢筋间距，底板钢筋的长度和根数分别由式（6.2.60）、式（6.2.61）计算。

$$单根底板钢筋长度=底板边长\ x-2\times 保护层 \tag{6.2.60}$$

$$根数=[底板另一边边长\ y-\min(75,\ s/2)\times 2]/s+1 \tag{6.2.61}$$

② 当独立基础底板长度 $x\geqslant 2500$mm 时，除外侧钢筋外，底板配筋长度可取相应方向底板长度的 0.9 倍，交错放置。独立基础底板钢筋如图 6.2.40 所示，底板钢筋的长度和根数分别由式（6.2.62）～式（6.2.64）计算。

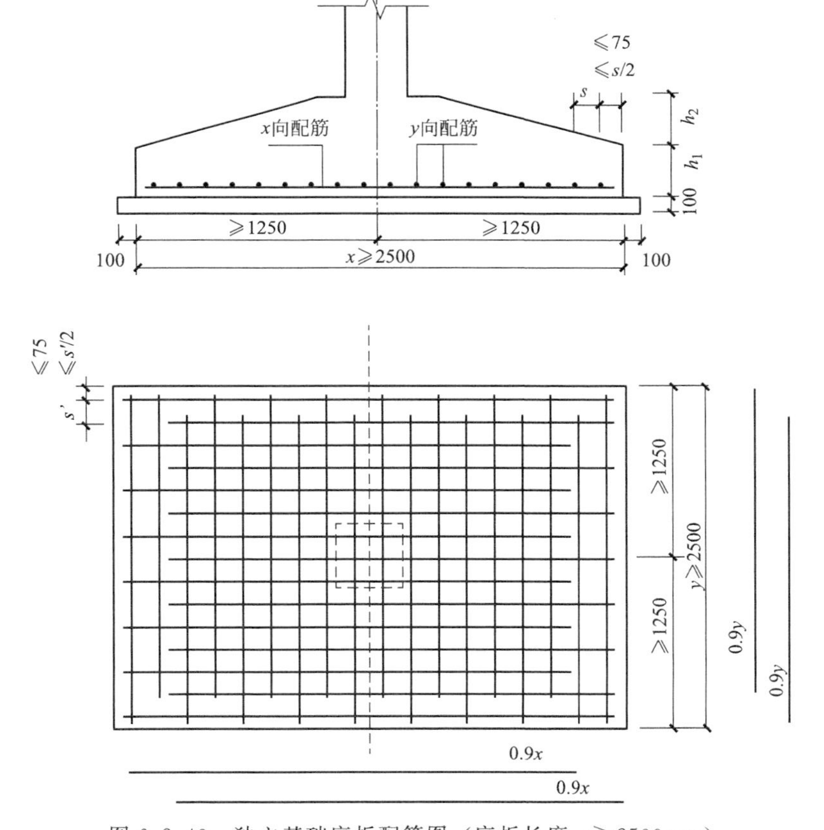

图 6.2.40　独立基础底板配筋图（底板长度 $x\geqslant 2500$mm）

外侧钢筋不缩减，　　最外侧钢筋＝底板边长 $x-2\times$ 保护层　　(6.2.62)

其他钢筋缩短10%，　　其他钢筋＝底板边长 $x-0.1x$　　(6.2.63)

$$根数=[底板另一边边长\ y-\min(75,\ s/2)\times 2]/s-1 \tag{6.2.64}$$

式中　s——底板钢筋间距。

【例 6.2.5】 独立基础布置如图 6.2.41 所示，计算基础 J1 和基础 J3 底板钢筋工程量。

基础 J1：1800×1800×500，X 向及 Y 向配筋为ф12@150；

基础 J2：2200×2200×500，X 向及 Y 向配筋为ф12@150；

基础 J3：2500×2500×500，X 向及 Y 向配筋为ф12@150。

基础保护层厚度为 40mm，求基础 J1 和 J3 底板钢筋工程量。

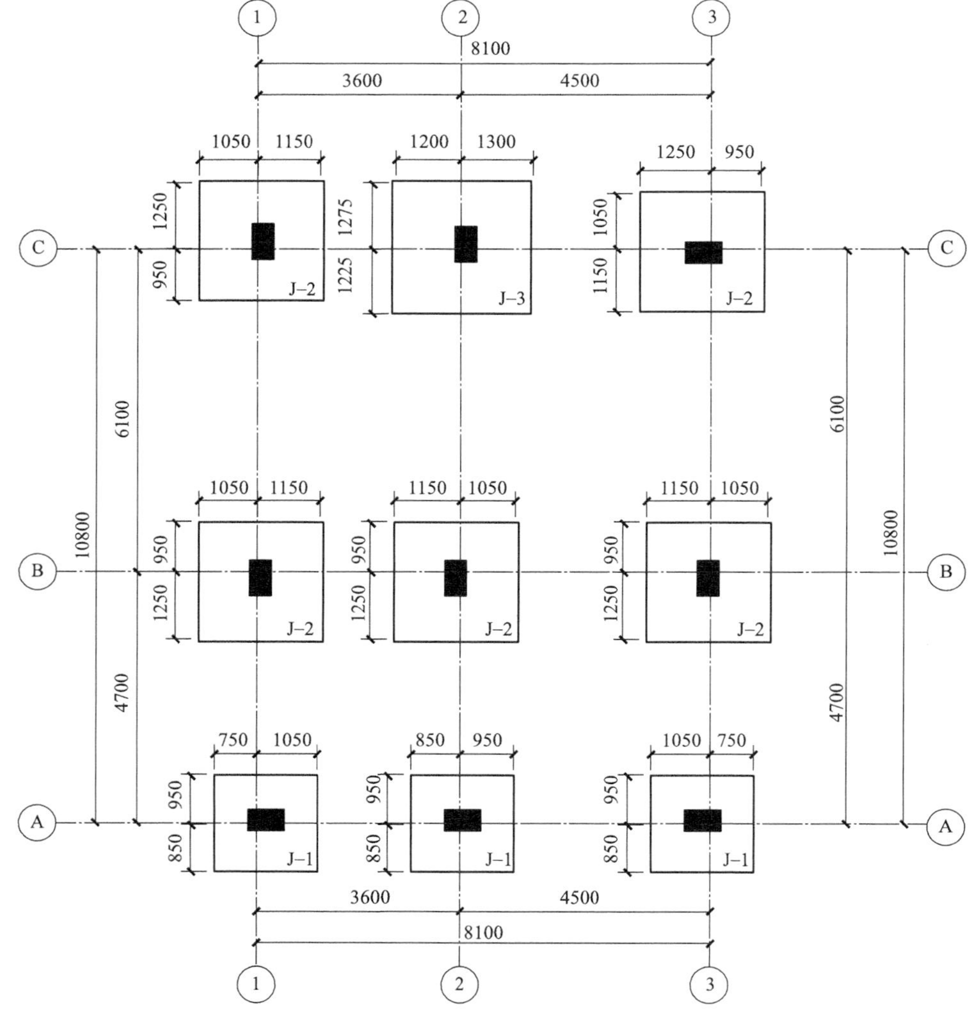

图 6.2.41　独立基础布置图

解：

(1) 基础 J-1 底板钢筋工程量ф12@150

X 向：

单根底板钢筋长度＝底板边长 $x-2\times$ 保护层

$=1.8-2\times0.04=1.72$(m)

根数=[底板另一边边长 $y-\min(75\text{mm},s/2)\times2]/s+1$

$=(1.8-0.075\times2)/0.15+1=12$(根)

Y 向：

单根底板钢筋长度=底板边长 $y-2\times$保护层

$=1.8-2\times0.04=1.72$(m)

根数=[底板另一边边长 $x-\min(75\text{mm},s/2)\times2]/s+1$

$=(1.8-0.075\times2)/0.15+1=12$(根)

基础 J-1 ф12:钢筋总长度 $=1.72\times12++1.72\times12=41.28$(m)

钢筋总重量 $=41.28\times0.00617\times12^2=36.68$(kg)

(2) 基础 J-3 底板钢筋工程量ф12@150

按照图纸中设计说明，当独立基础底板长度 $x\geqslant2500$mm 时，除外侧钢筋外，底板配筋长度可取相应方向底板长度的 0.9 倍，交错放置。

X 向：

最外侧钢筋 2 根,长度=底板边长 $x-2\times$保护层

$=2.5-2\times0.04=2.42$(m)

其他钢筋=底板边长 $x-0.1x=0.9\times2.5=2.25$(m)

其他钢筋根数=[底板另一边边长 $y-\min(75\text{mm},s/2)\times2]/s-1$

$=(2.5-0.075\times2)/0.15-1=15$(根)

Y 向：

最外侧钢筋 2 根,长度=底板边长 $x-2\times$保护层

$=2.5-2\times0.04=2.42$(m)

其他钢筋=底板边长 $x-0.1x=0.9\times2.5=2.25$(m)

其他钢筋根数=[底板另一边边长 $y-\min(75\text{mm},s/2)\times2]/s-1$

$=(2.5-0.075\times2)/0.15-1=15$(根)

基础 J-3 ф12:钢筋总长度 $=2.25\times15+2.25\times15+2.42\times2\times2=77.18$(m)

钢筋总重量 $=77.18\times0.00617\times12^2=68.57$(kg)

6.3 钢筋的工程量计算规则

6.3.1 钢筋工程清单工程量计算规定

根据《建设工程工程量清单计价规范》(GB 50500—2013)，钢筋工程清单项目设置包括现浇构件钢筋、钢筋网片、钢筋笼等。钢筋工程量清单规定见表 6.3.1。

(1) 现浇混凝土钢筋、预制构件钢筋、钢筋网片、钢筋笼

现浇构件中伸出构件的锚固钢筋应并入钢筋工程量内。除设计（包括规范规定）标明的搭接外，其他施工搭接不计算工程量，在综合单价中综合考虑。

(2) 支撑钢筋（铁马）

应区分钢筋种类和规格，按钢筋长度乘以单位理论质量计算。现浇构件中固定位置的支撑钢筋、双层钢筋用的“铁马”以及螺栓、预埋件、机械连接工程数量，在编制工程量清单时，如果设计未明确，其工程数量可为暂估量，结算时按现场签证数量计算。

表 6.3.1 钢筋工程（编号：010515）

项目编码	项目名称	项目特征	计量单位	工程量计算规则	工作内容
010515001	现浇构件钢筋	钢筋种类、规格	t	按设计图示钢筋（网）长度（面积）乘以单位理论质量计算	1. 钢筋制作、运输； 2. 钢筋安装； 3. 焊接（绑扎）
010515002	预制构件钢筋				
010515003	钢筋网片				1. 钢筋网制作、运输； 2. 钢筋网安装； 3. 焊接（绑扎）
010515004	钢筋笼				1. 钢筋笼制作、运输； 2. 钢筋笼安装； 3. 焊接（绑扎）
010515005	先张法预应力钢筋	1. 钢筋种类、规格； 2. 锚具种类		按设计图示钢筋长度乘以单位理论质量计算	1. 钢筋制作、运输； 2. 钢筋张拉
010515006	后张法预应力钢筋	1. 钢筋种类、规格； 2. 钢丝种类、规格； 3. 钢绞线种类、规格； 4. 锚具种类； 5. 砂浆强度等级		按设计图示钢筋（丝束、绞线）长度乘以单位理论质量计算 1. 低合金钢筋两端均采用螺杆锚具时，钢筋长度按孔道长度减 0.35m 计算，螺杆另行计算。 2. 低合金钢筋一端采用镦头插片，另一端采用螺杆锚具时，钢筋长度按孔道长度计算，螺杆另行计算。 3. 低合金钢筋一端采用镦头插片，另一端采用帮条锚具时，钢筋增加 0.15m 计算；两端均采用帮条锚具时，钢筋长度按孔道长度增加 0.3m 计算。 4. 低合金钢筋采用后张混凝土自锚时，钢筋长度按孔道长度增加 0.35m 计算。 5. 低合金钢筋（钢绞线）采用 JM、XM、QM 型锚具，孔道长度≤20m 时，钢筋长度增加 1m 计算，孔道长度＞20m 时，钢筋长度增加 1.8m 计算。 6. 碳素钢丝采用锥形锚具，孔道长度≤20m 时，钢丝束长度按孔道长度增加 1m 计算，孔道长度＞20m 时，钢丝束长度按孔道长度增加 1.8m 计算。 7. 碳素钢丝采用镦头锚具时，钢丝束长度按孔道长度增加 0.35m 计算	1. 钢筋、钢丝、钢绞线制作、运输； 2. 钢筋、钢丝、钢绞线安装； 3. 预埋管孔道铺设； 4. 锚具安装； 5. 砂浆制作、运输； 6. 孔道压浆、养护
010515007	预应力钢丝				
010515008	预应力钢绞线				
010515009	支撑钢筋（铁马）	1. 钢筋种类； 2. 规格		按钢筋长度乘以单位理论质量计算	钢筋制作、焊接、安装
010515010	声测管	1. 材质； 2. 规格型号		按设计图示尺寸以质量计算	1. 检测管截断、封头； 2. 套管制作、焊接； 3. 定位、固定

6.3.2 螺栓、铁件工程量清单规定

螺栓、铁件包括螺栓、预埋铁件和机械连接。具体情况见表6.3.2。

表6.3.2 螺栓、铁件（编号：010516）

<table>
<tr><th>项目编码</th><th>项目名称</th><th>项目特征</th><th>计量单位</th><th>工程量计算规则</th><th>工作内容</th></tr>
<tr><td>010516001</td><td>螺栓</td><td>1. 螺栓种类；
2. 规格</td><td rowspan="2">t</td><td rowspan="2">按设计图示尺寸以质量计算</td><td rowspan="2">1. 螺栓、铁件制作、运输；
2. 螺栓、铁件安装</td></tr>
<tr><td>010516002</td><td>预埋铁件</td><td>1. 钢材种类；
2. 规格；
3. 铁件尺寸</td></tr>
<tr><td>010516003</td><td>机械连接</td><td>1. 连接方式；
2. 螺纹套筒种类；
3. 规格</td><td>个</td><td>按数量计算</td><td>1. 钢筋套螺纹；
2. 套筒连接</td></tr>
</table>

螺栓、预埋铁件，按设计图示尺寸以质量计算。机械连接以个计量，按数量计算。编制工程量清单时，如果设计未明确，其工程数量可为暂估量，实际工程量按现场签证数量计算。

6.3.3 钢筋工程定额工程量计算规定

《辽宁省房屋建筑与装饰工程定额》（2017）中，钢筋工程包括现浇构件钢筋、预制构件钢筋、预应力钢筋、预应力钢丝束、锚具安装、箍筋、砌体内加固钢筋等项目。

（1）现浇、预制构件钢筋

其工程量应区分钢筋种类规格，按设计图示钢筋长度乘以单位理论质量计算。

（2）先张法预应力钢筋

按设计图示钢筋长度乘以单位理论质量计算。

（3）后张法预应力钢筋

按设计图示钢筋（绞线、丝束）长度乘以单位理论质量计算。

① 低合金的钢筋两端均采用螺杆锚具时，钢筋长度按孔道长度减0.35m计算，螺杆另行计算。

② 低合金的钢筋一端采用镦头插片，另一端采用螺杆锚具时，钢筋长度按孔道长度计算，螺杆另行计算。

③ 低合金的钢筋一端采用镦头插片，另一端采用帮条锚具时，钢筋按增加0.15m计算；两端均采用帮条锚具时，钢筋长度按孔道长度增加0.3m计算。

④ 低合金的钢筋采用后张混凝土自锚时，钢筋长度按孔道长度增加0.35m计算。

⑤ 低合金的钢筋（钢绞线）采用JM、XM、OVM、QM型锚具，孔道长度≤20m时，钢筋长度按孔道长度增加1m计算；孔道长度>20m时，钢筋长度按孔道长度增加1.8m计算。

⑥ 碳素钢丝采用锥形锚具，孔道长度≤20m时，钢丝束长度按孔道长度增加1m计算；孔道长度>20m时，钢丝束长度按孔道长度增加1.8m计算。

⑦ 碳素钢丝采用墩头锚具时，钢丝束长度按孔道长度增加0.35m计算。

（4）钢筋的搭接

钢筋的搭接是按结构搭接和定尺搭接两种情况分别考虑的。

① 钢筋结构搭接。钢筋结构搭接是指按设计图示及规范要求设置的搭接；如按设计图示及

规范要求计算钢筋搭接长度的，应按设计图示及规范要求计算搭接长度；若设计图示及规范未标明搭接长度的，则不应另外计算钢筋搭接长度。

② 钢筋定尺搭接在实际施工中所使用的钢筋，通常情况下是生产企业按国家规定的标准生产供应的具有固定长度的钢筋。

定额对钢筋“定尺搭接”接头数量的计算办法规定如下：

a. ϕ22mm 以内的直条长钢筋按每 12m 计算一个钢筋搭接接头。

b. 使用盘圆或盘螺钢筋只计算结构搭接接头数量，不计算“定尺搭接”接头数量。

c. ϕ25mm 及以上的直条长钢筋按每 9m 计算一个机械连接接头。

③ 钢筋“定尺搭接”的搭接方式及搭接长度的计算。

a. 绑扎连接：ϕ22mm 以内（不含 ϕ14mm 及以上的竖向钢筋的连接）的钢筋绑扎接头搭接长度是按绑扎、焊接综合考虑的，定尺搭接接头的长度用量应按钢筋净用量乘以“定尺搭接增加系数表”（表 6.3.3）系数，加入相应项目钢筋消耗量内。

表 6.3.3 定尺搭接增加系数表

钢筋规格	ϕ10	ϕ12	ϕ14	ϕ16	ϕ18	ϕ20	ϕ22
搭接系数/%	1.75	2.10	2.45	2.80	3.15	3.50	3.85

注：上表系数仅适用于直条钢筋。

如在实际施工中的定尺搭接长度与上表规定的定尺搭接系数不一致，按“定尺搭接接头数量 *a* 和 *b*”计算原则另行计算。

b. 电渣压力焊：本定额中 ϕ14mm 及以上的竖向钢筋的连接是按电渣压力焊考虑，只计算接头个数，不计算搭接长度。

c. 机械连接：ϕ25mm 及以上水平方向钢筋的连接，是按机械连接考虑的，只计算接头个数，不计算搭接长度。

d. 在实际施工中，无论采用何种搭接方式，均按本定额规定执行，不予调整。

e. 在实际施工中发生的结构搭接与定尺搭接重复计算的连接个数应扣除，按定尺搭接的总量乘以系数 0.7 计算连接个数（电渣压力焊或机械连接）。

(5) 其他计算规则

① 预应力钢丝束、钢绞线锚具安装按套数计算。

② 当设计要求钢筋接头采用机械或电渣压力焊连接时，按数量计算，不再计算该处的钢筋搭接长度。

③ 植筋按数量计算，不包括植入的钢筋和化学螺栓。植入的钢筋质量按外露和植入部分之和的长度乘以单位理论质量计算。

④ 混凝土构件预埋铁件、螺栓，按设计图示尺寸，以质量计算。

第 7 章

工程量清单计价

教学目标：

通过本章学习，能够阐释工程量清单计价的基本程序，能运用组合计价原理计算工程量清单综合单价，能依据工程造价费用构成计算各项费用并汇总得到工程造价。

教学要求：

能力目标	知识要点	相关知识
运用组合计价原理计算综合单价	综合单价的构成及计算原理	工程量清单计价程序、综合单价构成、综合单价计价原理、综合单价组价方法
能计算各项费用并汇总得到工程造价	各项费用构成及计算方法	分部分项工程费、措施项目费、其他项目费、规费和税金的计算方法及工程造价的汇总

7.1　工程量清单计价概述

工程量清单计价采用的是综合单价的方式，工程量清单计价明确真实地反映了工程的实物消耗和人工费、材料费、机械使用费、管理费和利润等有关费用。在招投标过程中，招标方按照《建设工程工程量清单计价规范》(GB 50500—2013) 编制工程量清单，投标方按照招标文件和施工图纸，以人工、材料和机械的市场价格为计价依据，以企业自身的管理和技术水平确定管理费、利润和措施项目费，真正做到企业自主报价。

7.1.1　工程量清单计价的依据

(1) 会审后的施工图、有关标准图集、图纸会审纪要

经审定的施工图、说明书和标准图集、图纸会审纪要，完整地反映了工程的具体内容、各部的具体做法、结构尺寸、技术特征以及施工方法，是工程量清单计价的重要依据。

(2) 建筑工程预算定额和费用定额

现行建筑工程预算定额，详细地规定了分项工程项目划分、分项工程内容、工程量计算规则和定额项目使用说明等内容，建设工程费用定额一般规定了工程费用的组成、工程类别的划分、工程费用取费标准及有关规定、工程造价计算程序等。这些都是工程量清单计价的主要依据。

(3) 施工组织设计或施工方案

施工组织设计或施工方案中包括了与编制施工图预算相关的必不可少的文件，如建设地点的土质、地质情况，土石方开挖的施工方法及余土外运方式与运距，施工机械的使用情况，结构件预制加工方法及运距，重要的梁板柱的施工方案等，在编制工程量清单计价时都要根据施工组织设计或施工方案进行计算。

(4) 地区材料预算价格

材料费在工程成本中占较大比重，在市场经济条件下，材料的价格是随市场而变化的。为使工程造价尽可能接近实际，应掌握地区材料的市场价格或者造价主管部门发布的信息价，以便于进行调整。

(5) 招标文件

无论是编制招标控制价还是编制投标报价，编制方都应根据招标文件中有关合同、使用主要材料及其他相关说明来进行编制。

7.1.2 工程量清单计价程序

(1) 熟悉施工图纸及相关资料，了解现场情况

在编制工程量清单之前，首先熟悉施工图纸以及图纸答疑、地质勘探报告等相关资料，然后到工地建设地点了解现场实际情况，以便正确编制工程量清单。其中，熟悉施工图纸及相关资料便于列出分部分项工程项目名称，了解现场便于列出施工措施项目名称。

(2) 编制工程量清单

工程量清单包括封面、总说明、填表须知、分部分项工程量清单、措施项目清单、其他项目清单、零星工作项目清单七部分。是由招标人或其委托人，根据施工图纸、招标文件、计价规范以及现场实际情况，经过精心计算编制而成的。

(3) 计算综合单价

综合单价是招标控制价编制人（指招标人或其委托人）或投标报价编制人（指投标人），根据工程量清单、招标文件、建筑工程定额、施工组织设计、施工图纸、材料预算价格等资料计算的分项工程的单价。

(4) 计算分部分项工程费

在综合单价计算完成之后，根据工程量清单及综合单价，计算分部分项工程费用。

(5) 计算措施费

措施费包括安全文明施工费（含环境保护、文明施工、安全施工、临时设施）、夜间施工费、二次搬运费、冬雨期施工费、大型机械进出场及安拆费、施工排水费、施工降水费、已完工程及设备保护费等内容。

(6) 计算其他项目费

其他项目费包括暂列金额、暂估价、计日工、总承包服务费四部分内容，其中暂估价包括材料暂估单价和专业工程暂估价。

(7) 计算单位工程费

计算各种规费及该单位工程的税金，将分部分项工程费、措施项目费、其他项目费、规费和税金五部分汇总，即为单位工程费。在各单位工程费计算完成之后，将属同一单项工程的各单位工程费汇总，形成该单项工程的总费用。

(8) 计算工程项目总价

各单项工程费计算完成之后，将各单项工程费汇总，形成整个项目的总价。

7.2 综合单价

综合单价是指完成一个规定清单项目所需的人工费、材料和工程设备费、施工机具使用费和企业管理费、利润以及一定范围内的风险费用之和。综合单价的计算依据是招标文件、合同条件、

工程量清单等，特别要注意清单中项目特征及内容的描述，必须按照描述的内容计算综合单价。

7.2.1 组价原理

某个工程量清单项目的综合单价等于完成该项目的总价除以该项目的清单工程量。完成清单项目的总价应根据清单项目的工作内容进行分解，分解成一个或者多个定额项目，依据定额的消耗量及费用标准计算总价。

① 分部分项工程量清单综合单价的组价应先依据提供的工程量清单和施工图样，按照工程所在地区颁发的计价定额的规定，确定所组价的定额项目名称，并计算出相应的工程量。

② 依据工程造价政策规定或工程造价信息确定其人工、材料、机械台班单价。

③ 在考虑风险因素确定管理费率和利润率的基础上，按规定程序计算出所组价定额项目的合价，由式（7.2.1）、式（7.2.2）计算。

若人工单价、材料单价和机械台班单价采用定额单价，则：

$$\begin{aligned}\text{定额项目的合价} = &\text{定额项目工程量}\times[(\text{定额人工消耗量}\times\text{人工定额单价})\\&+\text{定额材料消耗量}\times\text{材料定额单价})\\&+(\text{定额机械台班消耗量}\times\text{机械台班定额单价})]\\&+\text{价差(市场价与定额价之差)}+\text{管理费和利润}\end{aligned} \tag{7.2.1}$$

若人工单价、材料单价和机械台班单价采用造价管理部门发布的信息价或者市场价格等，则：

$$\begin{aligned}\text{定额项目的合价} = &\text{定额项目工程量}\times[(\text{定额人工消耗量}\times\text{人工市场单价})\\&+\text{定额材料消耗量}\times\text{材料市场单价})\\&+(\text{定额机械台班消耗量}\times\text{机械台班市场单价})]\\&+\text{管理费和利润}\end{aligned} \tag{7.2.2}$$

④ 将若干项所组价的定额项目合价相加除以工程量清单项目的工程量，便得到工程量清单项目综合单价，由式（7.2.3）计算。

$$\text{工程量清单项目综合单价} = (\text{定额项目合价}+\text{未计价材料费})/\text{清单工程量} \tag{7.2.3}$$

未计价材料和工程设备费（包括暂估单价的材料费）应计入综合单价。

7.2.2 组价方法

（1）计算定额工程量

根据工程量清单中所描述的清单项目，考虑社会平均水平的施工组织方案，将清单项目进行分解成一个或多个定额项目，并套用项目所在地区定额工程量计算规则，计算定额项目的工程量。

（2）套用定额消耗量

根据计算出来的定额工程量，套用当地消耗量定额所对应的定额子目，计算人工、材料及施工机械台班的消耗量，按每个定额子目工程量与该定额子目单个计量单位人工、材料、施工机械台班消耗量的乘积计算。

（3）人工费、材料费和施工机具使用费

工程量清单项目的人工费、材料费和施工机具使用费，是指由工程量清单项目所分解的定额项目所需要消耗的人工数量、材料数量和机械台班数量以及人工单价、材料单价和机械台班单价所组成的费用。

人工单价、材料单价、机械台班单价，按工程造价管理机构发布的工程造价信息价确定，工程造价信息没有发布的，参照市场价格，如材料、设备价格为暂估价的，应按暂估价确定。各项费用由式（7.2.4）～式（7.2.6）计算。

$$人工费=人工消耗量\times人工单价 \tag{7.2.4}$$

$$材料费=\sum(材料消耗量\times材料单价) \tag{7.2.5}$$

$$机械费=\sum(机械台班消耗量\times机械台班单价) \tag{7.2.6}$$

(4)企业管理费的确定

企业管理费费率应参考地方费用定额标准进行确定。如《辽宁省建设工程费用标准》(2017)规定企业管理费的取费基数为人工费与机械费之和,相应的费率标准如表7.2.1所示。

表7.2.1 企业管理费取费基数及基础费率

专业	取费基数	基础费率
《房屋建筑与装饰工程定额》第1章、第16章	人工费与机械费之和的35%	8.50%
《房屋建筑与装饰工程定额》第2～15章、第17章	人工费与机械费之和	

注:辽宁2017《房屋建筑与装饰工程定额》第1章为土石方工程、第16章为拆除工程。

(5) 利润的确定

利润的计取方式应参考地方费用定额标准,可根据企业经营状况自主确定。如《辽宁省建设工程费用标准》(2017)规定利润的取费基数为人工费与机械费之和,相应的费率标准如表7.2.2所示。

表7.2.2 利润取费基数及基础费率

专业	取费基数	基础费率
《房屋建筑与装饰工程定额》第1章、第16章	人工费与机械费之和的35%	7.50%
《房屋建筑与装饰工程定额》第2～15章、第17章	人工费与机械费之和	

注:辽宁2017《房屋建筑与装饰工程定额》第1章为土石方工程、第16章为拆除工程。

(6) 风险费用的确定

编制人应根据招标文件或投标文件、施工图样、合同条款、材料设备价格水平及工程实际情况合理确定,风险费用可按费率计算。

(7) 计算工程量清单综合单价

每个清单项目的人工费、材料费、施工机具使用费、管理费、利润和风险费之和为单个清单项目合价,单个清单项目合价除以清单项目的工程量,即为单个清单项目的综合单价,由式(7.2.7)计算。

$$综合单价=(人工费+材料费+施工机具使用费+管理费+利润+风险因素的费用)/清单工程量 \tag{7.2.7}$$

7.2.3 综合单价中风险因素费用

编制人应根据工程项目风险所包括的范围及超出该范围的价格调整方法来确定风险费用。对于规定不明确的,按以下原则确定:

(1) 技术难度较大和管理复杂的项目

可考虑一定的风险费用,并纳入综合单价。

(2) 设备、材料基价的市场风险

应依据招标文件的规定，工程所在地或行业工程造价管理机构的有关规定，以及市场价格趋势，考虑一定率值的风险费用，纳入综合单价中。

(3) 税金、规费等法律、法规、规章和政策变化的风险和人工单价等风险

该风险费用不应纳入综合单价。按照《建设工程工程量清单计价规范》(GB 50500—2013)，人工费按照相关主管部门颁发的调价文件调整，因此风险由发包人承担，综合单价中不考虑人工单价市场价格波动的风险。

(4) 综合单价中要求投标人承担的风险

主要包括：

① 材料费、机械台班费波动的风险。主材的物价波动风险，材料费的损耗费风险，施工机具使用费风险主要体现在能源方面，能源价格市场化后，其机械价格经常随着供求发生波动，也将对综合单价构成风险，机械设备的价格上涨也是施工机具使用费风险的主要因素。

② 管理费风险。企业管理费用的风险费用影响，主要是现场管理费用的影响。企业的风险影响因素有施工企业整体水平，施工企业项目经理的管理能力和水平，工程项目的规模等因素。

③ 利润风险。利润作为竞争项目，其确定主要取决于投标人自身现阶段的经营状况和企业发展的战略情况，以及投标人承接项目的情况，项目的复杂程度和项目的环境等。

7.2.4 综合单价的组价实例

由于《房屋建筑与装饰工程工程量计算规范》(GB 50854—2013) 与所使用消耗量定额中的工程量计算规则、计量单位、项目内容不尽相同，综合单价的确定方法有以下几种。

(1) 单一定额项目组价

当分部分项工程内容比较简单，由单一计价子项计价，且《房屋建筑与装饰工程工程量计算规范》(GB 50854—2013) 与所使用消耗量定额中的工程量计算规则相同时，这种组价较简单，一般来说，在一个单位工程中大多数的分项工程可利用这种方法组价，直接使用相应的工程定额中消耗量组合单价，步骤如下：

① 已根据《房屋建筑与装饰工程工程量计算规范》(GB 50854—2013) 工程量计算规则确定了清单项目工程量。由于所对应的定额项目的工程量计算规则与清单项目的工程量计算规则相同，则对应的定额工程量等于清单项目工程量。

② 依据项目所在地区的定额，套用对应的定额项目，计算人工、材料及机械台班消耗量。

③ 计算人工费、材料和工程设备费、施工机具使用费，由式 (7.2.4) ～式 (7.2.6) 计算。

④ 计算管理费及利润。

企业管理费、利润按照项目所在地区费用标准或者造价管理部门发布的相关规定进行计算。

⑤ 汇总形成合价，计算综合单价，由式 (7.2.7) 计算。

【例 7.2.1】 计算【例 3.5.3】中基础垫层的综合单价。

解：

① 根据清单计算规则，垫层清单项目工程量为 19.65m^3。垫层工程量清单见表 7.2.3。

表 7.2.3 垫层工程量清单

项目编码	项目名称	项目特征	计量单位	工程数量
010404001001	垫层	原层浇注； 3：7 灰土垫层； 现场拌和	m^3	19.65

② 对应的垫层定额项目的工程量计算规则与清单计算规则相同，则垫层定额项目工程量为 19.65m^3。

依据《辽宁省房屋建筑与装饰工程定额》(2017) 中定额项目 4-129 (如表 7.2.4 所示)，计算消耗量。

表 7.2.4 垫层定额项目表

计量单位			10m^3
定额编号			4-129
项目			灰土垫层
名称		单位	消耗量
人工	合计工日	工日	0.935
材料	灰土 3∶7	m^3	10.200
机械	电动夯实机 250N·m	台班	0.440

人工消耗量＝19.65/10×0.935＝1.837(工日)

材料消耗量(灰土)＝19.65/10×10.200＝20.043(m^3)

机械消耗量(电动夯实机)＝19.65/10×0.440＝0.865(台班)

③ 已知当前造价主管部门发布的信息价格为：人工单价为 134 元/工日，灰土单价为 135 元/m^3，电动夯实机单价为 29.75 元/台班。

人工费＝1.837×134＝246.158(元)

材料费＝20.043×135＝2705.805(元)

机械费＝0.865×29.75＝25.734(元)

④ 管理费和利润，根据《辽宁省建设工程费用标准》(2017) 规定，管理费费率取为 8.5%，利润率取为 7.5%，取费基数均为人工费与机械费之和。因此

管理费＝(人工费＋机械费)×8.5%＝(246.158＋25.734)×8.5%＝23.111(元)

利润＝(人工费＋机械费)×7.5%＝(246.158＋25.734)×7.5%＝20.392(元)

不考虑风险费用。

⑤ 综合单价＝(人工费＋材料费＋机械费＋管理费＋利润)/清单项目工程量

＝(246.158＋2705.805＋25.734＋23.111＋20.392)/19.65

＝153.751(元/m^3)

垫层工程量清单计价表见表 7.2.5。

表 7.2.5 垫层工程量清单计价表

项目编码	项目名称	项目特征	计量单位	工程数量	综合单价/元	合价/元
010404001001	垫层	原层浇注； 3∶7 灰土垫层；现场拌和	m^3	19.65	153.751	3021.2

(2) 重新计算工程量组价

是指工程量清单给出的分部分项工程的单位与所用消耗量定额的单位不同，或《房屋建筑与装饰工程工程量计算规范》(GB 50854—2013) 与所使用消耗量定额中的工程量计算规则不同，需要按消耗量定额的计算规则重新计算工程量，进行相应的组价，之后再进行相应的换算来确定综合单价，其步骤如下：

① 重新计算工程量。根据所使用工程定额中的工程量计算规则计算工程量。

② 依据项目所在地区的定额，套用对应的定额项目，计算人工、材料及机械台班消耗量。

③ 计算人工费、材料和工程设备费、施工机具使用费，由式（7.2.4）～式（7.2.6）计算。

④ 计算管理费及利润。企业管理费、利润按照项目所在地区费用标准或者造价管理部门发布的相关规定进行计算。

⑤ 汇总形成合价，计算综合单价，由式（7.2.7）计算。

【例 7.2.2】某建筑物基础采用预制钢筋土桩，设计混凝土桩 170 根，桩尺寸如图 7.2.1 所示。计算打桩项目综合单价。

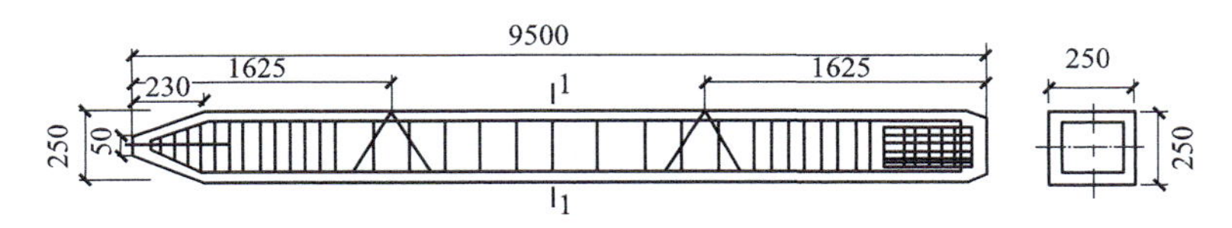

图 7.2.1 预制钢筋混凝土桩

解：

① 根据清单项目计算规则，打桩清单项目工程量 170 根。桩工程量清单见表 7.2.6。

表 7.2.6 桩工程量清单

项目编码	项目名称	项目特征	计量单位	工程数量
010301001001	预制钢筋混凝土方桩	土壤类别：二类土 桩长：9.5m 桩截面：250mm×250mm 沉桩方法：锤击沉桩 混凝土强度等级 C30	根	170

② 对应定额项目计算规则，【例 5.3.1】中打桩定额项目工程量 100.94m³。若假定定额项目 3-1（如表 7.2.7 所示），计算消耗量。

表 7.2.7 打桩定额项目表

计量单位			10m³
定额编号			3-1
项目			打预制混凝土方桩(桩长≤12m)
名称		单位	消耗量
人工	合计工日	工日	3.608
材料	预制钢筋混凝土方桩	m³	(10.100)未计价材料
	白棕绳	kg	0.900
	草纸	kg	2.500
	垫木	m³	0.030
	金属周转材料	kg	2.270
机械	履带式柴油打桩机 5t	台班	0.547
	履带式起重机 15t	台班	0.331

人工消耗量＝100.94/10×3.608＝36.419(工日)

白棕绳消耗量＝100.94/10×0.900＝9.085(kg)

草纸消耗量＝100.94/10×2.500＝25.235(kg)

垫木消耗量＝100.94/10×0.030＝0.303(m^3)

金属周转材料消耗量＝100.94/10×2.270＝22.913(kg)

履带式柴油打桩机消耗量＝100.94/10×0.547＝5.521(台班)

履带式起重机消耗量＝100.94/10×0.331＝3.341(台班)

③ 已知当前造价主管部门发布的信息价格为：人工单价为134元/工日，白棕绳单价为16元/kg，草纸单价为1.8元/kg，垫木单价为1200元/m^3，金属周转材料单价为9元/kg，履带式柴油打桩机5t台班单价为1840.25元/台班，履带式起重机15t台班单价为512.82元/台班。

人工费＝36.419×134＝4880.146(元)

材料费＝9.085×16＋25.235×1.8＋0.303×1200＋22.913×9＝760.6(元)

机械费＝5.521×1840.25＋3.341×512.82＝11873.352(元)

④ 管理费和利润，假定管理费费率为8.5%，利润率为7.5%，取费基数均为人工费与机械费之和。因此

管理费＝(人工费＋机械费)×8.5%＝(4880.146＋11873.352)×8.5%＝1424.047(元)

利润＝(人工费＋机械费)×7.5%＝(4880.146＋11873.352)×7.5%＝1256.512(元)

不考虑风险费用。

⑤ 桩定额项目中含有未计价材料预制钢筋混凝土方桩，单价为1350元/m^3。

未计价材料费＝100.94/10×10.1×1350＝137631.69(元)

综合单价＝(人工费＋材料费＋机械费＋管理费＋利润＋未计价材料费)/清单项目工程量
＝[(4880.146＋760.6＋11873.352＋1424.047＋1256.512)＋137631.69]/170
＝928.390(元/根)

桩工程量清单计价见表7.2.8。

表7.2.8 桩工程量清单计价表

项目编码	项目名称	项目特征	计量单位	工程数量	综合单价/元	合价/元
010301001001	预制钢筋混凝土方桩	土壤类别:二类土 桩长:9.5m 桩截面:250mm×250mm 沉桩方法:锤击沉桩 混凝土强度等级C30	根	170	928.390	157826.347

(3) 复合组价

工程量清单是根据《房屋建筑与装饰工程工程量计算规范》(GB 50854—2013)计算规则编制的，一般来说综合性很大，而消耗量定额项目划分得相对较细，当组价内容复杂时，须根据多项工程定额项目进行组合确定综合单价，这时就需要根据多项工程定额组价，这种组价较为复杂，其步骤如下：

① 将清单项目按照工作内容分解成多个定额项目，对每个定额项目按照定额计算规则重新计算工程量。

② 依据项目所在地区的定额，分别套用对应的定额项目，计算每个定额项目的人工、材料及机械台班消耗量。

③ 分别计算每个定额项目的人工费、材料和工程设备费、施工机具使用费。

④ 分别计算每个定额项目的管理费及利润。企业管理费、利润按照项目所在地区费用标准或者造价管理部门发布的相关规定进行计算。

⑤ 多个定额项目费用汇总形成合价，再除以清单项目工程量，得到综合单价。

【例 7.2.3】结合【例 3.2.1】和【例 5.1.2】求挖沟槽项目的综合单价。

解：

① 根据【例 3.2.1】，挖沟槽清单项目工程量 120.82m^3。挖沟槽工程量清单见表 7.2.9。

表 7.2.9　挖沟槽工程量清单

项目编码	项目名称	项目特征	计量单位	工程数量
010101003001	挖沟槽土方	1. 二类土； 2. 挖土深度 2.1m	m^3	120.82

② 根据清单项目的工作内容，依据某定额，将清单项目分解为人工挖沟槽土方（1-12）和机动翻斗车运土方（1-136）两个定额项目。根据【例 5.1.2】，其定额工程量如表 7.2.10 所示，定额项目如表 7.2.11 所示。

表 7.2.10　定额工程量

定额编号	项目名称	计量单位	工程数量
1-12	人工挖沟槽土方	m^3	281.97
1-136	机动翻斗车运土方	m^3	82.58

表 7.2.11　定额项目表

计量单位			10m^3	10m^3
定额编号			3-1	1-136
项目			人工挖沟槽土方	机动翻斗车运土方
名称		单位	消耗量	消耗量
人工	合计工日	工日	2.931	—
机械	机动翻斗车 1t	台班	—	0.467

③ 已知当前造价主管部门发布的信息价格为：人工单价为 125.82 元/工日，机动翻斗车 1t 台班单价为 263.4 元/台班。依据某定额规定，管理费费率为 8.5%，利润率为 7.5%，取费基数均为人工费与机械费之和。清单项目综合单价计算见表 7.2.12。

表 7.2.12　挖沟槽土方清单综合单价计算表

定额编号	1-12	1-136
项目	人工挖沟槽土方	机动翻斗车运土方
人工费	281.97/10×2.931×125.82＝10398.44(元)	0
材料费	0	0
机械费	0	82.58/10×0.467×263.4＝1015.80(元)
管理费	10398.44×8.5%×35%＝309.35(元)	1015.80×8.5%×35%＝30.22(元)
利润	10398.44×7.5%×35%＝272.96(元)	1015.80×7.5%×35%＝26.67(元)
合价	10398.44＋309.35＋272.96＝10980.75(元)	1015.80＋30.22＋26.67＝1072.69(元)
清单项目合价	10980.75＋1072.69＝12053.44(元)	
综合单价	12053.44/120.82＝99.76 元/m^3	

7.3 招标控制价的确定

7.3.1 招标控制价概述

(1) 招标控制价含义

招标控制价是招标人根据国家或省级、行业建设主管部门颁发的有关计价依据和办法，按设计施工图样计算，对招标工程限定的最高工程造价。国有资金投资的建设工程招标，招标人必须编制招标控制价。

招标控制价应由具有编制能力的招标人，或受其委托的具有相应资质的工程造价咨询人编制。工程造价咨询人接受招标人委托编制招标控制价，不得再就同一工程接受投标人委托编制投标报价。招标控制价应在招标时公布，不应上调或下浮，招标人应将招标控制价及有关资料报送工程所在地工程造价管理机构备查。

(2) 招标控制价编制的依据

依据《建设工程工程量清单计价规范》(GB 50500—2013)，招标控制价的编制依据主要有以下几个方面：

①《建设工程工程量清单计价规范》(GB 50500—2013)；

② 国家或省级、行业建设主管部门颁发的计价定额和计价方法；

③ 建设工程设计文件及相关资料；

④ 拟定的招标文件及招标工程量清单；

⑤ 与建设项目相关的标准、规范、技术资料；

⑥ 施工现场情况、工程特点及常规施工方案；

⑦ 工程造价管理机构发布的工程造价信息，当工程造价信息没有发布时，参照市场价；

⑧ 其他相关资料。

7.3.2 招标控制价的编制

招标控制价由分部分项工程费、措施项目费、其他项目费、规费和税金组成。

(1) 分部分项工程费

清单项目综合单价确定后，分部分项工程费等于各分项工程综合单价与招标工程量清单中已给出的工程量乘积之和，由式 (7.3.1) 计算。

$$\text{分部分项工程费}=\sum \text{清单工程量}\times\text{综合单价} \tag{7.3.1}$$

综合单价的确定原理如7.2节所述，需要注意的是招标人在计算综合单价时，消耗量可参考造价主管部门发布的计价定额，人工、材料及机械台班的价格可参考工程造价信息或市场价。管理费和利润可根据行业平均水平取定，也可根据潜在投标人的情况进行取定。风险费用综合考虑项目实施过程中的风险因素取定。

(2) 措施项目费

措施项目费可由招标人根据拟建工程的施工组织设计及工程量清单进行计价；可以计算工程量的措施项目，宜采用分部分项工程量清单的方式编制，与之相对应，应采用综合单价计价；以项为计量单位的，按总价计价，其价格组成与综合单价相同，应包括除规费、增值税销项税金以外的全部费用。

① 单价法。对于可计量部分的措施项目应参照分部分项工程费用的计算方法采用单价法计价，由式 (7.3.2) 计算。主要是指一些与实体项目紧密联系的项目，如混凝土、钢筋混凝土模

板及支架、脚手架等。

某项措施项目费＝措施项目工程量×综合单价 (7.3.2)

措施项目中的综合单价计算方法参照7.2节内容，每个措施项目清单所需要的所有定额子目下的人工费、材料费、施工机具使用费、企业管理费、利润和风险费之和为单个清单项目合价，单个清单项目合价除以清单项目的工程量，即为单个清单项目的综合单价。

② 费率法。对于以项计量或综合取定的措施项目费用应采用费率法。采用费率法时应先确定某项费用的计费基数，再测定其费率，然后将计费基数与费率相乘得到费用，由式（7.3.3）计算。

某项措施项目清单费＝措施项目计费基数×费率 (7.3.3)

此时，措施项目计费基数中一般已包含管理费和利润等内容。

这种方法主要适用于施工过程中必须发生但在投标时很难具体分析预测又无法单独列出项目内容的措施项目。如安全文明施工费、夜间施工费、二次搬运费、冬雨季施工费的计价均采用这种方法。这里需要注意，措施项目清单中的安全文明施工费应按照国家或省级、行业建设主管部门的规定计价，不得作为竞争性费用。

基数及费率要按各地建设工程计价办法的要求确定，本书以辽宁省为例说明措施费的计算方法。《辽宁省建设工程费用标准》（2017）中规定措施项目费取费标准及规定如下：

a. 一般措施项目。安全施工费：以建筑安装工程不含本项费用的税前造价为取费基数。房屋建筑工程为2.27%。文明施工和环境保护费，以及雨季施工费的取费标准见表7.3.1。其中雨季施工费工程量为全部工程量。

表7.3.1 文明施工和环境保护费、雨季施工费取费标准

专业	取费基数	文明施工和环境保护费率	雨季施工费率
《房屋建筑与装饰工程定额》第1章、第16章	人工费与机械费之和的35%	0.65%	0.65%
《房屋建筑与装饰工程定额》第2～15章、第17章	人工费与机械费之和		

注：辽宁2017《房屋建筑与装饰工程定额》第1章为土石方工程、第16章为拆除工程。

b. 其他措施项目。夜间施工增加费和白天施工需要照明费按表7.3.2计算。

表7.3.2 夜间施工增加费和白天施工照明费 单位：元/工日

项目	合计	夜餐补助费	工效降低和照明设施折旧费
夜间施工	32	10	22
白天施工需要照明	22	—	22

二次搬运费，按批准的施工组织设计或签证计算。冬季施工费，冬季施工取费标准见表7.3.3。冬季施工工程量，为达到冬季标准（气候学上，平均气温连续5天低于5℃）所发生的工程量（注意不是全部工程量）。

表7.3.3 冬季施工取费标准

专业	取费基数	费率
《房屋建筑与装饰工程定额》第1章、第16章	人工费与机械费之和的35%	3.65%
《房屋建筑与装饰工程定额》第2～15章、第17章	人工费与机械费之和	

注：辽宁2017《房屋建筑与装饰工程定额》第1章为土石方工程、第16章为拆除工程。

已完工程及设备保护费，按批准的施工组织设计或签证计算。市政工程施工干扰费，仅对符合发生市政工程干扰情形的工程项目或项目的一部分，方可计取该项费用。如《辽宁省建设工程费用标准》（2017）中该项费用费率规定：沈阳、大连两市城市市政界限内的工程项目按人工费与机械费之和的4%计算；其他地区按人工费与机械费之和的2%计算。

（3）其他项目费的确定

① 暂列金额。暂列金额的确定应根据工程特点，即工程的复杂程度、设计深度、工程环境条件（包括地质、水文、气候条件等），由招标人按有关计价规定进行估算确定，一般可以按分部分项工程费的10%～15%计取。

② 暂估价。材料暂估价应按工程造价管理机构发布的工程造价信息中的材料单价计算，工程造价信息未发布的材料，其单价参考市场价格估算。这部分已经计入工程量清单综合单价中，此处不再汇总。专业工程暂估价应分不同的专业，按有关计价规定进行估算。

暂估价的确定包括材料暂估价、工程设备和专业工程暂估价三部分，工程设备的费用计取与暂估价类似。

a. 材料暂估价和工程设备暂估价。招标人提供暂估价的材料，应按暂定的单价计入综合单价；未提供暂估价的材料，应按工程造价管理机构发布的工程造价信息中的单价计算；工程造价信息未发布的材料，其单价参考市场价格估算。

b. 专业工程暂估价。招标人需另行发包的专业工程暂估价应分不同专业按项列支，价格中包含除规费、税金以外的所有费用，按有关计价规定进行估算。

③ 计日工。计日工是指承包人完成发包人提出的工程合同范围以外的零星项目或工作采取的一种计价方式，包括完成该项作业的人工、材料和施工机械台班。需要注意的是计日工单价是指由人工单价、材料单价和机械台班单价加上管理费和利润之后组成的综合单价。应在省级、行业建设主管部门或其授权的工程造价管理机构公布的造价信息基础上考虑社会平均水平的企业管理费和利润计算；未发布计日工综合单价的情况，则应依据市场调查确定的人工、材料、施工机械台班等单价，并计取一定的反映社会平均水平的企业管理费用和利润来确定。

④ 总承包服务费。总承包服务费的参考标准为：

a. 招标人仅要求对分包的专业工程进行总承包管理和协调时，以分包的专业工程估算造价的1.5%计算。

b. 招标人要求对分包的专业工程进行总承包管理和协调，并同时要求提供配合服务时，根据招标文件列出的配合服务内容和提出的要求，按分包的专业工程估算造价的3%～5%计算。

c. 招标人自行供应材料的，按供应材料价值的1%计算。

（4）规费和增值税销项税金的确定

规费是指按国家法律、法规规定，由省级政府和省级有关权力部门规定必须缴纳或计取的费用。包括社会保险费、住房公积金、工程排污费。

规费的计算按照各地建设工程计价办法的要求确定取费基数和费率。以辽宁省为例，《辽宁省建设工程费用标准》（2017）中规定规费取费基数及费率如表7.3.4所示。

表7.3.4 规费取费标准

专业	取费基数	费率
《房屋建筑与装饰工程定额》第1章、第16章	人工费与机械费之和的35%	1.8%
《房屋建筑与装饰工程定额》第2～15章、第17章	人工费与机械费之和	

注：辽宁2017《房屋建筑与装饰工程定额》第1章为土石方工程、第16章为拆除工程。

建筑安装工程税金是指按照国家税法规定应计入建筑安装工程造价内的增值税销项税额，用来开支进项税额和缴纳应纳税额。相比营业税下税金组成内容，增值税销项税金不包括附加税费，附加税费增加到企业管理费组成内容中。

① 采用一般计税方法时增值税的计算。当采用一般方法时，建筑业的增值税率为 9%，由式 (7.3.4) 计算。

$$增值税 = 税前工程造价 \times 9\% \tag{7.3.4}$$

税前工程造价为人工费、材料费、施工机具使用费、企业管理费、利润和规费之和，各项费用均以不包含增值税可抵扣进项税额的价格计算。

② 采用简易计税方法时增值税的计算，由式 (7.3.5) 计算。

$$增值税 = 税前造价 \times 3\% \tag{7.3.5}$$

税前造价为人工费、材料费、施工机具使用费、企业管理费、利润和规费之和，各费用项目均以包含增值税进项税额的含税价格计算。

根据《营业税改增值税试点实施办法》的规定，简易计税方法主要适用于：小规模纳税人；以清包工方式提供的建筑服务；为甲供工程提供的建筑服务；建筑工程老项目提供的建筑服务。需要注意的是，小规模纳税人通常是指纳税人提供建筑服务的年应征增值税销售额未超过 500 万元，并且会计核算不健全，不能按规定报送有关税务资料的增值税纳税人。年应税销售额超过 500 万元但不经常发生应税行为的单位也可选择按照小规模纳税人计税。

清包工方式是指施工方不采购建筑工程所需的材料或只采购辅助材料，并收取人工费、管理费或者其他费用的建筑服务。

甲供工程，是指全部或部分设备、材料、动力由工程发包方自行采购的建筑工程。

建筑工程老项目是指开工日期在 2016 年 4 月 30 日前的建筑工程项目。

7.3.3 招标控制价计算举例

根据建筑安装工程费用构成，招标控制价由分部分项工程费、措施项目费、其他项目费及规费、税金构成，由式 (7.3.6)、式 (7.3.7) 计算。

$$单位工程的招标控制价 = 分部分项工程费 + 措施项目费 + 其他项目费 + 规费 + 税金 \tag{7.3.6}$$

$$单项工程的招标控制价 = \sum 单位工程的工程招标控制价 \tag{7.3.7}$$

以辽宁省为例，《辽宁省建设工程费用标准》(2017) 中规定的工程费用取费程序见表 7.3.5。

表 7.3.5 工程费用取费程序表

序号	费用项目	计算方法
1	工程定额分部分项工程费、技术措施费合计	工程量×定额综合单价＋主材费
1.1	其中人工费＋机械费	
2	一般措施项目费(不含安全施工措施费)	1.1×费率、按规定，或按施工组织设计和签证
3	其他措施项目费	1.1×费率
4	其他项目费	
5	工程定额分部分项工程费、措施项目费(不含安全施工措施费)、其他项目费合计	1＋2＋3＋4

续表

序号	费用项目	计算方法
5.1	其中:企业管理费	1.1×费率
5.2	其中:利润	1.1×费率
6	规费	1.1×费率及各市规定
7	安全施工措施费	(5+6)×费率
8	税费前工程造价合计	5+6+7
9	税金	8×规定费率
10	工程造价	8+9

【例 7.3.1】若某工程只有一个分部分项工程混凝土矩形柱，且计算得到混凝土矩形柱清单工程量为 200m³。招标人确定综合单价为 400 元/m³，其中人工费和机械费之和为 50 元/m³。取定文明施工和环境保护费率为 0.65%，雨季施工费率为 0.65%，这两项费用计算基数为人工费和机械费之和。专业工程暂估价为 5 万元，安全施工措施费费率为 2.27%，以建筑安装工程不含本项费用的税前造价为取费基数。规费费率为 1.8%，取费基数为人工费和机械费之和。税金为 9%，计算工程项目工程招标控制价。

解：

工程招标控制价的计算如表 7.3.6 所示。

表 7.3.6 工程招标控制价计算明细表

序号	费用项目	计算方法
1	分部分项工程费	200×400=80000 元
1.1	其中人工费+机械费	200×50=10000 元
2	一般措施项目费(不含安全施工措施费)	130 元
2.1	文明施工和环境保护费	10000×0.65%=65 元
2.2	雨季施工费	10000×0.65%=65 元
3	其他措施项目费	0
4	其他项目费	50000 元
5	工程定额分部分项工程费、措施项目费(不含安全施工措施费)、其他项目费合计	130130 元
6	规费	10000×1.8%=180 元
7	安全施工措施费	(130130+180)×2.27%=2958.04 元
8	税费前工程造价合计	130130+180+2958.04=133268.04 元
9	税金	133268.04×9%=11994.12 元
10	工程造价	133268.04+11994.12=145262.16 元

上述例题中为简化计算，只取了一个分部分项工程项目，在实际工程中，分部分项工程项目有几十个甚至上百个，因此，分部分项费为所有分部分项工程项目清单工程量与综合单价的乘积之和，其中人工费和机械费也相应为所有分部分项工程项目费中人工费和机械费之和。

7.4 投标报价

(1) 投标报价概念

投标报价是分析竞争对手的情况，评估施工单位在该工程中的竞争地位，从本单位的经营目标出发，确定在该工程中的预期风险因素和利润水平后，确定的工程造价。报价的实质是投标决策问题，还要考虑运用适当的投标技巧或策略。报价通常是由施工单位主管经营管理的负责人做出的。

(2) 投标报价编制的依据

根据《建设工程工程量清单计价规范》(GB 50500—2013) 的规定，投标报价应根据下列依据编制和复核：

①《建设工程工程量清单计价规范》(GB 50500—2013)；

② 国家或省级行业建设主管部门颁发的计价办法；

③ 企业定额、国家或省级行业建设主管部门颁发的计价定额；

④ 招标文件、工程量清单及其补充通知、答疑纪要；

⑤ 建设工程设计文件及相关资料；

⑥ 施工现场情况、工程特点及拟定的投标施工组织设计或施工方案；

⑦ 与建设项目相关的标准、规范等技术资料；

⑧ 市场价格信息或工程造价管理机构发布的工程造价信息；

⑨ 其他的相关资料。

对比投标报价和招标控制价的编制依据可知，招标控制价作为投标的最高限价，其编制依据采用行业内平均水平下的计价标准和常规的施工方案，而投标报价则主要采用企业定额和投标人自身拟定的投标施工组织设计或施工方案，这体现了投标报价要反映投标人竞争能力的特点。

(3) 投标报价的准备阶段

① 在决定投标之后，首先要收集相关资料，投标人需要收集《建设工程工程量清单计价规范》(GB 50500—2013) 中所规定投标报价编制依据的相关资料，除此之外还应掌握合同条件，尤其是有关工期、支付条件、外汇比例的规定，当地生活物资价格水平以及其他的相关资料。

② 在资料收集完成后，要对各种资料进行认真研究，特别是对《建设工程工程量清单计价规范》(GB 50500—2013)、招标文件、技术规范、图样等重点内容进行分析，为投标报价的编制做准备。主要从以下几个方面进行研究：

a. 熟悉相关计价文件。熟悉《建设工程工程量清单计价规范》(GB 50500—2013)，当地消耗量定额，企业消耗量及相关计价文件、规定等。

b. 熟悉招标文件。招标文件反映了招标人对投标的要求，熟悉招标文件有助于全面了解承包人在合同条件中约定的权利和义务，对发包人提出的条件应加以分析，以便在投标报价中进行考虑，对有疑问的事项应及时提出。

c. 技术标准和要求分析。工程技术标准是按工程类型来描述工程技术和工艺内容特点，对设备、材料、施工和安装方法等所规定的技术要求，有的是对工程质量检验、试验和验收所规定的方法和要求。它们与工程量清单中各子项工作密不可分，报价人员应在准确理解招标人要求的基础上对有关工程内容进行报价。任何忽视技术标准的报价都是不完整、不可靠的，有时可能导致工程承包出现重大失误和亏损。

d. 图纸分析。图纸是确定工程范围、内容和技术要求的重要文件，也是投标者确定施工方法等施工计划的主要依据。

图纸的详细程度取决于招标人提供的施工图设计所达到的深度和所采用的合同形式。详细的设计图样可使投标人比较准确地估价，而不够详细的图样则需要估价人员采用综合估价方法，其结果一般不是很精确。

e. 合同条款分析。主要包括承包人的任务、工作范围和责任，工程变更及相应的合同价款调整，付款方式及时间，施工工期，发包人责任等。

f. 对相关专业工程应要求专业公司进行报价，并签订意向合作协议，协助承包人进行投标报价工作。

g. 收集同类工程成本指标，为最后投标报价的确定提供决策依据。

③ 现场踏勘。招标人在招标文件中一般会明确进行工程现场踏勘的时间和地点。投标人主要应对以下方面进行调查：

a. 自然地理条件。工程所在地的地理位置、地形、地貌、用地范围等；气象、水文情况，包括气温、湿度、降雨量等；地质情况，包括地质构造及特征、承载能力等；地震、洪水及其他自然灾害情况。

b. 施工条件。工程现场周围的道路、进出场条件、交通限制情况；工程现场施工临时设施、大型施工机具、材料堆放场地安排情况；工程现场邻近建筑物与招标工程的间距、结构形式、基础埋深、新旧程度、高度；市政给水排水管线位置、管径、压力，废水、污水处理方式，市政、消防供水管道管径、压力、位置等；现场供电方式、方位、距离、电压等；工程现场通信线路的连接和铺设；当地政府有关部门对施工现场管理的一般要求、特殊要求及规定等。

c. 其他条件。主要包括各种构件、半成品及商品混凝土的供应能力和价格，以及现场附近的生活设施、治安情况等。

④ 复核工程量。在实行工程量清单计价的建设工程中，工程量清单应作为招标文件的组成部分，由招标人提供。工程量的多少是投标报价最直接的依据。复核工程量的准确程度，将影响承包人的经营行为：一是根据复核后的工程量与招标文件提供的工程量之间的差距，而考虑相应的投标策略，决定报价尺度；二是根据工程量的大小采取合适的施工方法，选择适用、经济的施工机具设备、投入使用的劳动力数量等，从而影响到投标人的询价过程。

复核工程量主要从以下方面进行：

a. 根据工程招标文件、设计文件、图纸等资料，复核工程量清单，要避免漏算或重算。

b. 在复核工程量的过程中，针对工程量清单中工程量的遗漏或错误，不可以擅自修改工程量清单，可以向招标人提出，由招标人审查后统一修改，并把修改情况通知所有投标人；或运用一些报价的技巧提高报价质量，利用存在的问题争取在中标后能获得更大收益。

c. 在核算完全部工程量清单中的子目后，投标人应按大项分类汇总主要工程总量，以便获得对整个工程施工规模的整体概念，并据此研究采用合适的施工方法、适当的施工设备，并准确地确定订货及采购物资的数量，防止由于超量或少购等带来的浪费、积压或停工待料。

⑤ 编制施工组织设计。施工组织设计的编制主要依据包括招标文件中的相关要求，设计图纸及相关说明，现场踏勘资料，有关定额，现行有关技术标准、施工规范或规则等。

(4) 投标报价的确定

投标报价的组成与招标控制价相同，均包括分部分项工程费、措施项目费、其他项目费、规费和税金。

① 分部分项工程费。分部分项工程费的计算同式 (7.3.1)。工程投标活动中，施工单位不仅要考虑投标报价能否中标，还应考虑中标后所承担的风险。投标人在确定综合单价时，需要进行询价，通过各种渠道，采用各种方式对所需人工、材料、施工机械等要素进行系统的调查，掌握各要素的价格、质量、供应时间、供应数量等数据。投标人需要根据企业定额确定消耗量，通过询价确定各要素价格，根据企业自身的情况确定管理费及利润水平，并合理评估项目中所承担的风险。

② 措施项目费。投标人根据工程项目的施工组织设计，合理确定所采用的措施项目，并进行计费。

③ 其他项目费。暂列金额、专业工程暂估价、总包服务费由招标人确定，投标人只需将这部分费用计入投标报价中。材料（设备）暂估价计入分部分项工程费用，在其他项目费中不再汇总。计日工部分，由投标人按照招标人给定的计日工数量，确定综合单价，并汇总计入其他项目费中。

④ 规费和税金。规费和税金的确定与招标控制价相同，不再赘述。

总的来说，投标报价的计算原理和招标控制价基本相同，但确定价格的目的不相同，招标控制价是工程的最高限价，是控制项目投资的重要手段。投标报价是为了取得竞争优势的报价。基于此，在确定价格过程中，招标人和投标人所采用的消耗量、各要素价格、管理费及利率水平、风险水平等各不相同。

参 考 文 献

[1] 中华人民共和国住房和城乡建设部，中华人民共和国国家质量监督检验检疫总局．建设工程工程量清单计价规范：GB 50500—2013. 北京：中国计划出版社，2013.

[2] 中华人民共和国住房和城乡建设部．房屋建筑与装饰工程工程量计算规范：GB 50854—2013. 北京：中国计划出版社，2013.

[3] 中华人民共和国住房和城乡建设部．建筑面积计算规范：GB/T 50353—2013. 北京：中国计划出版社，2013.

[4] 辽宁省住房和城乡建设厅．房屋建筑与装饰工程定额．沈阳：北方联合出版传媒（集团）股份有限公司，2017.

[5] 辽宁省住房和城乡建设厅．建设工程费用标准．沈阳：北方联合出版传媒（集团）股份有限公司，2017.

[6] 中华人民共和国住房和城乡建设部．混凝土结构施工图平面整体表示方法制图规则和构造详图（16G101）．北京：中国计划出版社，2016.

[7] 严玲，尹贻林．工程计价学．3 版．北京：机械工业出版社，2017.

[8] 李学明，巫山，陈燕萍．建筑工程计量与计价．北京：中国水利水电出版社，2014.

[9] 辽宁省建设工程造价管理协会专家委员会．建设工程计量与计价实务——土木建筑工程．沈阳：沈阳出版社，2019.

[10] 王花．建筑工程计量与计价．武汉：武汉大学出版社，2019.

[11] 付晓灵．工程造价与管理．北京：中国电力出版社，2013.

[12] 黄伟典，尚文勇．建筑工程计量与计价：建筑工程部分．3 版．大连：大连理工大学出版社，2018.

[13] 全国造价工程师执业资格考试培训教材．建设工程技术与计量：土木建筑工程　2017 年版．北京：中国计划出版社，2017.

[14] 全国造价工程师执业资格考试培训教材．建设工程计价：2017 年版．北京：中国计划出版社，2017.

[15] 谷学良．建筑工程概预算．2 版．武汉：武汉理工大学出版社，2015.

[16] 住房与城乡建设部标准定额研究所．《建筑面积计算规范》宣贯辅导教材．北京：中国计划出版社，2015.

[17] 吴育萍，王艳红，刘国平．建筑工程计量与计价．北京：北京大学出版社，2017.

[18] 李建峰．建筑工程计量与计价．北京：机械工业出版社，2017.